ENSEIGNEMENT PRIMAIRE SUPÉRIEUR

Programmes de 1920

Collection d'ouvrages publiés sous la direction de M. V. MARTEL

Ancien Directeur de l'École primaire supérieure de Rouen.

H. TRENARD

Professeur à l'École Normale de Rouen

Cours de Mathématiques

ALGÈBRE

COURS COMPLET

PARIS

LIBRAIRIE GARNIER FRÈRES

6, RUE DES SAINTS-PÈRES 6

Cours de Mathématiques

ALGÈBRE

Cours complet

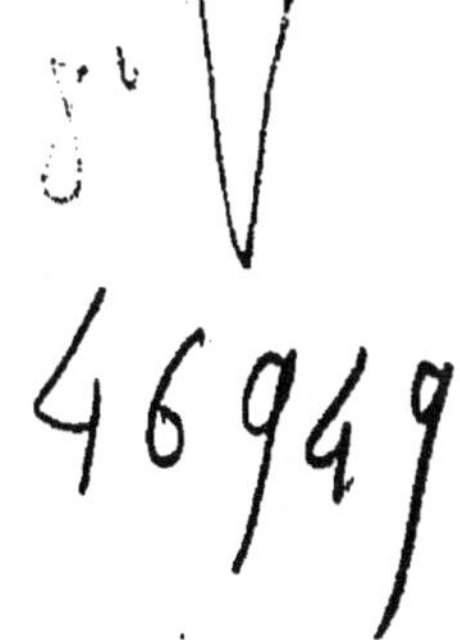

ENSEIGNEMENT ·PRIMAIRE SUPÉRIEUR

Programmes du 18 août 1920.

Collection d'ouvrages publiées sous la direction de M. V. MARTEL,

Ancien Directeur de l'École primaire supérieure de Rouen.

Cours de Mathématiques

ALGÈBRE

COURS COMPLET

PAR

H. TRENARD

Professeur à l'École Normale d'Instituteurs de Rouen.

SIXIÈME ÉDITION

PARIS

LIBRAIRIE GARNIER FRÈRES

6, Rue des Saints-Pères, 6

COURS COMPLET D'ALGÈBRE

Programmes du 18 août 1920.

Première année.

Éléments de calcul algébrique limités à leur application à des exercices pratiques (emploi des lettres, des signes, simplifications, mise en facteur).

Équation du premier degré; système d'équations du premier degré; problèmes simples.

Deuxième année.

Notions élémentaires de calcul algébrique applicables aux nombres positifs et négatifs et à des opérations algébriques simples (on ne parlera pas du cas général de la multiplication ni de la division des polynômes).

Résolution de l'équation numérique du premier degré. Son interprétation graphique par la représentation graphique de la variation d'un binôme $ax + b$ à coefficients numériques (cette étude et les suivantes sont faites en prenant comme point de départ, dans chaque cas, un problème d'arithmétique, ou de géométrie, ou de physique).

Résolution d'un système de deux équations numériques du premier degré à deux inconnues.

Pratique de la résolution dans divers cas d'une équation numérique du deuxième degré.

Troisième année.

Représentation graphique de la fonction $y = x^2$.

Étude de cette fonction : sa variation. Même étude pour la fonction $y = ax^2$ (chute des corps, espace et vitesse).

Étude des fonctions $y = \dfrac{1}{x}$ et $y = \dfrac{a}{x}$. Leur représentation graphique. Application de la loi de Mariotte.

Principales propriétés des progressions arithmétiques et des progressions géométriques. Usage des tables de logarithmes à quatre ou cinq décimales. Usage des tables donnant les logarithmes des lignes trigonométriques.

PRÉFACE

Le programme de première année a fait l'objet d'une partie spéciale insérée à la fin du *Cours pratique d'Arithmétique* en raison de la connexité de ces deux enseignements; mais il n'est pas indispensable de posséder cette partie pour l'étude du *Cours complet d'Algèbre* qui en est tout à fait indépendant.

Ce *Cours complet d'Algèbre* renferme donc la matière des trois années, conforme aux programmes du 18 août 1920. Certains développements, traités en caractères plus petits, pourront être aisément passés sous silence, en ne tenant compte que des énoncés de règles pratiques.

Nous traitons les progressions de la façon la plus réduite possible. Dès que les propriétés générales des logarithmes sont étudiées, avant d'aborder les logarithmes usuels, nous expliquons le mécanisme de ce calcul à l'aide d'un petit système arbitraire qui intéresse beaucoup les élèves et rend plus rapide l'étude des opérations pratiques avec les tables.

Bien que le programme ne mentionne pas les *intérêts composés*, nous croyons utiles de les laisser subsister dans cet ouvrage, en raison de leurs applications aux questions si importantes des assurances, des retraites, de la mutualité.

Chaque chapitre est terminé par un grand nombre d'exercices; l'ouvrage complet en renferme 1 052. La plupart sont faciles ou de difficulté moyenne; mais nous y avons joint quelques exercices ou problèmes d'un niveau plus élevé; on ne sera donc pas embarrassé pour leur choix.

L'ouvrage est complété par une partie convenant spécialement à la section industrielle; nous avons écourté ici la question des graphiques empiriques, car elle a été traitée dans nos *Cours d'Arithmétique du B. E. et du B. S.* (*).

Enfin, nous joignons à ce Cours une table de logarithmes des nombres de **1** à **10.000**, extraite de l'ouvrage de M. Chollet, publié par la librairie Garnier frères, d'un emploi très simple. Cette table peut se détacher de l'ouvrage, et servir dans les examens. Elle renferme aussi un tableau des logarithmes de $(1 + r)$, depuis le taux **1 0/0** jusqu'au taux **5 0/0**, calculés pour la plupart de $0^r,05$ en $0^r,05$, permettant de résoudre avec une approximation suffisante les questions financières élémentaires.

Cet ouvrage peut aussi convenir à la préparation du brevet supérieur, sauf en ce qui concerne le trinôme du second degré.

(*) Nouvelle Arithmétique pratique, du Brevet élémentaire.
Cours complet d'Arithmétique, du Brevet supérieur.

Cours de Mathématiques

ALGÈBRE

(COURS COMPLET)

PREMIERE PARTIE

CALCUL ALGÉBRIQUE

CHAPITRE Ier

NOTIONS PRÉLIMINAIRES

§ I. — **But de l'algèbre.**

PROBLÈME

1. — *Trouver deux nombres connaissant leur somme 14 et leur différence 6.*

Solution arithmétique.

Le grand nombre est égal au plus petit augmenté de la différence 6; la somme des deux nombres contient donc le petit nombre augmenté de 6, plus le petit nombre, c'est-à-dire 2 fois le
petit nombre plus 6; comme elle vaut 14, en retranchant 6 de 14,
nous aurons donc 2 fois le petit nombre, soit 8; le petit nombre
est donc 4, et le grand 4 plus 6 ou 10

Solution plus simple

Représentons le petit nombre par **x**; le grand sera **x + 6**; d'après l'énoncé on doit avoir

$$x + 6 + x = 14 \qquad\qquad (\text{I})$$

ou
$$2x + 6 = 14$$

égalité qui subsiste en retranchant 6 des deux membres :

$$2\,x = 14 - 6 = 8$$

$$x = \frac{8}{2} = 4 \qquad \text{et par suite} \qquad x + 6 = 10.$$

Remarque : Si nous avons beaucoup de problèmes du même genre à résoudre, il faudra recommencer la solution pour chacun d'eux avec ses données particulières. On évite ce long travail en résolvant le problème général :

2. — Trouver deux nombres connaissant leur somme s et leur différence d.

Solution générale

Représentons le petit nombre par **x**; le grand sera **x + d** d'après l'énoncé, on doit avoir

$$x + d + x = s \qquad\qquad (\text{I})$$

ou
$$2\,x + d = s$$
$$2\,x = s - d$$
$$x = \frac{s - d}{2}$$

Le grand nombre est, par suite :

$$x + d = \frac{s - d}{2} + d = \frac{s - d}{2} + \frac{2\,d}{2} = \frac{s - d + 2\,d}{2} = \frac{s + d}{2}.$$

Avantages : Dans les réponses, on conserve la trace des opérations qu'il faut effectuer pour trouver les deux nombres; on peut les énoncer en langage ordinaire :

Le petit nombre est égal à la moitié de l'excès de la somme donnée sur la différence donnée; le grand nombre est égal à la moitié de la somme de ces deux quantités.

Ou plus simplement :

La somme moins la différence donne le double du petit; la somme plus la différence donne le double du grand.

Mais il est préférable de conserver les résultats :

$$petit\ nombre = \frac{s-d}{2} \qquad grand\ nombre = \frac{s+d}{2}$$

On les appelle formules.

3. — **Formule** : *C'est un ensemble de lettres, de signes, et parfois de nombres, indiquant l'ordre et la nature des opérations qu'il faut effectuer sur les nombres représentés par les lettres et sur les nombres donnés, en vue d'obtenir un résultat déterminé.*

APPLICATION : *Trouver deux nombres connaissant leur somme 18 et leur différence 12.*

$$petit\ nombre = \frac{18-12}{2} = 3; \qquad grand\ nombre = \frac{18+12}{2} = 15.$$

4. — **Algèbre.** — Les deux solutions précédentes sont résolues par l'algèbre. Elles montrent que *l'algèbre a pour but de* **simplifier** *et de* **généraliser** *la résolution des questions relatives aux nombres.*

Une solution généralisée donne pour résultat une **formule** permettant de résoudre tous les problèmes ayant le même énoncé, mais avec des données numériques différentes.

§ II. — Moyens employés.

SIMPLIFICATION

5. — On remplace les longues explications de la solution arithmétique par des symboles, c'est-à-dire des signes particuliers représentant chacun une idée très nette. Ce sont les signes et les lettres.

6. — **Signes** : Ce sont les mêmes qu'en arithmétique :

Addition : $a + b$ (a *plus* b)   ⎫ $a \pm b$, a *plus ou moins* b.
Soustraction : $a - b$ (a *moins* b) ⎭

Multiplication: $a \times b$, ou $a.b$, ou simplement **ab** (**a** *multiplie par* b, ou ab).

Division : $a : b$ (a *divisé par* b), ou $\dfrac{a}{b}$ (a *sur* **b**).

Racine : $\sqrt{a}$ (*racine carrée de* a); $\sqrt[3]{a}$ (*racine cubique de* a); le **signe** $\sqrt{\ }$ est un *radical.*

Égalité : $a = b$ (a *égale* b).

Tout ce qui est à gauche du signe $=$ s'appelle *premier membre*, et ce qui est à droite, *deuxième membre* de l'égalité.

Inégalités : $a \neq b$ (a *différent de* b).

            $a > b$ (a *plus grand que* b).

            $a < b$ (a *plus petit que* b).

            $a \geqslant b$ (a *supérieur ou au moins égal à* b).

            $a \leqslant b$ (a *inférieur ou au plus égal à* b).

Tout ce qui est à gauche de chacun de ces signes s'appelle *premier membre*, et ce qui est à droite, *deuxième membre* de l'inégalité.

Parenthèses : ( )   *Crochets :* [ ]   *Accolades :* { }

7. — **Lettres :** La ou les quantités que l'on cherche, et qu'on appelle inconnues, sont représentées généralement par les dernières lettres de l'alphabet : **x, y, z, t, u, v.**

GÉNÉRALISATION

8. — On représente les quantités connues, ou **données**, par des lettres qui sont, généralement, les premières de l'alphabet : a, b, c, etc..., les inconnues étant représentées par **x, y**... Parfois, la lettre est l'initiale du nom qu'elle représente, que ce soit une valeur connue ou inconnue. Ainsi un capital sera représenté par **c** ; un nombre de jours par **n** ; une base par **b** ; une hauteur par **h**, etc.

Enfin, on rend cette généralisation plus complète grâce à la notion des nombres algébriques, qui seront étudiés dans le chapitre suivant.

EXERCICES

Donner les solutions · 1° arithmétiques ; 2° algébriques ; 3° généralisées des problèmes suivants :

1. — Un capital de 800ᶠ est placé au taux 3 0/0 pendant 8 ans. Trouver son intérêt. (Pour la généralisation, prendre : capital $= a$; taux $= r$; temps en années $= t$; intérêt $= I$).

2. — Une somme de 450ᶠ est placée au taux 4 0/0 pendant   Trouver son intérêt. (Pour la généralisation, prendre : capital = a; taux = r ; temps en jours = n ; intérêt = I).

3. — Un commerçant mélange 12 litres de vin à 0^f,50 le litre avec de l'eau ; le mélange lui revient à 0^f,40 le litre. Combien a-t-il mis d'eau ? (Pour la généralisation, prendre : nombre de litres de vin = a ; prix du litre = b ; prix moyen du mélange = c).

4. — Une cage renferme des poules et des lapins, en tout 25 bêtes et 80 pattes. Combien y a-t-il de poules et de lapins ? (Pour la généralisation, prendre : nombre total de bêtes = a, nombre de pattes = b.)

5. — Deux personnes ont ensemble 400^f ; l'avoir de l'une est triple de celui de l'autre. Combien chacune possède-t-elle ?
Généralisation : La somme totale = a ; l'avoir de l'une vaut m fois celui de l'autre.

6. — Une garnison se compose de 4800 hommes; le nombre des fantassins vaut 4 fois celui des artilleurs, et ce dernier est le triple de celui des cavaliers. Combien y a-t-il de soldats de chaque arme ? — Généralisation : nombre total = a; nombre des fantassins = m fois celui des artilleurs, et celui-ci = n fois celui des cavaliers.

7. — Un père a 38 ans, et son fils 10. Dans combien d'années l'âge du père sera-t-il triple de celui du fils? — Généralisation : âge du père = a âge du fils = b ; l'âge du père doit être m fois celui du fils.

8. — Quel est le nombre qui, multiplié par 5, puis diminué de 10, donne ce même nombre augmenté de 38 ? — Généralisation : remplacer 5 par a, 10 par b, 38 par c.

9. — Si un libraire vendait 2^f,75 la pièce un certain nombre de volumes, il perdrait 37^f,50 ; en les vendant 3^f,50 la pièce, il gagnerait 75^f. Combien a-t-il de volumes, et combien lui coûte chacun d'eux ? — Généralisation . remplacer 2^f,75 par a ; 37^f,50 par b ; 3^f,50 par c ; 75^f par d.

10. — Partager le nombre 45 en deux parties dont l'une soit les $\frac{2}{3}$ de l'autre. — Généralisation : remplacer 45 par a ; $\frac{2}{3}$ par $\frac{m}{n}$.

11. — Partager 140^f entre deux personnes de manière que l'une ait autant de pièces de 2^f que l'autre a de pièces de 5^f. — Généralisation : remplacer 140 par a ; 2 par m; 5 par n.

12. — Diophante passa dans sa jeunesse le sixième de sa vie ; le douzième dans l'adolescence ; il se maria et passa dans cette union le septième de sa vie plus 5 ans avant d'avoir un fils ; celui-ci atteignit la moitié de l'âge auquel son père est parvenu, et le père survécut de 4 ans à son fils. A quel âge Diophante est-il mort ?

CHAPITRE II

NOMBRES ALGÉBRIQUES

§ I. — Notions générales.

9. — **I.** — Je suis à Rouen (*fig*. 1). Si je dis : « Je fais une promenade de 50^{km}, où suis-je ? » on ne peut pas répondre, car je n'ai pas indiqué si j'allais du côté du Havre, ou du côté de Paris. Pour préciser, je dois dire, par exemple : « *J'ai fait* 50^{km} *dans le sens de Rouen à Paris* » ; on peut alors marquer le point A. Si j'ajoute : « J'ai fait, ensuite 20^{km} », il y a encore doute ; je dois donc préciser, par exemple : « *J'ai fait* 20^{km} *dans le sens de Paris à Rouen* » : dans ce cas, mon point d'arrivée final est B, situé à 30^{km} de Rouen, dans la direction de Paris.

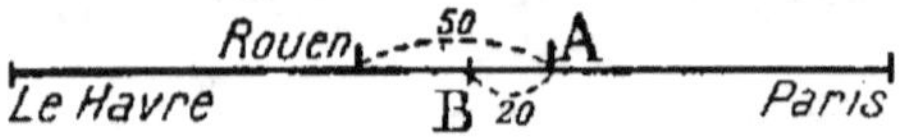

Rouen 50 A
Le Havre B 20 Paris

Fig. 1.

II. — Le thermomètre marquait $15°$ il y a une heure ; depuis, il a varié de $2°$. Sait-on ce qu'il marque actuellement ? Non, car ici encore il faut préciser le sens de la variation. Je devrai donc dire, par exemple : « *Il a monté de* $2°$ », et alors son indication finale est $17°$.

III. — Lorsqu'un commerçant fait le soir le bilan de sa journée, il totalise les recettes, les dépenses, puis en fait la différence. Or, il peut arriver que les recettes soient supérieures aux dépenses, auquel cas le bilan est une recette finale ; ou bien que les dépenses soient supérieures aux recettes, auquel cas le bilan est une dépense finale. S'il y avait égalité entre les recettes et les dépenses, le bilan serait 0.

Si je dis : « Le bilan de telle journée est 75ᶠ », suis-je bien renseigné sur l'état de la caisse? Non; il faut que je précise, par exemple : *« Le bilan est un excédent de recettes de 75ᶠ, ou un excédent de dépenses de 75ᶠ. »*

10. — Ces quelques exemples montrent l'insuffisance des nombres arithmétiques employés seuls pour préciser la valeur d'une grandeur qui peut être comptée dans deux sens différents ; *on est obligé de compléter le nombre indiquant la mesure à l'aide du langage ordinaire.*

Or, nous avons vu qu'un des buts de l'algèbre est de simplifier les questions relatives aux nombres en remplaçant le langage ordinaire par des signes ou symboles. On a donc eu l'idée de préciser, à l'aide de signes particuliers, le sens dans lequel on évalue une grandeur. Ainsi, dans l'exemple I, on *pourrait convenir* que les signes ══▶ et ◀══ représentent respectivement les directions Le Havre-Paris et Paris-Le Havre. On indiquerait alors les deux voyages de cette manière : ══▶ 50, et ◀══ 20. Mais pour des raisons spéciales, qui seront justifiées par les explications qui vont suivre, et notamment par les calculs relatifs à ces symboles, les mathématiciens ont choisi les signes déjà connus + et —.

DÉFINITIONS

11. — Convention. — Étant donnée une grandeur qui peut être mesurée dans deux sens opposés, *on doit convenir tout d'abord du sens qu'on appelle positif.* S'il s'agit d'une droite, on a l'habitude de regarder comme positif le sens de gauche à droite, et, par suite, le sens de droite à gauche est négatif. Mais on peut très bien renverser ces sens sans rien changer aux résultats d'un problème. *L'essentiel est de bien fixer le sens positif dès le début de la question, et de conserver le même sens positif dans tout le cours du raisonnement.*

Si nous admettons comme positif le sens *Le Havre-Paris*, notre premier trajet sera représenté sans aucune équivoque par + 50, et le second par — 20. Sur cet exemple, nous pouvons déjà comprendre l'idée qu'éveillent les signes + et —. Dire que la route *Havre-Paris* est positive, c'est admettre que nous cheminons normalement dans cette direction ; par suite, tout trajet fait dans le même sens *allonge* la distance qui nous sépare de notre point de départ ; au contraire, tout chemin fait en sens inverse *raccourcit* cette distance. *Mais il importe de remarquer que les signes + ou — ainsi employés ne représentent pourtant ni une addition, ni une soustraction;* pour qu'une telle opération signifie quelque chose il faut nécessairement que + ou — soient entre deux nombres ; quand on écrit simplement + 50 ou — 20, il n'y a là aucune opération.

En ce qui concerne d'autres grandeurs, il sera tout naturel de considérer comme *positif :* le sens de la *montée,* dans la variation thermométrique ; *l'encaissement,* dans les opérations financières ; *l'avenir,* dans le temps ou la chronologie.

12. — Axe orienté. — Si l'on fixe le sens positif de gauche à droite sur la direction **XY** (*fig.* 2), on dit que **XY** est un

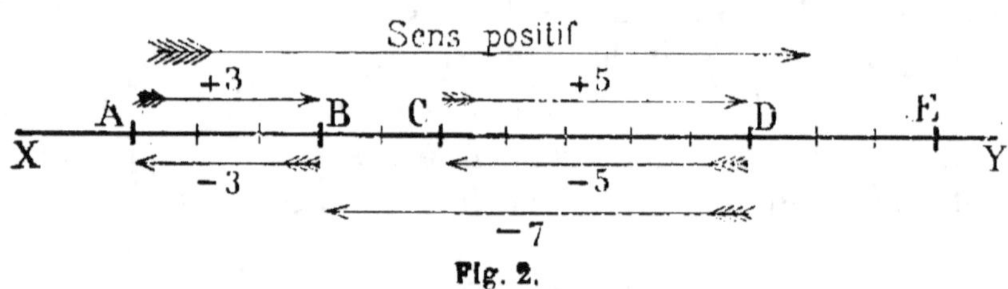

Fig. 2.

axe orienté, ou simplement un axe. Pour faciliter nos explications, graduons cet axe à l'aide d'une petite unité de longueur, et considérons la distance qui sépare le point **A** du point B, et qu'on appelle le segment AB.

13. — Segment. — La longueur du trajet Rouen-Paris est évidemment la même que celle du trajet Paris-Rouen ; cependant, ces deux voyages ont des résultats absolument contraires. De même, la longueur comprise entre **A** et **B** est la même que celle comprise entre **B** et **A**, mais le segment **AB** n'éveille pas la même idée que le segment **BA**.

Pour noter cette distinction, *on désigne un segment en nommant* *d'abord le point de départ, ou* **point initial** *ou* **origine**, *puis le* **point final** *ou* **extrémité**, *et l'on surmonte ces lettres d'un trait horizontal :* $\overline{AB}$, $\overline{BA}$, $\overline{CD}$, $\overline{DC}$.

Un tel symbole représente donc deux idées : une longueur, que l'on peut traduire par un nombre arithmétique, et un sens, que l'on indique par un signe. Ainsi, sur l'axe **XY** nous avons :

$$\overline{AB} = +\,3 \qquad \overline{BA} = -\,3$$
$$\overline{CD} = +\,5 \qquad \overline{DC} = -\,5$$

14. — **Nombres algébriques.** — Les notations $+\,3$ et $+\,5$, précédées du signe $+$, sont dites nombres positifs ; les notations $-\,3$ et $-\,5$, précédées du signe $-$, sont dites nombres négatifs.

L'ensemble des nombres positifs et des nombres négatifs constitue les nombres algébriques, auxquels on convient de joindre 0, qui n'a pas de signe.

La mesure arithmétique que renferme un nombre algébrique, c'est-à-dire ce nombre sans aucun signe, s'appelle sa valeur absolue.

Pour rappeler que le signe fait partie du nombre algébrique, et n'indique pas une opération, lorsqu'il pourrait y avoir équivoque on met le nombre algébrique entre parenthèses : $(+\,3)$, $(-\,3)$, $(+\,5)$, $(-\,5)$.

15. — **Relations** entre les segments **et les nombres algébriques.** — Ce qui précède montre que tout segment d'un axe gradué peut être remplacé par un nombre algébrique, et un seul, qu'on appelle son équivalent algébrique.

Réciproquement, il est clair qu'un nombre algébrique peut être représenté sur un tel axe par un segment, et un seul, lorsque l'origine de ce segment est fixée. Ainsi, pour figurer le nombre $(-\,7)$ à partir d'un point quelconque **D** (*fig.* 2), je compte 7 divisions vers la gauche à partir de **D**, et j'ai le point B tel que $\overline{DB} = -\,7$.

On dit que deux segments sont égaux lorsqu'ils ont même longueur **et même sens :** $\overline{AB}$ et $\overline{DE}$; leurs équivalents algébriques sont alors dits égaux. On dit que deux segments sont opposés lorsqu'ils ont même longueur, mais des sens contraires : $\overline{AB}$ et $\overline{ED}$, $\overline{AB}$ et $\overline{BA}$; leurs équivalents algébriques sont alors dits opposés.

Il en résulte que :

Deux nombres algébriques sont égaux lorsqu'ils ont même valeur absolue et même signe;

Deux nombres algébriques sont opposés lorsqu'ils ont même valeur absolue et des signes contraires.

EXEMPLES : $(+ 12)$ et $(+ 12)$ sont égaux.

$(+ 12)$ et $(- 12)$ sont opposés.

Enfin, pour abréger, au lieu de dire : nombre algébrique, nous dirons désormais simplement : nombre.

§ II. — Opérations.

16. — Dans tout ce qui va suivre, nous opérerons sur un **axe XY** dont les divisions représentent des pas faits par un voyageur (*fig.* 3); nous prendrons pour point de repère, dans toute opération, le point 0 qui nous servira d'origine ; le résultat de l'opération sera le segment qui a pour origine le point 0, et pour extrémité le point final déterminé par le raisonnement, *quelles que soient les positions de ces deux points et celles des points intermédiaires, s'il y en a.*

ADDITION

17. — **1er Cas.** — Le voyageur est en 0 (*fig.* 3); il fait $(+ 5)$ pas, soit le segment $\overline{OA}$, puis $(+ 3)$ pas, soit le segment $\overline{AB}$. La distance qui sépare l'origine 0 du point d'arrêt final

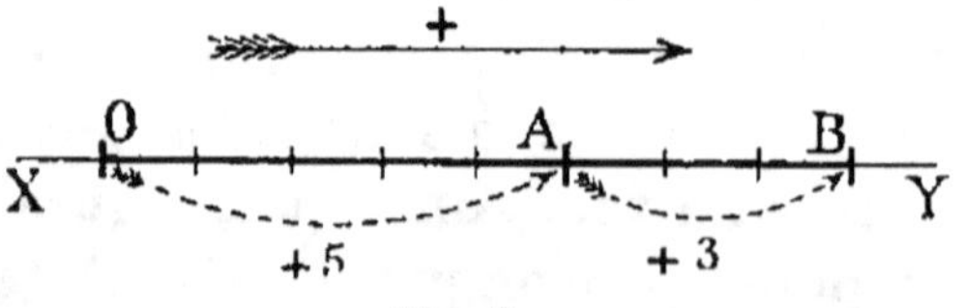

Fig. 3.

B est donc représentée par le segment $\overline{OB}$, qui a pour origine l'origine 0 du premier segment, $\overline{OA}$, et pour extrémité l'extrémité B du second, $\overline{AB}$.

Tout se passe comme si, le point A *n'existant pas, le voyageur était allé de* O *en* B *directement.*

La figure montre que : $\quad \overline{OB} = + 8.$

Il est alors naturel de dire que le segment $\overline{OB}$ est la somme des segments $\overline{OA}$ et $\overline{AB}$, et cela, d'après la notion arithmétique de la somme de deux grandeurs.

On écrit donc :

$$\overline{OA} + \overline{AB} = \overline{OB}$$

soit, en traduisant en équivalents algébriques :

$$(+ 5) + (+ 3) = + 8 \qquad\qquad (\mathbf{I})$$

2° Cas. — Le voyageur est en O (*fig. 4*). Il fait $(+ 5)$ pas, soit le segment $\overline{OA}$, puis $(- 3)$ pas, soit le segment $\overline{AB}$. La distance qui sépare l'origine O du point d'arrêt final B est

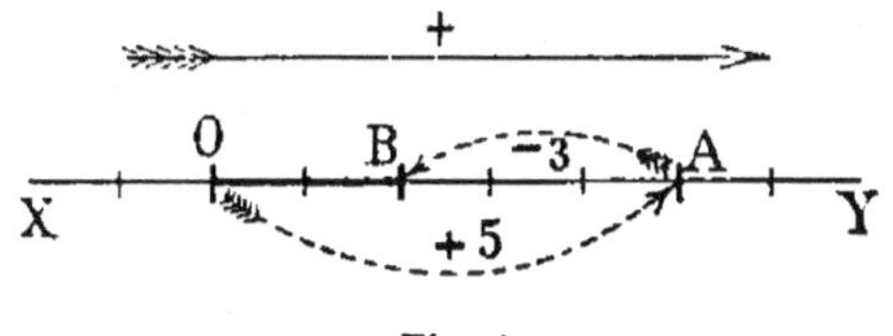

Fig. 4.

donc représentée par le segment $\overline{OB}$, qui a pour origine l'origine O du premier segment, $\overline{OA}$, et pour extrémité l'extrémité B du second, $\overline{AB}$.

Tout se passe comme si, le point A *n'existant pas, le voyageur était allé de* O *en* B *directement.*

La figure montre que : $\quad \overline{OB} = + 2.$

Bien que le résultat ne soit pas le même que dans le cas précédent, le raisonnement est identique à celui de ce premier cas. Pour rappeler ce fait, *on convient de dire que le segment* $\overline{OB}$ *est la somme des segments* $\overline{OA}$ *et* $\overline{AB}$.

On écrit encore :

$$\overline{OA} + \overline{AB} = \overline{OB}$$

soit, en équivalents algébriques :

$$(+ 5) + (- 3) = + 2 \qquad\qquad (\mathbf{2})$$

3° **Cas.** — Le voyageur est en O (*fig.* 5). Il fait (— 5) pas, soit le segment $\overline{OA}$, puis (+ 3) pas, soit le segment $\overline{AB}$. La

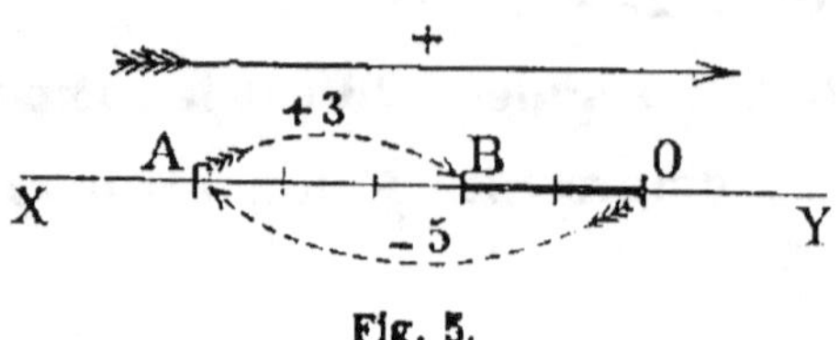

Fig. 5.

distance qui sépare l'origine O du point d'arrêt final B est donc représentée par le segment $\overline{OB}$, qui a pour origine l'origine O du premier segment, $\overline{OA}$, et pour extrémité l'extrémité B du second, $\overline{AB}$.

Tout se passe comme si, le point A n'existant pas, le voyageur était allé de O en B directement.

La figure montre que : $\qquad \overline{OB} = - 2.$

Ici encore, **on convient de dire que** $\overline{OB}$ **est la somme des segments** $\overline{OA}$ **et** $\overline{AB}$, et l'on écrit :

$$\overline{OA} + \overline{AB} = \overline{OB}$$

soit, en équivalents algébriques :

$$(- 5) + (+ 3) = - 2.$$

4° **Cas.** — Le voyageur est en O (*fig.* 6). Il fait (— 5) pas, soit le segment $\overline{OA}$, puis (— 3) pas, soit le segment $\overline{AB}$. La

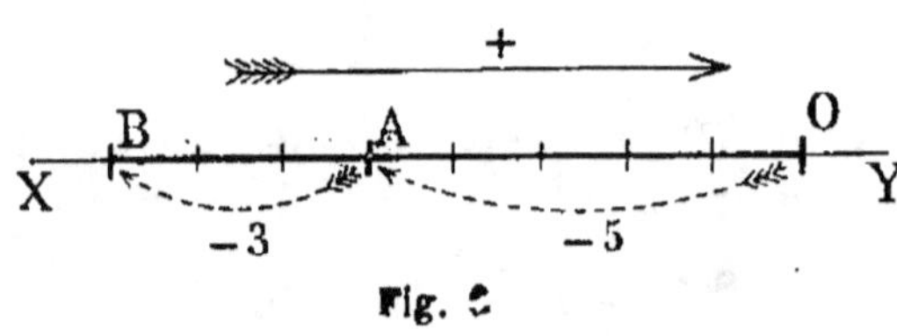

Fig. 6.

distance qui sépare l'origine O du point d'arrêt final B est donc représentée par le segment $\overline{OB}$, qui a pour origine l'origine O du premier segment, $\overline{OA}$, et pour extrémité l'extrémité B du second, $\overline{AB}$.

Tout se passe comme si, le point A n'existant pas, le voyageur était allé de O en B directement.

La figure montre que $\overline{OB} = - 8.$

Ici encore, **on convient de dire que** $\overline{OB}$ **est la somme des** segments $\overline{OA}$ et $\overline{AB}$, et l'on écrit :

$$\overline{OA} + \overline{AB} = \overline{OB}$$

soit, en équivalents algébriques :

$$(-5) + (-3) = -8$$

18. — Définition. — *Lorsque deux segments sont tels que l'origine du second coïncide avec l'extrémité du premier, leur* **somme** *est un segment qui a pour origine l'origine du premier, et pour extrémité l'extrémité du second.*

Cette définition est *conventionnelle;* mais il est utile de constater, comme nous l'avons fait, qu'elle n'est pas entièrement arbitraire, et qu'elle repose sur la généralisation d'un raisonnement basé sur l'idée de *somme* telle qu'on l a définie en arithmétique.

19. — Règles de l'addition. — Les opérations sur les segments étant traduites en équivalents algébriques, les égalités (1), (2), (3), (4) montrent que :

1° *La somme de deux nombres de même signe a pour valeur absolue la somme des valeurs absolues de ces nombres, et pour signe leur signe commun;*

2° *La somme de deux nombres de signes contraires a pour valeur absolue la différence des valeurs absolues de ces nombres, et pour signe selui du nombre qui avait la plus grande valeur absolue.*

Chacun des nombres constituant cette somme s'appelle un terme. Il y a donc des termes positifs et des termes négatifs.

Remarquons, enfin, que d'après la seconde règle, la somme de deux nombres opposés est nulle. Ainsi $(+5) + (-5) = 0$. Cela revient, en effet, à faire 5 pas vers la droite, puis 5 pas vers la gauche, c'est-à-dire à revenir au point d'origine.

Cas de plus de deux nombres.

20. — On peut opérer sur un nombre quelconque de segments, et l'on en tire la définition générale conventionnelle suivante :

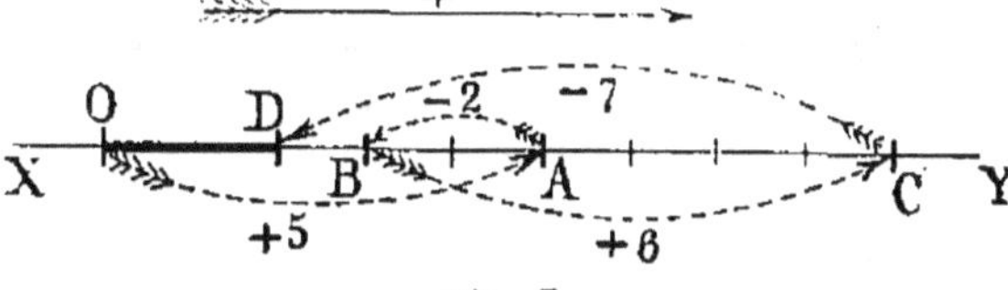

Fig. 7.

La somme de plusieurs segments, tels que l'origine de l'un coïncide avec l'extrémité du précédent, est un segment qui o pour origine l'origine du premier segment, et pour extrémité l'extrémité du dernier segment.

Ainsi, la somme des segments $\overline{OA}$, $\overline{AB}$, $\overline{BC}$, $\overline{CD}$, est $\overline{OD}$ (*fig. 7*), et l'on écrit $\overline{OA} + \overline{AB} + \overline{BC} + \overline{CD} = \overline{OD}$

soit, en équivalents algébriques :

$$(+5) + (-2) + (+6) + (-7) = +2$$

21. — Simplifications de calcul. — Supposons qu'un caissier reçoive 12ᶠ, puis 4ᶠ, puis paie une facture de 7ᶠ, puis reçoive 8ᶠ, puis paie une autre facture de 5ᶠ. Les encaissements étant représentés par des nombres positifs, et les paiements par des nombres négatifs, le caissier pourra figurer ainsi l'ensemble des opérations :

$$(+12) + (+4) + (-7) + (+8) + (-5) \qquad (\text{I})$$

En effectuant successivement ces sommes, d'après les règles connues, on trouve que le bilan est $(+12)$.

Or, il est évident que, si la facture de 7ᶠ avait été payée avant l'encaissement de 4ᶠ, ou après celui de 8ᶠ, le bilan serait encore le même; on peut, d'ailleurs, le vérifier :

$$(+12) + (-7) + (+4) + (+8) + (-5) = (+12) +$$
$$(+4) + (+8) + (-7) + (-5) = +12.$$

On peut donc intervertir les termes d'une somme de nombres algébriques sans changer la valeur de cette somme.

D'autre part, si au lieu de recevoir séparément 12ᶠ, 4ᶠ, 8ᶠ, le caissier avait reçu 24ᶠ; et si, au lieu de payer 7ᶠ puis 5ᶠ, il avait payé 12ᶠ, son bilan serait évidemment le même, et il pourrait l'écrire :

$$(+24) + (-12) = +12 \qquad (2)$$

On peut donc remplacer par leur somme effectuée plusieurs termes d'une somme de nombres algébriques sans changer la valeur de cette somme.

Remarquons enfin que, si le total des encaissements était 12ᶠ, et celui des paiements 24ᶠ, le bilan serait :

$$(+12) + (-24) = -12 \qquad (3)$$

c'est-à-dire que la caisse contiendrait 12^f de moins qu'au début des opérations.

22. — Simplifications d'écriture. — En effectuant successivement les opérations indiquées par l'expression (1), on a dit :

$$(+\,12) + (+\,4) = +\,16$$
$$(+\,16) + (-\,7) = +\,9$$
$$(+\,\ 9) + (+\,8) = +\,17$$
$$(+\,17) + (-\,5) = +\,12$$

On constate que cette succession d'opérations est la même que celle indiquée par l'expression :

$$12 + 4 - 7 + 8 - 5$$

On convient alors :

1° De sous-entendre le signe + devant un nombre positif isolé, ou commençant une expression, de sorte que les nombres positifs se confondent ainsi avec les nombres arithmétiques;

2° D'écrire les nombres algébriques les uns à la suite des autres, sans parenthèses, en conservant leurs signes propres.

La première convention est générale dans tous les calculs algébriques, mais la seconde ne s'applique qu'à l'addition.

En conséquence, au lieu d'écrire :

	on écrit	
$(+\,24) + (+\,12) = +\,36$	on écrit	$24 + 12 = 36$
$(+\,24) + (-\,14) = +\,10$	—	$24 - 14 = 10$
$(+\,15) + (-\,24) = -\,9$	—	$15 - 24 = -\,9$
$(-\,12) + (-\,8) = -\,20$	—	$-12 - 8 = -\,20$

Une addition de beaucoup de nombres algébriques peut ainsi être ramenée à l'addition ou à la soustraction arithmétiques de deux nombres, mais en plaçant + ou —, suivant le cas, devant le résultat.

23. — Règle générale. — *La somme de plusieurs nombres algébriques de même signe a pour valeur absolue la somme des valeurs absolues de ces nombres, et pour signe leur signe commun.*

La somme de plusieurs nombres algébriques de signes différents a pour valeur absolue la différence des valeurs absolues de la somme des nombres positifs et de celle des nombres négatifs, et pour signe le signe de la somme qui a la plus grande valeur absolue.

EXEMPLE : $(+50) + (-15) + (-10) + (+12) + (-7)$
$= 50 - 15 - 10 + 12 - 7 = (50 + 12) - (15 + 10 + 7)$
$= 62 - 32 = 30.$

SOUSTRACTION

24. — Définition. — *La différence entre deux nombres, énoncés dans un certain ordre, est un troisième nombre qui, ajouté au second, donne une somme égale au premier.*

Soit à trouver la différence entre 7 et (-4), ou $7 - (-4)$. Constatons d'abord que, les deux nombres opposés (-4) et $(+4)$ ayant pour somme 0, nous avons :

$$7 + (-4) + (+4) = 7 \qquad\qquad (1)$$

Puisque la somme des trois nombres : 7, (-4), $(+4)$ vaut 7, il est clair qu'à l'un d'eux il faut ajouter la somme des deux autres pour avoir 7.

En particulier, à (-4), *qui est le second nombre donné*, il faut ajouter $7 + (+4)$ ou $7 + 4$ pour avoir 7. Donc, *par définition*, $7 + 4$ est la différence entre 7 et (-4). D'où :

$$7 - (-4) = 7 + 4$$

La même égalité (1) montre qu'à $(+4)$ il faut ajouter $7 + (-4)$ ou $7 - 4$ pour avoir 7.

Donc, *par définition*, $7 - 4$ est la différence entre 7 et $(+4)$.

D'où : $$7 - (+4) = 7 - 4.$$

25. — Règle. — *Deux nombres étant donnés dans un certain ordre, leur différence est égale à la somme du premier et de l'opposé du second.*

Pratiquement, pour trouver cette différence, *on écrit, à la suite du premier nombre, le second changé de signe.*

EXEMPLE ET VÉRIFICATION : $12 - (-9) = 12 + 9$
car : $\underbrace{12}_{\text{résultat}} + \underbrace{9 + (-9)}_{\substack{\text{second} \\ \text{nombre}}} = 12 + 9 - 9 = \underbrace{12}_{\substack{\text{premier} \\ \text{nombre}}}$

26. — Relation des segments ou des nombres opposés. — Si l'on énonce un segment: $\overline{OA}$, cela signifie qu'on va de 0 en A; si on l'énonce $-\overline{OA}$, cela signifie qu'on va en sens contraire, c'est-à-dire qu'on parcourt le segment opposé $\overline{AO}$, quel que soit le sens primitif de $\overline{OA}$.

On a donc :
$$\overline{AO} = -\overline{OA}$$

Et de même :
$$\overline{OA} = -\overline{AO}$$

En résumé, *l'opposé d'un segment peut être représenté par ce segment précédé du signe —.*

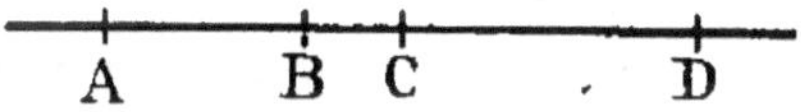

Ainsi, quels que soient les signes des équivalents algébriques des segments AB, BC, CD (*fig.* 8), on a :

Fig. 8.

$$\overline{AB} = -\overline{BA} \;\; ; \;\; \overline{DC} = -\overline{CD} \;\; ; \;\; \overline{BD} = -\overline{DB}, \text{ etc...}$$

Par suite, si $\overline{AB} = +5,$ $\overline{BA} = -5,$ et l'on a :
$$\overline{AB} = -\overline{BA} \quad \text{ou} \quad +5 = -(-5)$$

De même on peut écrire :
$$\overline{BA} = -\overline{AB} \quad \text{ou} \quad -5 = -(+5)$$

D'où : *L'opposé d'un nombre algébrique peut être représenté par ce nombre précédé du signe —.*

Le signe — ainsi employé a donc le même effet que celui indiquant une soustraction.

Remarque. — Si l'on comprend bien cette **signification du signe —**, on trouve très légitime cette relation qui étonne et effraie les débutants : $-(-8) = +8$

En effet, le nombre 8 signifie, par exemple, qu'on fait 8 pas dans un sens qu'on admet positif; le symbole (-8) signifie 8 pas en sens opposé du premier; le symbole $-(-8)$ signifie 8 pas en sens opposé du second, ce qui revient à marcher dans le premier sens, qui était positif.

27. — Somme algébrique. — Soit l'expression :
$$(+4) + (+12) - (+3) + (-5) - (-4) + (+2) \tag{1}$$

On peut, en appliquant la règle de la soustraction, la remplacer par :

$$(+4) + (+12) + (-3) + (-5) + (+4) + (+2) \qquad (2)$$

et, enfin, en appliquant les règles de l'addition, et les abréviations déjà étudiées, par :

$$4 + 12 - 3 - 5 + 4 + 2 = 22 - 8 = 14 \qquad (3)$$

L'expression (1) est appelée somme algébrique.

Une somme algébrique est une suite de termes positifs ou négatifs séparés par les signes + ou —. On peut la ramener à une suite de nombres arithmétiques séparés par les signes + ou —, et qu'on appelle aussi somme algébrique

Cette définition est justifiée par ce fait qu'on peut remplacer la suite des termes de l'expression (1) par une addition, comme le montre l'expression (2).

D'après le n° 24, on peut faire permuter les termes d'une telle somme, ou remplacer plusieurs d'entre eux par leur somme effectuée.

OBSERVATION. — Les règles relatives à l'addition et à la soustraction d'un nombre négatif paraissent bizarres aux débutants, qui les énoncent parfois de la manière abrégée suivante : *Pour additionner un nombre négatif, on le retranche; pour le soustraire, on l'ajoute.* Un tel langage est un non sens. Il faut dire, et cet énoncé, quoique incorrect, est très pratique : *Pour additionner un nombre négatif, on retranche sa valeur absolue; pour le retrancher, on ajoute sa valeur absolue*

MULTIPLICATION

28. — Si un voyageur fait 2 pas à la seconde, et si le temps considéré est 3 secondes, la longueur en pas du chemin parcouru est donnée par le produit arithmétique :

$$2 \times 3 = 6.$$

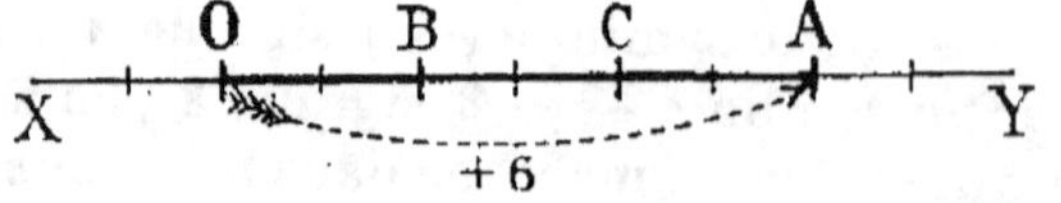

Fig. 9.

Le voyageur étant en O sur l'axe XY (*fig.* 9), convenons que les pas seront positifs s'ils vont de gauche à droite, conformément à l'orientation de l'axe **XY**, et que le temps sera positif si on le compte dans l'avenir.

1ᵉʳ Cas. — *Le voyageur fait 2 pas vers la droite en 1 seconde; où sera-t-il dans 3 secondes?* (*fig.* 9).

Données { *origine :* 0, *vitesse* $= +$ 2, *temps* $= +$ 3.

Inconnue { *segment* $\overline{OA}$ *dont on va chercher l'extrémité* **A**.

Il est tout naturel ici d'indiquer l'espace ou le segment parcouru, conformément à la solution arithmétique, à l'aide du *produit de la vitesse par le temps*, soit :

$$\overline{OA} = (+\ 2) \times (+\ 3). \tag{1}$$

Constatons maintenant sur la figure que, dans une seconde, le voyageur aura fait deux pas à droite et sera en **B**; dans 2 secondes, en **C**; dans 3 secondes, en **A**. Le segment $\overline{OA}$, allant vers la droite, est positif; il contient **6 pas**; donc son équivalent algébrique est ($+$ 6), et l'on a :

$$\overline{OA} = +\ 6.$$

Ce résultat devant être fourni par le produit $(+\ 2) \times (+\ 3)$, on peut écrire :

$$(+\ 2) \times (+\ 3) = +\ 6.$$

Le produit de deux nombres positifs est donc positif.

2ᵉ Cas. — *Le voyageur fait 2 pas vers la gauche en 1 seconde; où sera-t-il dans 3 secondes?* (*fig.* 10).

Données { *origine :* 0, *vitesse* $= -$ 2, *temps* $= +$ 3.

Inconnue { *segment* $\overline{OA}$ *dont on va chercher l'extrémité* **A**.

Par analogie avec le cas précédent, l'espace ou segment parcouru sera encore représenté

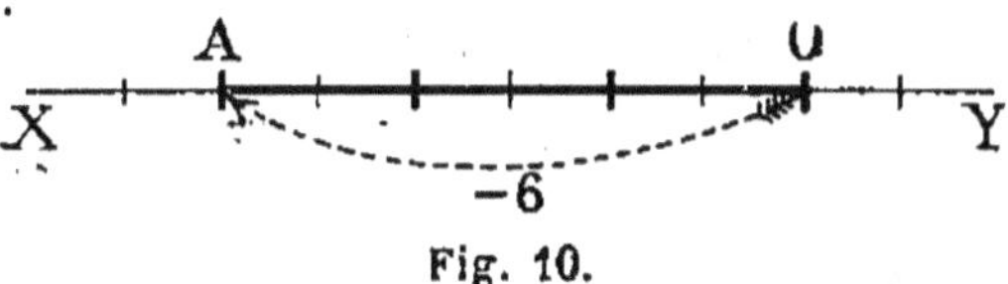

Fig. 10.

à l'aide du *produit de la vitesse par le temps*, soit :

$$\overline{OA} = (-\ 2) \times (+\ 3).$$

L'observation directe de la figure montre facilement que, dans 3 secondes, le voyageur sera 6 pas à gauche du point O : le segment $\overline{OA}$ a donc encore pour valeur absolue 6, mais son sens est négatif, d'où :

$$\overline{OA} = -6.$$

Ce résultat devant être fourni par le produit $(-2) \times (+3)$, on peut écrire :

$$(-2) \times (+3) = -6.$$

Le produit d'un nombre négatif par un nombre positif est donc négatif.

3ᵉ Cas. — *Le voyageur fait 2 pas vers la droite en 1 seconde; où était-il il y a 3 secondes? (fig. 11.)*

Données $\Big|$ *Origine : 0, vitesse* $= +2$, *temps* $= -3$.

Inconnue $\Big|$ *segment* $\overline{OA}$.

Ainsi que dans les cas précédents, nous indiquerons la valeur du segment $\overline{OA}$ à l'aide du produit de la vitesse par le temps :

$$\overline{OA} = (+2) \times (-3).$$

Constatons maintenant sur la figure qu'*il y a 1 seconde le voyageur était 2 pas à gauche* de 0, puisqu'il marche toujours dans le sens XY; il y a 2 secondes, il était 4 pas à gauche de 0; et il y a 3 secondes, il était 6 pas à gauche de 0. On a donc encore :

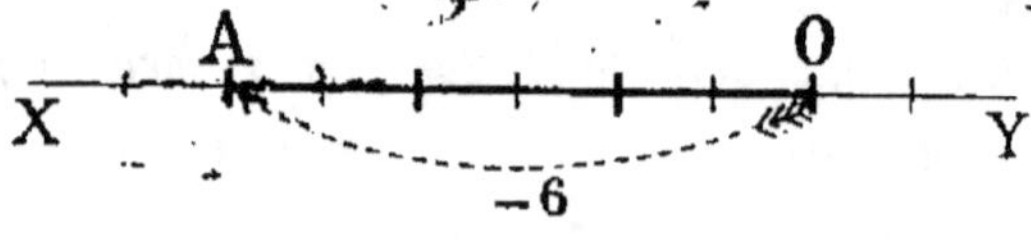

Fig. 11.

$$\overline{OA} = -6.$$

D'où :

$$(+2) \times (-3) = -6.$$

Le produit d'un nombre positif par un nombre négatif est donc négatif.

4° Cas. — *le voyageur fait 2 pas vers la gauche en 1 seconde; où était-il il y a 3 secondes? (fig. 12.)*

Données { *Origine* : 0, *vitesse* $= -2$, *temps* $= -3$.

Inconnue { *segment* $\overline{OA}$.

Nous écrivons encore :

$$\overline{OA} = (-2) \times (-3).$$

Constatons, sur la figure, qu'*il y a* 1 seconde le voyageur était 2 pas à droite de 0, puisqu'il marche toujours dans le sens **YX**; il y a 2, puis 3 secondes, il était à 4, puis 6 pas à droite de 0. Ce segment $\overline{OA}$, partant de l'origine 0

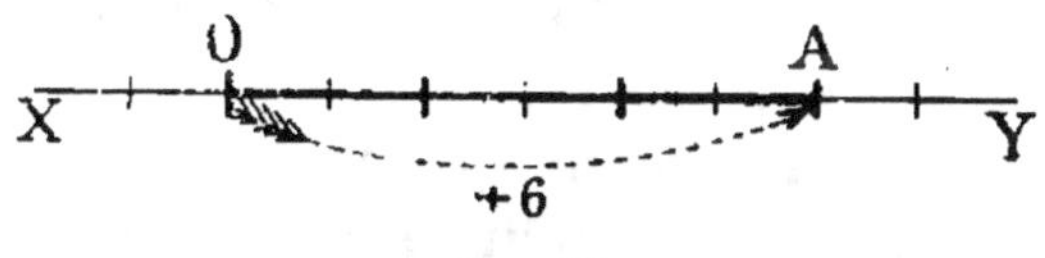

Fig. 12.

où se trouve actuellement (comme dans tous les autres cas) notre voyageur, a donc pour équivalent algébrique $+6$, et l'on a :

$$\overline{OA} = +6$$

d'où :

$$(-2) \times (-3) = +6.$$

Le produit d'un nombre négatif par un nombre négatif est donc positif.

En résumé, grâce à la convention de l'idée attribuée aux signes, on peut énoncer la règle suivante :

29. Règle générale. — *Le produit de deux nombres algébriques a toujours pour valeur absolue le produit des valeurs absolues de ces nombres. Il est positif si ces nombres sont de même signe; il est négatif si ces nombres sont de signes contraires.*

Cette règle étant extrêmement importante, on l'énonce de la manière abrégée suivante, qu'on appelle Règle des signes :

$$+ \times + = + \qquad plus \quad par\ plus \quad donne\ plus.$$
$$+ \times - = - \qquad plus \quad - \quad moins \quad - \quad moins.$$
$$- \times + = - \qquad moins \quad - \quad plus \quad - \quad moins.$$
$$- \times - = + \qquad moins \quad - \quad moins \quad - \quad plus.$$

(Voici un moyen mnémonique pour comprendre et retenir ces relations :

Les amis de nos amis sont nos amis;

Les amis de nos ennemis sont nos ennemis;

Les ennemis de nos amis sont nos ennemis;

Les ennemis de nos ennemis sont nos amis.)

30. — Remarque.— Il résulte immédiatement de cette règle que *le produit de deux nombres algébriques reste le même, en valeur absolue et en signe, si l'on change à la fois les signes des deux facteurs.*

CAS DE PLUS DE DEUX NOMBRES

31. — De même qu'en arithmétique, le produit de plusieurs nombres ou facteurs est le résultat obtenu en multipliant le premier par le second, le produit trouvé par le troisième facteur et ainsi de suite jusqu'au dernier.

Ainsi :

$$(+8) \times (-2) \times (+3) \times (-5) \times (+6)$$

donne :

$$(+8) \times (-2) = -16$$
$$(-16) \times (+3) = -48$$
$$(-48) \times (-5) = +240$$
$$(+240) \times (+6) = +1440$$

Nous constatons facilement que si un produit de 2 facteurs contient un facteur négatif, le produit effectué a un signe contraire à celui de l'autre facteur.

Par suite, si le nombre des facteurs négatifs est *un*, le produit final sera négatif; s'il est *deux*, le produit final sera positif, etc...; d'une façon générale : *le signe d'un produit de facteurs dépend du nombre des facteurs négatifs; si ce nombre est pair, le produit est positif; si ce nombre est impair, le produit est négatif.*

Applications. — De même qu'en arithmétique, le produit de plusieurs facteurs égaux à un même nombre est appelé puissance de ce nombre. Le nombre de ces facteurs est indiqué en petits chiffres placés en haut et à droite du facteur constant, et qu'on appelle exposants. Ce qui précède montre que les puissances à exposants pairs d'un nombre algébrique sont toujours positives, et en particulier, *tous les carrés sont positifs*. Les puissances à exposants impairs d'un nombre algébrique sont positives ou négatives suivant que ce nombre est lui-même positif ou négatif, et en particulier, *le cube d'un nombre négatif est négatif*.

Ainsi :

$$(-5)^2 = (-5) \times (-5) = +25$$
$$(+5)^2 = (+5) \times (+5) = +25$$
$$(-4)^3 = (-4) \times (-4) \times (-4) = (+16) \times (-4) = -64.$$

32. — **Principe.** — *Un produit de nombres algébriques ne change pas de valeur si l'on intervertit l'ordre de ces nombres.*

En effet : 1° la valeur absolue du produit reste la même quel que soit l'ordre des nombres, d'après le principe d'arithmétique sur l'interversion des facteurs.

2° Le signe reste le même, puisque ce signe ne dépend que du nombre des facteurs négatifs, et non pas de leur place.

Conséquence. — Toutes les propriétés démontrées pour les produits de facteurs arithmétiques, et pour les puissances, conviennent aux produits de nombres algébriques; il suffit, en algèbre, de tenir compte des signes.

33. — Enfin, il en est de même pour tous les principes relatifs aux produits de sommes, de différences, etc... Rappelons que :

I. — *Pour multiplier une somme par un nombre, on multiplie chaque partie de la somme par ce nombre, et l'on additionne les résultats.*

Appliquons cette règle en algèbre sur un exemple :

$$[(-3) + 7] \times 2 = (-3) \times 2 + (+7) \times 2$$

et vérifions si elle est exacte :

$$[(-3) + 7] \times 2 \quad \text{signifie} \quad (+4) \times 2 \quad \text{ou} \quad +8$$
$$(-3) \times 2 + (+7) \times 2 \quad \text{signifie} \quad -6 + 14 \quad \text{ou} \quad +8$$

II. — *Pour multiplier une somme par une somme, on multiplie successivement tous les termes de la première par chacun des termes de la seconde, et l'on additionne les produits obtenus.*

Appliquons cette règle en algèbre au produit :

$$(4 - 9)(-5 + 7)$$

qui peut s'écrire sous forme d'un produit de deux sommes :

$$[4 + (-9)] \ [(-5) + 7]$$

Je dis que :

$$[4 + (-9)] [(-5) + 7] = 4(-5) + (-9)(-5) + 4 \times 7 + (-9)7$$

Vérifions ; le premier membre donne :

$$[4 + (-9)] [(-5) + 7] = (4 - 9)(-5 + 7) = (-5)(+2) = -10$$

Le second membre donne :

$$4(-5) + (-9)(-5) + 4 \times 7 + (-9)7 = -20 + 45 + 28 - 63$$
$$= -83 + 73 = -10$$

DIVISION

34. — *Le quotient de deux nombres algébriques, appelés : le premier dividende, le second diviseur, est un troisième nombre qui, multiplié par le diviseur, donne un produit égal au dividende.*

La valeur absolue de ce quotient est évidemment égale au quotient des valeurs absolues du dividende et du diviseur. On trouvera son signe en observant une règle analogue à la règle des signes de la multiplication :

$$+ \ : \ + \ = \ +$$
$$+ \ : \ - \ = \ -$$
$$- \ : \ + \ = \ -$$
$$- \ : \ - \ = \ +$$

En effet, prenons, par exemple, ce dernier cas ; il faut que le quotient ait le signe $+$ pour qu'en le multipliant par le diviseur, qui a le signe $-$, on trouve un produit négatif, c'est-à-dire du signe du dividende.

Ainsi :

$$\frac{+15}{+3} = +5 \qquad\qquad \frac{-8}{+2} = -4$$

$$\frac{+8}{-2} = -4 \qquad\qquad \frac{-15}{-3} = +5$$

35. — **Règle générale.** — *Le quotient de deux nombres algé-briques a pour valeur absolue le quotient des valeurs absolues des nombres donnés. Il est positif si ces nombres sont de même signe; il est négatif dans le cas contraire.*

36. — **Remarque.** — Il résulte immédiatement de cette règle que *le quotient de deux nombres algébriques reste le même, en valeur absolue et en signe, si l'on change à la fois les signes du dividende et du diviseur.*

Ainsi :

$$\frac{-21}{-7} = \frac{+21}{+7} = +3$$

FRACTIONS

37. — Quand on ne peut pas effectuer exactement la division de deux nombres, on indique le quotient des valeurs absolues à l'aide d'un rapport arithmétique, et on lui donne le signe convenable d'après la règle des signes. Ce résultat est une fraction algébrique; le dividende s'appelle numérateur, et le diviseur, dénominateur; ces deux nombres sont les termes de la fraction.

Une fraction algébrique représente le quotient exact de son numérateur par son dénominateur.

Ainsi, soit à diviser (— 10) par (+ 3).

La valeur absolue du quotient est $\frac{10}{3}$; le signe est —; le quotient cherché est la fraction $\left(-\frac{10}{3}\right)$.

Ces fractions possèdent, au point de vue de leur valeur absolue, les propriétés des rapports arithmétiques, et au point de vue des signes, celles du quotient des nombres algébriques.

Conséquences. — On peut simplifier ces fractions, les réduire au même dénominateur, etc...

Ainsi :

$$\left(+\frac{2}{3}\right) + \left(-\frac{3}{4}\right) - \left(+\frac{2}{5}\right) - \left(-\frac{7}{8}\right)$$

devient :

$$\frac{2}{3} - \frac{3}{4} - \frac{2}{5} + \frac{7}{8}$$

ou

$$\frac{80}{120} - \frac{90}{120} - \frac{48}{120} + \frac{105}{120} = \frac{185}{120} - \frac{138}{120} = \frac{47}{120}$$

NOMBRES INCOMMENSURABLES

38. — Rappelons qu'on appelle nombre incommensurable un nombre qui ne peut être exprimé exactement ni sous la forme entière, ni sous la forme fractionnaire. Tels sont les nombres : π, $\sqrt{2}$, $\sqrt{3}$, $\sqrt{5}$, etc...

En particulier, ceux qui représentent une racine sont des nombres irrationnels.

Nous admettrons les mêmes règles pour ces nombres que pour ceux étudiés jusqu'ici.

Par exemple :

$$\sqrt{5} - (-\sqrt{2}) = \sqrt{5} + \sqrt{2}$$
$$(-\sqrt{2})(-\sqrt{3}) = + (\sqrt{2} \times \sqrt{3})$$

En résumé, *les nombres algébriques sont des nombres entiers, fractionnaires, ou incommensurables, précédés du signe + ou du signe —.*

§ III. — **Applications**

ABSCISSE D'UN POINT

39. — Étant donnés un axe **XY** et un point fixe **O** servant d'origine, la position d'un point **A** de cet axe est déterminée par le segment $\overline{OA}$ qu'on appelle abscisse du point **A** (*fig. 13*).

L'abscisse d'un point quelconque **A**, *pris sur un axe* **XY**, *par rapport à une origine donnée* **O**, *est le segment* $\overline{OA}$ *qui a pour origine le poin* **O**, *et pour extrémité le point quelconque* **A**.

Ainsi, sur la figure 13, l'abscisse de A est $\overline{OA}$ ou   **2.**

  —   —   — l'abscisse de B est $\overline{OB}$ ou   **6.**

  —   —   — l'abscisse de C est $\overline{OC}$ ou **— 3.**

DISTANCE DE DEUX POINTS

40. — *La distance de deux points* A *et* B *est le segment* $\overline{AB}$ *qui a pour origine le premier point donné, et pour extrémité le second* (*fig. 13*).

D'après la définition de la somme de deux segments (n° 18), nous pouvons écrire :

Fig. 13.

$$\overline{AB} = \overline{AO} + \overline{OB}$$

Mais $\qquad \overline{AO} = -\overline{OA} = -\ abscisse\ de\ \mathbf{A}$

$$\overline{OB} = abscisse\ de\ \mathbf{B}.$$

Donc $\qquad \overline{AB} = -\ abs.\ de\ \mathbf{A} + abs.\ de\ \mathbf{B}$

Ou $\qquad \overline{AB} = abs.\ de\ \mathbf{B} - abs.\ de\ \mathbf{A}.$

Règle. — *La distance de deux points, énoncés dans un ordre donné est égale à l'abscisse du second moins l'abscisse du premier.*

Par exemple,

distance $\quad \overline{AB} = $ abs. B $-$ abs. A $= 6 - 2 = 4$

distance $\quad \overline{BA} = $ abs. A $-$ abs. B $= 2 - 6 = -4$

distance $\quad \overline{AC} = $ abs. C $-$ abs. A $= -3 - (+2) = -3 - 2 = -5$

distance $\quad \overline{CB} = $ abs. B $-$ abs. C $= 6 - (-3) = 6 + 3 = 9.$

GÉNÉRALISATION DE SOLUTIONS

41. — La graduation du thermomètre peut être considérée comme un axe dont le sens positif est la montée, et dont l'origine des abscisses est 0°. Soit alors à résoudre la série de problèmes :

Indiquer la variation de température lorsque le thermomètre marque :

1°	*le matin*	$+ 5°$;	*à midi*	$+ 12°$;
2°	*le matin*	$- 3°$;	*à midi*	$+ 8°$;
3°	*à midi*	$+ 15°$;	*le soir*	$+ 9°$;
4°	*à midi*	$+ 7°$;	*le soir*	$- 2°$;
5°	*à midi*	$- 3°$;	*le soir*	$- 6°$.

Il est facile de résoudre par l'arithmétique chacun de ces cinq problèmes, mais alors il faut cinq solutions différentes. Ainsi :

1° Le thermomètre a monté de $12° — 5° = 7°$.

2° De $— 3°$ à $0°$, il a monté de $3°$; pour aller à $8°$, la montée complète est donc $3° + 8° = 11°$.

Etc...

En algèbre, nous disons une fois pour toutes : *la variation thermométrique est la distance qui sépare le point énoncé le premier, ou point initial, du point énoncé le second, ou point final. Elle est donc égale à l'abscisse du second moins celle du premier.*

D'où, mécaniquement, les réponses :

1° $12 — (+\ 5) =\ \ 12 — 5 =\ \ \ 7$ ou   *montée de 7°*

2° $8 — (—\ 3) =\ \ 8 + 3 =\ \ \ 11$ ou   *montée de 11°*

3° $9 — (+15) =\ \ 9 — 15 =\ —\ 6$ ou   *descente de 6°*

4° $—2 — (+\ 7) = —\ 2 — 7 = —\ 9$ ou   *descente de 9°*

5° $—6 — (—\ 3) = —\ 6 + 3 = —\ 3$ ou   *descente de 3°*

Nous résolvons ainsi tous les problèmes du même genre à l'aide de cette règle unique : *Une variation thermométrique est égale à la température finale moins la température initiale.*

La convention des nombres négatifs permet donc de généraliser les solutions des problèmes qui contiennent des grandeurs pouvant être comptées dans deux sens différents.

EXERCICES

13. — Quelle est la valeur absolue des nombres : $(+ 8)$, $(— 5)$, $(— 3)$, $(+ 16)$, $(— 9)$, $(— 8)$, $(+ 6)$, $(+ 2)$?

14. — Représenter sur un axe orienté et gradué les nombres précédents.

15. — Écrire les opposés des nombres : $(— 9)$, $(+ 12)$, $(+ 1)$, $(— 7)$, $(+ 4)$, $(+ 20)$, $(— 18)$, $(+ 14)$, $(— 6)$.

16. — A partir d'une origine 0, prise sur un axe orienté et gradué, figurer un voyage représenté par les trajets successifs: $(+ 8)$, $(— 5)$, $(+ 2)$, $(+ 10)$, $(— 13)$, $(+ 7)$, $(— 10)$. Où est le point d'arrêt final ?

17. — Effectuer les sommes :

$(+ 2) + (+ 10)$	$(+ 15) + (+ 3)$	$(+ 9) + (— 7)$	$(+ 8) + (— 12)$
$(— 6) + (+ 4)$	$(— 13) + (+ 20)$	$(— 18) + (— 2)$	$(— 5) + (+ 5)$
$0 + (+ 8)$	$0 + (— 8)$	$(— 5) + 0$	$(+ 14) + 0$

18. Additionner les nombres :

$$(+ 5) + (- 8) + (- 7) + (+ 15) + (+ 20) + (- 15);$$
$$(- 12) + (- 4) + (+ 36) + (- 9) + (+ 2) + (- 18).$$

19. — Effectuer les différences :

$(+ 8) - (+5)$	$(+ 12) - (+ 16)$	$(- 7) - (+ 3)$	$(- 11) - (+ 15)$
$(+ 9) - (- 2)$	$(+ 6) - (- 8)$	$(- 10) - (- 7)$	$(- 4) - (- 9)$
$(- 18) - (- 2)$	$(+ 17) - (- 3)$	$0 - (+ 4)$	$0 - (- 7)$

20. — Remplacer par une somme algébrique les suites de termes :

$$(+ 12) - (+ 4) + (+ 5) + (- 2) - (- 14) - (+ 1)$$
$$(- 8) + (+ 2) - (+ 3) - (- 4) + (- 9) - (- 7).$$

— *Multiplier :*

21.

$(+ 4) (+ 3)$	$(- 12) (+ 5)$	$(+ 15) (- 1)$
$(+ 7) (- 2)$	$(- 8) (- 10)$	$(- 15) (+ 1)$

22.

$$(- 8) (+ 2) (+ 10) (- 4)$$
$$(+ 7) (- 5) (+ 8) (+ 1)$$
$$(7 + 3) (5 + 1)$$
$$(6 - 4) (7 - 2)$$

23.

$$(+ 6) (- 4) (+ 1) (- 3) (- 7)$$
$$(- 9) (- 2) (+ 8) (- 1) (- 8)$$
$$(- 9 + 3) (- 4 + 2)$$
$$(- 10 - 5) (8 - 3)$$

24. — Effectuer les puissances :

$$(+ 12)^2 ; (- 12)^2 ; (+ 30)^3 ; (- 30)^3 ; (- 5)^3 ; (- 5)^4$$

25. — Quelle différence y a-t-il entre :

$$- 5^2 \text{ et } (- 5)^3 ; - 3^3 \text{ et } (- 3)^3 ; - 2^4 \text{ et } (- 2)^4 ?$$

26. — Diviser :

$(+ 15) : (+ 3)$	$(- 36) : (+ 9)$	$(+ 5 - 2 + 0 - 3) . (+ 4)$
$(+ 24) : (- 8)$	$(- 35) : (- 5)$	$(+ 9 - 3 - 7 +) : (- 2)$

27. — Effectuer :

$$\frac{3}{4} + \left(\frac{-1}{2}\right) + \frac{4}{5} - \left(\frac{-1}{3}\right).$$

$$\left(\frac{5}{9} + \frac{-1}{3} + \frac{7}{8} - \frac{-5}{6}\right) : \frac{1}{4}$$

$$\frac{5}{7} \left(\frac{-14}{3}\right) \left(\frac{-1}{2}\right)$$

$$\left[\frac{3}{2} \left(\frac{-8}{5}\right) (- 1)\right] : \left(\frac{-5}{4}\right)$$

28. — Si la mer s'élevait de 100m, les villes suivantes auraient pour altitudes, en mètres :

Agen............ −52	Annecy.......... 349	Dijon........... 145
Paris........ ... 67	Bayonne......... −95	Lille .... −79
Ajaccio .... −62	Belfort.......... 258	Nice............. −84
Rouen .... −90	Blois............ −27	Lyon............ 73
Le Havre........ −96	Bordeaux....... −94	Marseille .... −52
Angoulême ...... −54	Briançon........ 1104	Toulouse 46
Reims.......... −17	Nantes.......... −92	Nancy............ 112

En déduire, à l'aide d'une règle unique, les altitudes réelles de ces villes.

29. — En prenant pour repère le Mont-Blanc, dont l'altitude est 4 810m, les hauteurs des principales montagnes du globe seraient :

Mont Everest 4 030	Aconcagua 2 230
Gaurisankar................ 3 770	Kilimandjaro 1 200
Fousi-Yama................ −1 032	Etna. .... −1 497
Vésuve...................... −3 509	Mont-Cenis................. −1 640

En déduire, par une règle unique, les hauteurs de ces monts au-dessus du niveau de la mer.

30. — Sur un axe orienté XY, et gradué en millimètres, on donne les segments : $AB = + 15$; $BC = — 6$; $CD = + 8$; $DE = 3$. Calculer les segments : AC, AD, BD, AE, EB, EC, EA. Vérifier sur une figure.

31. — Le o d'un thermomètre s'est déplacé de $+ 3°$. Quelle est la véritable température quand il marque $+ 5°$, $+ 12°$, $0°$, $— 6°$, $— 1°$, $+ 2°$?

32. — Le o d'un thermomètre s'est déplacé de $— 4°$. Quelle est la véritable température quand il marque $+ 8°$, $+ 25°$, $0°$, $— 5°$, $— 2°$, $+ 3°$?

33. — L'ère des Musulmans part de l'an 622 après J.-C. — Celle de l'ancienne Rome, de 754 avant J.-C. — Traduire dans ces deux ères les années rapportées à l'ère chrétienne : $— 510$; $— 48$; 396 ; 1000 ; 1453 ; 1789 ; 1912.

34. — Traduire en nombres algébriques les idées suivantes : Je dois 15^f à Paul, puis 12^f ; Paul me doit 30^f, puis 2^f ; enfin, je lui dois 8^f.

35. — Id. : achat de 25^f ; vente de 6^f ; vente de 3^f ; achat de 12^f.

36. — Un cycliste fait 12^{km} sur la route de Paris à Orléans, retourne de 3^{km} en arrière, fait de nouveau 45^{km} dans la direction d'Orléans, puis 18^{km} dans celle de Paris. Quelle est la position du point d'arrêt final, par rapport à Paris ?

37. — Une péniche traverse un canal à la vitesse de 5^{km} à l'heure ; un marinier se promène sur cette péniche à la vitesse propre de 3^{km} à l'heure. Quelle est la vitesse apparente de son déplacement pour un spectateur immobile sur la rive : 1° quand le marinier marche dans le même sens que son bateau ; 2° quand il marche en sens inverse ?

38. — En supposant en ligne droite le trajet Le Havre-Rouen-Paris-Dijon-Lyon-Marseille, et en prenant Paris pour origine des abscisses, et le sens positif étant Le Havre-Marseille, les abscisses de ces villes sont les suivantes, en kilomètres :

Le Havre....... $—228$	Paris............ o	Lyon .... $+512$
Rouen .... $—140$	Dijon........... $+315$	Marseille....... $+862$

Exprimer, en tenant compte du sens et à l'aide d'une règle unique, les distances :

Lyon à Paris	Marseille à Dijon	Dijon à Marseille
Rouen à Dijon	Marseille au Havre	Lyon à Rouen
Dijon au Havre	Le Havre à Lyon	Le Havre à Rouen
Rouen à Marseille	Lyon à Marseille	Dijon à Rouen

39. — L'annuaire du Bureau des Longitudes indique que l'heure locale de Paris doit subir les corrections suivantes, pour obtenir l'heure locale de certaines villes :

Berlin	$+ 50^m 39^s$	Tokio	$+ 8^h 50^m 39^s$	Mexico	$— 6^h 45^m 52^s$
New-York	$— 5^h 9^m 21^s$	Aden	$+ 2^h 50^m 35^s$	Athènes	$+ 1^h 25^m 34^s$
Bruxelles	$— 9^m 21^s$	Saïgon	$+ 6^h 57^m 27^s$	Lisbonne	$— 0^h 45^m 55^s$
Le Caire	$+ 1^h 50^m 39^s$	Nouméa	$+ 10^h 56^m 28^s$	St-Pétersb.	$+ 1^h 51^m 52^s$

L'heure française étant ramenée à celle de Greenwich (heure de l'Europe Occidentale), c'est-à-dire retardant de 9 minutes 21 secondes sur l'ancienne heure de Paris, indiquer à l'aide d'une règle unique les corrections qu'il faudra faire désormais à l'heure légale française pour obtenir les heures locales des villes indiquées.

CHAPITRE III

DÉFINITIONS

§ I. — **Lettres isolées.**

42. — Signification d'une lettre. — Un nombre algébrique est représenté par une lettre *seule*. Ainsi, la lettre a, seule, peut signifier : 3, 5, 0, — 4, —12, etc...; par suite, — a signifie le nombre opposé, c'est-à-dire respectivement : — 3, — 5, 0, 4, 12, etc... Le nombre représenté par une lettre est appelé **valeur numérique** de cette lettre. Cette valeur peut être entière, fractionnaire ou incommensurable.

Il faut bien se rappeler que *le signe qui précède une lettre n'est pas forcément le signe du nombre algébrique que représente cette lettre seule.*

Ainsi, on ne peut pas dire que — q est un nombre négatif; il faut connaître d'abord la valeur représentée par la lettre q seule :

$$\text{Si} \qquad q = -3, \qquad -q = -(-3) = +3$$
$$\text{Si} \qquad q = +7, \qquad -q = -(+7) = -7$$

En résumé, *une lettre seule ou précédée du signe + représente un nombre algébrique ou une* **valeur numérique** *quelconque; une lettre précédée du signe — représente l'***opposé** *de la valeur numérique de cette lettre seule.*

43. — Opérations. — Les lettres seules **a** et **b** ont des valeurs numériques quelconques. — Proposons-nous de faire

la somme des valeurs de a et de — b ; on l'indique a $+$ (— b).
Or, la valeur de — b est l'opposé de celle de b ; ajouter à a
l'opposé de la valeur de b revient à retrancher de a la valeur
de b, c'est-à-dire à effectuer la différence a — b. Donc :

$$a + (— b) = a — b.$$

Vérifions. 1° Supposons a $=+8$, b $=+3$, d'où — b $=-3$.

a $+$ (— b)	signifie	8 $+$ (— 3)	ou	8 — 3
a — b	signifie	8 — ($+$ 3)	ou	8 — 3.

2° Supposons a $=+8$, b $=-5$. d'où — b $=+5$

a $+$ (— b)	signifie	8 $+$ ($+$ 5)	ou	8 $+$ 5
a — b	signifie	8 — (— 5)	ou	8 $+$ 5.

Etc...

On montrerait d'une manière analogue que :

Toutes les règles relatives aux opérations sur les nombres algébriques conviennent aux opérations indiquées par des lettres précédées des signes $+$ ou —.

En particulier,

44. — *On représente la somme algébrique de plusieurs lettres en les écrivant l'une à la suite de l'autre, chacune d'elles conservant son signe.*

Chaque lettre avec son signe s'appelle **un terme de la somme.**
Une lettre précédée du signe $+$, exprimé ou sous-entendu,
constitue un terme positif; si elle est précédée **du signe —,**
un terme négatif.

Ainsi   a $+$ (— b) $+$ ($+$ c) $+$ (— d) $=$ a — b $+$ c — d.

45. — *On représente le produit de plusieurs lettres en les écrivant l'une à la suite de l'autre sans aucun signe, et en faisant précéder ce produit : 1° du signe $+$, si toutes les lettres sont précédées du signe $+$, ou si les lettres précédées du signe — sont en nombre pair ; 2° du signe —, si les lettres précédées du signe — sont en nombre impair.*

Chaque lettre avec son signe s'appelle alors un facteur du
produit. Ces facteurs sont dits positifs ou négatifs suivant
qu'ils sont précédés du signe $+$ ou du signe —.

Ainsi a $\times$ (— b) $\times$ (— c) $\times$ ($+$ d) $\times$ (— e) $=$ — abcde.

46. — *On représente le quotient de deux lettres en les écrivant sous la forme d'une fraction, dont la première lettre est le numérateur, et la seconde le dénominateur, et en faisant précéder cette fraction : du signe +, si les deux lettres avaient le même signe; du signe —, si elles avaient des signes contraires.*

Ainsi $\qquad \dfrac{-a}{+b} = -\dfrac{a}{b}; \qquad \dfrac{-a}{-b} = +\dfrac{a}{b} \quad$ ou $\quad \dfrac{a}{b}.$

47. — **Remarque.** — D'après les propriétés des rapports arithmétiques appliquées aux nombres algébriques fractionnaires, et par suite aux lettres, nous avons

$$\frac{a}{b} = a \times \frac{1}{b}, \qquad -\frac{a}{b} = -\left(a \times \frac{1}{b}\right).$$

On peut donc remplacer l'indication d'un quotient par celle d'un produit dont le multiplicateur est l'inverse du diviseur primitif. Cela permet de dire, d'une façon générale, que la forme

$$\frac{abc}{de} \qquad \text{est le produit} \qquad a \times b \times c \times \frac{1}{d} \times \frac{1}{e}.$$

§ II. — Monôme.

48. — Un produit peut être constitué **non seulement par** des lettres, qui représentent des nombres, mais aussi par des nombres exprimés en chiffres; dans le premier cas, les facteurs sont dits littéraux, et dans le second, numériques. Un tel produit est un monôme.

Un monôme est un produit de nombres algébriques quelconques, ces nombres pouvant être, en totalité ou en partie, représentés par des lettres.

Ainsi $\qquad a \times (-b) \times (-c) \times d \times (-e) \qquad$ est un monôme;

$\times (-5) \times b \times (-2) \times b \times (-a) \times c \times \dfrac{1}{d}$ est un monôme.

En appliquant la règle du n° 45, et en se reportant aux propriétés d'un produit de nombres algébriques (n° 32), ces monomes peuvent être simplifiés, et remplacés respectivement par

$$-abcde \quad (1) \qquad \text{et par} \qquad -\frac{30abbac}{7d} \quad (2)$$

49. — Coefficient. — *Le coefficient d'un monôme est le produit des facteurs numériques de ce monôme, accompagné du signe du monôme. — Quand la valeur absolue d'un coefficient est 1, on ne l'écrit pas.*

Ainsi,   le monôme   (1)   a pour coefficient -1

le monôme   (2)   — $-\dfrac{30}{7}$

Suivant que le coefficient est positif ou négatif, le monôme est dit positif ou négatif.

Toute lettre isolée est un monôme, car on peut la considérer comme un produit de deux facteurs dont l'un est le coefficient 1 ou -1 :

Ainsi $a = 1 \times a$ coefficient 1

$-a = (-1) \times a$ — -1.

50. — Exposant. — Quand tous les facteurs littéraux d'un produit sont une même lettre, le produit est dit : puissance de cette lettre. La quantité des facteurs est le **degré** de cette puissance. On représente en abrégé un tel produit en écrivant une seule fois le facteur et en indiquant à sa droite et en haut, à l'aide de caractères plus petits, le nombre de fois qu'il entre dans le produit; ce nombre de fois s'appelle **exposant**.

Ainsi $a \times a \times a \times a = a^4$

qui se lit a *à la quatrième puissance* ;

ou a *exposant 4* ;

ou simplement a *quatre.*

On dit que a est *affecté* de l'exposant 4. Par exception, les 2e et 3e puissances d'un nombre sont dites aussi *carré* et *cube* de ce nombre.

Ainsi a^2 se lit a *deux*   ou a *carré*

a^3 — a *trois*   ou a *cube.*

Par analogie, on convient de dire qu'un nombre isolé est la *puissance 1 de lui-même*, et l'on sous-entend l'exposant 1.

Ainsi, $a = a^1$.

Enfin, en généralisant, si le nombre des facteurs égaux est **n**, on écrit

$$a \times a \times a \times \ldots = a^n$$

Un tel exposant est dit littéral; les exposants en chiffres sont dits **numériques**.

CONSÉQUENCES. — Le monôme — 30abbac peut être écrit sous la forme plus simple : $-30a^2b^2c$, qui se lit :

— 30 a *deux* b *deux* c, ou — 30 a *carré* **b** *carré* **c**.

51. — **Degré d'un monôme.** — *Le degré d'un monôme est la somme des exposants de ses facteurs littéraux.*

Ainsi, le degré du monôme $-30a^2b^2c$ est $(2 + 2 + 1)$ ou 5. — De même, le monôme $4\,ab^3c^2$ est du 6ᵉ degré.

Cette définition convient aussi aux cas où le monôme renferme des lettres en dénominateur, ou sous un signe radical. Il faut alors appliquer les règles étudiées aux nᵒˢ 94 et 108.

§ III. — **Polynôme.**

52. — D'après sa définition, le monôme représente **un** nombre algébrique, comme une lettre isolée; on ajoutera donc des monômes d'après la règle indiquée pour les lettres isolées (nᵒ 44); ainsi :

$$3a^2b + (-4ab^3c^2) + (-2a^3c) = 3a^2b - 4ab^3c^2 - 2a^3c \qquad (\text{I})$$

Une telle somme s'appelle un polynôme. Sa forme usuelle est la somme algébrique indiquée dans le second membre **de** l'égalité précédente.

Un **polynôme** *est une somme algébrique de monômes.*

S'il ne renferme que deux monômes, on l'appelle particulièrement **binôme**; s'il en renferme trois, **trinôme**.

Les monômes qui le constituent sont plutôt désignés sous le nom de **termes**; suivant qu'un terme est précédé du **signe +** ou du signe —, il est dit **positif** ou **négatif**.

Quand le premier terme d'un polynôme est positif, on sous-entend le signe $+$.

Degré d'un polynôme. — *Le degré d'un polynôme est celui du terme de ce polynôme qui a le degré le plus élevé.* Ainsi, les termes du polynôme (1) ont pour degrés respectifs : 3, 6, 4. Ce polynôme est du 6e degré.

Polynôme homogène. — *Un polynôme homogène est celui dont tous les termes sont du même degré.*

Ainsi :
$$5a^3bc + 4a^2b^2d - 7ac^3d$$

est un polynôme homogène, car tous ses termes sont du 5e degré. Dans ce cas, le *polynôme est lui-même du 5e degré.*

Polynôme ordonné. — Lorsque les termes d'un polynôme sont placés dans un ordre tel que la même lettre s'y trouve avec des exposants de plus en plus grands ou de plus en plus petits, on dit que ce polynôme est *ordonné par rapport aux puissances croissantes ou décroissantes de cette lettre,* qui s'appelle *lettre ordonnatrice.*

Si un polynôme homogène est formé de termes contenant les deux mêmes lettres, il est évident que : *s'il est ordonné par rapport aux puissances croissantes de l'une, il l'est aussi par rapport aux puissances décroissantes de l'autre.*

EXEMPLE : $5a^4b - 2a^3b^2 + 7a^2b^3 - 6ab^4$ est un polynôme ordonné par rapport aux puissances croissantes de **b**, et décroissantes de *a*.

Si l'on proposait le polynôme :
$$7a^2b^3 - 2a^3b^2 - 6ab^4 + 5a^4b$$

on pourrait l'ordonner comme il est indiqué plus haut en faisant permuter les termes, ce qui ne change pas la valeur de leur somme algébrique (n° 27); cette disposition est très avantageuse pour la rapidité des calculs algébriques, et le contrôle des résultats.

§ IV. — **Expressions algébriques.**

53. — *Une expression algébrique est un ensemble de lettres, de signes et parfois de nombres, indiquant l'ordre et la nature des opéra-*

tions qu'il faudrait effectuer si les lettres étaient remplacées par des nombres.

Elle est plus générale qu'une formule, qui n'en est qu'un cas particulier ayant une application pratique bien déterminée; l'expression algébrique peut n'être qu'une simple phase du calcul, n'ayant d'autre utilité que de préparer les calculs qui suivent.

Les monômes et les polynômes sont des expressions algébriques.

EXEMPLES : $3a^2bc$ (1); $18a^3b - \dfrac{7}{2}a^2b$ (2)

$$\dfrac{5ab^2}{c} \quad (3) ; \qquad a\sqrt{2} \quad (4) ; \qquad \dfrac{a+b}{\sqrt{c}} \quad (5)$$

Quand une expression ne renferme *aucune lettre* au dénominateur, elle est entière; ex. : (1), (2), (4). Sinon, elle est fractionnaire; ex. : (3), (5). — Si elle ne renferme *aucune lettre* sous un radical, elle est rationnelle; ex. : (1), (2), (4). Sinon, elle est irrationnelle; ex. : (5).

VALEUR NUMÉRIQUE

54. — *La valeur numérique d'une expression est le nombre que l'on obtient en remplaçant les lettres de cette expression par des nombres donnés et en effectuant les opérations indiquées.* Ces nombres s'appellent *valeurs particulières* attribuées aux lettres. Les applications d'une formule ne sont pas autre chose que la recherche de la valeur numérique qu'elle prend lorsqu'on donne aux lettres qui la constituent des valeurs particulières. Mais il faut remarquer que, dans ce cas, les unités choisies doivent se correspondre, et qu'elles doivent être indiquées, sinon la formule donnerait un résultat n'ayant aucun sens.

EXEMPLE I · *Trouver la densité d'un corps ayant pour volume* 25^{cm^3} *et pour poids* $0^{kg},1925$.

Il suffit d'appliquer la formule $D = \dfrac{P}{V}$. dans laquelle les nombres exprimant le poids et le volume correspondront à des **grammes** et à des centimètres cubes, soit $D = \dfrac{192,5}{25} = 7,7$.

EXEMPLE II : *Trouver le volume d'une caisse ayant pour longueur* $a = 1^m,25$; *pour largeur* $b = 7^{dm},2$; *et pour hauteur* $h = 85^{cm}$.

Dans la formule connue $V = a \times b \times h$, il faut exprimer les trois dimensions a, b, h, en mètres, ou décimètres, ou centimètres, et le résultat V indiquera soit des mètres cubes, soit des décimètres cubes, soit des centimètres cubes; par exemple :
$12,5 \times 7,2 \times 8,5$ donnent le nombre 765 qui représente des dm'

Remarque : Cette observation ne s'applique pas évidemment au cas où les valeurs particulières sont des nombres abstraits.

EXEMPLE : *Trouver la valeur numérique de*

$$\frac{7a^2b - 3ac}{2\,abc} \qquad \text{pour } a = 5, \quad b = 3, \quad c = 2.$$

On a :

$$\frac{7 \times 5^2 \times 3 - 3 \times 5 \times 2}{2 \times 5 \times 3 \times 2} = \frac{525 - 30}{60} = \frac{495}{60} = \frac{33}{4} \text{ ou } 8,25.$$

55. — Usages des parenthèses. — Quand une opération doit porter sur un polynôme, il est nécessaire de mettre celui-ci entre parenthèses; sans cela, le signe de l'opération n'affecterait que le premier terme du polynôme. Dans certains cas cela n'aurait pas d'inconvénient; dans d'autres, les calculs seraient complètement faussés.

EXEMPLES : 1° $a + (b - c)$ signifie qu'il faut ajouter à la valeur numérique de a celle de la différence *effectuée* $(b - c)$;

2° $a(b + c)$ signifie qu'il faut multiplier la valeur numérique de a par celle de la somme *effectuée* $(b + c)$,

3° Une expression renfermant des parenthèses superposées, telle que :

$$6a - \Big\{ b + [a(b + c) - b(a - c)] \Big\}$$

signifie qu'il faut d'abord effectuer la somme $(b + c)$ et la multiplier par a; puis la différence $(a - c)$ et la multiplier par b; retrancher le second produit du premier, ce qui donne une certaine valeur numérique entre les crochets; ajouter cette valeur à b, ce qui donne une certaine valeur numérique entre les accolades; puis retrancher cette valeur de 6a.

Ainsi, pour $a = 12$, $b = 1$, $c = 4$, on a :

$$6 \times 12 - \Big\{ 1 + [12 \times (1 + 4) - 1 \times (12 - 4)] \Big\}$$
$$= 72 - \Big\{ 1 + [60 - 8] \Big\}$$
$$= 72 - \Big\{ 1 + 52 \Big\} = 72 - 53 = 19.$$

56. — **Expressions équivalentes.** — *Ce sont deux expressions qui ont toujours la même valeur numérique quelles que soient les valeurs particulières attribuées aux lettres, ces valeurs étant, bien entendu, les mêmes pour les mêmes lettres dans les deux expressions. L'indication de leur égalité s'appelle* **identité.**

EXEMPLE : $(a+b)^2$ est équivalente à $a^2+2ab+b^2$
car, si l'on fait par exemple . $a=3$, $b=2$,
il vient $\quad (a+b)^2 = (3+2)^2 = 5^2 = 25$
et $\quad a^2+2ab+b^2 = 3^2+2\times3\times2+2^2 = 9+12+4 = 25$.

On écrit $\quad (a+b)^2 = a^2+2ab+b^2$
et cette égalité est une identité.

Le calcul algébrique consiste dans les transformations d'expressions en d'autres qui leur sont équivalentes mais dont la forme est plus avantageuse pour le but qu'on se propose.

§ V. — Termes semblables.

57. — *On appelle* **termes semblables** *des termes, ou monômes, qui renferment les mêmes lettres, affectées chacune des mêmes exposants.*

Ainsi : $3a^5b^2$; $-12a^5b^2$, $\dfrac{5}{7}a^5b^2$ sont des termes semblables.

58. — **Réduction des termes semblables.** — I. — *Soit :*
$$8a^3b - 5c + 4a^3b + 2d^3. \qquad (1)$$

Rapprochons les termes semblables en a^3b :
$$8a^3b + 4a^3b - 5c + 2d^3. \qquad (2)$$

Si nous donnions aux mêmes lettres les mêmes valeurs particulières dans les polynômes (1) et (2), chaque terme deviendrait un certain nombre algébrique ; chaque polynôme deviendrait par suite une somme de nombres algébriques. Ces deux sommes étant composées de termes identiques, mais non placés dans le même ordre, seraient égales (n° **27**). *Le polynôme* (2) *est donc équivalent à celui qui est proposé.*

D'autre part, le produit a^3b deviendra un certain nombre algébrique dont les produits par $+8$ et par $+4$ auront le même signe ; la somme de ces produits sera donc équivalente à la somme de leurs valeurs absolues précédée du signe commun. Il est évident que le terme unique $+12a^3b$ donnerait la même valeur absolue et le même signe. Donc les expressions $\quad 8a^3b + 4a^3b\quad$ et $\quad 12a^3b\quad$ sont équivalentes.

De là l'identité : $\qquad 8a^3b + 4a^3b = 12a^3b.$

On dit que les deux termes semblables du premier membre sont réduits en un seul, et cette simplification s'appelle réduction de termes semblables.

Grâce à elle, le polynôme (1) prend la forme équivalente et plus simple :

$$12a^3b - 5c + 2d^3$$

II. — *Soit* $\qquad 5abc - 7a^2d + 2bc^2 - 2a^2d.\qquad$ (2)

On montrerait d'une manière analogue que les termes $-7a^2d$ et $-2a^2d$ peuvent être remplacés par $-9a^2d$, et que le polynôme (2) peut s'écrire sous la forme équivalente et plus simple :

$$5abc - 9a^2d + 2bc^2.$$

III. — *Soit* $\qquad 7ab^3 + 3ab^4 + 8a^3 - 9ab^4.\qquad$ (3)

Le terme $-9ab^4$ peut s'écrire :

$$-3ab^4 - 6ab^4$$

et le polynôme (3) devient :

$$7ab^3 + 3ab^4 + 8a^3 - 3ab^4 - 6ab^4\qquad (4)$$

Les valeurs numériques des termes $+3ab^4$ et $-3ab^4$ seraient des nombres opposés, qui s'annulent, et la valeur numérique de l'expression (4) serait la même que celle de

$$7ab^3 + 8a^3 - 6ab^4$$

expression équivalente au polynôme (3), mais plus simple.

IV. — *Soit* $\quad 6a^2b + 2ab^2 - 5a^4 + 8ab^2 - 5ab^2 + 3ab^2 - 4ab^2.$

D'après le raisonnement de l'exemple I :

$$2ab^2 + 8ab^2 + 3ab^2 = 13ab^2.$$

D'après celui de l'exemple II :

$$-5ab^2 - 4ab^2 = -9ab^2.$$

D'après celui de l'exemple III :

$$13ab^2 - 9ab^2 = 4ab^2.$$

Le polynôme proposé peut donc être remplacé par le polynôme équivalent, mais plus simple :

$$6a^2b + 4ab^2 - 5a^4.$$

59. — **Règle.** — *Pour réduire des termes semblables en un seul :*

1° S'ils ont le même signe, on les remplace par un terme semblable ayant le même signe et dont le coefficient est la somme des coefficients de ces termes;

2° S'ils ont des signes différents, on fait la somme des coefficients positifs, celle des coefficients négatifs, on retranche la plus petite en valeur absolue de la plus grande, et l'on donne au résultat le signe de la plus grande; ce résultat est le coefficient du terme semblable équivalent à tous les proposés.

Dans tous les cas, le *coefficient du terme unique est la somme algébrique des coefficients des termes donnés.*

Pratiquement, la recherche de ce coefficient se fait mentalement.

Soit $\qquad 12ab^3 - 5ab^3 + 2ab^3 - 14ab^3 + ab^3$;

je dis simplement : $\qquad 12 + 2 + 1 = 15, \qquad 5 + 14 = 19$;

$15 - 19 = -4$; terme unique : $-4ab^3$.

EXERCICES

— *Appliquer les règles des opérations sur les nombres algébriques aux lettres isolées :*

40. $\quad (+a) + (+b)$; $(+a) + (-b)$; $(-b) + (+a)$; $(-a) + (-b)$

41. $\quad (+a) + (-b) + (-c) + (+d) + (-e) + (+f) + (-g)$.

42. $\quad (+a) - (+b)$; $(+a) - (-b)$; $(-a) - (+b)$; $(-a) - (-b)$.

43. $\quad (+a) + (-b) - (+c) - (-d) + (-e) + (+f) - (-g)$.

44. $\quad (+a)(+b)$; $(+a)(-b)$; $(-a)(+b)$; $(-a)(-b)$.

45. $\quad (+a) : (+b)$; $(+a) : (-b)$; $(-a) : (+b)$; $(-a) : (-b)$.

46. $\quad (+a)^3$; $(-m)^4$; $(-c)^5$; $(+n)^2$; $(-n)^2$; $(-d)^4$.

47. — Indiquer le degré de chacun des monômes :

$$3\,a^2b \ ; \quad 7\,a^3bc \ ; \quad 2\,b^4cd \ ; \quad 6\,m^2n^3 \ ; \quad 9\,ab^2c^3d.$$

48. — Indiquer le degré de chacun des polynômes :

$$3\,a^3b + 4\,b^2c - 7\,ab^3 + b^5 \ ; \quad 8\,abc - 9\,b^2 + 2\,a^5b^3 - 7\,ab^3 \ ;$$
$$9\,ab^5 - 6\,a^3b^4 + 8\,a^3b^3 - 2\,a^4b^3 + 12\,a^2b - 4\,a^6.$$

49. — Ordonner les polynômes suivants, par rapport aux puissances croissantes de la lettre **a** :

$$a^2 + b^2 - 2\,ab; \qquad a^3 - b^3 + 3\,ab^2 - 3\,a^2 b;$$
$$23\,a^6 + 12\,a^2 b^4 - ab^5 + b^6 - 14\,a^5 b - 8\,a^3 b^2 + 9\,a^4 b^2.$$

— *Trouver les valeurs numériques des expressions suivantes :*

50. Bh pour $B = 54$, $h = 15$.

51. $\dfrac{Bh}{2}$ pour $B = 45$, $h = 24$.

52. $2\,\pi R$ pour $R = 2^m,50$ et $\pi = 3,1416$.

53. $\dfrac{B + b}{2} \times h$, pour $B = 18$, $b = 12$, $h = 9$.

Cette expression exprimant la surface du trapèze, trouver cette surface pour $B = 25^{dam}$; $b = 1^{hm},3$; $h = 80^m$.

54. $4\pi R^2$; 1° pour $\pi = 3,1416$, $R = 3$;
2° pour $\pi = 3,14$, $R = 0^m,2$.

55. $\dfrac{an + a'n'}{a + a'}$; 1° pour $a = 800$, $a' = 500$, $n = 60$, $n' = 90$
2° pour $a = 1200$, $a' = 600$, $n = 45$, $n' = 36$.

56. $\dfrac{5a^2 b - 4c^2 + 3a}{2a - c}$; 1° pour $a = 12$, $b = 2$, $c = 3$;
2° pour $a = 5$, $b = 10$, $c = 9$.

57. $\dfrac{2}{3} a(4b^2 - c)$; 1° pour $a = 6$, $b = 1$, $c = 2$;
2° pour $a = \dfrac{3}{4}$, $b = \dfrac{15}{2}$, $c = \dfrac{5}{6}$.

58. $\dfrac{1}{3} \pi h(R^2 + r^2 + Rr)$; pour $h = 12$; $\pi = 3,14$; $R = 9$; $r = 4$.

Cette expression donnant le volume du tronc de cône, calculer ce volume pour $h = 60^{cm}$; $R = 5^{dm}$; $r = 0^m,35$; $\pi = 3,14$.

59. $\dfrac{h}{6} [b(2a + a') + b'(2a' + a)]$, 1° pour $h = 9$; $a = 12$; $b = 8$; $a' = 6$; $b' = 4$;
2° pour $h = 0^m,75$; $a = 1^m,4$; $b = 0^m,9$; $a' = 0^m,7$; $b' = 0^m,5$.

60. $\dfrac{1}{6} \pi h^3 + \dfrac{1}{2} \pi h(R^2 + r^2)$; 1° pour $\pi = 3,14$; $h = 2$; $R = 4$; $r = 3$;
2° pour $\pi = \dfrac{22}{7}$; $h = 2^{dm}$; $R = 5^{dm}$; $r = 25^{cm}$.

61. $a[b - (c + a) + a(b - c)]$; 1° pour $a = 2$, $b = 9$, $c = 4$;
2° pour $a = \dfrac{2}{5}$, $b = 10$, $c = \dfrac{7}{2}$.

62. $\sqrt{p(p\text{-}a)\,(p\text{-}b)\,(p\text{-}c)}$; 1° pour $a = 10$, $b = 8$, $c = 6$, $p = \dfrac{a + b + c}{2}$

Cette expression donnant la surface d'un triangle à l'aide de ses trois côtes, trouver cette surface pour : $a = 2^{hm},4$; $b = 18^{dam}$; $c = 320^m$.

63. $\pi R(R + \sqrt{R^2 + h^2})$; pour $\pi = 3,14$; $R = 8$; $h = 6$.

Cette expression donnant la surface totale d'un cône, calculer cette surface pour $R = 54^{mm}$; $h = 8^{cm}$; $\pi = 3,14$.

64. $\dfrac{3a^5 + 4a^2 - 7bc}{4c} - 3$, 1° pour $a = 2$, $b = 4$, $c = 3$;

2° pour $a = \dfrac{2}{3}$, $b = \dfrac{5}{7}$, $c = 1$.

65. $\sqrt{\dfrac{b^2 - 4ac}{2a}}$ 1° pour $a = 3$, $b = 8$, $c = 5$;

2° pour $a = 27$, $b = 33$, $c = 10$.

66. $\sqrt{\dfrac{p^2}{4} - q}$ 1° pour $p = 12$, $q = 20$;

2° pour $p = \dfrac{10}{2}$, $q = 10$.

67. $\dfrac{(a + b)(c - a)}{ab} + \dfrac{(a - b)(b + c)}{bc}$ 1° pour $a = 5$, $b = 2$, $c = 6$

2° pour $a = \dfrac{13}{4}$, $b = 10$, $c = \dfrac{14}{3}$

68. $\dfrac{a^3 + 3a^2b + 3ab^2 + b^3}{a + b} - \dfrac{a^3 - 3a^2b + 3ab^2 - b^3}{a - b}$ pour $a = 7$, $b = 3$.

— *Réduire les termes semblables des expressions :*

69. $3\,a^4b^5 - 2\,a^3b + a^4b^5 + a^2b^3 + 5\,a^4b^5$

70. $7\,ab^3 - 2\,ab^2 + 9\,a^4b - 6\,ab^2 + 12\,a^2b - 5\,ab^2$

71. $8\,a^3b^2 - 4\,a^3b + 2\,a^3b - 5\,b^3 - a^3b - 3\,a^3b + 2\,ab^5$.

72. $12\,abc + 9\,ab^2 - 3\,abc - ab^2 + 6\,ab^2 - 2\,abc + 2\,ab^2$

— *Réduire les termes semblables, puis ordonner par rapport aux puis-sances décroissantes de b.*

73. $8\,a^2b^2 + 7a^4 + 6a^3b - 5a^4 - 3ab^3 - 2b^4 + ab^3 + 2a^4 - 12a^2b^2 + 3a^4 + 5ab^3 + 5b^4 - 4ab^3$.

74. $\dfrac{2}{3}\,a^2b + \dfrac{4}{5}\,a^3 - \dfrac{3}{4}\,ab^2 - 7b^3 + \dfrac{1}{5}\,ab^2 - \dfrac{1}{3}\,a^3 + \dfrac{2}{9}\,b^3 - \dfrac{5}{2}\,a^3 - \dfrac{6}{7}\,a^2b +$

$\dfrac{2}{3}\,ab^2 + a^2$.

CHAPITRE IV

ᴅᴇS QUATRE OPÉRATIONS FONDAMENTALES

§ I. — Addition.

60 — *La* **somme** *de plusieurs expressions algébriques est une expression dont la* **valeur numérique** *est égale à la* **somme algébrique des valeurs numériques** *des expressions données.*

L'opération qui la fournit s'appelle **addition**.

Les lettres n'étant que des symboles sous lesquels il faut toujours voir des nombres, les règles relatives à ces nombres ayant été indiquées, il nous suffira de les appliquer, d'après ce qui a été dit au n° 43.

61. — Iᵉʳ ᴄᴀs. — Addition des monômes. — *Pour additionner des monômes on les écrit l'un à la suite de l'autre en conservant le signe de chacun d'eux.*

Cela résulte de la définition d'un polynôme (n° **52**). Ainsi, la somme de : $4a^3b$, $-2ab^2$, $5abc$,

est $\qquad\qquad 4a^3b - 2ab^2 + 5abc.$

62. — 2ᵉ ᴄᴀs. — Addition des polynômes. — *Pour additionner deux polynômes, on écrit les termes du second à la suite de ceux du premier en conservant leurs signes respectifs.*

Je dis que :

$$(a + b - c) + (d - e + f) = a + b - c + d - e + f \qquad (\text{I}).$$

En effet, le second membre représente une somme algébrique, dans laquelle on peut remplacer plusieurs termes, par exemple les trois premiers, puis les trois derniers, par leur somme effectuée (n° 27).

Or, ces deux sommes partielles ne sont autres que les deux polynômes indiqués dans le premier membre. Par suite, les deux membres de l'égalité (1) sont bien équivalents.

63. — **Remarque.** — Il est évident qu'on procède d'une manière analogue pour ajouter un monôme à un polynôme, ou réciproquement. Ainsi :

$$(3a^2b + 4bc - 5ad) + (-2bc) = 3a^2b + 4bc - 5ad - 2bc$$
$$= 3a^2b + 2bc - 5ad.$$
$$5a^3c + (4a - 2a^3c + b) = 5a^3c + 4a - 2a^3c + b$$
$$= 3a^3c + 4a + b.$$

64. — *Disposition pratique.* — Quand les polynômes renferment des termes semblables, il est avantageux d'écrire ces polynômes les uns sous les autres, en intervertissant au besoin leurs termes pour que ceux qui sont semblables soient dans une même colonne; cela facilite leur réduction.

EXEMPLE : Soit $(3a^2b + 4c - 7d) + (8c - 3d + 2a^2c)$.

Que j'écrive $\qquad 3a^2b + 4c - 7d + 8c - 3d + 2a^2c \qquad (1)$

ou bien $\qquad \begin{cases} 3a^2b + 4c - 7d \\ + 8c - 3d + 2a^2c \end{cases} \qquad (2)$

les expressions (1) et (2) n'ont pas leurs termes placés de la même manière, mais elles sont équivalentes, et dans les deux cas l'addition est faite. Mais la forme (2) permet la réduction immédiate :

$$3a^2b + 12c - 10d + 2a^2c.$$

Cette réduction simplifie le résultat, mais elle est indépendante de l'addition proprement dite.

AUTRE EXEMPLE : $(3a - 5b + c) + (2c - a + b) + (3b - 7c + 6a)$.

On écrit
$$\begin{array}{r} 3a - 5b + c \\ -a + b + 2c \\ + 6a + 3b - 7c \\ \hline 8a - b - 4c \end{array}$$

§ II. — **Soustraction.**

65. — *La* **différence** *de deux expressions algébriques, énoncées dans un certain ordre, est une troisième expression qui, ajoutée à la seconde, donne une somme égale à la première. — Elle est fournie par une* **soustraction**.

La valeur numérique de cette expression est donc égale à la différence des valeurs numériques des expressions données.

66. — Iᵉʳ CAS. — Retrancher un monôme d'un monôme. — *Pour retrancher un monôme d'un autre, on l'écrit à la suite de cet autre en changeant son signe.*

Cela résulte de ce que la règle de soustraction des nombres algébriques (n° 25), est applicable aux lettres.

Ainsi $\qquad 3a^2 - (+8b^2) = 3a^2 - 8b^2.$

Nous pouvons d'ailleurs vérifier qu'en ajoutant le second monôme donné à ce résultat nous retrouvons le premier :

$$\underbrace{3a^2 - 8b^2 +}_{\text{résultat}} \quad \underbrace{8b^2}_{\text{second monôme}} = \underbrace{3a^2.}_{\text{Iᵉʳ monôme.}}$$

67. — 2ᵉ CAS. — Retrancher un polynôme d'une expression quelconque. — *Pour retrancher un polynôme d'une expression quelconque, on écrit d'abord cette expression, puis à la suite, successivement, les termes du polynôme, mais en changeant le signe de chacun d'eux.*

Je dis que $\quad (a+b+c) - (m-n+p) = a+b+c-m+n-p.$
En effet,

$$
\begin{array}{lcl}
\textit{second polynôme} & = & m-n+p \\
\textit{résultat} & = & a+b+c-m+n-p \\
\hline
\textit{somme} & = & a+b+c \\
& = & \text{Iᵉʳ } \textit{polynôme.}
\end{array}
$$

68. — *Disposition pratique.* — Elle est analogue à celle de l'addition, mais on change, quand on les écrit, les signes des termes du ou des polynômes à soustraire. Dès que tous les termes sont écrits, soit sur une seule ligne, soit superposés, la soustraction est faite. Mais on simplifie le résultat par la *réduction des termes semblables.*

EXEMPLE : Soit
$$(30a^3b - 8a^2 + 4\ bc) - (12a^2b - 40bc + 6a)$$

soustraction finie
$$30a^3b - 8a^3 + 4\ bc - 12a^2b + 40bc - 6a.$$

id.
$$\begin{cases} 30a^3b - 8a^2 + 4\ bc \\ -12a^2b \qquad + 40bc - 6a \end{cases}$$

Résultat simplifié :
$$18a^3b - 8a^3 + 44bc - 6a.$$

§ III. — Multiplication.

69. — **Le produit** *de deux expressions algébriques* **est une autre expression dont la valeur numérique** *est égale au* **produit des valeurs numériques** *des expressions données. Il est fourni par une* **multiplication.**

La première expression s'appelle **multiplicande**, et la seconde, **multiplicateur.**

70. — **Principe.** — *Le produit de deux puissances d'une même lettre est une puissance de cette lettre dont l'exposant est égal à la somme des exposants qu'a cette lettre dans les deux puissances données.*

Je dis que
$$a^3 \times a^2 = a^5.$$
En effet,
$$a^3 = a \times a \times a$$
$$a^2 = a \times a.$$

Multiplions membre à membre ces deux égalités, en appliquant aux seconds membres la règle relative au produit de deux produits de facteurs :

$$a^3 \times a^2 = a \times a \times a \times a \times a = a^5.$$

D'une façon générale,
$$a^m \times a^n = a^{m+n}.$$

71. — Iᵉʳ CAS. — **Multiplier un monôme par un monôme.** — Il suffit de rappeler qu'un monôme est un produit de nombres algébriques, et qu'un tel produit jouit des propriétés du produit arithmétique mais en tenant compte **des signes**. On peut alors écrire :

$$\frac{3}{7}\, a^3bc \times \left(-\frac{2}{5}\, ab^2d\right) = \frac{3}{7} \times a^3 \times b \times c \times \left(-\frac{2}{5}\right) \times a \times b^2 \times d$$

$$= \frac{3}{7} \times \left(-\frac{2}{5}\right) \times a^3 \times a \times b \times b^2 \times c \times d = -\frac{6}{35}\, a^4b^3cd.$$

Règle. — *Pour multiplier un monôme par un monôme, on fait le produit des coefficients avec leurs signes, qu'on fait suivre de toutes les lettres entrant dans les monômes, prises chacune une seule fois, mais avec un exposant égal à la somme des exposants qu'elle a dans les deux monômes.*

Remarques. — 1° Si une lettre ne se trouve que dans l'un des monômes, on l'écrit telle qu'elle s'y trouve.

2° S'il y a plus de deux monômes, la règle est analogue.

72. — 2ᵉ CAS. — **Multiplier un polynôme par un monôme.** — Cela revient à multiplier une somme algébrique par un nombre (n° 33, I). On a donc, par exemple :

$$(2ab + 3c - 4ad) \times (-5a) = -10a^2b - 15ac + 20a^2d.$$

Règle. — *Pour multiplier un polynôme par un monôme, on multiplie successivement tous les termes du polynôme multiplicande par le monôme multiplicateur, en suivant la règle du premier cas, et en observant avec soin la règle des signes.*

73. — 3ᵉ CAS. — **Multiplier un monôme par un polynôme.** — Il suffit d'intervertir les facteurs, puis d'appliquer la règle du cas précédent.

74. — 4ᵉ CAS. — **Multiplier un polynôme par un polynôme.** — Cela revient à multiplier une somme algébrique par une autre somme algébrique; il suffit donc d'appliquer la règle indiquée aux nombres algébriques (n° 33, II). Par exemple, soit à effectuer le produit :

$$(a^2 - 2ab + b^2)\,(a + b).$$

Je multiplie d'abord tous les termes du multiplicande par le premier terme, $+ a$, du multiplicateur, ce qui donne :

$$a^3 - 2a^2b + ab^2.$$

Puis, je multiplic tous les termes du multiplicande par le second terme, $+\,b$, du multiplicateur, ce qui donne :

$$a^2b - 2ab^2 + b^3.$$

Enfin, je fais la somme des deux produits partiels trouvés :

$$a^3 - 2a^2b + ab^2 + a^2b - 2\,ab^2 + b^3.$$

La multiplication est terminée ici, mais je puis simplifier ce résultat en réduisant les termes semblables, ce qui donne finalement :

$$a^3 - a^2b - ab^2 + b^3.$$

Règle. — *Pour multiplier un polynôme par un polynôme on multiplie successivement tous les termes du polynôme multiplicande par chacun des termes du polynôme multiplicateur, en observant avec soin la règle des signes.*

EXEMPLES :

1° $(a^2 + ab + b^2)\,(a - b) = (a^2 + ab + b^2)a - (a^2 + ab + b^2)b$
$\qquad = a^3 + a^2b + ab^2 - (a^2b + ab^2 + b^3)$
$\qquad = a^3 + a^2b + ab^2 - a^2b - ab^2 - b^3$
$\qquad = a^3 - b^3$

2° $(a^2 - ab + b^2)\,(a + b) = (a^2 - ab + b^2)a + (a^2 - ab + b^2)b$
$\qquad = a^3 - a^2b + ab^2 + (a^2b - ab^2 + b^3)$
$\qquad = a^3 - a^2b + ab^2 + a^2b - ab^2 + b^3$
$\qquad = a^3 + b^3$

75. — *Disposition pratique.* — On rend l'opération plus claire, et l'on facilite la réduction des termes semblables, en la disposant comme il est indiqué ci-dessous. On place les produits particls de façon à mettre les termes semblables, à mesure qu'on les trouve, dans une même colonne.

$$
\begin{array}{ll}
a^2 + ab + b^2 & \qquad a^2 - ab + b^2 \\
\underline{a - b} & \qquad \underline{a + b} \\
a^3 + a^2b + ab^2 & \qquad a^3 - a^2b + ab^2 \\
\quad\ -a^2b - ab^2 - b^3 & \qquad \quad\ +a^2b - ab^2 + b^3 \\
\hline
a^3 \quad\ ''\quad\ '' \ -b^3 & \qquad a^3 \quad\ ''\quad\ '' \ +b^3
\end{array}
$$

PRODUITS REMARQUABLES

76. — En appliquant les règles précédentes à certains cas particuliers on obtient des identités très importantes au point de vue des transformations ou simplifications algébriques. Ainsi, en effectuant :

$$(a+b)(a+b) \qquad ou \qquad (a+b)^2$$

on trouve pour produit :

$$(a+b)^2 = a^2 + 2ab + b^2.$$

D'où :

1° Le carré de la somme de deux termes est égal au carré du premier, plus le double produit des deux termes, plus le carré du second.

77. — On trouverait de même :

$$(a-b)^2 = a^2 - 2ab + b^2.$$

D'où :

2° Le carré de la différence de deux termes est égal au carré du premier, moins le double produit des deux termes, plus le carré du second.

78. — On aurait aussi :

$$(a+b)(a-b) = a^2 - b^2.$$

D'où :

3° Le produit de la somme de deux termes par leur différence est égal au carré du premier moins le carré du second.

79. — Il y en a d'autres, d'un usage moins courant, dont nous indiquons seulement la notation algébrique :

$$4° \qquad (a+b)^3 = a^3 + 3a^2b + 3ab^2 + b^3;$$
$$5° \qquad (a-b)^3 = a^3 - 3a^2b + 3ab^2 - b^3;$$
$$6° \qquad a^3 - b^3 = (a^2 + ab + b^2)(a-b);$$
$$7° \qquad a^3 + b^3 = (a^2 - ab + b^2)(a+b).$$

80. Remarque. — Les termes des polynômes peuvent ne pas se présenter dans l'ordre où nous les avons énoncés. Il suffit d'un peu d'attention pour rétablir cet ordre mentalement.

EXEMPLES :

$$(m+n)(n+m) = (m+n)^2 = m^2 + 2mn + n^2.$$
$$(a-b)(-b+a) = (a-b)^2 = a^2 - 2ab + b^2.$$
$$(c+d)(d-c) = (d+c)(d-c) = d^2 - c^2.$$
$$(-m+n)(m+n) = (n-m)(n+m) = n^2 - m^2.$$

D'ailleurs, en cas de doute, il est toujours facile d'effectuer directement la multiplication d'après les règles générales.

§ IV. — Division.

81. — *Le* **quotient** *de deux expressions algébriques, énoncées dans un certain ordre, est une troisième expression qui, multipliée par la seconde, donne un produit égal à la première. — Il est fourni par une* **division**.

La première expression s'appelle **dividende**; l'autre, **diviseur**.

La valeur numérique de cette expression est donc égale au quotient des valeurs numériques des expressions données.

82. — Principe. — *Le quotient de deux puissances d'une même lettre est une puissance de cette lettre dont l'exposant est égal à l'exposant de la puissance dividende moins celui de la puissance diviseur.*

Je dis que : $\qquad a^8 : a^3 = a^5.$

En effet : $\qquad \underbrace{a^5}_{\text{résultat}} \times \underbrace{a^3}_{\text{diviseur}} = \underbrace{a^8}_{\text{dividende}}$

Donc a^5 est bien le quotient cherché.

83. — Remarque. — Si l'on avait $\qquad a^5 : a^5$ en observant la règle, le quotient serait a^0. D'après la définition d'un exposant, l'exposant 0 n'a aucune signification, mais on l'interprète facilement en constatant que, le quotient de deux quantités égales étant toujours 1, on a :

$$a^5 : a^5 = 1.$$

Donc $\qquad a^0 = 1.$

Une quantité quelconque affectée de l'exposant 0 signifie toujours 1.

84. — **1ᵉʳ Cas.** — Diviser un monôme par un monôme. — *Pour diviser un monôme par un monôme, on fait le quotient des coefficients avec leurs signes, et on le fait suivre de toutes les lettres entrant dans les monômes, prises chacune une seule fois, mais avec un exposant égal à la différence des exposants qu'elle a au dividende et au diviseur.*

Si une lettre ne se trouve qu'au dividende, elle figure sans modification au quotient.

Si une lettre a le même exposant au dividende et au diviseur, on ne l'écrit pas au quotient.

Si une lettre a un exposant plus fort au diviseur qu'au dividende, on laisse le quotient sous forme fractionnaire.

Cette règle est une conséquence de ce que, dans tous les cas, le produit du quotient par le diviseur doit être égal au dividende.

Ainsi : 1°.
$$35\,a^2\,b^4\,c^3 \; : \; (-\,7\,abc) = -\,5\,ab^3\,c^2$$

parce que
$$\underbrace{(-\,5\,ab^3\,c^2)}_{\text{quotient}} \times \underbrace{(-\,7\,abc)}_{\text{diviseur}} = \underbrace{35\,a^2\,b^4\,c^3}_{\text{dividende}}$$

2°
$$18a^2b^3c^4 : 9ab = 2ab^2c^4.$$

La lettre c, ne figurant pas au diviseur, se trouve au quotient avec l'exposant 4 comme au dividende.

3°
$$-\,24a^2b^3cd : 6ab^3 = -\,4acd.$$

En effet, la vérification donne encore :
$$-\,4acd \times 6ab^3 = -\,24a^2b^3cd.$$

4° Soit :
$$15a^3bc^2 : 4a^2b^4c.$$

La division n'est pas possible parce que b figure avec l'exposant 1 au dividende tandis qu'il a l'exposant 4 au diviseur. On indique alors l'opération sous la forme fractionnaire $\dfrac{15a^3bc^2}{4a^2b^4c}$ qu'on simplifiera le plus possible, conformément aux règles qui seront indiquées dans l'étude des fractions.

Remarque. — Dans l'exemple 3, la division de b^3 par b^3 donne pour quotient 1; on devrait écrire :

$$-24a^2b^3cd : 6ab^3 = -4a \times 1 \times cd.$$

Mais le facteur 1 est inutile dans un produit; c'est pourquoi on n'en tient pas compte.

85. — 2ᵉ Cas. — **Diviser un polynôme par un monôme.** — *Pour diviser un polynôme par un monôme, on divise chaque terme du polynôme par le monôme, et l'on fait la somme algébrique des quotients obtenus. Si la division n'est pas possible, on exprime le quotient sous la forme fractionnaire.*

Cela résulte de ce que le produit du quotient par le diviseur doit être égal au dividende.

Ainsi : $(24a^2b^3 - 18ab^4 + 30a^4b) : 6ab = 4ab^2 - 3b^3 + 5a^3$
car $(4ab^2 - 3b^3 + 5a^3) \times 6ab = 24a^2b^3 - 18ab^4 + 30a^4b.$

quotient   diviseur   dividende

86. *Remarque*. — Si l'un des termes du dividende est égal au diviseur, le quotient correspondant est 1; mais, dans le quotient final, cet 1 sera un terme et non un facteur; il faudra donc le faire figurer dans ce quotient :

$$(36am^2 - 27a^3m + 9am) : 9am = 4m - 3a^2 + 1.$$

De même on aurait :

$$(36am^2 - 27a^3m + 9am) : (-9am) = -4m + 3a^2 - 1.$$

MISE EN FACTEURS COMMUNS

87. — De ce que, d'après le 2ᵉ cas de la multiplication :

$$(a - b + c)m = am - bm + cm \quad (1)$$

on tire réciproquement, d'après le 2ᵉ cas de la division :

$$am - bm + cm = (a - b + c)m \quad (2).$$

Le premier membre de l'égalité (1) étant donné, on en déduit le second par une multiplication.

Le premier membre de l'égalité (2) étant donné, on en

déduit le second par une division. Cette dernière transformation s'appelle mise en facteurs communs.

Toutes les fois que les termes d'un polynôme contiennent un ou plusieurs facteurs communs, il est avantageux, et parfois nécessaire, de faire cette transformation.

Règle. — *1° Chercher le groupe de facteurs communs (c'est le p.g.c.d. algébrique des termes);*
2° Diviser chaque terme du polynôme par ce groupe;
3° Mettre entre parenthèses tous les quotients obtenus;
4° Multiplier cette parenthèse par le groupe des facteurs communs.

APPLICATION. — *Soit :*

$$48\,\pi\,R^2 h - 36\,\pi\,r^2 h + 12\,\pi\,l^2 h$$

1° Le groupe des facteurs communs est $12\,\pi\,h$;
2° Les quotients des termes par ce groupe sont :

$$4R^2, \quad -3r^2, \quad l^2$$

3° J'écris d'abord

$$(4R^2 - 3r^2 + l^2)$$

4° Puis :

$$(4R^2 - 3r^2 + l^2)12\,\pi\,h \qquad \text{ou} \qquad 12\,\pi\,h(4R^2 - 3r^2 + l^2).$$

Autre exemple :

$$12ab - 6a + 36ab^2 = 6a(2b - 1 + 6b^2).$$

EXERCICES

— Additionner les expressions suivantes :

75. $(a - b) + (- c) ; (+ c) + (a - b) ; (- c) + (b - a).$

76. $(3x^2 + 2ax^2 + 4a^2x) + (2x^3 + 3ax^2) + (- 5ax^2 + 2a^2x).$

77. $(- 6a^4 + 4a^2b^2c - 4ab^4) + (3a^4 - 10ab^4) + (4a^4 - 6a^2b^2c + 16ab^4).$

78. $(x^2 - 2ax^2 + 5a^2x - 4a^3) + (5x^3 + 7ax^2 - 2a^2x - 3a^2).$

79. $(6ab^3 + 5a^2b^2 - 2a^3b + a^4) + (9ab^3 - 7a^2b^2 - 12a^3b - 5a^4).$

80. $(4a^2b^2 - a^3b + 5a^4) + (- 3a^4 - 2a^3b + a^2b^2 - 8ab^3).$

81. $(8m^2n^3 - 4m^3n^4 + 2m^4n^2 - m^5n^2) + (3m^4n^3 - 2m^5n^2 + m^2n^5 + 9m^2n^4).$

82. $(12p^2q^2 - 7pq^4 + 8q^3) + (8pq^4 - 10q^5 - 5p^2q^3) + (11q^5 - 4p^2q^3 + 2pq^4).$

83. $(a^2 + 2ab + b^2) + (a^2 - 2ab + b^2) + (a^2 - b^2).$

84. $(a^3 + 3a^2b + 3ab^2 + b^3) + (a^3 - 3a^2b + 3ab^2 + b^3) + (a^3 - b^3) + (a^3 + b^3).$

85. $(amx^2 - 5a^2mx + 9a^3m) + (4a^2mx - 3amx^2 - 7a^3m) + (6a^3m - 2amx^2).$

86. $\left(\dfrac{1}{2}ab + \dfrac{1}{4}ac - \dfrac{1}{5}bc\right) + \left(\dfrac{2}{3}ab - \dfrac{3}{4}ac + \dfrac{2}{7}bc\right).$

87. $\left(\dfrac{7}{8}a^2bc - \dfrac{2}{5}a^3b^2 + \dfrac{1}{9}b^2c^3\right) + \left(\dfrac{4}{3}a^2bc - \dfrac{5}{6}b^2c^3 - \dfrac{1}{4}a^3b^4\right).$

88 $\left(\dfrac{m^2}{4} - \dfrac{n^4}{5} + \dfrac{p^2}{2}\right) + \left(\dfrac{n^4}{2} - \dfrac{p^4}{4} + \dfrac{m^2}{3}\right) + \left(\dfrac{p^4}{3} - \dfrac{m^3}{2} - \dfrac{n^2}{4}\right).$

89. $\left(3\dfrac{1}{4}a - 6\dfrac{3}{4}c - 6\dfrac{2}{3}b\right) + \left(2\dfrac{5}{6}b + 3\dfrac{7}{12}c + 7\dfrac{1}{8}a\right) +$

$+ \left(2\dfrac{7}{9}c + 5\dfrac{2}{3}a - 4\dfrac{7}{8}b\right) + \left(4\dfrac{1}{4}a - 7\dfrac{1}{8}b + 5\dfrac{2}{3}c\right) + \left(\dfrac{2}{8}c + 4a - \dfrac{7}{8}b - \dfrac{4}{5}\right)$

90. — Calculer la valeur de $x + y + z + t$ si l'on fait :

$$x = 4ab^2 + 2a^3 + 5b^3 - 3a^2b$$
$$y = 7a^2 - 9ab^2 - 8a^2b + 3b^3$$
$$z = 2a^2b - 5b^2 - 4ab^2 - 2a^3$$
$$t = 4b^3 + 3a^2b - 2a^3 + 6ab^2.$$

Ordonner ces polynômes par rapport aux puissances décroissantes de a.

— Effectuer les soustractions suivantes :

91. $(a - b) - (+ c) ; (a - b) - (- c) ; (+ c) - (a + b) ; (+ c) - (a - b).$

92. $(7a - 2b + 3c) - (4a + b + 5c).$

93. $(9m + 3n + 4q) - (m - 2n + 7q).$

94. $(6a^3 - 4a^2b + 5ab^2) - (3a^3 + 2ab^2 - 7b^2).$

95. $(7a^4b^3 + 6a^3b^4 - 2a^2b^5) - (6a^4b^3 - a^3b^4 - 4a^2b^5).$

96. $(12a^2bc^2 - 8ab^2c^3 - 4b^2c^4) - (5b^3c^4 - 2a^2bc^2 - 9ab^2c^3).$

97. $(a^2 + 2ab + b^2) - (a^2 - 2ab + b^2).$

98. $(a^3 + 3a^2b + 3ab^2 + b^3) - (a^3 - 3a^2b + 3ab^2 - b^3).$

99. $(5a^4 + 9a^3b^2x + 2a^2b^3x^2) - (2a^3bx^3 + a^2b^3x^2) - (- 2a^4 + 5a^3b^2x).$

100. $\left(\dfrac{a}{2} + \dfrac{b}{2} + \dfrac{c}{2}\right) - (a - b).$

101. $(3a - 4b) - (a - 2b) - (2a + b) - (7b + a).$

102. $(3a^3b^2 - 7ab^4 - 8a^2b^3 + 5a^4b) - (5a^2b^3 + 7a^4b + 2ab^4 + 6a^3b^2).$

103. $\left(7\dfrac{1}{4}x^2y - 4\dfrac{2}{3}y^2 + 24x^3 - 2\dfrac{2}{5}xy^3\right) - \left(18x^3 - 8x^2y^3 + 3\dfrac{5}{8}y^3 - 4xy^3\right)$

104. Du polynôme $3ax^3 - 4a^3x - 8x^4 + 2a^2x^2$

retrancher la somme des polynômes suivants :

$$(3x^4 - 6a^2x^3 + 5a^3x + 4ax^3) + (2a^3x - 2x^4 - 7a^2x^2 - 9ax^2) +$$
$$(2a^2x^2 + 8a^3x - 5ax^3 - 7x^4).$$

— Étant donnés les polynômes

$$M = x^4 + 2ax^3 - 5a^2x^2 + 3a^3x + 9a^4$$
$$N = 5a^4 - 6a^3x - 2a^2x^2 - ax^3 + 3x^4$$
$$P = 5a^2x^2 - 2a^4 + 8x^4 - 12ax^3 + 7a^3x,$$

les ordonner, puis effectuer :

105.	$M + N + P$		**109.**	$P - M + N$
106.	$M + N - P$		**110.**	$P - M - N$
107.	$M - N - P$		**111.**	$N - M + P$
108.	$M - N + P$		**112.**	$N - M - P$

113. — Que devient l'expression $a - (b - c)$ quand on y remplace a par $p + q$; b par $p - (q - p)$; c par $p - q$?

— Chasser les parenthèses et réduire les termes semblables dans les expressions :

114. $(m + n + p) + (m - n - p) - (p - n - m) - (n + p - m).$

115. $a - b + c - [3a - 2b + (a - b) - (a + b)] - c.$

116. $3x - \left\{ 2y - z - [3y + z - x - (y + z - x) - y] + z \right\} + y.$

— Mettre entre parenthèses en les faisant précéder du signe —, les trois derniers termes des polynômes :

117. $m^2 - a^2 - 2ab - b^2.$

118. $m^2 - a^2 + 2ab - b^2.$

119. $m^2 - a^3 + b^2 - c^2.$

120. $m^2 + a^2 - b^2 + c^2.$

121. $a^2 - x^2 - 2xy - y^2.$

122. $a^2 - x^2 + 2xy - y^2.$

— Id. pour les quatre derniers termes :

123. $x^3 - a^3 - 3a^2b - 3ab^2 - b^3.$

124. $x^3 - a^3 + 3a^2b - 3ab^3 + b^3.$

— Effectuer les multiplications suivantes :

125. $ab \times c \,; a^2bx \times cd.$

126. $2ab \times 3cd \,; 2a^2d \times 5bc^2.$

127. $\dfrac{2}{4} a^3 \times \dfrac{b}{3} \,; \dfrac{x^3}{5} \times \dfrac{2x}{3}.$

128. $\dfrac{4}{5} a^2bc^2 \times \dfrac{10}{7} ab^3d.$

129. $(a + 2b + c)\,b.$

130. $(2a + b - c)\,a.$

131. $(2a^2b - 3ab^2)(a^2b).$

132. $(3abc - 4b^2)(-bc)$

133. $(8abc - 4a^3 + 7bc^2 - 4a^2c)\,(2acd).$

134. $\left(\dfrac{2}{5} a^3b + \dfrac{4}{9} bc^2 - \dfrac{1}{4} ab \right) \left(\dfrac{3}{2} a^2bc. \right)$

135. $(4a^5b^2 - 2a^4b^3 - 7a^3b^4)\,(- 5a^2c).$

136. $\left(\dfrac{3}{4} m^2n - \dfrac{5}{6} mn^2 + \dfrac{4}{3} n^3 \right)(2mp)(6nq).$

137. $(7m^3n^2 - 9m^2n^2 + 5mn^4)\,(3mn)\,(- 4pq).$

138. $(x^2 - ax + a^2)\,(x + a).$

139. $(x - a)\,(x^2 + ax + a^2).$

140. $(4a^3 - 4a^2x + 3ax^2)(3a^2 - 2ax).$

141. $(x - 1)\,(x - 2).$

142. $(a^4 + a^3 - a^2 - a + 1)\,(a + 1)\,(a - 1)\,(a + 2).$

143. $(4ab^2 + 2a^3 - 3a^2b - 5b^3) \times (3ab + 2a^3 + 4b^2).$

144. $(2x^5 - 3x^3 + x^2 - 4) \times (x^4 - x^2 + x - 1).$

— Donner immédiatement, en appliquant les règles des produits remarquables, la valeur de :

145. $(a + m)^2.$

146. $(a + 1)^2.$

147. $(a - m)^2.$

148. $(a - 1)^2.$

149. $(a - m)\,(a + m).$

150. $(a + 1)\,(a - 1).$

151. $(a + 2)^2.$

152. $\left(a + \dfrac{1}{2} \right)^2.$

153. $(a - 2)^2.$

154. $\left(a - \dfrac{1}{2} \right)^2.$

155. $(2 + a)\,(2 - a).$

156. $(a + 2)\,(2 - a).$

157. $(- m + n)^2.$

158. $(- n + m)^2.$

159. $(n - m)\,(m + n).$

160. $(3a + b)^2.$

161. $(b - 2a)^2.$

162. $\left(x + \dfrac{p}{2} \right)^2.$

163. $\left(x - \dfrac{p}{2} \right)^2.$

164. $\left(y + \dfrac{b}{2a} \right)^2.$

165. $\left(y - \dfrac{b}{2a} \right)^2.$

166. $(x + y)\,(y - x).$

167. $(1 - x^2)\,(1 + x^2).$

168. $(5a + 3b)^2$

169. $(7b - 4a)^2.$

170. $(6b + 2a)\,(6b - 2a).$

171. $\left(\dfrac{2}{3}\,m + \dfrac{4}{5}\,p\right)^2.$

172. $\left(\dfrac{3}{4}\,\mu - \dfrac{1}{2}\,m\right)^2.$

173. $\left(\dfrac{5}{2}\,x + \dfrac{3}{4}\,y\right)\left(\dfrac{5}{2}\,x - \dfrac{3}{4}\,y\right).$

174. $\left(x + \dfrac{1}{4}\right)^3.$

175. $\left(x - \dfrac{1}{3}\right)^3.$

176. $(x + a)(a^2 - ax + a^2).$

177. $(x + 1)(x - 1)(x^2 + 1).$

178. $(a^2 + 1)(a - 1)(a + 1).$

179. $(ax - k)^2.$

180. $(a + b + c)^2.$

181. $(a + b - c)^2.$

182. $(a - b + c)^2.$

183. $(a - b - c)^2.$

184. $(a^2 x - by)^2.$

185. $(a^3 x + b^2 c)(a^3 x - b^2 c).$

186. $(2mn + 3pq)(- 3pq - 2mn).$

— Inversement, indiquer les facteurs qui ont donné les produits suivants :

187. $b^2 + 2bc + c^2.$

188. $m^2 - 2mp + p^2.$

189. $x^2 + 4ax + 4a^2.$

190. $x^2 - bx + \dfrac{b^2}{4}.$

191. $x^2 + 6x + 9.$

192. $x^2 - 12x + 36.$

193. $4x^2 + \dfrac{4}{3}\,bx + \dfrac{b^2}{9}.$

194. $9x^2 - \dfrac{3ax}{2} + \dfrac{a^2}{16}.$

195. $a^2 b^2 + 2abcd + c^2 d^2.$

196. $m^2 n^4 - 4mn^2 + 4.$

197. $x^2 - y^2.$

198. $x^2 - \dfrac{p^4}{4}.$

199. $36a^2 - 4b^2.$

200. $\dfrac{1}{25}\,p^2 - \dfrac{1}{4}\,q^2.$

201. $x^3 + 3x^2 y + 3xy^2 + y^3.$

202. $m^3 - 3m^2 p + 3mp^2 - p^3.$

203. $a^4 - 1.$

204. $x^4 - \dfrac{1}{16}.$

205. $x^4 - y^4.$

206. $x^8 - 256.$

207. $9a^4 b^2 c^2 - 16d^2.$

208. $\dfrac{4}{9}\,x^4 - 4bx^2 + 9b^2.$

209. $x^3 + 3x^2 + 3x + 1.$

210. $3y + y^3 - 1 - 3y^2.$

211. $1 + a^2 + b^2 + a^2 b^2.$

212. $a^2 c^2 + a^2 d^2 + b^2 c^2 + b^2 d^2.$

213. $(1 + ab + a + b)^2 - (1 - ab + a - b)^2.$

214. $(x^2 + xy + y^2)^2 - (x^2 - xy + y^2)^2.$

215. $\left(x + \dfrac{p}{2}\right)^2 - \left(x - \dfrac{p}{2}\right)^2.$

216. $(x + y + z)^2 - (x - y - z)^2.$

— Reconnaître le commencement du carré d'un binôme et le compléter dans les expressions suivantes :

217. $a^2 + 2ab.$

218. $x^2 - 2xy.$

219. $x^2 + 8x.$

220. $y^2 - 5y.$

221. $x^2 + \dfrac{4}{3}\,x.$

222. $y^2 - \dfrac{2}{3}\,y.$

223. $x^2 + px.$

224. $x^2 - px.$

225. $x^2 + \dfrac{b}{a}\,x.$

226. $x^2 - \dfrac{b}{a}\,x.$

227. $4a^2 - 12ab.$

228. $\dfrac{16}{9}\,x^2 - \dfrac{16}{3}\,mx.$

229. $9a^4 m^2 x^2 - a^2 c^3 mx.$

230. $4a^6 c^2 - 16a^3 bc^3.$

231. $m^2 x^2 - 2bmxy.$

232. $\dfrac{4}{25}\,a^2 x^2 + \dfrac{4}{5}\,abx.$

233. $24a^2 b^4 c^2 + 70\,a^2 b^2 cd.$

234. $4m^2 x^2 + 1.$

— Simplifier les expressions :

235. $(a + b + c)(a + b - c)(a - b + c)(a - b - c)$.

236. $(a + b + c)(a + b - c)(a - b + c)(b + c - a)$.

237. $(a + b + c)^2 - a(b + c - a) - b(a + c - b) - c(a + b - c)$.

238. $(x + y + z)^3 - 3(x + y)(y + z)(x + z)$.

— Reconnaître, soit par des mises en facteurs, soit en effectuant, si les égalités suivantes sont vraies :

239. $a^3 - a = a(a + 1)(a - 1)$.

240. $a^3 - a^2 - 2a = a(a + 1)(a' - 2$.

241. $a^3 + 3a^2 + 2a = a(a + 1)(a + 2$

242. $a^3 - 3a^2 + 2a = a(a - 1)(a - 2$

243. $2a^3 + 3a^2 + a = a(a + 1)(2a + 1)$.

244. $2a^3 - 3a^2 + a = a(a - 1)(2a - 1)$.

245. $(x + y + z)^3 - (x^3 + y^3 + z^3) = 3(y + z)(z + x)(x + y)$.

246. $(a^2 + b^2)(a'^2 + b'^2) = (aa' + bb')^2 + (ab' - ba')^2$.

247. $(a^2 + b^2)(p^2 + q^2) = (ap + bq)^2 + (aq - bp)^2$.

248. Reconnaître si l'égalité suivante est vraie lorsqu'on y remplace x par $\dfrac{2a - b}{ac}$:

$$abx^3 + \frac{3a^2x^2}{c} = \frac{6a^2 + ab - 2b^3}{c^3} - \frac{bx^2}{c}.$$

— Effectuer les divisions suivantes :

249. $9a^2b^2x : 3a^2b$.

250. $25a^2xy : (- 5a^2)$.

253. $15a^5b^4c^2 : 3a^2b$.

254. $\dfrac{25}{12} a^3bd^2 : \dfrac{5}{4} abd$.

251. $(- 6a^2b) : 2ab$.

252. $(- 12x^2y^3) : (- 4xy)$.

255. $24x^2y^3 : 6x^2y$.

256. $\dfrac{3}{8} x^2yz : \left(- \dfrac{5}{9} x^3y \right)$.

257. $(2a^4b - a^3b^2 + 6a^2b^3 - ab^4) : ab$.

258. $(- 4a^4x + 2a^3x^2 - 12a^2x^3 + 8ax^4) : (- 2ax)$.

259. $(36x^2y - 24x^3yz + 30xy^2) : 6xy$.

260. $(15a^3b^4c^2 - 12a^2bc^4 - 21ac^3) : (- 3ac^2)$.

261. $(x^3 - y^3) : (x + y)$.

262. $(x^4 - a^2) : (x^2 + a)$.

263. $(a^4 - 16) : (a - 2)$.

264. $(x^2 - y^2) : (x - y)$.

265. $(y^6 - x^4) : (y^3 - x^2)$.

266. $(x^4 - 1) : (x - 1)$.

— Transformer en produits de facteurs, à l'aide de mises en facteurs communs ou des produits remarquables, les expressions :

267. $a^3 + a^2b^2 - 2ab^3$.

268. $2x^2 + 2x$.

269. $4a^2b^2 - 2a$.

270. $x^2 - x$.

271. $3a^2 - 6abc + 9ac$.

272. $12abc + 8abd - 4ab^2$.

273. $5m^2 + 10m^2x - 15m^2y$.

274. $2xy + 6x^2y - 4xy^2$.

275. $7a^2 + 14ab + 7b^2$.

276. $6m^2 - 12mn + 6n^2$.

277. $4x^4 + x^2y + \dfrac{y^2}{16}$.

278. $2ax^2 - 4axy + 2ay^2$.

279. $am + bm - cm + dm$.

280. $3x^2 - 3y^2$.

281. $\dfrac{1}{2} Bh + \dfrac{1}{2} bh$.

282. $\dfrac{1}{3} Bh + \dfrac{1}{3} bh + \dfrac{1}{3} h \sqrt{Bb}$.

283. $\dfrac{1}{3} \pi R^2h + \dfrac{1}{3} \pi r^2h + \dfrac{1}{3} \pi Rrh$.

284. $\dfrac{1}{6} \pi h^3 + \dfrac{1}{2} \pi R^2h + \dfrac{1}{2} \pi r^2h$.

285. $36a^6b^4c^2 - 27a^4b^5c^6 + 18a^3b^7c^4 - 12a^4b^3c^7$.

CHAPITRE V

FRACTIONS. — RADICAUX

§ I. — Fractions.

88. — Le quotient exact de a par b est représenté par la forme $\frac{a}{b}$ qui se lit a *sur* b, et qui est une fraction algébrique ; a en est le numérateur, et b le dénominateur ; a et b sont les termes de la fraction. Ces termes peuvent être des monômes ou des polynômes ; il ne faut donc pas confondre *terme d'une fraction* avec *terme algébrique*, ou *monôme*, tel que nous l'avons défini ; aussi, quand il peut y avoir équivoque, dit-on plutôt : *numérateur*, ou *dénominateur*.

Une fraction algébrique représente le quotient exact de son numérateur par son dénominateur.

La valeur absolue d'une fraction est sa valeur numérique, abstraction faite des signes des termes.

Une fraction algébrique diffère d'une fraction arithmétique en ce que ses termes représentent des nombres algébriques quelconques, entiers, fractionnaires ou incommensurables. Si l'on ne considère que sa valeur absolue, elle est donc analogue au rapport arithmétique.

89. — **Signes.** — D'après ce qui a été dit aux n°ˢ 36, 37 et 46, il est indifférent d'écrire :

$$\frac{-a}{b} \quad \text{ou} \quad \frac{a}{-b} \quad \text{ou} \quad -\frac{a}{b}.$$

De même, $$\frac{+\,a}{+\,b} = \frac{a}{b} = \frac{-\,a}{-\,b}.$$

C'est-à-dire qu'*on peut changer en même temps les signes du numérateur et du dénominateur, sans changer la valeur de la fraction.*

Par suite, quand le numérateur, ou le dénominateur, ou les deux ensemble, sont des polynômes, *on peut changer en même temps les signes de tous les monômes qui entrent dans la fraction.*

Ainsi : $$\frac{a+b-c}{n-m} = \frac{-a-b+c)}{-n+m} \text{ ou } \frac{-a-b+c}{m-n}.$$

En effet, $$\frac{a+b-c}{n-m} = \frac{+(a+b-c)}{+(n-m)} = \frac{-(a+b-c)}{-(n-m)}$$

$$= \frac{-a-b+c}{-n+m} \text{ ou } \frac{-a-b+c}{m-n}.$$

En résumé, *on peut appliquer aux fractions algébriques :*
1° Au point de vue de leur valeur absolue, les propriétés des rapports arithmétiques ;
2° Au point de vue des signes, la règle des signes de la division algébrique.

Mais, en raison de son importance, nous allons démontrer directement le principe fondamental suivant.

90. — **Principe.** — *Si l'on multiplie ou si l'on divise par une même quantité les deux termes d'une fraction algébrique, on obtient une fraction équivalente à la proposée.*

Soit la fraction $\frac{a}{b}$; représentons sa valeur exacte par q. Nous avons :

$$\frac{a}{b} = q \qquad (1) \qquad \text{d'où :} \qquad a = bq \qquad (2)$$

d'après la définition même du quotient.

Multiplions par $(-m)$ les deux membres de l'égalité (2) :

$$a\,(-m) = bq\,(-m)$$

ou $$-am = -bqm$$

ou enfin $$-am = (-bm)\,q.$$

Divisons les deux membres par $(-bm)$, il vient :

$$\frac{-am}{-bm} = q. \qquad (3)$$

En comparant cette égalité (3) à l'égalité (1), on voit que :

$$\frac{a}{b} = \frac{-am}{-bm}. \qquad (4)$$

Réciproquement, si l'on donnait $\dfrac{-am}{-bm}$, en divisant les deux termes de cette fraction par $(-m)$ on trouverait $\dfrac{a}{b}$ et l'égalité (4) montre que cette dernière fraction est équivalente à la proposée.

CONSÉQUENCES. — La première partie de ce théorème permet la réduction des fractions au même dénominateur; la seconde partie, leur simplification.

SIMPLIFICATION

91. — Pour simplifier une fraction, il suffit de diviser ses deux termes par l'ensemble de leurs facteurs communs; on peut alors effectuer une série de divisions successives, ou bien, ce qui est préférable, diviser d'un seul coup les deux termes par l'ensemble de ces facteurs communs, qu'on appelle leur **plus grand commun diviseur algébrique.**

EXEMPLE I : $\dfrac{-12a^3b^2c}{9a^2b^4cd}$;   (pgcd $=3a^2b^2c$);

d'où : $\dfrac{-4a}{3b^2d}$, ou $-\dfrac{4a}{3b^2d}$.

92. — **Observation pratique.** — Soit la fraction :

$$\frac{3a^2b - 4ac.}{a^2} \qquad (1)$$

Il faut bien se garder de supprimer a^2, car ce n'est pas un facteur commun au numérateur et au dénominateur. Il faut remarquer que le numérateur étant un polynôme, pour le diviser par a^2, il faudrait diviser par a^2 chacun de ses termes, ce qui n'est pas possible pour le second. La seule simplification qu'on puisse faire est celle par a :

$$\frac{3\,a^2b - 4\,ac}{a^2} = \frac{3\,ab - 4\,c}{a}$$

Autre exemple : Soit la fraction :

$$\frac{18\,mn - 9\,am + 6bm}{3\,mp} \qquad (2)$$

Tous les termes du numérateur et du dénominateur contiennent les facteurs 3 et **m**; leur p.g.c.d. $= 3m$; d'où :

$$\frac{18\,mn - 9\,am + 6\,bm}{3\,mp} = \frac{6n - 3a + 2b}{p}.$$

93. Remarque. — Dans ces deux exemples, l'opération est beaucoup plus facile si l'on a fait, au préalable, une mise en facteurs communs au numérateur; on a ainsi :

$$(\text{I}) \qquad \frac{3a^2b - 4ac}{a^2} = \frac{a(3ab - 4c)}{a^2} = \frac{3ab - 4c}{a}$$

car le numérateur devient un produit de deux facteurs, a et (3ab — 4c); on le simplifie par a en supprimant ce facteur, et le dénominateur devient a^2 : a ou a.

De même :

$$\frac{18mn - 9am + 6bm}{3mp} = \frac{3m(6n - 3a + 2b)}{3mp}.$$

Le numérateur est maintenant un produit de deux facteurs : 3m, et (6n — 3a + 2b); pour le diviser par 3m, il suffit d'y supprimer ce groupe de facteurs, soit :

$$\frac{6n - 3a + 2b}{p}.$$

94. — Exposant négatif. — En simplifiant $\dfrac{a^3}{a^5}$, on a $\dfrac{1}{a^2}$. Si nous appliquons à la fraction donnée la règle du quotient de deux puissances d'une même lettre, il vient :

$$\frac{a^3}{a^5} = a^{3-5} = a^{-2}.$$

Cet exposant négatif n'a aucun sens par lui-même; mais on l'interprète en constatant que :

$$a^{-2} = \frac{1}{a^2}.$$

Une lettre affectée d'un exposant négatif représente une fraction ayant pour numérateur 1, et pour dénominateur la même lettre affectée du même exposant mais positif.

C'est une notation conventionnelle qu'on emploie parfois pour remplacer des formes fractionnaires par des formes entières.

RÉDUCTION AU MÊME DÉNOMINATEUR

95. — On opère comme en arithmétique, lorsque les termes sont décomposés en leurs facteurs premiers.

Exemple I : Soient $\dfrac{5a^2}{mn}$, $\dfrac{3b^2}{mp}$, $\dfrac{4c^3}{np}$.

Le p.p.m.c. des dénominateurs $= mnp$.

D'où $\quad \dfrac{5a^2}{mn} = \dfrac{5a^2 \times p}{mn \times p} = \dfrac{5a^2 p}{mnp}$.

De même $\quad \dfrac{3b^2}{mp} = \dfrac{3b^2 n}{mnp}$; $\quad \dfrac{4c^3}{np} = \dfrac{4c^3 m}{mnp}$.

Exemple II : $\quad \dfrac{3m}{a+b}$, $\dfrac{8n}{a-b}$, $\dfrac{5p}{a^2-b^2}$.

Le p.p.m.c. des dénominateurs $= a^2 - b^2$, car $a^2 - b^2 = (a+b)(a-b)$.

d'où : $\quad \dfrac{3m}{a+b} = \dfrac{3m(a-b)}{a^2-b^2}$; $\quad \dfrac{8n}{a-b} = \dfrac{8n(a+b)}{a^2-b^2}$;

la fraction $\quad \dfrac{5p}{a^2-b^2}\quad$ ne change pas de forme.

Exemple III : $\quad \dfrac{5a}{m^2}$, $2bc$, $\dfrac{d}{mn}$.

Le p.p.m.c. des dénominateurs est $m^2 n$.

D'où : $\quad \dfrac{5a}{m^2} = \dfrac{5an}{m^2 n}$; $2bc = \dfrac{2bcm^2 n}{m^2 n}$; $\dfrac{d}{mn} = \dfrac{dm}{m^2 n}$.

96. — **Observation pratique.** — L'emploi judicieux des signes facilite beaucoup la recherche du plus petit **dénominateur commun**.

Ainsi :
$$\frac{3m}{a+b}, \qquad \frac{8n}{b-a}, \qquad \frac{5p}{a^2-b^2}$$

n'ont pas pour dénominateur commun a^2-b^2,

car
$$(a+b)(b-a) = b^2-a^2$$

On lève cette difficulté à l'aide d'un artifice : on ramène le dénominateur $(b-a)$ à la forme $(a-b)$ en changeant les signes des termes de la seconde fraction (n° 89) :

$$\frac{8n}{b-a} = \frac{-8n}{-b+a} \qquad \text{ou} \qquad \frac{-8n}{a-b}$$

puis l'on opère comme à l'exemple II du n° 95.

OPÉRATIONS

On applique les mêmes règles qu'en arithmétique, mais en tenant compte des signes.

97. — **Addition.** — *Pour additionner des fractions algébriques, 1° on les réduit au même dénominateur, si elles n'y sont déjà; 2° on forme une fraction ayant pour numérateur la somme des numérateurs ainsi obtenus, et pour dénominateur le dénominateur commun.*

Ainsi :
$$\frac{x}{m} + \frac{a}{n} = \frac{xn}{mn} + \frac{am}{mn} = \frac{xn+am}{mn}.$$

La même règle subsiste s'il y a des termes entiers :

$$\frac{5a}{m+n} + \frac{2b}{m-n} + c = \frac{5a(m-n) + 2b(m+n) + c(m^2-n^2)}{m^2-n^2}$$

98. — **Soustraction.** — *Pour retrancher une fraction d'une autre fraction, 1° on les réduit au même dénominateur si elles n'y sont déjà; 2° on forme une fraction ayant pour numérateur la différence des numérateurs ainsi obtenus, et pour dénominateur, le dénominateur commun.*

Ainsi :
$$\frac{b^2}{4a^2} - \frac{c}{a} = \frac{b^2}{4a^2} - \frac{4ac}{4a^2} = \frac{b^2-4ac}{4a^2}.$$

Si l'un des termes de la différence était entier, on le réduirait en fraction, et l'on appliquerait encore la règle ci-dessus :

$$\frac{a^2}{4m} - b = \frac{a^2}{4m} - \frac{4mb}{4m} = \frac{a^2 - 4mb}{4m}.$$

99. — Multiplication. — *Pour multiplier une fraction par un terme entier, ou inversement, on fait le produit du numérateur par le terme entier, et on divise ce produit par le dénominateur de la fraction.*

Pour multiplier deux fractions, on fait leur produit terme à terme.

Ainsi :

$$\frac{a^3}{b^2c} \times b = \frac{a^3 b}{b^2 c} = \frac{a^3}{bc}$$

$$4\,ax \times \frac{m}{2x^2} = \frac{4axm}{2x^2} = \frac{2am}{x}$$

$$\frac{3a^2b - 4c^3}{2a} \times \frac{a^3}{bc} = \frac{(3a^2b - 4c^3) \times a^3}{2abc} = \frac{(3a^2b - 4c^3)a^2}{2bc}.$$

100. — Division. — *Pour diviser une fraction par un terme entier, on divise, si c'est possible, son numérateur par le terme entier en conservant son dénominateur; ou bien, on multiplie son dénominateur par le terme entier, en conservant son numérateur.*

Pour diviser un terme entier ou une fraction par une fraction, on multiplie le dividende par la fraction diviseur renversée.

Ainsi :

$$\frac{3ax}{b} : c = \frac{3ax}{bc} \; ; \qquad \frac{4a^2b}{cd} : 2a = \frac{2ab}{cd}$$

$$d : \frac{b^2 - 4ac}{4a^2} = \frac{d \times 4a^2}{b^2 - 4ac} = \frac{4a^2 d}{b^2 - 4ac}$$

$$\frac{x + a}{m} : \frac{n}{x - a} = \frac{(x + a)(x - a)}{mn} = \frac{x^2 - a^2}{mn}.$$

101. Observation pratique. — La cause d'erreurs la plus fréquente dans les calculs sur les fractions vient du mauvais emploi des signes, et surtout du signe — placé devant une fraction.

Soit par exemple :

$$\frac{3a}{b} - \frac{c - 2a}{b}$$

Le signe — placé entre les fractions affecte la seconde fraction tout entière, et non pas la lettre c qui est positive. La différence des numérateurs est donc :

$$3a - (c - 2a) \quad \text{ou} \quad 3a - c + 2a \quad \text{ou} \quad 5a - c$$

et la fraction équivalente à la différence des deux proposées est

$$\frac{3a - c + 2a}{b} = \frac{5a - c}{b}.$$

FRACTIONS ÉGALES

102. — Quand deux fractions sont égales, elles forment une proportion à laquelle ou peut appliquer toutes les propriétés des proportions arithmétiques, et en particulier celle-ci : *le produit des extrémes est égal au produit des moyens.*

Enfin, *lorsque plusieurs fractions sont égales, la fraction qui a pour numérateur la somme de leurs numérateurs, et pour dénominateur la somme de leurs dénominateurs, est égale à chacune des fractions proposées.*

Cette propriété étant fréquemment utilisée, **nous** allons rappeler sa démonstration.

On donne :
$$\frac{x}{a} = \frac{y}{b} = \frac{z}{c}.$$

Je dis que :
$$\frac{x + y + z}{a + b + c} = \frac{x}{a} = \frac{y}{b} = \frac{z}{c}.$$

En effet, soit q le quotient exact représenté par chacune des ractions égales données.

De
$$\frac{x}{a} = q \qquad \text{on tire} \qquad x = aq \qquad (1)$$

$$\frac{y}{b} = q \qquad\qquad y = bq \qquad (2)$$

$$\frac{z}{c} = q \qquad\qquad z = cq \qquad (3)$$

Additionnons les égalités (1), (2), (3) :

$$x + y + z = aq + bq + cq.$$

Mettons q en facteur commun dans le second membre :

$$x + y + z = q\,(a + b + c).$$

Divisons les deux membres par $(a + b + c)$:

$$\frac{x + y + z}{a + b + c} = q.$$

Cette fraction, ayant pour valeur **exacte q**, est donc bien égale aux fractions proposées.

§ II. — **Notions sur les radicaux.**

103. — *On appelle* **racine** $n^{\text{ième}}$ *d'un nombre* A *un autre nombre* a *dont la puissance* $n^{\text{ième}}$ *est égale au nombre donné* A.

On indique une racine à l'aide du signe radical $\sqrt{}$, et la nature de cette racine est représentée par un indice en petits caractères, placé dans l'angle du signe radical.

On peut donc écrire : $\qquad a = \sqrt[n]{A} \qquad$ si $\qquad a^n = A$

et, par définition, $\qquad \left(\sqrt[n]{A}\right)^n = A.$

En particulier, la racine carrée, la racine cubique, d'un nombre **A**, sont des nombres dont le carré et le cube sont respectivement égaux à **A**.

La racine cubique de **A** s'écrit $\sqrt[3]{A}$; l'indice de ce radical est 3.

On convient de ne pas écrire l'indice 2 dans l'indication d'une racine carrée. Ainsi, la racine carrée de A s'écrit $\sqrt{A}$.

Lorsque la quantité placée sous un radical est tout entière affectée d'un exposant, on dit, pour simplifier le langage, que cet exposant est celui du radical. Ainsi, dans $\sqrt[3]{a^5}$, l'indice est 3, et l'exposant du radical est 5. Le principe n° **113** justifiera cette appellation.

104. — **Racines des nombres positifs.** — Les nombres positifs étant des nombres arithmétiques admettent tous une racine d'indice quelconque; cette racine est alors un nombre entier, ou fractionnaire, ou le plus souvent incommensurable. Mais en algèbre, de tels nombres admettent 2 racines lorsque l'indice de cette racine est pair; cela résulte de ce qui a été vu au n° 31 (Applications).

Ainsi, le nombre 4 a pour racines carrées $+2$ et -2, car $(+2)^2 = 4$ et $(-2)^2 = 4$.

D'une façon générale, si a est positif, il admet deux racines carrées : $+\sqrt{a}$ et $-\sqrt{a}$, qu'on indique ensemble : $\pm\sqrt{a}$.

La racine précédée du signe $+$ est dite **valeur arithmétique du radical**.

Il est clair que ces deux racines sont égales en valeur absolue, mais de signes contraires.

Tout nombre positif admet 1 racine algébrique positive lorsque l'indice de la racine est impair ; il admet deux racines algébriques, égales en valeur absolue, mais de signes contraires, lorsque l'indice de la racine est pair.

105. — **Racines des nombres négatifs.** — Un nombre négatif n'admet pas de racine d'indice pair. Ainsi $\sqrt{-9}$ n'existe pas, car aucun nombre, élevé au carré, ne peut donner -9 (n° 31). Un nombre négatif admet une racine d'indice impair, et elle est négative.

Ainsi $\qquad \sqrt[3]{-27} = -3 \qquad$ car $\qquad (-3)^3 = -27.$

Tout nombre négatif n'admet pas de racine si l'indice est pair ; il admet une racine négative si l'indice est impair.

Remarque importante. — Pour éviter des complications dues aux signes, nous ne tiendrons compte, dans ce qui suivra, que de la valeur arithmétique d'un radical, c'est-à-dire de la *valeur absolue de l'expression qu'il renferme et de celle de la racine*. Ainsi, $\sqrt{9}$ ne représentera que le nombre 3.

Nous nous baserons donc entièrement sur des propriétés et des principes arithmétiques.

De cette manière, *à un radical correspondra une* **valeur unique**, *on prouvera par suite l'égalité de deux expressions en les élevant à une même puissance, et en constatant que ces puissances sont égales.*

Si l'on ne faisait pas cette restriction, et si l'on tenait compte des signes, ce raisonnement pourrait être faux, car,

$$-2 \quad \text{et} \quad +2 \quad \text{ne sont pas égaux,}$$

et pourtant leurs carrés $\quad +4 \quad$ et $\quad +4 \quad$ sont égaux.

PRINCIPES FONDAMENTAUX.

106. — **Lemme.** — *La puissance pq d'un nombre est égale à la puissance q de sa puissance p, ou à la puissance p de sa puissance q.*

Je dis, par exemple, que pour élever a à la puissance 6, je peux d'abord élever a au carré, puis ce résultat au cube, ou élever d'abord a au cube, puis ce résultat au carré; c'est ce que signifie la notation :

$$a^6 = (a^2)^3 = (a^3)^2 \tag{I}$$

$1^\circ \quad (a^2)^3 \quad$ signifie $\quad a^2 \times a^2 \times a^2 = a^{2+2+2} = a^{2 \times 3}$

$2^\circ \quad (a^3)^2 \quad — \quad a^3 \times a^3 \qquad = a^{3+3} \qquad = a^{3 \times 2}$

Or, quels que soient les exposants, leurs produits intervertis sont égaux ; donc les notations $a^{2 \times 3}$ et $a^{3 \times 2}$ sont égales, et par suite les relations (I) sont exactes. D'une façon générale on a donc :

$$a^{pq} = (a^p)^q = (a^q)^p.$$

107. — **Théorème.** — *On ne change pas la valeur d'un radical en multipliant ou en divisant l'indice et l'exposant par le même nombre.*

Je dis que :
$$\sqrt[n]{a^p} = \sqrt[nk]{a^{pk}}. \tag{1}$$

Pour le démontrer, élevons les deux membres, séparément, à la puissance nk.

1° D'après le lemme n° 106, on a :

$$\left(\sqrt[n]{a^p}\right)^{nk} = \left[\left(\sqrt[n]{a^p}\right)^n\right]^k$$

Or, par définition, $\qquad \left(\sqrt[n]{a^p}\right)^n = a^p.$

Donc

$$\left[\left(\sqrt[n]{a^p}\right)^n\right]^k = (a^p)^k = a^{pk} \tag{2}$$

2° Par définition,

$$\left(\sqrt[nk]{a^{pk}}\right)^{nk} = a^{pk} \tag{3}$$

Les résultats (2) et (3) étant égaux, la relation (1) est donc exacte.

Inversement, si l'on donnait $\sqrt[nk]{a^{pk}}$, en *divisant* par k l'indice et l'exposant, on trouverait le radical $\sqrt[n]{a^p}$ qui est égal au premier.

108. APPLICATIONS. —— I. Simplification d'un radical. *On simplifie un radical en divisant l'indice et l'exposant par un même nombre.*

Ainsi $\qquad \sqrt[4]{a^6} = \sqrt{a^3} : \qquad \sqrt[6]{a^4} = \sqrt[3]{a^2}.$

Dans le cas particulier où l'exposant est un multiple de l'indice, on retrouve une règle appliquée en arithmétique, pour extraire la racine carrée ou la racine cubique d'un produit de facteurs : on divise par **2** ou par **3** les exposants de ces facteurs.

$$\sqrt{a^6} = a^{6:2} = a^3 ; \qquad \sqrt[3]{a^{12}} = a^{12:3} = a^4.$$

Enfin, on peut convenir de diviser toujours l'exposant par l'indice, ce qui conduit à la notion d'exposant fractionnaire :

$$\sqrt[3]{a^4} = a^{\frac{4}{3}} ; \text{ réciproquement, } a^{\frac{5}{7}} \text{ signifie } \sqrt[7]{a^5}.$$

Nous n'utiliserons cette notation que dans certains problèmes d'intérêts composés (n° 293).

II. —— Réduction de radicaux au même indice. —— *Pour réduire des radicaux au même indice :* 1° *on cherche le p.p.m.c. des indices;* 2° *on le divise par chaque indice;* 3° *on multiplie l'indice et l'exposant de chaque radical par le quotient correspondant.*

Soient $\qquad \sqrt{a^3}, \qquad \sqrt[3]{ab^2}, \qquad \sqrt[4]{a^2bc^3},$

p. p. m. c. des indices $= 12,$

quotients respectifs : $12:2=6; \quad 12:3=4; \quad 12:4=3.$

D'où :
$$\sqrt{a^3} = \sqrt[2\times 6]{a^3 \times 6} = \sqrt[12]{a^{18}}$$

$$\sqrt[3]{ab^2} = \sqrt[3\times 4]{(ab^2)^4} = \sqrt[12]{a^4 b^8}$$

$$\sqrt[4]{a^2 bc^3} = \sqrt[4\times 3]{(a^2 bc^3)^3} = \sqrt[12]{a^6 b^3 c^9}$$

D'une manière analogue, on peut placer une quantité **sous** un radical d'indice donné, en élevant cette quantité à **une** puissance d'exposant égal à l'indice. Ainsi

$$a = \sqrt{a^2}; \qquad a^2 b = \sqrt[3]{(a^2 b)^3} = \sqrt[3]{a^6 b^3}.$$

OPÉRATIONS

109. — On n'effectue pas une addition ni une soustraction de radicaux, sauf dans le cas où ces radicaux ne diffèrent que par un coefficient; ainsi :

$$3\sqrt{2} + 8\sqrt{2} - 5\sqrt{2} = \sqrt{2}(3 + 8 - 5) = 6\sqrt{2}.$$

Mais il faut bien se garder d'écrire, par exemple, cette absurdité :

$$\sqrt{16} + \sqrt{9} = \sqrt{16 + 9}.$$

Il est facile de constater que : $\sqrt{16} = 4$; $\sqrt{9} = 3$; leur somme est donc 7, tandis que : $\sqrt{16 + 9} = \sqrt{25} = 5$.

110. — **Multiplication.** — *Le produit de deux radicaux de même indice est un radical de même indice renfermant le produit des quantités placées sous les radicaux primitifs.*

Je dis que : $$\sqrt{a} \times \sqrt{b} = \sqrt{ab} \qquad (\text{I})$$

En effet, élevons chaque membre au carré :

1° $\quad (\sqrt{a} \times \sqrt{b})^2 = (\sqrt{a})^2 (\sqrt{b})^2 \times = a \times b = ab,$

2° $\quad (\sqrt{ab})^2 = ab$

Donc la relation (I) est exacte.

Si les radicaux n'ont pas le même indice, on les y réduit d'abord.

Ainsi : $\quad \sqrt{2} \times \sqrt[3]{3} = \sqrt[6]{2^3} \times \sqrt[6]{3^2} = \sqrt[6]{2^3 \times 3^2} = \sqrt[6]{72}.$

111. APPLICATIONS. — I. — *Faire passer un facteur sous un radical.*

Je peux écrire : $\quad a\sqrt{b} = \sqrt{a^2}\,\sqrt{b} = \sqrt{a^2 b}$

de même : $\quad\quad a^2\sqrt[3]{b} = \sqrt[3]{a^6}\,\sqrt[3]{b} = \sqrt[3]{a^6 b}$

$$4\sqrt{3} = \sqrt{16}\,\sqrt{3} = \sqrt{48}$$

$$2\sqrt[3]{5} = \sqrt[3]{8}\,\sqrt[3]{5} = \sqrt[3]{40}.$$

II. — *Faire sortir un facteur d'un radical.*

Je peux écrire, à l'inverse des exemples précédents :

$$\sqrt[3]{a^6 b} = \sqrt[3]{a^6}\,\sqrt[3]{b} = a^2\sqrt[3]{b}\,;$$

de même $\quad\quad \sqrt{20} = \sqrt{4\times 5} = \sqrt{4}\,\sqrt{5} = 2\sqrt{5}$

$$\sqrt{4800} = \sqrt{100\times 16\times 3} = \sqrt{100}\,\sqrt{16}\,\sqrt{3} = 10\times 4\times\sqrt{3} = 40\sqrt{3}$$

Il faut s'habituer à faire mentalement ces transformations, et à écrire de suite, par exemple :

$$\sqrt{50} = 5\sqrt{2};\quad \sqrt{75} = 5\sqrt{3};\quad \sqrt{7200} = 60\sqrt{2}.$$

Remarque. — Si l'on a, par exemple, $\sqrt{68^2 - 32^2}$, on ne peut pas faire sortir les carrés du radical, car ce sont des termes d'une différence; mais il est très avantageux de remplacer cette différence par un produit de facteurs; parfois même, l'opération est ainsi très simplifiée :

$$\sqrt{68^2 - 32^2} = \sqrt{(68+32)(68-32)} = \sqrt{100\times 36} = 60.$$

$$\sqrt{328^2 - 216^2} = \sqrt{(328+216)(328-216)} = \sqrt{544\times 112}$$

$$= \sqrt{16\times 34\times 16\times 7} = 16\sqrt{34\times 7} = 16\sqrt{238}.$$

112. — Division. — *Le quotient de deux radicaux de même indice est un radical de même indice renfermant le quotient des quantités placées sous les radicaux primitifs.*

Je dis que : $\qquad\qquad \dfrac{\sqrt[n]{a}}{\sqrt[n]{b}} = \sqrt[n]{\dfrac{a}{b}} \qquad\qquad\qquad (\mathbf{I})$

En effet, le premier membre est une fraction dont la puissance n est :

$$\left(\frac{\sqrt[n]{a}}{\sqrt[n]{b}}\right)^n = \frac{(\sqrt[n]{a})^n}{(\sqrt[n]{b})^n} = \frac{a}{b}.$$

Par définition, la puissance n du second membre est aussi $\frac{a}{b}$; donc la relation (1) est exacte.

APPLICATION. — $\dfrac{\sqrt{75}}{\sqrt{3}} = \sqrt{\dfrac{75}{3}} = \sqrt{25} = 5.$

113. — Puissance. — *Pour élever un radical à une puissance, on peut élever à cette puissance la quantité placée sous le radical.*

Je dis que $\qquad\left(\sqrt[n]{a}\right)^k = \sqrt[n]{a^k}$ $\qquad\qquad$ (1) .

En effet, élevons les deux membres à la puissance **n**.

1° $\qquad\left[\left(\sqrt[n]{a}\right)^k\right]^n = \left[\left(\sqrt[n]{a}\right)^n\right]^k = (a)^k = a^k$

2° $\qquad\left(\sqrt[n]{a^k}\right)^n = a^k.$

Par suite, la relation (1) est exacte.

APPLICATION. — $\left(\sqrt[3]{12}\right)^2 = \sqrt[3]{12^2} = \sqrt[3]{2^4 \times 3^2} = 2\sqrt[3]{18}$

$\qquad\qquad\left(\sqrt[6]{48}\right)^3 = \sqrt[6]{48^3} = \sqrt{48} = 4\sqrt{3}.$

114. — Racine. — *Pour extraire une racine d'un radical, on peut multiplier l'indice du radical primitif par celui de la nouvelle racine.*

Je dis que : $\qquad\sqrt[p]{\sqrt[n]{a}} = \sqrt[np]{a}$ $\qquad\qquad$ (1)

En effet, élevons chaque membre à la puissance **np** :

1° $\qquad\left(\sqrt[p]{\sqrt[n]{a}}\right)^{np} = \left[\left(\sqrt[p]{\sqrt[n]{a}}\right)^p\right]^n = \left(\sqrt[n]{a}\right)^n = a$

2° $\qquad\left(\sqrt[np]{a}\right)^{np} = a$

Par suite, la relation (1) est exacte.

APPLICATION. — Pratiquement, on se sert plutôt de la transformation inverse. Ainsi :

$$\sqrt[6]{64} = \sqrt{\sqrt[3]{64}} = \sqrt[3]{\sqrt{64}} = 2.$$

$$\sqrt[4]{625} = \sqrt{\sqrt{625}} = \sqrt{25} = 5.$$

115. — **Rendre un dénominateur rationnel.** — Cette transformation, extrêmement importante, consiste à faire disparaître les radicaux des dénominateurs. Nous nous bornerons à en donner quelques exemples :

1° *Soit* $\dfrac{6}{\sqrt{2}}$; en multipliant les deux termes par $\sqrt{2}$ il vient :

$$\frac{6}{\sqrt{2}} = \frac{6\sqrt{2}}{\sqrt{2}\,\sqrt{2}} = \frac{6\sqrt{2}}{2} = 3\sqrt{2}.$$

2° *Soit* $\dfrac{a}{\sqrt[3]{2}}$. Il faut s'arranger de manière que la quantité placée sous le radical soit un cube parfait, c'est-à-dire 8 ; pour cela, multiplions les deux termes par $\sqrt[3]{4}$:

$$\frac{a}{\sqrt[3]{2}} = \frac{a\sqrt[3]{4}}{\sqrt[3]{2}\,\sqrt[3]{4}} = \frac{a\sqrt[3]{4}}{\sqrt[3]{8}} = \frac{a\sqrt[3]{4}}{2} \qquad \text{ou} \qquad \frac{a}{2}\sqrt[3]{4}.$$

3° *Soit* $\dfrac{7}{2+\sqrt{3}}$. Multiplions les deux termes par l'expression $2-\sqrt{3}$ qu'on appelle *conjuguée* du dénominateur.

$$\frac{7}{2+\sqrt{3}} = \frac{7(2-\sqrt{3})}{(2+\sqrt{3})(2-\sqrt{3})} = \frac{7(2-\sqrt{3})}{4-3} = 7(2-\sqrt{3}).$$

On aurait de même :

4°
$$\frac{9R}{5\sqrt{3}} = \frac{9R\sqrt{3}}{5\sqrt{3}\,\sqrt{3}} = \frac{9R\sqrt{3}}{5\times 3} = \frac{3}{5}R\sqrt{3}.$$

5°
$$\frac{6a}{1+\sqrt{3}} = \frac{6a}{\sqrt{3}+1} = \frac{6a(\sqrt{3}-1)}{(\sqrt{3}+1)(\sqrt{3}-1)} = \frac{6a(\sqrt{3}-1)}{3-1} = 3a(\sqrt{3}-1).$$

6°
$$\frac{600}{4\sqrt{75}-2\sqrt{50}} = \frac{600}{20\sqrt{3}-10\sqrt{2}} = \frac{60}{2\sqrt{3}-\sqrt{2}}$$

$$= \frac{60(2\sqrt{3}+\sqrt{2})}{(2\sqrt{3}-\sqrt{2})(2\sqrt{3}+\sqrt{2})} = \frac{60(2\sqrt{3}+\sqrt{2})}{12-2} = 6(2\sqrt{3}+\sqrt{2}).$$

EXERCICES

— Simplifier les fractions algébriques suivantes (en se servant au besoin de la mise en facteurs communs quand le numérateur est un polynôme).

286. $\dfrac{2a^3b^5}{6a^4b^2c} \;;\; \dfrac{3x^2y}{2xy^2}.$

287. $\dfrac{a^2}{a^3} \;;\; \dfrac{5x^2}{15x^2y}.$

288. $\dfrac{15a^4b^3c^2d}{5a^3b^3c^4}.$

289. $\dfrac{12x^2y^3z}{5x^3yz}.$

290. $\dfrac{(a+b)^2}{(a+b)(a-b)}.$

291. $\dfrac{x^2+2xy+y^2}{x^3-y^2}.$

292. $\dfrac{(a-b)^2}{(a+b)(a-b)}.$

293. $\dfrac{m^2-2mn+n^2}{n^2-m^2}.$

294. $\dfrac{8a+8b+8c}{32a+32b+32c}.$

295. $\dfrac{15x^3+25x^2-35x}{6x^2+10x-14}.$

305. $\dfrac{am-ax+bm-bx+cm-cx}{ap^2+ax^2+bp^2+bx^2+cp^2+cx^2}.$

296. $\dfrac{8a^2b-4ab^2}{2ab}.$

297. $\dfrac{a^2-b^2}{a+b}.$

298. $\dfrac{x^2-y^2}{x-y}.$

299. $\dfrac{m^2-1}{m+1}.$

300. $\dfrac{a^2b-ab}{a-1}.$

301. $\dfrac{m^2+mn}{m^2-mn}.$

302. $\dfrac{(a^3-b^3)(a-b)}{(a^2-2ab+b^2)(a+b)}.$

303. $\dfrac{a^3+b^2-c^2+2ab}{a^2+c^2-b^2+2ac}.$

304. $\dfrac{ac+bx+ax+bc}{ay+2bx+2ax+by}.$

— Effectuer les opérations indiquées (en se servant au besoin de la réduction au même dénominateur), et simplifier le plus possible.

306. $\dfrac{a}{2}+\dfrac{b}{3}.$

307. $\dfrac{a}{m}+\dfrac{b}{n}.$

308. $\dfrac{a+b}{2}+\dfrac{a-b}{3}.$

309. $\dfrac{m+n}{a}-\dfrac{m+n}{b}.$

310. $\dfrac{a+b+c}{2}-a.$

311. $\dfrac{mn}{ab}+\dfrac{mn}{bc}.$

312. $\dfrac{x+y}{4x}-\dfrac{x-y}{2x}.$

313. $\dfrac{2a+b}{4a-5}+\dfrac{3a-8b}{5-4a}.$

314. $\dfrac{a+b}{a-b}\times\dfrac{a-b}{a+b}.$

315. $\dfrac{x-y}{x}\times\dfrac{y}{x-y}.$

316. $\dfrac{m+n}{p}\times\dfrac{p^2}{q}.$

317. $\dfrac{(a+b)^2}{x}\times\dfrac{ax}{a+b}.$

318. $\dfrac{a^2}{a-b}\times\dfrac{b^2}{a+b}.$

319. $\dfrac{a^2-b^2}{mn}\times\dfrac{xm-bn}{a-b}.$

320. $\dfrac{(a-b)^2-(a+b)^2}{(a-b)^2+(a+b)^2}\times\dfrac{a^2+b^2}{2a}.$

321. $\left(\dfrac{1}{x}+\dfrac{1}{y}\right)(x+y).$

322. $\dfrac{a}{b} : \dfrac{a}{3}.$

323. $\dfrac{8ab}{q} : \dfrac{ax}{b^2}.$

324 $\dfrac{m^2n^2p^2}{ab} : \dfrac{5a^2b^3}{mn}.$

325. $\dfrac{3x^2y^2}{5a} : \dfrac{9x^2y^2z}{10a^2}.$

326. $\left(\dfrac{1}{x} : \dfrac{1}{y}\right) \times \dfrac{x}{y}.$

327. $\dfrac{a+b}{a-b} : \dfrac{a^2+b^2}{a^2-b^2}.$

328. $\left(\dfrac{m}{x} + \dfrac{b}{y}\right) : \dfrac{m^2-b^2}{xy}.$

329. $\left(a+b+\dfrac{2a^2b^2}{a-b}\right) : \dfrac{a^2}{a-b}.$

330. $\dfrac{a^2-4}{a-1} : \dfrac{a-2}{a-1}.$

331. $\dfrac{m^2-m-2}{m-1} : \dfrac{(m^2-1)}{(m-1)^2}.$

332. $\dfrac{a+b}{(b-c)(a-c)} + \dfrac{b+c}{(a-b)(a-c)} + \dfrac{a+c}{(a-b)(b-c)}.$

333. $\dfrac{1}{c(c-b)(c-a)} - \dfrac{1}{b(c-b)(b-a)} + \dfrac{1}{a(c-a)(b-a)}.$

334. $\dfrac{1}{x(x+b)} + \dfrac{2b}{x^3-xb^2} + \dfrac{1}{b(x-b)}.$

335. $\dfrac{a}{c+b} \times \dfrac{c+3b}{a}.$

336. $\dfrac{a^3+3a^2b+3ab^2+b^3}{a^3-3a^2b+3ab^2-b^3} \times \dfrac{a^2-2ab+b^2}{a^2+2ab+b^2}.$

337. $\dfrac{x^2-a^2}{x^2-2ax+a^2} : \dfrac{(x+a)^2}{(x-a)^2}.$

338. $\dfrac{1-b^3}{(1+bx)^2-(b+x)^2}.$

339 $\dfrac{\dfrac{x+b}{x-b} - \dfrac{x-b}{x+b}}{1 - \dfrac{x-b}{x+b}}.$

340. $\dfrac{\dfrac{a}{a-1} + \dfrac{a}{a+1}}{\dfrac{a^2}{a^2+1} + \dfrac{a^2}{a^2-1}}.$

341. $-\dfrac{\dfrac{x}{a+b} - \dfrac{x}{a+2b}}{\dfrac{x}{a+2b} - \dfrac{x}{a+3b}}.$

342. $-\dfrac{x + \dfrac{b-x}{1+xb}}{1 - \dfrac{xb-x^2}{1+xb}}.$

343. $-\dfrac{\left(\dfrac{1}{b^2} - \dfrac{1}{a^2}\right)\left(\dfrac{b-a}{b+a} - 1\right)}{\left(\dfrac{b-a}{b+a} + 1\right)\left(\dfrac{b}{a} - \dfrac{a}{b}\right)}.$

344. — Prouver que $\dfrac{(a+b+x)(a-b-x)}{(a+b)(a-b)-x(2b+x)} = 1.$

345. — Vérifier $\dfrac{x}{b}\left(\dfrac{1}{x+b}\right) - \dfrac{b}{x}\left(\dfrac{1}{x+b}\right) = \dfrac{1}{b} - \dfrac{1}{x}.$

— Simplifier les radicaux suivants.

346. $\sqrt{25a^4bc^2}\,;$ $\sqrt{45a^7b^2c^4}\,;$ $\sqrt{25a^2b^4c^2 + 50a^3b^4c^2}.$

347. $\sqrt{36m^2np^4}\,;$ $\sqrt{98m^3b^4c^6}\,;$ $\sqrt{8m^2n^6p^4 + 20m^3n^6p^6}.$

348. $\sqrt{3a^2 + 6ab + 3b^2}\,;$ $\sqrt{mna^2 - 2mnab + mnb^2}.$

349. $\sqrt{a^2x - 2akx + xk^2}\,;$ $\sqrt{5a^3 + 10a^2b + 5ab^2}.$

350. $\sqrt{12m^2 - 8n^2}\,;$ $\sqrt{72a^3b^2c - 108a^2c^2d}.$

351. $\sqrt[3]{8a^6b^2}\,;$ $\sqrt[3]{125a^4b^2c^5}\,;$ $\sqrt[3]{54x^2y^6}\,;$ $\sqrt[4]{81a^8b^4c}.$

352. $\sqrt{27m^2n^6}\,;$ $\sqrt[3]{343ab^4c^6}\,;$ $\sqrt[3]{375a^4b^2}\,;$ $\sqrt{64a^{12}b^8}.$

— *Mettre entièrement sous un radical unique les expressions suivantes :*

353. $\quad a\sqrt{b}\,; \qquad 2ab\sqrt{c^3}\,; \qquad 5a^2\sqrt{b^3c}\,; \qquad 3\sqrt[3]{a}\,; \qquad 2\sqrt[3]{4}.$

354. $\quad a^2\sqrt{3}\,; \qquad \sqrt{5}\sqrt{2}\,; \qquad 12\sqrt{m}\,; \qquad 5\sqrt{3}\,; \qquad m^2\sqrt{am}.$

— *Effectuer et simplifier les expressions suivantes :*

355. $\quad 5\sqrt{2} + 2\sqrt{64} - 3\sqrt{16}\,; \qquad 4\sqrt{3} + 5\sqrt{12} - 2\sqrt{48}.$

356. $\quad 3\sqrt{2} + 7\sqrt{32} - 4\sqrt{8}\,; \qquad \sqrt{45} + \sqrt{80} - \sqrt{20}.$

357. $\quad \sqrt{75a + 25} + \sqrt{108a + 36}\,; \qquad \sqrt{81} \times \sqrt{16}.$

358. $\quad \sqrt{16m - 32} - \sqrt{9m - 18}\,; \qquad \sqrt{49} \times \sqrt{25}.$

359. $\quad (\sqrt{12} + \sqrt{3})^2\,; \qquad (\sqrt{32} - \sqrt{2})^2\,; \qquad (\sqrt{15} + \sqrt{7})(\sqrt{15} - \sqrt{7}).$

360. $\quad (\sqrt{8} + \sqrt{2})^2\,; \qquad (\sqrt{12} - \sqrt{3})^2\,; \qquad (\sqrt{11} + \sqrt{5})(\sqrt{11} - \sqrt{5}).$

361. $\quad (2 + \sqrt{3})^2\,; \qquad (\sqrt{5} - 1)^2\,; \qquad (2 + \sqrt{2})(-\sqrt{2} + 2).$

362. $\quad (\sqrt{3} + 1)^2\,; \qquad (\sqrt{3} - 1)^2\,; \qquad (5 + 2\sqrt{5})(-2\sqrt{5} + 5).$

363. $\quad (\sqrt{2} + 1)^3\,; \qquad (\sqrt{3} - 1)^3\,; \qquad (\sqrt{3} - \sqrt{2})^3\,; \qquad (2 - \sqrt{2} + \sqrt{3})^2.$

364. $\quad \dfrac{\sqrt{75}}{\sqrt{48}}\,; \qquad \dfrac{\sqrt{36}}{2\sqrt{12}}\,; \qquad \dfrac{\sqrt{98}}{\sqrt{13}}\,; \qquad \dfrac{\sqrt{ab}}{\sqrt{b}}\,; \qquad \dfrac{\sqrt{a^3b^2c}}{\sqrt{a^3c}}\,; \qquad \dfrac{\sqrt[3]{2}}{\sqrt{2}}.$

365. $\quad \sqrt{24 \times 6}\,; \qquad \sqrt{15 \times 12}\,; \qquad \sqrt{14 \times 98 \times 28}.$

— *Rendre rationnels les dénominateurs :*

366. $\quad \dfrac{3}{\sqrt{2}}\,; \qquad \dfrac{a}{\sqrt{5}}\,; \qquad \dfrac{4}{\sqrt{2} + 1}\,; \qquad \dfrac{2m}{\sqrt{3} - 1}\,; \qquad \dfrac{1}{2 + \sqrt{3}}\,; \qquad \dfrac{r}{2 - \sqrt{3}}$

367. $\quad \dfrac{2}{\sqrt{3}}\,; \qquad \dfrac{m}{\sqrt{2}}\,; \qquad \dfrac{8}{\sqrt{2} - 1}\,; \qquad \dfrac{2R}{2 - \sqrt{3}}\,; \qquad \dfrac{1}{\sqrt{5} + 1}\,; \qquad \dfrac{4}{\sqrt{5} - 1}.$

368. $\quad \dfrac{\sqrt{a} + b}{\sqrt{a} - b}\,; \qquad \dfrac{\sqrt{5} - \sqrt{3}}{\sqrt{5} + \sqrt{3}}\,; \qquad \dfrac{m + \sqrt{n}}{m - \sqrt{n}}\,; \qquad \dfrac{1}{\sqrt{2 - \sqrt{2}}}.$

369. $\quad \dfrac{b + \sqrt{a}}{b - \sqrt{a}}\,; \qquad \dfrac{\sqrt{2} + 1}{\sqrt{2} - 1}\,; \qquad \dfrac{\sqrt{x} - \sqrt{y}}{\sqrt{x} + \sqrt{y}}\,; \qquad \dfrac{1}{\sqrt{3 - \sqrt{2}}}.$

370. $\quad \dfrac{\sqrt{2}}{\sqrt[3]{2}}\,; \qquad \dfrac{2 + 3\sqrt{2}}{\sqrt{3}}\,; \qquad \dfrac{1}{\sqrt[3]{3}}\,; \qquad \dfrac{8\sqrt{27} - 3\sqrt{48}}{60\sqrt{3}}.$

371. $\quad \dfrac{1 + \sqrt{2}}{1 - \sqrt{2}}\,; \qquad \dfrac{5}{\sqrt{2} + \sqrt{3} + \sqrt{5}}.$ $\qquad$ **372.** $-\dfrac{2 + \sqrt{5}}{2 - \sqrt{5}}\,; \qquad \dfrac{3 + \sqrt{15}}{\sqrt{5} - \sqrt{2} + \sqrt{3}}$

373. $\quad \dfrac{a}{\sqrt{m} + \sqrt{u} - \sqrt{p}}\,; \qquad \dfrac{x}{5 - 2\sqrt{3}}.$

374. $\quad \dfrac{m}{\sqrt{a} + \sqrt{b} - \sqrt{c}}\,; \qquad \dfrac{x}{3 - 2\sqrt{5}}.$

— *Effectuer et simplifier :*

375. $\quad \dfrac{1}{m - n\sqrt{p}} - \dfrac{1}{m + n\sqrt{p}}.$

376. $\dfrac{2a+1}{1+\sqrt{1-2a}} + \dfrac{1-2a}{1-\sqrt{1-2a}}$.

377. $\dfrac{m+\sqrt{n^2-1}}{m-\sqrt{n^2-1}} - \dfrac{m-\sqrt{n^2-1}}{m+\sqrt{n^2-1}}$.

378. $\left(\dfrac{7+3\sqrt{2}}{5-\sqrt{2}}\right)^2 - \left(\dfrac{\sqrt{2}-1}{\sqrt{2}+1}\right)^2$.

— Vérifier les égalités :

379. $1+a^4 = \left(1+a^2+a\sqrt{2}\right)\left(1+a^2-a\sqrt{2}\right)$.

380. $1+a^6 = (1+a^2)\left(1+a^2+a\sqrt{3}\right)\left(1+a^2-a\sqrt{3}\right)$.

381. $\dfrac{a(a+\sqrt{2})(a+2\sqrt{2})}{3} = \dfrac{a(a+2\sqrt{2})(2a+2\sqrt{2})}{6}$.

382. — La surface de l'octogone régulier en fonction du rayon du **cercle** circonscrit est $S = 2R^2\sqrt{2}$; le côté de ce polygone est $C = R\sqrt{2-\sqrt{2}}$. Évaluer la surface de ce polygone en fonction du côté.

383. — Même question avec le dodécagone régulier dont la surface est $S = 3R^2$, et le côté $C = R\sqrt{2-\sqrt{3}}$.

384. — Même question avec le pentagone régulier dont la surface est $S = \dfrac{5}{8}R^2\sqrt{10+2\sqrt{5}}$, et le côté $C = \dfrac{R}{2}\sqrt{10-2\sqrt{5}}$.

385. — Même question avec le décagone régulier dont la surface est $S = \dfrac{5}{4}R^2\sqrt{10-2\sqrt{5}}$, et le côté $C = \dfrac{R}{2}\left(\sqrt{5}-1\right)$.

386. — L'apothème d'un polygone régulier, dont le côté est C et le rayon du cercle circonscrit R, est donné par la formule : $a = \sqrt{R^2-\dfrac{C^2}{4}}$. Calculer l'apothème du carré en fonction du rayon, sachant que $C = R\sqrt{2}$.
Le résultat étant trouvé, en déduire l'apothème en fonction du côté.

387. — Mêmes questions avec le triangle équilatéral dont le côté $C = R\sqrt{3}$.

388. — Mêmes questions avec l'hexagone régulier dont le côté $C = R$.

389. — Mêmes questions avec l'octogone régulier dont le côté $C = R\sqrt{2-\sqrt{2}}$.

390. — Mêmes questions avec le dodécagone régulier dont le côté $C = R\sqrt{2-\sqrt{3}}$.

391. — Vérifier que le polynôme ax^2+bx+c devient nul si l'on y remplace x par $\dfrac{-b+\sqrt{b^2-4ac}}{2a}$.

392. — Vérifier que le polynôme x^2+px+q devient nul si l'on y remplace x par $\dfrac{-p}{2}+\sqrt{\dfrac{p^2}{4}-q}$.

DEUXIÈME PARTIE

PREMIER DEGRÉ

CHAPITRE I

ÉQUATIONS DU PREMIER DEGRÉ A UNE INCONNUE

§ I. — **Définitions**.

116. — **Équation.** — *On appelle* **équation** *une égalité qui n'est vraie que pour une ou certaines valeurs attribuées aux lettres appelées* **inconnues**. Une équation peut contenir une ou plusieurs *inconnues.* On les représente généralement par les lettres x, y, z, t.

Ainsi,
$$(a + b)^2 = a^2 + 2ab + b^2$$

n'est pas une équation, car nous avons vu (n° 56), que cette égalité est toujours vraie quelles que soient les valeurs attribuées à toutes les lettres qui la constituent; c'est une identité. Mais :

$$8x + 12 = 36$$

est une équation à une inconnue, car cette égalité n'a lieu, ou n'est vérifiée, que pour la valeur 3 donnée à l'inconnue x: dans ce seul cas on a :

$$8 \times 3 + 12 = 36$$

qui est une identité numérique.

117. — Solution. — La valeur 3 qu'il faut donner a **x** pour vérifier cette équation s'appelle solution ou racine de l'équation. Il peut arriver qu'une équation admette 0, 1, ou plusieurs solutions.

118. — Équations équivalentes. — Deux équations sont équivalentes lorsque les solutions de l'une conviennent à l'autre, et réciproquement.

Ainsi, l'équation $\quad 3x + 2 = 14 \quad$ (1) a une seule solution, **4**

de même $\qquad$ — $\qquad 6x + 4 = 28 \quad$ (2) $\qquad$ — $\qquad$ — , **4**

Les équations (1) et (2) sont donc équivalentes.

D'autre part, l'equation $\qquad x^2 + 9 = 25 \qquad\qquad$ (3) admet aussi pour solution 4, *mais elle admet de plus la solution* (— 4); elle n'est donc pas équivalente à l'équation (1); on dit que l'équation (3) est plus générale que l'équation (1).

119. — Résoudre une équation, c'est chercher ses racines ou solutions. On y parvient en transformant l'équation proposée successivement en d'autres équivalentes jusqu'à ce qu'on arrive à une équation très simple, donnant de suite la valeur de l'une des inconnues, d'où l'on tirera celles des autres s'il y en a plusieurs.

120. — Nature. — Une équation est entière quand elle ne contient pas d'inconnue au dénominateur; fractionnaire, dans le cas contraire; rationnelle, quand elle ne contient pas d'inconnue sous un radical; irrationnelle, dans le cas contraire.

EXEMPLES : $\quad 3x + \dfrac{8}{3} \quad = 2x + 9$ est entière.

$$\dfrac{3}{x} + \dfrac{5}{2} = 4 \qquad - \text{ fractionnaire.}$$

$$7x + 3\sqrt{2} = 65 \qquad - \text{ rationnelle.}$$

$$3\sqrt{x} + 8 = 20 \qquad -- \text{ irrationnelle.}$$

Une équation est numérique ou littérale suivant que les quantités connues y sont représentées, en totalité ou en partie, par des lettres. Tous les exemples cités jusqu'ici sont des équations numériques.

$$3abx - b^2c = abc^2 \qquad \text{est une équation littérale.}$$

121. — Degré. — Le degré d'une équation est celui du terme qui a le degré le plus élevé *par rapport aux inconnues*, lorsque cette équation a été ramenée à la forme *entière* et *rationnelle.*

Ainsi :

$$3x + 9 = 21 \quad \text{est du } \textit{1}^{er} \textit{ degré.}$$
$$4xy + 11 = 35 \quad \text{est du } \textit{2}^{e} \textit{ degré.}$$
$$x^2 - 4x = 20 \quad \text{est du } \textit{2}^{e} \textit{ degré.}$$

§ II. — Résolution de l'équation du premier degré à une inconnue.

PRINCIPE I

122. — *Si l'on ajoute une même quantité aux deux membres d'une équation, ou si l'on en retranche une même quantité, on obtient une équation équivalente à la proposée.*

Soit l'équation $\qquad 3x + 2 = 77 - 12x.$ (1)

J'ajoute $4 + x$ à chaque membre :

$$3x + 2 + 4 + x = 77 - 12x + 4 + x \qquad (2).$$

Je dis que l'équation (2) est équivalente à l'équation (1). Pour cela, je vais prouver que toute racine de la première vérifie la seconde, et réciproquement.

1° *Toute solution de l'équation (1) est solution de l'équation (2).*

Soit $x = 5$ une solution de l'équation (1). Cela signifie qu'en remplaçant x par 5 dans l'équation (1), celle-ci deviendra une identité, c'est-à-dire que ses deux membres deviendront des nombres algébriques égaux :

$$3 \times 5 + 2 = 77 - 12 \times 5. \qquad (3)$$

Dans une telle identité, nous pouvons ajouter $4 + 5$ aux deux membres, ceux-ci resteront égaux :

$$3 \times 5 + 2 + 4 + 5 = 77 - 12 \times 5 + 4 + 5. \qquad (4)$$

Ainsi, cette égalité est sûrement une identité, et il n'est même pas nécessaire d'effectuer les calculs pour le vérifier; or, comparons cette identité à l'équation (2). Ces égalités ne diffèrent qu'en ce que la lettre x de l'équation (2) est remplacée par 5 dans l'identité (4); cela prouve que si, dans l'équation (2), je remplace x par 5, j'aurai sûrement une identité : par suite, 5 est une solution de l'équation (2).

2° *Toute solution de l'équation* (2) *est solution de l'équation* (1). — En effet, soit 5 une solution de l'équation (2); elle transforme donc l'équation (2) en l'identité (4). Dans cette identité, retranchons $(4 + 5)$ des deux membres, et nous avons l'identité (3). Enfin, la comparaison de l'identité (3) et de l'équation (1) montre que, si l'on remplace x par 5 dans l'équation (1) on obtient une identité; par suite, 5 est une solution de l'équation (1).

Les équations (1) et (2) sont donc bien équivalentes. On arriverait à un résultat analogue en retranchant une même quantité des deux membres.

123. — Applications. — I. Transposition des termes. — *On peut faire passer un terme d'un membre dans l'autre en changeant son signe.*

Soit
$$3x + 2 = 9 - 12x. \qquad (1)$$

Je puis ajouter $12x$ aux deux membres :
$$3x + 2 + 12x = 9 - 12x + 12x$$
ou
$$3x + 2 + 12x = 9.$$

D'autre part, je puis retrancher maintenant 2 des deux membres :
$$3x + 2 + 12x - 2 = 9 - 2$$
ou
$$3x + 12x = 9 - 2. \qquad (2)$$

Nous constatons que $12x$, qui avait le signe — dans le second membre, se retrouve avec le signe + dans le premier; que 2, qui avait le signe + dans le premier membre, se retrouve avec le signe — dans le second. D'où la *règle mécanique* énoncée plus haut.

II. Simplification. — Quand deux termes identiques sont de part et d'autre du signe $=$, on les supprime.

Ainsi
$$4x - 7 + 2x - 3 = 9 + 2x - 7$$
se simplifie en
$$4x - 3 = 9.$$

III. Changement de signes. — *On peut changer en même temps les signes de tous les termes.*

Par exemple, je puis écrire l'équation (2) :
$$-3x - 12x = -9 + 2.$$

En effet, cela revient à faire passer tous les termes du premier membre dans le second, et réciproquement :

$$-9 + 2 = -3x - 12x$$

puis, à faire permuter les deux membres, ce qui est indifférent puisqu'ils sont égaux :

$$-3x - 12x = -9 + 2.$$

Nota. — On opère généralement ainsi dans les cas analogues aux suivants :

$$-3x = -15 ; \quad \text{on écrit} \quad 3x = 15$$
$$-3x = 15 ; \quad \text{on écrit} \quad 3x = -15.$$

PRINCIPE II

124. — *Si l'on multiplie ou si l'on divise par une même quantité les deux membres d'une équation, on obtient une nouvelle équation équivalente à la proposée, à condition que cette quantité ne soit pas susceptible de devenir nulle.*

Soit l'équation $\qquad 5x - 8 = 2x + 10.$ $\hfill$ (1)

Je multiplie chaque membre par 4 :

$$(5x - 8)4 = (2x + 10)4. \tag{2}$$

Je dis que l'équation (2) est équivalente à l'équation (1).

1° *Toute solution de l'équation* (1) *est solution de l'équation* (2). Soit $x = 6$ une solution de l'équation (1); on a donc l'identité :

$$5 \times 6 - 8 = 2 \times 6 + 10. \tag{3}$$

Les deux membres sont des nombres égaux dont les produits par 4 sont encore égaux :

$$(5 \times 6 - 8)4 = (2 \times 6 + 10)4. \tag{4}$$

Cette égalité est donc sûrement une identité; or elle ne diffère de l'équation (2) qu'en ce qu'elle renferme 6 au lieu de x. Si l'on remplaçait x par 6 dans l'équation (2), on obtiendrait donc une identité; par suite 6 est solution de l'équation (2).

2° *Toute solution de l'équation* (2) *est solution de l'équation* (1). Soit 6 une solution de l'équation (2); elle transforme cette équation en l'identité (4) d'où l'on tire, en divisant les deux membres par 4, l'identité (3). Celle-ci ne diffère de l'équation (1) qu'en ce qu'elle renferme 6 au lieu de x. Si l'on remplaçait x par 6 dans l'équation (1), on obtiendrait donc une identité; par suite, 6 est solution de l'équation (1).

Les équations (1) et (2) sont donc équivalentes. Il en est de même si l'on divise les deux membres par **4**, car cela revient à les multiplier par $\dfrac{1}{4}$.

Restriction. — Soit l'équation $\quad 3x - 11 = x + 3,\quad$ (1) qui admet pour racine 7. En faisant passer tous les termes dans le premier membre, on obtient l'équation équivalente :

$$3x - 11 - x - 3 = 0. \tag{2}$$

L'équation (2) admet donc aussi 7 pour racine. Multiplions par $(x - 2)$ les deux membres de cette équation

$$(3x - 11 - x - 3)\,(x - 2) = 0. \tag{3}$$

Si, dans cette équation (3), nous faisons $x = 7$, le premier facteur du premier membre $(3x - 11 - x - 3)$ devient nul, et son produit par l'autre facteur est nul : l'équation (3) est donc vérifiée pour $x = 7$, comme l'équation (2) ou son équivalente (1).

Mais le premier membre de l'équation (3) peut aussi devenir nul si le second facteur $(x - 2)$ est nul, soit pour $x = 2$. L'équation (3) est donc aussi vérifiée pour $x = 2$, que n'admet pas l'équation (1).

En résumé, l'équation (1) admet une racine, 7.

$$\text{—} \qquad \text{—} \qquad (3) \quad \text{—} \quad \text{deux racines, 7 et 2.}$$

Ces équations ne sont donc pas équivalentes, et l'équation (3) est plus générale *que l'équation* (1) (n° 118).

La racine **2**, introduite par la transformation précédente, est dite étrangère à l'équation proposée.

Remarquons toutefois que cette racine étrangère provient de la présence du facteur $(x - 2)$ dans l'équation (3). Lorsque les transformations sont telles que le facteur contenant l'inconnue n'apparaît pas dans chaque terme de la nouvelle équation, celle-ci n'admet pas de nouvelle racine, et elle est équivalente à la proposée. (Voir n° 127, IV et VI.)

125. — **Conséquences.** — I. — Quand on *multiplie* les deux membres d'une équation par une quantité contenant l'inconnue, *on risque d'introduire des racines étrangères : il faut donc vérifier les racines trouvées, et rejeter celles qui ne conviennent pas à l'équation proposée.* Ces racines étrangères, lorsqu'elles existent, sont les valeurs de l'inconnue qui annulent la quantité multiplicateur.

II. — Inversement, quand on *divise* les deux membres d'une équation par une quantité contenant l'inconnue, *on risque de supprimer des racines convenant à l'équation proposée.* Ces racines sont les valeurs de l'inconnue qui annulent la quantité diviseur. Il faut donc les rappeler dans la réponse finale.

Exemples : L'équation $2x = 10$ (1)   a pour racine 5. Multiplions ses deux membres par $(x - 3)$:

$$2x\,(x - 3) = 10\,(x - 3)$$

ou $$2x^2 - 6x = 10\,x - 30. \qquad (2)$$

Il est facile de vérifier que l'équation (2) admet pour racines 5 et 3; la racine 3 est étrangère à l'équation (1), et l'on constate que 3 est la valeur de x qui annule $(x - 3)$.

Réciproquement, nous pouvons vérifier que **les racines 4 et 2** vérifient l'équation :

$$3x^2 - 6x = 12\,x - 24.$$

Supposons que nous ne connaissions pas ces racines, et que nous voulions résoudre cette équation. Pour la simplifier, mettons en facteurs communs $3x$ dans le premier membre et 12 dans le second :

$$3x\,(x - 2) = 12\,(x - 2).$$

Divisons les deux membres par $(x - 2)$:

$$3x = 12.$$

Cette équation n'admet pour racine que 4; notre calcul a donc fait disparaître la racine 2; il nous faut la retrouver, et pour cela nous rappeler qu'en divisant par $(x - 2)$, nous avons supprimé la valeur de x qui annule $(x - 2)$, c'est-à-dire 2.

126. — Applications. — I. — **Simplifier une équation.** — *On simplifie une équation en divisant tous ses termes par une même quantité, sous la réserve faite aux n⁰ˢ 124 et 125.*

Ainsi $$8x + 12 = 4x + 28$$

devient, en divisant tous les termes par 4 :

$$2x + 3 = x + 7.$$

II. — **Chasser les dénominateurs.** — *Quand certains termes contiennent des dénominateurs, on réduit tous les termes entiers ou fractionnaires au même dénominateur, puis on les multiplie tous par ce dénominateur en le supprimant partout.*

Soit $$\frac{4x}{9} - \frac{12x}{18} + \frac{7x}{36} = 42$$

Evidemment, on choisit *le plus petit dénominateur commun*, qui est ici 36, et l'on a l'équation :

$$\frac{16x}{36} - \frac{24x}{36} + \frac{7x}{36} = \frac{42 \times 36}{36}.$$

Enfin, multiplions les deux membres, c'est-à-dire tous les termes, par 36 :

$$16x - 24x + 7x = 1512.$$

Nous avons ainsi *chassé les dénominateurs.*

RÈGLE DE RÉSOLUTION

127. — Exemple I. $$\frac{3(x - 7)}{2} = \frac{5(x - 2)}{9} + 1.$$

Effectuons d'abord les parenthèses :

$$\frac{3x - 21}{2} = \frac{5x - 10}{9} + 1.$$

Réduisons tous les termes au p. p. d. c. 18 :

$$\frac{27x - 189}{18} = \frac{10x - 20}{18} + \frac{18}{18}.$$

Multiplions tous les termes par 18, pour chasser les dénominateurs :

$$27x - 189 = 10x - 20 + 18.$$

Faisons passer les termes inconnus dans le premier membre et les termes connus dans le second :

$$27x - 10x = -20 + 18 + 189.$$

Réduisons les termes semblables :

$$17x = 187.$$

Divisons les deux membres par le coefficient de l'inconnue qui est **17** :

$$x = \frac{187}{17} \qquad \text{ou} \qquad x = 11.$$

Vérification : $\qquad \dfrac{3\,(11 - 7)}{2} = 6 \qquad \dfrac{5\,(11 - 2)}{9} + 1 = 6.$

Exemple II. $\qquad 10x - 3\,(x - 2) = \dfrac{3x}{4} + 8.$

Remarquons que $3(x - 2) = (3x - 6)$, et que c'est toute cette différence qui doit être retranchée de **10x**; donc, en chassant les parenthèses, il faut écrire :

$$10x - 3x + 6 = \frac{3x}{4} + 8.$$

Multiplions de suite tous les termes par **4** :

$$40x - 12x + 24 = 3x + 32.$$

Transposons les termes :

$$40x - 12x - 3x = 32 - 24.$$

Réduisons les termes semblables :

$$25x = 8.$$

Divisons les deux membres par 25 :

$$x = \frac{8}{25} \qquad \text{ou} \qquad x = 0,32.$$

Vérification : $\quad 10 \times 0,32 - 3\,(0,32 - 2) = 3,2 + 5,04 = 8,24$

$$\frac{3 \times 0,32}{4} + 8 = 0,24 + 8 = 8,24.$$

Exemple III. $\qquad 15 - \dfrac{3 + x}{2} = 11.$

Chassons le dénominateur 2, en observant, conformément

à la remarque n° 101, *que le signe — affecte tout* le numérateur, $3 + x$, de la fraction :

$$30 - (3 + x) = 22$$

ou

$$30 - 3 - x = 22.$$

On a enfin :
$$30 - 3 - 22 = x$$
$$6 = x \quad \text{ou} \quad x = 5.$$

Vérification facile.

Exemple IV. $\quad \dfrac{10x + 11}{4} - \dfrac{12x + 9}{24x - 36} = \dfrac{20x}{8}.$ (1)

Simplifions d'abord la seconde fraction par **3**, et la troisième par **4** :

$$\frac{10x + 11}{4} - \frac{4x + 3}{8x - 12} = \frac{5x}{2}.$$

Les dénominateurs sont 4, $(8x - 12)$ ou $4(2x - 3)$, et **2**. Le p. p. d. c. est donc $4(2x - 3)$ ou $(8x - 12)$.

$$\frac{(10x + 11)(2x - 3)}{4(2x - 3)} - \frac{4x + 3}{8x - 12} = \frac{5x \times 2(2x - 3)}{2 \times 2(2x - 3)}.$$

Chassons ces dénominateurs égaux :

$$(10x + 11)(2x - 3) - (4x + 3) = 5x \times 2(2x - 3).$$

Effectuons les parenthèses :

$$20x^2 + 22x - 30x - 33 - 4x - 3 = 20x^2 - 30x.$$

Supprimons les termes identiques $20x^2 - 30x$ contenus dans les deux membres (n° 123, II) :

$$22x - 33 - 4x - 3 = 0.$$

D'où
$$22x - 4x = 33 + 3$$
$$18x = 36$$
$$x = 2.$$

Vérification facile.

Exemple V. $\quad \dfrac{x}{a} = \dfrac{b - x}{b}.$

Nous pouvons utiliser ici la propriété fondamentale des proportions, et écrire de suite :

$$bx = a(b - x) \quad \text{ou} \quad bx = ab - ax.$$

D'où
$$bx + ax = ab; \qquad x(b + a) = ab$$

et enfin, en supposant que $(b + a)$ ne soit pas nul,

$$x = \frac{ab}{b + a} \quad \text{ou} \quad x = \frac{ab}{a + b}.$$

Vérification :
$$\frac{x}{a} = \frac{ab}{a + b} : a = \frac{b}{a + b}$$

$$\frac{b - x}{b} = \frac{b - \dfrac{ab}{a + b}}{b} = \frac{ab + b^2 - ab}{(a + b)b} = \frac{b^2}{(a + b)b} = \frac{b}{a + b}.$$

Exemple VI.
$$\frac{1}{x + a} + \frac{1}{x - a} = \frac{2}{a^2 - x^2}.$$

En appliquant la remarque n° 96, nous pouvons remplacer $(x + a)$ par $(a + x)$, $(x - a)$ par $-(a - x)$, et par suite la fraction $+\dfrac{1}{x - a}$ devient $-\dfrac{1}{a - x}$. D'où l'équation :

$$\frac{1}{a + x} - \frac{1}{a - x} = \frac{2}{a^2 - x^2}.$$

Le p. p. d. c. est maintenant $(a^2 - x^2)$; de là :

$$\frac{a - x}{a^2 - x^2} - \frac{a + x}{a^2 - x^2} = \frac{2}{a^2 - x^2}$$

puis
$$a - x - (a + x) = 2$$
$$a - x - a - x = 2$$

d'où
$$-2x = 2 \quad \text{et} \quad x = -1.$$

Vérification :

$$\frac{1}{x + a} + \frac{1}{x - a} = \frac{1}{-1 + a} + \frac{1}{-1 - a} = \frac{1}{a - 1} - \frac{1}{a + 1}$$
$$= \frac{a + 1}{a^2 - 1} - \frac{a - 1}{a^2 - 1} = \frac{a + 1 - a + 1}{a^2 - 1} = \frac{2}{a^2 - 1}.$$

D'autre part
$$\frac{2}{a^2 - x^2} = \frac{2}{a^2 - (-1)^2} = \frac{2}{a^2 - 1}.$$

Ces divers exemples montrent qu'on applique constamment les principes relatifs aux équations et ceux du calcul algébrique. Suivant la forme de l'équation, on peut la simplifier, effectuer les parenthèses, chasser les dénominateurs, ou intervertir ces deux opérations. Mais d'une façon générale, on peut formuler la règle suivante :

128. — Règle générale pour résoudre une équation du premier degré à une inconnue :

1° Simplifier l'équation de toutes les manières possibles ;

2° Chasser les parenthèses et les dénominateurs ;

3° Transposer les termes, pour faire passer dans un membre tous les termes inconnus, et dans l'autre tous les termes connus ;

4° Réduire les termes semblables ;

5° Diviser les deux membres par le coefficient de l'inconnue.

Ne jamais oublier ensuite la vérification.

ÉQUATIONS IRRATIONNELLES

129. — Principe. — *Quand on élève au carré les deux membres d'une équation, on obtient une équation plus générale que la première.*

Représentons par **A** et **B** les deux membres d'une équation :

$$A = B \qquad (1)$$

Élevons-les au carré :

$$A^2 = B^2 \qquad (2)$$

1° Il est clair que toute solution de l'équation (1), qui donne à A et B des valeurs numériques égales, donne aussi à A^2 et B^2 des valeurs numériques égales, et convient à l'équation (2).

2° Mais, réciproquement, toute solution de l'équation (2) rend égales les valeurs de A^2 et B^2, et par suite

$$A^2 - B^2 = 0 \qquad (3)$$

ou $$\qquad (A + B)(A - B) = 0. \qquad (4)$$

Sous cette forme, on voit que l'équation (4), qui n'est autre que l'équation (2), est vérifiée pour les solutions qui rendent

$$A + B = 0 \quad \text{ou} \quad A = -B$$

et $$\quad A - B = 0 \quad \text{ou} \quad A = B.$$

L'équation (2) admet donc non seulement les racines de l'équation (1), mais aussi celles de l'équation obtenue en changeant le signe du second membre de l'équation (1). Elle est donc plus générale que la proposée.

Conséquence. — Si la résolution d'une équation exige l'élévation des deux membres au carré, il faut vérifier si les solutions trouvées conviennent à l'équation donnée, et rejeter les **racines étrangères**.

130. — **Résolution d'une équation irrationnelle.** — *Si elle ne contient qu'un radical, on isole ce radical dans un membre, puis on élève les deux membres au carré. — Si elle en contient plusieurs, on les isole successivement, et l'on élève chaque fois les deux membres au carré. — On opère ensuite suivant la règle des équations rationnelles, puis on vérifie les racines obtenues.*

EXEMPLE I. $\qquad\qquad 18 - \sqrt{x + 10} = 2 \qquad\qquad (1)$

Isolons le radical $\qquad -\sqrt{x + 10} = 2 - 18.$

ou, en changeant les signes des deux membres :

$$\sqrt{x + 10} = 16.$$

Élevons au carré $\qquad\qquad x + 10 = 256 \qquad\qquad (2)$
d'où $\qquad\qquad\qquad\qquad x = 246.$

L'équation (2) admet certainement la racine de l'équation (1), si cette racine est possible ; mais on ne peut pas affirmer que 246 convienne à l'équation (1) ; il faut donc vérifier cette racine :

$$18 - \sqrt{246 + 10} = 18 - \sqrt{256} = 18 - 16 = 2.$$

Donc l'équation (1) *admet pour racine* 246.

EXEMPLE II. $\qquad\qquad 18 + \sqrt{x + 10} = 2 \qquad\qquad (1)$

Isolons le radical $\qquad\qquad \sqrt{x + 10} = 2 - 18$

ou $\qquad\qquad\qquad\qquad \sqrt{x + 10} = -16.$

Élevons au carré $\qquad\qquad x + 10 = (-16)^2 = 256. \qquad (2)$

Ici, nous retrouvons la même équation (2) qu'à l'exemple précédent. Elle admet pour racine 246 ; mais la **vérification** donne :

$$18 + \sqrt{246 + 10} = 18 + 16 = 34.$$

Puisque l'équation (2), plus générale que (1), n'admet pour

racine que 246, qui ne convient pas à l'équation (1), on en conclut que : *l'équation proposée n'a pas de racine, ou qu'elle est impossible.*

Nous pouvons constater ici une remarque déjà signalée (n° 129) : la racine 246 vérifie l'équation (2) qui provient, non seulement de l'équation $\sqrt{x+10}=16$, mais aussi de l'équation obtenue en changeant le signe de l'un des membres, soit $\sqrt{x+10}=-16$.

EXEMPLE III. — $\qquad \sqrt{x+9}+\sqrt{x-3}=6 \qquad (1)$

Isolons le premier radical : $\qquad \sqrt{x+9}=6-\sqrt{x-3}$.

Élevons au carré : $\quad x+9=36-12\sqrt{x-3}+(x-3)$

ou : $\qquad x+9=36-12\sqrt{x-3}+x-3$.

Isolons le second radical, puis simplifions :

$$12\sqrt{x-3}=36+x-3-x-9=24$$
$$\sqrt{x-3}=2.$$

Élevons les deux membres au carré :

$$x-3=4 \qquad \text{d'où} \qquad x=7.$$

Vérifions : $\qquad \sqrt{7+9}+\sqrt{7-3}=4+2=6.$

L'équation (1) *admet donc pour racine 7.*

EXEMPLE IV. $\qquad \sqrt{x-9}-\sqrt{x-3}=6 \qquad (1)$

En résolvant comme ci-dessus, on trouverait encore pour solution finale 7, mais cette racine est étrangère à l'équation (1).

L'équation proposée est donc impossible.

§ III. — Forme générale de l'équation du premier degré à une inconnue.

131. — Quelle que soit l'équation proposée, on la ramène toujours à la forme :

$$\text{un terme en } x = \text{un terme connu.}$$

Le coefficient de x, qui peut être un nombre, une lettre, un monôme quelconque, un polynôme, étant représenté par a, et le terme connu, ou l'ensemble des termes connus, étant représenté par b, *l'équation du premier degré à une inconnue est représentée par la forme générale :*

$$ax = b. \tag{1}$$

Nous allons chercher dans quels cas cette équation est possible ou impossible, et, dans la première hypothèse, dans quels cas elle admet une ou plusieurs solutions. Cette recherche s'appelle une discussion.

132. — **Discussion.** — Une division par **0** n'ayant aucun sens, nous ne pouvons diviser les deux membres de l'équation (1) par a que si a n'est pas nul. De là, deux hypothèses à faire sur la valeur de a : 1° $a \neq 0$; 2° $a = 0$.

1° $a \neq 0$. — Nous pouvons alors diviser par a les deux membres de l'équation (1).

$$x = \frac{b}{a}. \tag{)}$$

Suivant les signes de b et de a, ce quotient est positif ou négatif; si b est nul, son quotient par a l'est aussi, et par suite $x = 0$.

Il y a donc toujours une racine.

2° $a = 0$. — La division par 0 n'ayant pas de sens, on laisse l'équation sous la forme

$$0x = b. \tag{3}$$

— Si b n'est pas nul, une telle égalité est impossible, car le produit d'une valeur quelconque par **0** est toujours nul.

L'équation proposée est donc impossible.

— Si b est nul, une telle égalité est toujours possible, car on a toujours, quelle que soit la valeur donnée à **x** :

$$0x = 0. \tag{4}$$

Un nombre quelconque pouvant satisfaire l'équation, on dit *qu'elle admet une infinité de solutions, ou qu'elle est indéterminée.*

Symboles. — Par analogie avec la forme (1), on convient d'indiquer la valeur de **x** dans l'équation (3) par le symbole

$$x = \frac{b}{0}$$

(5)

qui signifie l'impossibilité.

Cette idée se représente aussi d'une autre manière ; si le dénominateur devenait de plus en plus petit, on aurait successivement :

$$\frac{b}{\dfrac{1}{10}} = 10b \; ; \quad \frac{b}{\dfrac{1}{1\,000}} = 1\,000\,b \; ; \quad \frac{b}{\dfrac{1}{1\,000\,000}} = 1\,000\,000\,b\ldots$$

Le dénominateur se rapprochant indéfiniment de la valeur 0, sans jamais l'atteindre théoriquement, on dit qu'il a pour limite 0 ; en même temps, le quotient grandit de plus de plus, et comme la suite des nombres est illimitée, sa valeur ne peut être représentée par aucun nombre lorsque le dénominateur devient 0 ; ce quotient, infiniment grand, est représenté par le signe infini : ∞, qui est aussi le symbole de l'impossibilité.

— Par analogie avec la forme (1), on convient d'indiquer la valeur de **x** dans l'équation (4) par le symbole

$$x = \frac{0}{0}$$

qui signifie l'indétermination.

RÉSUMÉ DE LA DISCUSSION

$a \neq 0$ $\left\{ x = \dfrac{b}{a}, \text{ positive, négative, ou nulle : } \textbf{1 \textit{solution}.} \right.$

$a = 0$ $\left\{ \begin{array}{l} b \neq 0 \;\left\{ x = \dfrac{b}{0} = \infty, \text{ impossibilité : } 0 \; \textit{solution}. \right. \\[2ex] b = 0 \;\left\{ x = \dfrac{0}{0}, \text{ indétermination : } \textit{infinité de solutions}. \right. \end{array} \right.$

133. — EXEMPLE I. $\dfrac{x}{3} - \dfrac{x}{12} = 2 + \dfrac{x}{4}$

On a :
$$4x - x = 24 + 3x$$
$$3x - 3x = 24$$
$$0.x = 24 \qquad \text{symbole} : x = \frac{24}{0}$$

Cette équation est *impossible*.

EXEMPLE II. $\qquad 12 + \dfrac{x}{2} - \dfrac{x}{3} - 7 = 5 + \dfrac{x}{6}$ $\qquad$ (1)

On a :
$$72 + 3x - 2x - 42 = 30 + x$$
$$3x - 3x = 30 + 42 - 72$$
$$0.x = 0 \qquad \text{symbole} : x = \frac{0}{0}.$$

Cette équation (1) est *indéterminée*. On peut vérifier facilement qu'elle est toujours satisfaite, quelle que soit la valeur donnée à x.

134. — Remarque. — Dans les équations littérales, il arrive parfois que l'indétermination n'est qu'*apparente* : cela tient à la présence d'un facteur commun qui devient nul pour certaines valeurs attribuées aux lettres. Dans ce cas, on doit simplifier par ce facteur, avant de lui appliquer les valeurs particulières qui l'annulent.

EXEMPLE : $\qquad (a^2 - b^2)x = a^3 - b^3.$ $\qquad$ (1)

Supposons que l'on donne $\quad a = b.$

L'équation devient $\qquad 0.x = 0 \qquad$ ou $\qquad x = \dfrac{0}{0}.$

Elle paraît être indéterminée. Pour *lever cette indétermination*, simplifions l'équation (1), avant de faire $a = b$:

$$x = \frac{a^3 - b^3}{a^2 - b^2} = \frac{(a - b)(a^2 + ab + b^2)}{(a - b)(a + b)} = \frac{a^2 + ab + b^2}{a + b}.$$

Dans cette dernière forme, faisons maintenant $a = b$:

$$x = \frac{a^2 + a^2 + a^2}{a + a} = \frac{3a^2}{2a} \qquad \text{soit enfin} \qquad x = \frac{3}{2}a.$$

EXERCICES

— Résoudre les équations suivantes :

393. $4x - 2 = 18.$

394. $7x - 3 = 3x + 6.$

395. $12x - 5 + 3x = 10x.$

396. $19 - 5x = 25 - 8x$

397. $\dfrac{7x}{4} - 8 = x + 1.$

398. $\dfrac{x}{2} - 1 = \dfrac{x}{3}.$

399. $26x - 108 + 24x - 72 + 14x = 36x + 100.$

400. $6x + 90 - 34x + 16 = 14x - 26 - 108x.$

401. $14x - 10,5 + 21 = 14x + 11 - 2x.$

402. $6(x - 3) = 3x + 3.$

403. $7(2x - 5) = 10x + 5.$

404. $4(x - 7) + 12 - x = 2x - 7.$

405. $2(9 - 2x) - 24 = -12 - (3 + x).$

406. $26x - 16(2x - 1) + 14 = 34x + 5(4 - 2x) - 28x - 5.$

407. $3x - 5(x + 1) = 2(7 - x) + 5x - 4(x + 6) - 17.$

408. $42 - 5\left(7 - \dfrac{x}{3}\right) = \dfrac{5x}{6} + 12.$

409. $9x + \dfrac{1}{2} = \dfrac{7x}{4} + \dfrac{149}{8}.$

410. $\dfrac{7x}{15} - 2 - \dfrac{x}{18} = -\dfrac{5x}{6} - \dfrac{34}{45}.$

411. $\dfrac{5x}{4} - \dfrac{7x}{6} + \dfrac{5}{3} = \dfrac{15x}{12} + 2 - \dfrac{13x}{9}.$

412. $15x - \dfrac{5x - 1}{7} = \dfrac{284}{35} + x.$

413. $\dfrac{x + 4}{2} + \dfrac{x - 8}{4} = \dfrac{3x - 2}{3} + 2.$

414. $1 - \dfrac{2x - 1}{3} + 5x = \dfrac{x + 2}{2} + 3x + 7.$

415. $\dfrac{4x - 13}{5} - \dfrac{8x - 5}{20} + \dfrac{5x}{2} = \dfrac{7x}{8} - \dfrac{11x - 3}{15} + 14.$

416. $\dfrac{x + x^2}{12} - \dfrac{2x^2 + x}{3} - \dfrac{2}{15} = x^3 - \dfrac{5x + x^2}{12} - \dfrac{3x^3 + x}{2}.$

417. $\dfrac{x}{1 + \sqrt{3}} = \dfrac{2 - \sqrt{3}}{3}.$

418. $\dfrac{7(2x - 5)}{3(x - 2)} = \dfrac{22}{9}.$

419. $\dfrac{x - 3}{6x - 58} + 3 = 4.$

420. $\dfrac{x - 2}{x} + \dfrac{4}{x} = \dfrac{27}{3x}.$

421. $\dfrac{3}{x - 2} - \dfrac{1}{x - 3} = \dfrac{2}{x - 5}.$

422. $10 - \left[\dfrac{4x + 2}{3} - \dfrac{5(x - 2)}{4}\right] = \dfrac{7x - 6}{2}.$

423. $\dfrac{3x - 1}{4} - \dfrac{2(3 - x)}{3} = 5\left[x - \dfrac{2x + 7(4x - 5)}{15} - \dfrac{13}{60}\right].$

424. $x + a = b.$

425. $2x - a = x + b.$

426. $3x + m = a - x.$

427. $b + x = (a + x)\,m.$

428. $a^2x - b^2x = a + b.$

429. $5\,(x - b) = 3\,(x - a).$

430. $a - 7x = 3x - 2\,(x - a).$

431. $\dfrac{x}{a} - \dfrac{x}{b} = 1.$

432. $\dfrac{ax}{b} - \dfrac{bx}{a} = \dfrac{1}{b} - \dfrac{1}{a}.$

433. $\dfrac{x - b}{a} - \dfrac{x + a}{b} = -\,\dfrac{2b}{a}.$

434. $(m - x)\,(n + x) = m^2 - x^2.$

435. $2ab + \dfrac{ax}{a + b} + b^2 = a^2 + \dfrac{bx}{a - b}.$

436. $\dfrac{b}{a}\left(1 - \dfrac{b}{x}\right) = 1 - \dfrac{a}{b}\left(1 - \dfrac{a}{x}\right).$

437. $\dfrac{1}{2}\left(x - \dfrac{a}{2}\right) - \dfrac{1}{10}\left(x - \dfrac{a}{3}\right) = \dfrac{1}{4}\left(x - \dfrac{a}{4}\right) + \dfrac{1}{8}\left(x - \dfrac{a}{5}\right).$

438. $\sqrt{x + 6} + \sqrt{x + 1} = 5.$

439. $\sqrt{7x} + \sqrt{2x - 3a} = 3\sqrt{a}.$

440. $x - \sqrt{x^2 + 2ax} = b - a.$

441. $\sqrt{x} + \sqrt{x + 2} = \dfrac{4}{\sqrt{x + 2}}.$

442. $\dfrac{\sqrt{x + 15}}{\sqrt{x + 20}} = \dfrac{\sqrt{x + 27}}{\sqrt{x + 35}}.$

ALGÈBRE. — Cours complet.

CHAPITRE II

INÉGALITÉS DU PREMIER DEGRÉ
A UNE INCONNUE

§ I. — Notions sur les inégalités.

135. — Deux nombres algébriques, a et b, qui n'expriment pas la même valeur, sont dits inégaux. On écrit :

$$a \neq b \qquad (\text{I}) \qquad \text{qui se lit a différent de b.}$$

La relation (1) est une inégalité. Tout ce qui est à gauche du signe $\neq$ en est le premier membre; ce qui est à droite, le second membre.

136. — *Définitions.* — *Etant donnés deux nombres* a *et* b, 1° *on dit que* a *est* **plus grand que** b, *ou que* a *est* **supérieur à** b, *si leur différence* a — b *est positive;* 2° *on dit que* a *est* **plus petit que** b, *ou que* a *est* **inférieur à** b, *si leur différence* a — b *est négative.*

Rappelons que la relation : *supérieur à* s'indique à l'aide du signe $>$ qui se lit aussi : *supérieur à,* ou *plus grand que;* au contraire, le symbole $<$ signifie et se lit: *inférieur à,* ou *plus petit que.*

EXEMPLES. — 1° Soient les nombres 12 et 8.
De ce que $\qquad 12 - 8 = +4$ (positif), on tire $\qquad 12 > 8;$

2° Soient les nombres 6 et 0.
De ce que $\qquad 6 - 0 = +6$ (positif), on tire $\qquad 6 > 0;$

3° Soient les nombres   4 et (— 9).

De ce que $4 — (— 9) = + 13$ (positif), **on tire   4 > — 9**;

4° Soient les nombres (— 5) et   0.

De ce que $— 5 — 0 = — 5$ (négatif), **on tire   — 5 < 0**;

5° Soient les nombres (— 12) et (— 7).

De ce que $— 12 — (— 7) = — 5$ (négatif), on tire $— 12 < — 7$:

etc...

137. — Conséquences importantes. — Tout nombre positif étant supérieur à 0, et tout nombre négatif étant inférieur à 0, pour exprimer qu'une quantité a est positive ou négative, on écrit :

$$a > 0 \qquad \text{(la quantité a est positive)};$$
$$a < 0 \qquad — \qquad \text{a — négative)}.$$

Enfin, on peut ainsi ranger les nombres algébriques :

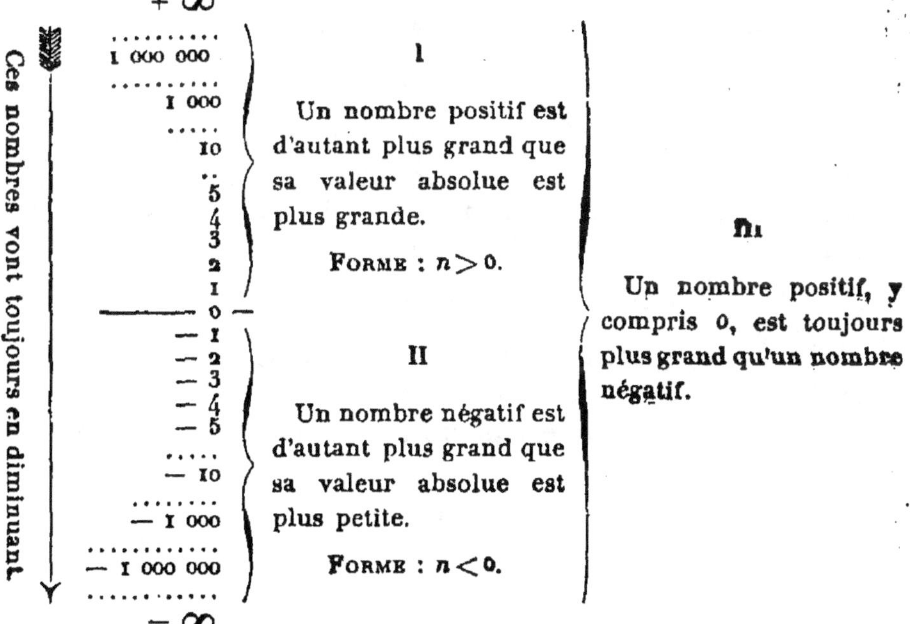

PROPRIÉTÉS PRINCIPALES

138. — Quand, par suite de transformations, le membre qui était le plus grand **devient** le plus petit, on dit que l'inégalité **change de sens.**

139. — Principe I. — *Quand on ajoute une même quantité aux deux membres d'une inégalité, ou quand on en retranche une même quantité, on obtient une nouvelle inégalité de même sens que la première.*

$$\text{Si} \quad a > b \quad \text{je dis que} \quad a + m > b + m.$$

En effet, écrire $a > b$

signifie $\qquad a - b > 0.$ $\hfill (1)$

En ajoutant au premier membre **deux** nombres opposés, dont la somme est 0, ce membre conserve sa valeur, et reste positif.

$$a + m - b - m > 0$$
ou : $\qquad (a + m) - (b + m) > 0.$

Cette **dernière** inégalité montre que la **différence** entre $(a + m)$ et $(b + m)$ est positive; donc, par définition, $(a + m)$ est supérieur à $(b + m)$, ou :

$$a + m > b + m.$$

Une démonstration analogue donnerait :

$$a - m > b - m.$$

140. — Principe II. — *Quand on multiplie ou divise par une même quantité les deux membres d'une inégalité, on obtient une nouvelle inégalité : 1° de même sens que la première, si cette quantité est positive; 2° de sens contraire à la première, si cette quantité est négative.*

De $\qquad a > b \quad (1) \quad$ je tire $\quad a - b > 0.$

Multiplions le premier membre, $(a - b)$, par m.

1° **Si** $m > 0$, la différence $(a - b)$ étant aussi positive, leur produit $(a - b)\,m$ est positif, et l'on a.

$$(a - b)\,m > 0$$
ou : $\qquad am - bm > 0$

ce qui entraîne, par définition,

$$am > bm. \hfill (2)$$

2° **Si** $m < 0$, la différence $(a - b)$ étant positive, leur produit $(a - b)\,m$ est négatif, et l'on a :

$$(a - b)\,m < 0$$
ou : $\qquad am - bm < 0$

ce qui entraîne, par définition

$$am < bm. \tag{3}$$

Les inégalités (2) et (3) comparées à (1) justifient les deux parties du théorème.

Un raisonnement analogue donnerait :

$$\frac{a}{m} > \frac{b}{m} \quad \text{si } m > 0 ; \qquad \frac{a}{m} < \frac{b}{m} \quad \text{si } m < 0.$$

Conséquences. — Quand on doit multiplier les deux membres d'une inégalité par une quantité dont on ignore le signe, on multiplie par le carré de cette quantité, qui est toujours positif.

141. — **Principe III.** — *Quand on élève au carré les deux membres d'une inégalité, on obtient en général une nouvelle inégalité :*

1° De même sens, si les deux membres étaient positifs ;

2° De sens inverse, si les deux membres étaient négatifs ;

3° De sens inconnu, si les deux membres étaient de signes contraires.

Si les deux membres étaient deux nombres opposés, on obtiendrait une égalité.

1° *Soient.* $\qquad a > 0 ; \quad b > 0 ; \quad a > b.$

Je dis que $\qquad\qquad\qquad\qquad a^2 > b^2.$

En effet, de $\quad a > b$ je tire $\quad a - b > 0 \tag{1}$

Puisque a et b sont positifs, $\quad a + b > 0. \tag{2}$

Multiplions les deux membres de l'inégalité (1) par la quantité positive $(a + b)$, la nouvelle inégalité sera de même sens (n° 140, 1°) :

$$(a - b)(a + b) > 0 \quad \text{ou} \quad a^2 - b^2 > 0$$

ce qui entraîne, par définition : $\qquad\qquad a^2 > b^2.$

2° *Soient :* $\qquad a < 0 ; \quad b < 0 ; \quad a > b.$

Je dis que $\qquad\qquad\qquad\qquad a^2 < b^2.$

En effet, de $\quad a > b$ je tire $\quad a - b > 0. \tag{1}$

Puisque a et b sont négatifs, $\quad a + b < 0. \tag{2}$

Multiplions les deux membres de l'inégalité (1) par la

quantité négative $(a + b)$, la nouvelle inégalité sera de sens contraire (n° 140, 2°) :

$$(a - b)(a + b) < 0 \quad \text{ou} \quad a^2 - b^2 < 0$$

ce qui entraîne, par définition : $a^2 < b^2$.

3° *Soient :* $a > 0; \; b < 0; \quad a > b.$

Ici, je puis écrire encore $a - b > 0,$
mais la somme algébrique $a + b$ est de signe inconnu, car ce signe dépendra de celui du terme, a ou b, qui a la plus grande valeur absolue; de plus, cette somme peut être nulle, si a et b sont deux nombres opposés. On ne peut donc écrire que les relations suivantes :

Si a *et* b *n'ont pas la même valeur absolue :*

$$(a - b)(a + b) \neq 0 \quad \text{ou} \quad a^2 - b^2 \neq 0 \quad \text{ou} \quad a^2 \neq b^2.$$

Si a *et* b *sont deux nombres opposés, de somme 0 :*

$$(a - b)(a + b) = 0 \quad \text{ou} \quad a^2 - b^2 = 0 \quad \text{ou} \quad a^2 = b^2.$$

EXEMPLES : 1° Si $8 > 5$ on a $64 > 25$
2° Si $-2 > -7$ on a $4 < 49$
3° Si $3 > -10$ on a $9 < 100$
Si $9 > -4$ on a $81 > 16$
Si $6 > -6$ on a $36 = 36$

§ II. — Résolution des Inégalités.

142. — Lorsqu'une inégalité est toujours vraie, quelles que soient les valeurs attribuées aux lettres qu'elle renferme, c'est une inidentité; si elle n'est vraie que pour certaines valeurs attribuées aux lettres appelées inconnues, c'est une inéquation; ces valeurs sont les racines de l'inéquation. On donne encore à l'inéquation le nom d'inégalité conditionnelle. — Quand deux inéquations admettent strictement les mêmes racines, on dit qu'elles sont équivalentes. — Chercher les racines d'une inéquation, c'est la résoudre.

143. — Enfin, on résout une inéquation d'après les principes étudiés aux inégalités et en procédant dans l'ordre indiqué pour la résolution d'une équation.

EXEMPLE I. $\qquad 2 + \dfrac{x}{4} < \dfrac{7x}{6} - 9.$

Multiplions tous les termes par le p. p. d. c. 12 :

$$24 + 3x < 14x - 108.$$

Transposons les termes :

$$3x - 14x < -108 - 24$$

ou : $\qquad -11x < -132$

Changeons les signes des membres en remarquant que cette opération revient à *intervertir les membres*; par suite, si nous changeons les signes en laissant les membres à leur place, il faut *changer le sens* de l'inégalité :

$$11x > 132$$

d'où : $\qquad x > \dfrac{132}{11} \qquad$ ou $\qquad x > 12$

L'inéquation donnée admet donc pour racines une infinité de valeurs, toutes supérieures à 12.

EXEMPLE II. $\qquad 5a - bx > c.$

On a successivement : $\quad -bx > c - 5a$

$$bx < -c + 5a \quad \text{ou} \quad bx < 5a - c.$$

Admettons que b *ne soit pas nul*, et divisons par b; mais b représente un nombre algébrique dont nous ignorons le signe. Nous pourrons alors faire deux suppositions :

1° **b** > 0, dans ce cas, la division par b ne change pas le sens de l'inégalité, et l'on a : $\quad x < \dfrac{5a - c}{b}$;

2° **b** < 0; dans ce cas, la division par b change le sens de l'inégalité, et l'on a : $\quad x > \dfrac{5a - c}{b}$.

Si **b** *est nul* 0x valant toujours 0, l'inéquation est indéterminée si $(5a - c)$ est positif, et elle est impossible si $(5a - c)$ est négatif.

EXEMPLE III. — *Comment faut-il prendre* x *pour satisfaire à la fois aux inéquations :*

$$\frac{3x}{8} - \frac{2x-1}{12} > \frac{3x+1}{6} - \frac{5}{4} \qquad (1)$$

$$7x + 6 > 4 + 6x. \qquad (2)$$

L'inéquation (1) donne :

$$9x - 4x + 2 > 12x + 4 - 30$$
$$-7x > -28$$
$$x < 4 \qquad (3)$$

L'inéquation (2) donne :

$$x > -2 \qquad (4)$$

Pour satisfaire aux deux inéquations, une valeur de x devra être comprise entre 4 et (-2), et la solution s'indique :

$$-2 < x < 4$$

Ainsi, *pour ne citer que des valeurs entières*, les nombres 3, 2, 1, 0, -1, vérifient les deux inéquations.

Remarque. — Il est évident que la solution n'est pas toujours possible. Par exemple, l'inéquation :

$$7x + 6 < 4 + 6x \qquad (5)$$

a pour solution $\qquad x < -2$

L'inéquation $\qquad -7x < -28 \qquad (6)$

a pour solution $\qquad x > 4$

Aucune valeur de x ne peut donc vérifier en même temps les inéquations (5) et (6).

EXERCICES

— Résoudre les inéquations :

443. $\dfrac{5x}{2} - 26 > \dfrac{2x}{3} - 5.$ | 444. $\dfrac{2x}{7} + 8 < 17 - \dfrac{x}{2}.$

445. — Quels sont les nombres entiers dont le cinquième augmenté de 3 est plus grand que le quart diminué de 2 ?

— Quelles sont les valeurs entières de x qui satisfont à la fois aux deux inéquations :

446 $\quad 4x - 8 > 2x - 1 \qquad$ et $\qquad 3x - 12 < 5x - 31$

447. $\quad 5x - \dfrac{1}{2} > \dfrac{3x}{4} + 8 \qquad$ et $\qquad \dfrac{2x}{3} - 4 > 4x - 34.$

448. $\quad \dfrac{7x}{3} - 1 < 2x \qquad$ et $\qquad \dfrac{7x}{4} - 3 < x + 3.$

449. $\quad \dfrac{3x}{7} + 5 > 4x - 20 \qquad$ et $\qquad \dfrac{5x}{2} + \dfrac{x}{4} > \dfrac{4x}{3} + 17.$

450 — Quels sont les nombres entiers dont les trois quarts diminués de 2 soient supérieurs à la moitié augmentée de 1, et dont les deux tiers diminués de 6 soient supérieurs aux trois demis diminués de 26 ?

451. — Existe-t-il un nombre entier tel que ses trois quarts augmentes de 2 soient inférieurs à son huitième augmenté de 7, et que ses cinq sixièmes augmentés de 3 soient inférieurs à son double diminué de 5 ?

452. — Démontrer que, si a et b sont deux nombres positifs inégaux, leur moyenne géométrique est toujours plus petite que leur moyenne arithmétique.

453. — Démontrer que, quelles que soient les valeurs de m, on a toujours

$$(1 + m + m^2)^2 < 3 (1 + m^3 + m^4).$$

454. — Les nombres a, b, c étant positifs, démontrer qu'on a toujours :

$$abc > (a + b - c) (a - b + c) (- a + b + c).$$

455. — Les nombres a, b, c étant positifs, et tels que $c < b$, démontrer que :

$$\text{Si } a < b \qquad \text{on a} \qquad \frac{a - c}{b - c} < \frac{a}{b} < \frac{a + c}{b + c}.$$

$$\text{Si } a > b \qquad \text{on a} \qquad \frac{a - c}{b - c} > \frac{a}{b} > \frac{a + c}{b + c}.$$

Application de cette propriété à l'arithmétique.

CHAPITRE III

RÉSOLUTION DES PROBLÈMES
DU PREMIER DEGRÉ A UNE INCONNUE

144. — La résolution d'un problème par l'algèbre comporte :

1º Le choix de l'inconnue; parfois, cette inconnue s'impose nettement (nos 145, 146, 147) ; parfois, elle est arbitraire (nº 148): d'autres fois, le problème comporte plusieurs inconnues, mais une seule suffit pour trouver de suite les autres (nos 149, 150); dans ce cas, suivant l'inconnue adoptée, le calcul est plus ou moins facile. Le choix de l'inconnue est une question d'habitude.

2º. — **Mise en équation.** — C'est la traduction de l'énoncé du problème sous une forme algébrique. — Pour cela,

Il suffit de désigner la quantité inconnue par x, et d'indiquer, à l'aide de cette lettre et des données, les opérations qu'il faudrait faire pour vérifier la réponse du problème.

3º. — **Résolution de l'équation.** — On applique la règle connue.

4º. — **Discussion.** — Quand la réponse est négative, on peut chercher à la comprendre à l'aide d'une *interprétation* (nos 151 à 155); quand les données sont littérales, parfois même lorsqu'elles sont numériques, on peut *rechercher* dans quels cas le problème est possible, ou impossible, et combien il peut admettre de solutions (nos 156 et suivants). Cette interprétation ou cette recherche constituent la *discussion* du problème.

145. — EXEMPLE I. — *Un père a 49 ans et son fils 15 ans; dans combien d'années l'âge du père sera-t-il triple de celui du fils?*

Vérification arithmétique.

Supposons que, d'une façon quelconque, nous ayons trouvé pour réponse 6 ans. Vérifions-la. Dans 6 ans, le père aura $49 + 6$ ans et le fils $15 + 6$ ans. Nous devrions donc avoir :

$$49 + 6 = (15 + 6) \times 3 \qquad (1)$$

Or, en effectuant ces opérations, nous constatons que les deux membres ne sont pas égaux, et nous disons : la réponse trouvée, 6, est fausse.

Nous pourrions aussi par tâtonnement essayer une foule de nombres, tels que 5, 8, 9, 12, etc..... Nous n'aurions qu'à refaire, sur chacun d'eux, la vérification ci-dessus jusqu'à ce que nous trouvions la réponse exacte.

Vérification algébrique.

Pour éviter ces tâtonnements, représentons par **x** la réponse cherchée, et vérifions-la. Dans **x** ans, l'âge du père sera $49 + x$, et celui du fils, $15 + x$. Nous devons donc avoir :

$$49 + x = (15 + x) \times 3 \qquad (2)$$

C'est cette égalité, analogue à (1), qui est la clef de la solution. On l'appelle équation du problème. C'est elle qui va nous livrer la valeur de x, moyennant quelques transformations très simples qui constituent la résolution de l'équation.

Résolution de l'équation.

Effectuons les parenthèses dans (2), il vient :

$$49 + x = 45 + 3x \qquad (3)$$

D'où successivement :

$$x - 3x = 45 - 49 \qquad \text{ou} \qquad -2x = -4$$
$$2x = 4 \qquad \text{et} \qquad x = 2$$

Vérification : $\quad 49 + 2 = 51 \; ; \; (15 + 2)\,3 = 51.$

Réponse : L'âge du père sera triple de celui du fils dans 2 ans.

146. — EXEMPLE II. — *Un maître promet à son domestique 360ᶠ, plus un costume, pour ses gages annuels. Il le renvoie au bout de 10 mois et lui donne 290ᶠ plus l'habit. Quelle est la valeur de celui-ci ?*

Vérification arithmétique.

Admettons, par exemple, que le costume vaille 50ᶠ. Le salaire annuel est donc $360 + 50$; celui d'un mois est $\dfrac{360 + 50}{12}$, et pour 10 mois, la valeur des gages du domestique est

$$\frac{(360 + 50) \times 10}{12}$$

Puisque le domestique ne réclame pas, c'est qu'il a reçu cette valeur, représentée alors par $290 + 50$. On devrait donc avoir

$$290 + 50 = \frac{(360 + 50) \times 10}{12}$$

En effectuant, on voit que cette égalité est fausse, donc 50ᶠ n'est pas la réponse.

Vérification algébrique.

Soit x la valeur de l'habit ; le salaire annuel est $360 + x$; mensuel : $\dfrac{360 + x}{12}$; pour 10 mois :

$$\frac{(360 + x) \times 10}{12}$$

Or, le domestique reçoit $290 + x$. Il faut donc que :

$$290 + x = \frac{(360 + x) \times 10}{12} \tag{1}$$

Telle est l'équation de ce problème.

Résolution.

Simplifions par 2 la fraction du second membre :

$$290 + x = \frac{(360 + x) \times 5}{6} \tag{2}$$

D'où, successivement :

$$1\,740 + 6x = 1\,800 + 5x$$
$$6x - 5x = 1\,800 - 1\,740$$
$$x = 60$$

Vérification : $\quad 290 + 60 = 350 \quad ; \quad \dfrac{360 + 60}{12} \times 10 = 350.$

Réponse : La valeur de l'habit est 60ᶠ.

147. — EXEMPLE III. — *Un vase vide pèse 250ᵍ; il contient le $\dfrac{1}{5}$ de sa capacité de mercure ; les $\dfrac{3}{4}$ du reste d'eau ; le reste d'huile. Le tout pèse 2ᵏᵍ. Quelle est la capacité du vase, la densité du mercure étant 13,6 et celle de l'huile 0,9 ?*

Soit x la capacité du vase ; le volume du mercure est $\dfrac{x}{5}$, le reste du vase est $x - \dfrac{x}{5}$ ou $\dfrac{4x}{5}$, dont l'eau occupe les $\dfrac{3}{4}$, soit $\dfrac{4x}{5} \times \dfrac{3}{4} = \dfrac{3x}{5}$. Il reste donc pour l'huile $\dfrac{4x}{5} - \dfrac{3x}{5} = \dfrac{x}{5}$.

Ayant ainsi les volumes des divers liquides, la vérification de la réponse **x** serait :

$$\frac{x}{5} \times 13,6 + \frac{3x}{5} \times 1 + \frac{x}{5} \times 0,9 = 2\,000 - 250$$

Telle est l'équation du problème.

Chassons le dénominateur 5 :

$$13,6\,x + 3\,x + 0,9\,x = 1750 \times 5.$$

D'où
$$17,5\,x = 8750$$

et
$$x = \frac{8750}{17,5} \quad \text{ou} \quad x = 500.$$

(Vérification facile.)

L'unité de poids choisie étant le gramme, l'unité de volume correspondante est le centimètre cube. D'où :

Réponse : La capacité du vase est 500ᶜᵐ3.

148. — EXEMPLE IV. — *Pierre a 12 ans, Paul en a 30. Est-il possible qu'à une certaine époque l'âge de Paul soit le double de celui de Pierre ?*

Ici l'inconnue est incertaine.

1° Je pourrais prendre comme inconnue *l'âge qu'aura Paul*

à ce moment, soit **x** ; ce serait donc dans (**x** — 30) années, et Pierre aurait $12 + (x - 30)$; d'où l'équation :

$$x = 2\,[12 + (x - 30)].$$

2° Je pourrais prendre pour inconnue *l'âge de Pierre*, et raisonner d'une manière analogue.

3° Je peux enfin, et c'est le meilleur choix, désigner par **x** le nombre d'années au bout duquel la condition du problème sera réalisée. Alors, l'âge de Pierre sera $12 + x$; celui de Paul, $30 + x$; d'où l'équation :

$$(12 + x) \times 2 = 30 + x.$$
$$24 + 2\,x = 30 + x.$$
$$2\,x - x = 30 - 24.$$
$$x = 6.$$

(Vérification facile.)

Réponse : L'âge de Paul sera double de celui de Pierre dans 6 ans.

149. — EXEMPLE V. — *Un capital de 12 000ᶠ est partagé en 2 parties inégales placées l'une à 4 °/₀, l'autre à 3 °/₀. Le revenu total est 430ᶠ. Trouver les deux parties.*

Bien qu'il y ait en réalité deux inconnues, ce problème peut, comme les précédents, être résolu à l'aide d'une seule.

Soit **x** la part placée à 4 °/₀ ; l'autre est $12\,000 - x$.

L'intérêt de la première est $\dfrac{x \times 4}{100}$ ou $\dfrac{4x}{100}$;

celui de la seconde est $\dfrac{(12\,000 - x) \times 3}{100}$.

De là l'équation :

$$\frac{x \times 4}{100} + \frac{(12\,000 - x) \times 3}{100} = 430$$

D'où :

$$\frac{4\,x}{100} + \frac{36\,000 - 3\,x}{100} = 430$$
$$4\,x + 36\,000 - 3\,x = 43\,000$$
$$4\,x - 3\,x = 43\,000 - 36\,000$$
$$x = 7\,000$$

L'autre partie est donc $12\,000 - 7\,000 = 5\,000$.
(Vérification facile.)

Réponses : Il y a $7\,000^f$ *placés à* $4\,°/_0$ *et* $5\,000^f$ *à* $3°/_0$.

150. — EXEMPLE VI. — *La margelle d'un puits est une couronne circulaire dont la surface est* $103^{dm2},6728$; *l'épaisseur de la maçonnerie étant* 3^{dm}, *trouver les diamètres intérieur et extérieur du puits.*

Appelons x le diamètre intérieur; le diamètre extérieur est égal à x plus deux épaisseurs de maçonnerie, ou, en prenant le décimètre pour unité, à $x + 6$.

La surface d'une couronne étant $\frac{\pi}{4}\,(D^2 - d^2)$, on a :

$$\frac{\pi}{4}\,[(x + 6)^2 - x^2] = 103,6728$$

$$\pi\,(x^2 + 12\,x + 36 - x^2) = 103,\,6728 \times 4$$

$$12\,x + 36 = \frac{103,\,6728 \times 4}{\pi} = 132$$

$$12\,x = 132 - 36 = 96 \qquad x = \frac{96}{12} \qquad \text{ou} \qquad x = 8$$

Le grand diamètre est donc $\qquad x + 6 = 8 + 6 = 14$.
(Vérification facile.)

Réponse : Le diamètre intérieur a $0^m,80$ *et le diamètre extérieur a* $1^m,40$.

151. — EXEMPLE VII. — *Pierre a 12 ans, Paul en a 26. Dans combien de temps l'âge de Paul sera-t-il le triple de celui de Pierre ?*

Soit x le nombre d'années cherché, compté vers l'avenir.

Comme pour l'exemple IV, on a :

$$(12 + x)\,3 = 26 + x \qquad\qquad (\text{I})$$
$$36 + 3\,x = 26 + x$$
$$3\,x - x = 26 - 36$$
$$2\,x = -10$$
$$x = -5.$$

Interprétation. — Cette réponse signifie que *le problème, tel qu'il est posé, avec l'idée du temps compté dans l'avenir,* *est impossible.* Mais, grâce à la signification spéciale des nombres négatifs, cette réponse montre que la condition imposée *a été réalisée, dans le passé, il y a 5 ans.* En effet, à cette époque, l'âge de Pierre était 7 ans et celui de Paul, 21 ans, soit le triple de celui de Pierre.

On ne peut pas toujours interpréter aussi facilement une réponse négative; on y parvient par un moyen mécanique : remarquons que, pour avoir la solution $+5$, il faudrait écrire $(-x) = 5$. Le problème serait donc possible si l'on prenait pour inconnue $(-x)$ au lieu de x; l'équation (1) deviendrait alors :

$$(12 - x)\,3 = 26 - x \qquad\qquad (2)$$

Mais une telle équation entraînerait une modification dans l'énoncé du problème, qui devrait être posé ainsi :

Pierre a 12 ans, Paul en a 26. Combien y a-t-il de temps que l'âge de Paul était le triple de celui de Pierre?

Cette interprétation a été formulée, d'une manière générale, par Descartes, dans la règle suivante ·

152. — Règle de Descartes. — *Lorsqu'on trouve pour solution d'un problème une quantité négative, on change x en $(-x)$ dans l'équation de ce problème, puis on cherche à quel énoncé conviendrait l'équation ainsi transformée.*

153. — EXEMPLE VIII. — *Un train faisant 60^{km} à l'heure part de Paris en même temps qu'un autre faisant 50^{km} à l'heure part de Melun;*

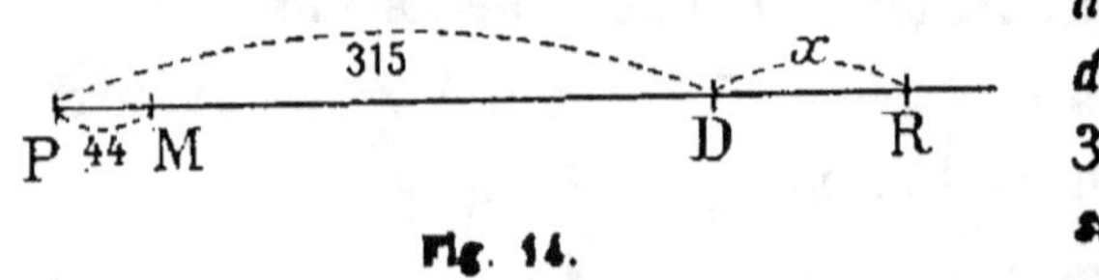

Fig. 14.

ils vont tous deux dans la direction de Dijon, située à 315^{km} de Paris. En supposant qu'ils n'aient ni arrêt, ni garage, à quelle distance de Dijon se rencontreraient-ils? La distance de Paris à Melun est 44^{km} (fig. 14).

Supposons que la rencontre ait lieu en R, au delà de Dijon, et soit x la distance DR.

Le train de Paris aura marché pendant $\dfrac{315 + x}{60}$ heures, et celui de Melun pendant $\dfrac{315 - 44 + x}{50}$ ou $\dfrac{271 + x}{50}$ heures. Ces temps sont égaux, d'où l'équation :

$$\dfrac{315 + x}{60} = \dfrac{271 + x}{50} \qquad (1)$$

ou $\qquad 1\,575 + 5x = 1\,626 + 6x$

$$x = -51$$

Ici encore, on comprend de suite que la rencontre, *fixée arbitrairement par nous à droite de Dijon*, a lieu en réalité à gauche. La solution négative indique que cette rencontre se fait 51^{km} avant Dijon.

En appliquant la Règle de Descartes, l'équation (1) deviendrait :

$$\dfrac{315 - x}{60} = \dfrac{271 - x}{50}$$

qui montre clairement que la distance x doit se retrancher du parcours Paris-Dijon.

154. — Exemple IX. — *Le blé coûtant 23^f l'hectolitre à Rouen, et 20^f à Paris, en quel point entre ces deux villes, distantes de 140^{km}, le blé coûtera-t-il le même prix, qu'il vienne de Rouen ou de Paris, le prix du transport étant 0^f,01 par hectolitre et par kilomètre?*

Soit x la distance de Rouen au point cherché, situé entre Paris et Rouen. Le prix du blé venant de Rouen coûte en ce point $23 + 0,01x$; et venant de Paris, il coûte $20 + 0,01\,(140 - x)$. On a donc l'équation :

$$23 + 0,01x = 20 + 0,01\,(140 - x) \qquad (1)$$

ou $\qquad 23 + 0,01x = 20 + 1,4 - 0,01x$

$$0,02x = 21,4 - 23 = -1,6$$

$$x = -80$$

Il semblerait que le point cherché fût à gauche de Rouen; mais appliquons la Règle de Descartes. L'équation (1) devient :

$$23 - 0,01x = 20 + 0,01\,(140 + x) \qquad (2)$$

Le premier membre signifie que, du prix du blé à Rouen :

Algèbre. — Cours complet.   8

23, il faut *retrancher* le prix du transport : 0,01x; ce qui, pratiquement, est absurde. La solution $x = 80$ convient bien à l'équation (2), mais elle est inacceptable d'après la nature de la question.

Ce problème est donc nettement *impossible*.

155. — Résumé. — Lorsque le sens de l'inconnue n'est pas fixé dans l'énoncé, une solution négative indique qu'il faut changer le sens qu'on a pris arbitrairement, et alors, le problème est possible, en général.

Lorsque le sens de l'inconnue est fixé dans l'énoncé, une réponse négative indique un problème impossible. Toutefois, dans certains cas, une modification de l'énoncé rend le problème possible; **dans d'autres, la solution négative ne peut pas s'interpréter.**

156. — EXEMPLE X. — *Trouver un nombre de deux chiffres dont la somme est 14, et tel que le quart du chiffre des dizaines, plus la moitié de celui des unités, donne 4.*

Le chiffre des unités étant **x**, celui des dizaines est $14 - x$,

et l'on doit avoir :
$$\frac{14 - x}{4} + \frac{x}{2} = 4 \qquad (1)$$

ou
$$14 - x + 2x = 16$$
$$x = 2 \qquad (2)$$

Par suite
$$14 - x = 12 \qquad (3)$$

La valeur **2** *convient bien à l'équation* (1), *mais elle ne convient pas au problème*, car l'inconnue $(14 - x)$ étant un chiffre ne peut pas être égale à 12.

Ce problème est donc impossible.

157. — EXEMPLE XI. — *Un patron a 12 employés, hommes et femmes ; le salaire d'un homme est 6ᶠ par jour, celui d'une femme 4ᶠ ; le total des salaires journaliers étant 55ᶠ, quel est le nombre des hommes et celui des femmes?*

Soit **x** le nombre des hommes; celui des femmes est $12 - x$,

et l'on doit avoir
$$6x + 4(12 - x) = 55 \qquad (1)$$

ou
$$6x + 48 - 4x = 55$$

d'où $2x = 7$ et $x = 3,5$

Il est inutile d'aller plus loin; la solution **3,5** convient bien à l'équation (I), mais la nature de la question la rend inacceptable. Ce problème est donc impossible.

158. — Exemple XII. — *Deux cyclistes* M *et* N *partent en même temps de deux points* A *et* B *d'une route* X Y, *et vont dans le même sens,* AB, *avec les vitesses respectives* v *et* v' *mètres à la minute. La distance* AB *étant de* a *mètres, dans combien de temps les cyclistes se rencontreront-ils?* (*fig.* 15.)

Soit x le nombre de minutes cherché. **M** parcourt **v x**, et **N**, **v'x**. — Quand la rencontre aura lieu, en **R** par exemple, on aura :

$$vx = a + v'x$$

D'où

$$vx - v'x = a$$

$$x(v - v') = a$$

$$x = \frac{a}{v - v'}$$

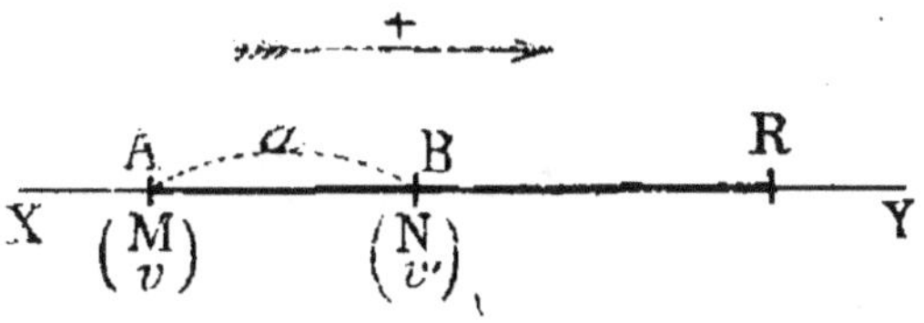

Fig. 15.

Vérification ;

$$vx = \frac{va}{v - v'} \quad ; \quad v'x = \frac{v'a}{v - v'}$$

$$a + v'x = a + \frac{v'a}{v - v'} = \frac{va - v'a + v'a}{v - v'} = \frac{va}{v - v'}$$

Réponse : La formule du temps cherché, en minutes, est $\dfrac{a}{v - v'}$

Discussion. — Pour simplifier, admettons que les vitesses v et v' soient toujours positives, et que la distance donnée a soit considérée comme positive ; pour que le problème soit possible, il faut que x soit positif et que par suite v — v' le soit aussi, ou $v > v'$

— Si l'on avait $v = v'$, la valeur de x serait $\frac{a}{0}$ ou ∞, c'est-à-dire que le problème serait *impossible*.

— Si l'on avait $v < v'$, le dénominateur v — v' étant négatif, et le numérateur a positif, x serait négatif : le problème serait donc impossible, *tel qu'il est posé;* mais si l'on admet que les cyclistes étaient en marche longtemps avant l'instant considéré par l'énoncé, on peut interpréter x en disant que *les cyclistes se sont rencontrés avant le point* **A**.

— Si la distance a était nulle, et si l'on avait $\mathbf{v} \neq \mathbf{v}'$, la valeur de $\mathbf{x}$ serait 0, *valeur parfaitement acceptable*, et signifiant que l'époque cherchée est le moment présent.

— Enfin, si avec $a = 0$ on donnait $\mathbf{v} = \mathbf{v}'$, la valeur de $\mathbf{x}$ serait $\frac{0}{0}$, et le problème serait *indéterminé*, c'est-à-dire qu'il admettrait pour solution n'importe quel nombre.

RÉSUMÉ

$$a > 0 \begin{cases} \mathbf{v} > \mathbf{v}' & x > o & \text{1 solution} \\ \mathbf{v} = \mathbf{v}' & x = \infty & \text{0 solution} \\ \mathbf{v} < \mathbf{v}' & x < o & \text{0 solution} \end{cases}$$

$$a = 0 \begin{cases} \mathbf{v} \neq \mathbf{v}' & x = o & \text{1 solution} \\ \mathbf{v} = \mathbf{v}' & x = \dfrac{0}{0} & \text{infinité de solutions.} \end{cases}$$

Remarque. — Ces résultats, fournis mécaniquement par l'algèbre, sont conformes au bon sens.

Si la distance a n'est pas nulle, pour que $\mathbf{M}$ rencontre $\mathbf{N}$, il faut évidemment que sa vitesse $\mathbf{v}$ soit supérieure à celle de $\mathbf{N}$, $\mathbf{v}'$; si ces vitesses étaient égales, la distance entre les cyclistes serait toujours la même, et la rencontre n'aurait jamais lieu : *telle est la signification du symbole de l'impossibilité, ou de l'infini*, $\mathbf{x} = \infty$. A plus forte raison, si la vitesse de $\mathbf{M}$ était inférieure à celle de $\mathbf{N}$, leur distance ne ferait qu'augmenter, et la rencontre serait impossible.

Si la distance a est nulle, cela signifie que les deux cyclistes sont au même point; si leurs vitesses sont différentes, ils vont immédiatement se séparer, et leur rencontre n'a lieu qu'au moment présent : *telle est la signification de la solution* $\mathbf{x} = 0$. Mais si, de plus, leurs vitesses sont égales, non seulement ils se rencontrent au moment présent, mais ils resteront aussi toujours ensemble, et à n'importe quel moment la condition de rencontre est réalisée : *telle est la signification du symbole de l'indétermination* $\frac{0}{0}$.

159. — EXEMPLE XIII. — *Calculer la hauteur du grand triangle* *obtenu en prolongeant les côtés non parallèles d'un trapèze de hauteur* **h**, *et dont les bases sont* **B** *et* b (*fig.* 16).

Soit **x** la hauteur cherchée, comptée de *haut en bas* ; celle du petit triangle est donc **x** — **h** ; la similitude des deux triangles donne :

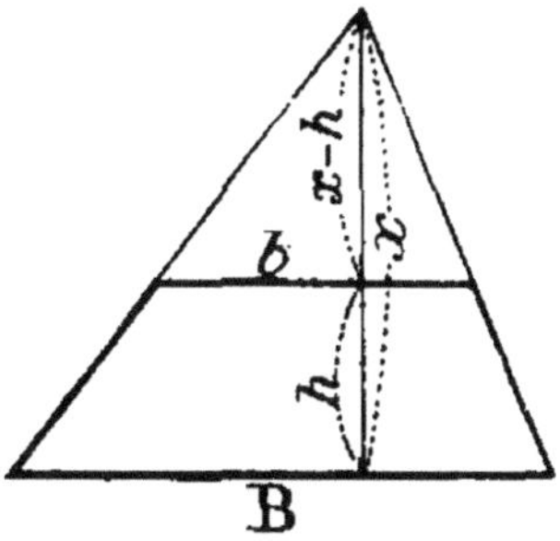

$$\frac{x-h}{b} = \frac{x}{B} \qquad (1)$$

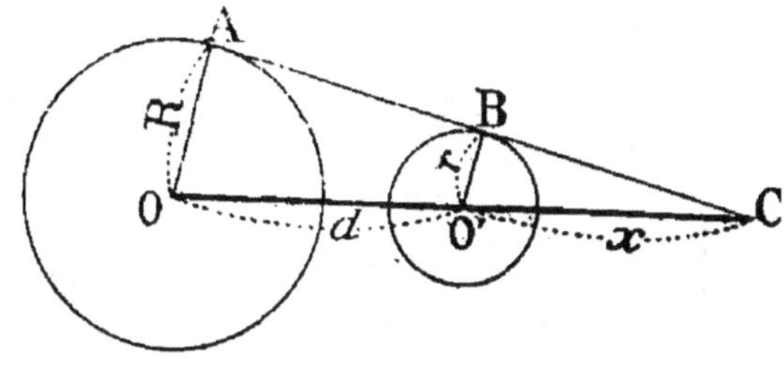

Fig. 16.

d'où
$$Bx - Bh = bx$$
$$x(B - b) = Bh$$

et
$$x = \frac{Bh}{B - b}. \qquad (2)$$

Discussion. — Les longueurs B, b, h, étant positives, le produit Bh est toujours positif.

Si **B** > **b**, le dénominateur est positif, **x** l'est aussi : c'est le cas de la figure.

Si **B** < **b**, le dénominateur est négatif, **x** l'est aussi, c'est-à-dire, doit se compter de *bas en haut* ; en effet, dans ce cas, la base inférieure B, étant plus petite que l'autre, le trapèze est renversé, et le sommet du triangle sera en dessous au lieu d'être en dessus.

Si **B** = **b**, le dénominateur est nul, $x = \dfrac{Bh}{0} = \infty$, la valeur **x** n'existe pas ; en effet, dans ce cas, le trapèze est un parallélogramme ; par suite, ses deux côtés latéraux sont parallèles, et ne se rencontrent pas.

160. — **Exemple XIV.** — *Deux circonférences de rayons* R *et* r *ont pour distance des centres* d. *On leur mène une tangente commune extérieure. Déterminez le point où cette tangente rencontrera le prolongement de la droite des centres* (*fig.* 17). Soit **x** la distance

Fig. 17.

du point de rencontre C au centre O' de la circonférence de rayon r. Les triangles semblables CO'B et COA donnent

$$\frac{O'C}{O'B} = \frac{OC}{OA} \quad \text{ou} \quad \frac{x}{r} = \frac{d+x}{R} \tag{1}$$

d'où

$$Rx = rd + rx$$
$$x(R - r) = rd$$

$$x = \frac{rd}{R - r}. \tag{2}$$

Discussion. — 1° Si $R > r$, le dénominateur est positif; le numérateur étant positif, on a $x > 0$. Cela signifie que C est à droite de O' : c'est le cas de la figure.

2° Si $R = r$, le dénominateur est nul; la valeur de x prend a forme de l'impossibilité : $\frac{rd}{0}$ ou ∞. Cela signifie que la rencontre n'a pas lieu; on constate en effet que, si les deux circonférences sont égales, leur tangente commune extérieure est parallèle à la droite des centres.

3° Si $R < r$, le dénominateur est negatif; on a donc $x < 0$. Cela signifie que C est à gauche de O'; on peut le constater en faisant la circonférence O plus petite que la circonférence O'.

Remarque. — En faisant varier la valeur de d, la discussion conduirait à des résultats déjà étudiés en géométrie au sujet des positions mutuelles de deux circonférences, et de leurs tangentes communes.

161. — **Exemple XV.** — *On donne un trapèze rectangle ABCD, dont les bases AD et BC, ont pour longueurs **a** et **b**, et la hauteur AB = h. A quelle distance de A faut-il placer un point P sur AB pour que le triangle PCD ait une surface donnée k[2] (fig. 18)?*

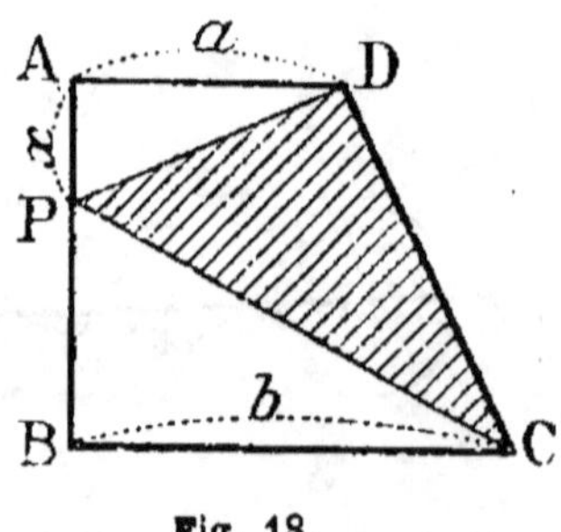

Fig. 18.

Soit x la distance AP. Par suite

$$PB = h - x,$$

et l'on peut écrire

surf. ABCD — *surf.* APD — *surf.* BPC = *surf* PCD.

Or, $surf.\ ABCD = \dfrac{a+b}{2} \times h$; $surf.\ PCD = k^2$

$surf.\ APD = \dfrac{ax}{2}$, $surf.\ BPC = \dfrac{b(h-x)}{2}$.

On a donc :

$$\dfrac{a+b}{2} \times h - \dfrac{ax}{2} - \dfrac{b(h-x)}{2} = k^2.$$

D'où :

$$(a+b)h - ax - b(h-x) = 2k^2$$
$$ah + bh - ax - bh + bx = 2k^2$$
$$x(b-a) = 2k^2 - ah$$

et enfin, si $b - a \neq 0$, $x = \dfrac{2k^2 - ah}{b-a}$.   (1)

Discussion. — D'après la nature de l'inconnue, celle-ci doit être *positive* et *au plus égale* à h, car le point P ne peut être situé qu'entre A et B.

1° Si $b > a$, le dénominateur est positif; on doit donc avoir $2k^2 - ah \geqslant 0$,   ou $2k^2 \geqslant ah$ (2), sans quoi x serait négatif, et devrait être rejeté.

D'autre part, on doit avoir

$$x \leqslant h, \quad \text{ou} \quad \dfrac{2k^2 - ah}{b-a} \leqslant h$$

d'où, puisque $(b-a)$ est positif,

$$2k^2 - ah \leqslant h(b-a)$$
$$2k^2 - ah \leqslant bh - ah$$

et enfin $2k^2 \leqslant bh$.   (3)

Les conditions (2) et (3) réunies donnent

$$ah \leqslant 2k^2 \leqslant bh.$$

La plus petite valeur de $2k^2$ est donc ah, auquel cas $x = \dfrac{0}{b-a} = 0$, et le point P est en A.

La plus grande valeur de $2k^2$ est donc bh, auquel cas $x = h$; et le point P est en B.

Toute valeur de $2k^2$ en dehors de ces limites rend le problème impossible.

2° Si $b = a$, la forme (1) est symbolique, et le dénominateur est nul.

Si $2k^2 - ah \neq 0$, x prend la forme de l'impossibilité ; cela se comprend, car la figure devient un rectangle dans lequel tous les triangles tels que DPC ont même surface, qui est la moitié de celle du rectangle, soit $\dfrac{ah}{2}$: le double de cette surface doit donc être ah, sinon le triangle n'est pas possible.

Si $2k^2 - ah = 0$, x prend la forme de l'indétermination, c'est-à-dire qu'on peut placer le point P n'importe où sur AB ; en effet, tous les triangles ainsi formés ont dans ce cas des surfaces égales à $\dfrac{ah}{2}$.

3° Si $b < a$, le dénominateur est négatif ; pour que x soit positif, il faut que le numérateur soit négatif, ou

$$2k^2 - ah \leqslant 0, \qquad \text{ou} \qquad 2k^2 \leqslant ah. \qquad (4)$$

D'autre part, on doit avoir

$$x \leqslant h \qquad \text{ou} \qquad \frac{2k^2 - ah}{b - a} \leqslant h$$

d'où, puisque $(b - a)$ est négatif :

$$2k^2 - ah \geqslant h\,(b - a)$$
$$2k^2 - ah \geqslant bh - ah$$
$$2k^2 \geqslant bh. \qquad (5)$$

Les conditions (4) et (5) réunies donnent :

$$ah \geqslant 2k^2 \geqslant bh.$$

La plus petite valeur de $2k^2$ est donc bh, auquel cas $x = h$, et le point P est en B.

La plus grande valeur de $2k^2$ est donc ah, auquel cas $x = 0$, et le point P est en A.

Toute valeur de $2k^2$ en dehors de ces limites rend le problème impossible.

On peut ainsi résumer les conditions de possibilité :

$$b > a \begin{cases} ah \leqslant 2k^2 \leqslant bh \end{cases} \qquad x = \frac{2k^2 - ah}{b - a}$$

$$b = a \begin{cases} 2k^2 = ah = bh \end{cases} \qquad o \leqslant x \leqslant h$$

$$b < a \begin{cases} ah \geqslant 2k^2 \geqslant bh \end{cases} \qquad x = \frac{2k^2 - ah}{b - a}.$$

EXERCICES

Problèmes à une inconnue.

456. Trouver deux nombres dont la somme soit 50, et tels qu'en enlevant 5 unités du plus grand pour les ajouter au plus petit, les résultats soient égaux

457. — Trouver un nombre dont les $\frac{3}{4}$ augmentés de 5 unités donnent les $\frac{5}{6}$ du nombre.

458. — Un marchand de drap vend les $\frac{2}{3}$ d'une pièce d'étoffe, puis les $\frac{2}{5}$ du reste, et enfin 6^m; la pièce étant alors vendue entièrement, on demande sa longueur.

459. — Une somme de 14 000ᶠ est partagée entre deux personnes de façon que l'une ait autant de pièces de 5ᶠ que l'autre a de pièces de 2ᶠ. Faire le partage.

460. — Un marchand a acheté une pièce de drap à 9ᶠ le mètre. Il en revend les $\frac{3}{10}$ à 12ᶠ, les $\frac{2}{7}$ à 11ᶠ, le $\frac{1}{4}$ à 10ᶠ,40 et le reste à 10ᶠ. Son bénéfice total étant 69ᶠ,50, on demande la longueur de la pièce.

461. — Deux frères ont ensemble 21 ans; si l'âge du plus jeune était triplé, il dépasserait de 3 ans celui de l'aîné. Trouver ces âges.

462. — La différence des âges de deux enfants est 4 ans; le double du plus grand vaut le triple du plus petit. Trouver ces âges.

463. — Partager 35 000ᶠ entre 3 personnes, de manière que la première ait les $\frac{2}{3}$ de la part de la seconde, et que la troisième ait les $\frac{3}{4}$ de ce que recevront les 2 premières ensemble.

464. — Quel nombre faut-il ajouter aux deux termes de la fraction $\frac{3}{13}$ pour qu'elle devienne égale à $\frac{2}{3}$?

465. — Quel nombre faut-il retrancher des deux termes de la fraction $\frac{8}{23}$ pour qu'elle devienne égale à $\frac{1}{6}$?

466. — Un marchand de vin fait un mélange : 50ˡ à 0ᶠ,60 avec 30ˡ à 0ᶠ,40. Combien doit-il ajouter d'eau pour que ce mélange lui revienne à 0ᶠ,50 le litre?

467. — Un lingot d'argent au titre de 0,840 pèse 480^g ; quelle quantité faut-il y ajouter d'un autre lingot au titre de 0,800 pour avoir un alliage au titre 0.835 ?

468. — Un commerçant a fondé une entreprise qui, la première année lui a rapporté le $\frac{1}{5}$ du capital engagé; la deuxième année, il a subi une perte du $\frac{1}{50}$ de son avoir à la fin de la première année; à ce moment sa fortune est 70560^f. Trouver le capital primitif.

469. — Un capital est tel que, son $\frac{1}{3}$ placé à 5 0/0, son $\frac{1}{4}$ placé à 4 0/0, et le reste à 3 0/0, donnent pour intérêt total, en un an, 940^f. Trouver ce capital.

470. — Deux fûts de vin sont tels que la contenance de l'un est les $\frac{3}{5}$ de celle de l'autre. Si l'on tire 35^l du plus petit et 25^l du grand, ce dernier contient encore le double de ce qui reste dans le petit. Quelle est la contenance de chacun ?

471. — Un mélange de blé et de maïs pèse 20^{kg} ; pour 3^{kg} de blé il y en a 2 de maïs; combien faut-il y ajouter de maïs pour que les quantités de blé et de maïs soient égales ?

472. — Un piéton fait 6^{km} à l'heure; on demande combien de temps après son départ doit partir un cycliste faisant 15^{km} à l'heure pour le rejoindre au bout de 3 h. 20 m. après le départ du piéton ?

473. — Un piéton dispose de 3 h. pour faire une promenade; il part dans une voiture faisant 10^{km} à l'heure; à quelle distance du point de départ doit-il quitter la voiture pour être de retour en temps voulu, s'il revient à pied à raison de 6^{km} à l'heure ?

474. — Une personne place un capital de 18 000^f à 4 0/0; 3 ans après elle place un nouveau capital de 24 000^f à 5 0/0. Dans combien de temps, après le deuxième placement, les deux capitaux auront-ils rapporté le même intérêt ?

475. — Soient deux villes A et B distantes de 225^{km}. Les 100^{kg} de charbon coûtent en A 3^f,40 et en B 4^f,20. Le transport coûtant 0^f,06 par tonne et par kilomètre, à quel point entre les deux villes le charbon revient-il au même prix, qu'il vienne de A ou de B ?

476. — Un maître doit donner à son domestique un salaire annuel de 600^f, plus un habit. Au bout de 8 mois il le renvoie en lui donnant 320^f plus l'habit. Trouver la valeur de cet habit.

477. — Un vase contient 20^l de vin ; un autre 15^l d'eau. Quel volume égal d'eau et de vin faut-il retirer en même temps de chaque vase pour le verser dans l'autre de façon que les mélanges obtenus dans chaque vase soient les mêmes au point de vue de leur constitution ?

478. — Généraliser le problème précédent, en désignant par c et c' les capacités des 2 vases.

479. — Les roues d'une voiture ont pour diamètres respectifs 0^m,70 et 1^m. La petite ayant fait 60 tours de plus que l'autre, quel est le chemin parcouru ?

480. — Les roues d'une voiture ayant pour diamètres D et d, exprimer le chemin parcouru lorsque la petite roue aura fait n tours de plus que la grande.

481. — Deux ouvriers font, l'un 8^m d'ouvrage par jour, l'autre 6^m; le second ayant 14^m d'avance sur le premier, au bout de combien de jours de travail auront-ils fait la même longueur d'ouvrage ?

482. — Généraliser le problème précédent en désignant par a, b, c, les 3 quantités connues.

483. — Trouver le capital qui, placé à 3 0/0 pendant 6 ans à intérêts simples, est devenu, avec ses intérêts, 1 416ᶠ.

484. — Trouver le capital qui, placé à r 0/0 pendant t années, à intérêts simples, est devenu, avec ses intérêts, **A**.

485. — Dans 50ᵏᵍ d'eau de mer, il y a 1 300ᵍ de sel ; combien faut-il y ajouter d'eau douce pour que 50ᵏᵍ du mélange obtenu contiennent 1000ᵍ de sel ?

486. — Dans mᵏᵍ d'eau de mer il y a aᵏᵍ de sel. Combien faut-il y ajouter de kilogrammes d'eau douce pour que mᵏᵍ du mélange contiennent bᵏᵍ de sel ?

487. — Une barque fait 100ᵐ par minute en remontant un courant ; en le descendant, elle fait 180ᵐ par minute. On demande la vitesse propre de la barque et celle du courant.

488. — Généraliser le problème précédent en désignant par a et b les nombres donnés, et par x la vitesse du courant.

489. — Une usine traite annuellement 200 000ᵏᵍ de minerai de plomb. On perd dans le traitement 15 0/0 du plomb pur. La valeur du métal retiré étant 71 400ᶠ, à raison de 0ᶠ,7 le kg., quelle est la teneur théorique du minerai en plomb ?

490. — Un éleveur a 150 têtes de bétail ; il a des provisions de fourrages pour 180 jours. Il vend un certain nombre d'animaux, et constate que ses provisions pourront alors durer 45 jours de plus. Quel est le nombre des animaux vendus ?

491. — Une action de la Banque de France a été achetée 4 289ᶠ le 15 novembre 1910. Son dividende net étant 140ᶠ, à quel taux est placé l'argent ?

492. — J'acquitte une dette de 20 900ᶠ en 4 paiements ; le second vaut 2 fois $\frac{1}{3}$ le premier ; le 3ᵉ vaut les deux premiers moins 2 500ᶠ ; le 4ᵉ vaut les $\frac{4}{9}$ du second plus les $\frac{2}{5}$ du 3ᵉ. Quels sont ces paiements

493. — Un usinier achète 300 tonnes de houille à 25ᶠ la tonne, qu'il paie en 3 fois ; il verse d'abord le cinquième de la dette, plus une certaine somme ; le 2ᵉ versement vaut le premier plus le tiers de la dette ; le 3ᵉ vaut la moitié du premier. Quels sont ces versements ?

494. — Un voiturier part à 6 heures du matin, et fait en moyenne 8ᵏᵐ,4 à l'heure. A 7ʰ40ᵐ, son patron lui envoie un ordre par un cycliste qui doit le rejoindre à 9ʰ. Quelle doit être la vitesse du cycliste ?

495. — Combien y a-t-il d'élèves dans un pensionnat, sachant que s'il y en avait 54 de plus, leur nombre serait augmenté de ses $\frac{3}{20}$?

496. — Combien le transatlantique *La France* peut-il porter de passagers, sachant que, lorsqu'il y a 250 places vides à bord, le nombre total des passagers est diminué de son huitième ?

497. — Un éleveur ajoute 40 moutons à son troupeau, puis il en vend 70. Il lui reste alors la moitié du troupeau primitif ; quel était le nombre de moutons de ce troupeau ?

498. — Un litre de dissolution d'hyposulfite de soude contient 200ᵍ de ce sel. Combien faut-il prendre de cette dissolution pour qu'en y ajoutant de l'eau on obtienne 250ᶜᵐ³ d'une dissolution contenant 50ᵍ de sel par litre ?

499. — Quel est le prix d'un kilog. de platine sachant qu'en l'augmentant de 1 500ᶠ et en divisant le tout par 17, on obtient 500ᶠ pour quotient ?

500. — Un faïencier achète des assiettes à 50ᶠ le mille; il en casse 18; ses frais s'élèvent à 12ᶠ,30. Il revend ses assiettes 0ᶠ,15 la pièce en faisant un bénéfice net total de 45ᶠ. Combien avait-il acheté d'assiettes ?

501. — Une femme de ménage reçoit 2ᶠ,50 par journée lorsqu'elle n'est pas nourrie, et 1ᶠ,5 lorsqu'on lui donne le repas de midi. Au bout de 15 jours on lui donne 25ᶠ,5. Combien de jours a-t-elle été nourrie ?

502. — Combien de litres de vin à 0ᶠ,6 faut-il mélanger à un hectolitre de vin coûtant 44ᶠ pour que le mélange revienne à 0ᶠ,5 le litre ?

503. — Combien de litres de vin à a^f le litre faut-il mélanger à 100 litres de vin à b^f le litre pour que le mélange revienne à c^f le litre ?

504. — On a acheté de la toile à 15ᶠ les 6ᵐ; on l'a revendue 12ᶠ les 4ᵐ. Le bénéfice total étant 36ᶠ, quelle longueur de toile a-t-on achetée ?

505. — On a acheté de la toile à a^f les m mètres; on l'a revendue b^f les m' mètres. Le bénéfice total étant c^f, quelle longueur de toile a-t-on achetée ?

506. — Un bassin peut contenir 3 000ˡ d'eau. On l'alimente par 2 robinets donnant à l'heure, l'un 480ˡ, l'autre 360ˡ. Combien de temps faut-il laisser couler chaque robinet séparément pour remplir le bassin en 7 heures ?

507. — Généraliser en remplaçant 3 000 par v ; 430 par a ; 360 par b ; 7 par h.

508. — Une fermière porte des œufs au marché, et compte les vendre en moyenne 0ᶠ,07 la pièce. Elle en casse 5, et calcule qu'en vendant 0ᶠ.08 ceux qui restent, elle ne perdra rien. Combien avait-elle d'œufs en partant ?

509. — On a acheté 18ˡ de lait qui pèsent 18ᵏᵍ,450. Sachant que le lait pur doit peser 1ᵏᵍ,03 par litre, quelle quantité d'eau renferment ces 18 litres ?

510. — Généraliser en remplaçant 18ˡ par a^l ; 18ᵏᵍ,450 par p; 1ᵏᵍ,03 par d.

511. — Un marchand achète des œufs 8ᶠ le cent; il en vend la moitié à 0ᶠ,10 la pièce, et l'autre moitié à 0ᶠ,90 les 12. Il gagne ainsi 4ᶠ,50. Combien avait-il acheté d'œufs ?

512. — Un cycliste dispose de 6ʰ pour faire une promenade. Il part dans un bateau qui fait 18ᵏᵐ à l'heure. A quelle distance du point de départ doit-il débarquer pour être revenu en bicyclette dans le temps voulu sachant qu'il parcourt 12ᵏᵐ à l'heure ?

513. — Un groupe de travailleurs composé de 18 hommes, 15 femmes et 20 enfants a gagné en commun 3 420ᶠ. Répartir cette somme entre les ouvriers de manière que la part d'une femme soit les $\frac{2}{3}$ de celle d'un homme et la part d'un enfant les $\frac{3}{4}$ de celle d'une femme.

514. — Trouver un nombre de deux chiffres sachant que la somme de ses chiffres est 6 et que la différence entre ce nombre et le nombre renversé est 27.

515. — On a acheté un certain nombre de mètres de toile à raison de 4ᶠ le mètre ; 3ᵐ se sont trouvés détériorés pendant le transport, le reste a été revendu à raison de 6ᶠ le mètre. Trouver le nombre de mètres achetés sachant que le bénéfice net a été de 70ᶠ.

516. — Calculer la température inférieure à 0° pour laquelle le thermomètre Fahrenheit et le thermomètre centigrade marquent le même nombre de degrés.

517. — Un père et son fils sont âgés respectivement de 41 et 11 ans. Dans combien de temps l'âge du père sera-t-il le triple de l'âge du fils ?

518. — Une pièce de vin contient 226ˡ. On met ce vin dans des bouteilles contenant les unes $\frac{4}{5}$ de litre, les autres de litre. Il y a en tout 288 bouteilles. Combien en a-t-on employé de chaque espèce ?

519. — La différence de deux nombres est 700 ; leur somme est le triple du plus petit. Quels sont ces deux nombres ?

520. — On paie une somme de 275ᶠ avec des pièces de 5ᶠ, de 2ᶠ et de 1ᶠ. Le nombre total des pièces est 96. Calculer le nombre des pièces de chaque espèce, sachant que le nombre des pièces de 1ᶠ est le double du nombre des pièces de 2ᶠ.

521. — Le produit de deux nombres est 2052. Si l'on diminue le multiplicateur de $7\frac{2}{5}$, le produit devient 1652,4. Quels sont ces nombres ?

522. — La différence de deux nombres est 201. On les augmente l'un et l'autre de 12 unités, et le plus grand devient égal à 4 fois le plus petit. Quels sont ces nombres ?

523. — Trouver un nombre de deux chiffres sachant que son chiffre des dizaines est inférieur de 4 au chiffre des unités et que le double du chiffre des unités surpasse de 12 le chiffre des dizaines.

524. — Deux robinets ouverts ensemble rempliraient un bassin en $2^h\frac{1}{3}$. Le 1ᵉʳ le remplirait seul en $4^h\frac{2}{3}$. Combien le 2ᵉ mettrait-il de temps pour remplir les $\frac{4}{5}$ du bassin ?

525. — La fortune d'un négociant a augmenté, la 1ʳᵉ année du $\frac{1}{3}$; la 2ᵉ année, des $\frac{4}{9}$ de sa nouvelle valeur. Cette fortune est alors 270 000ᶠ. Quelle était-elle primitivement ?

526. — Une personne donne le $\frac{1}{4}$ de sa fortune à sa famille et affecte les $\frac{3}{5}$ de ce qui lui reste à des œuvres diverses. Le capital restant est placé à 3ᶠ,50 0/0, par an et donne un revenu annuel de 1 296ᶠ,225. A combien s'élevait la fortune de cette personne ?

527. — Deux personnes ont placé leurs fortunes l'une à 5 0/0, l'autre à 6 0/0. La fortune de la seconde surpasse de 81 000ᶠ celle de la première et le revenu de la seconde surpasse celui de la première de 6 420ᶠ. Calculer les revenus des deux personnes.

528. — Partager un capital de 64 750ᶠ en 2 parties telles qu'elles produisent la même somme, l'une étant augmentée de ses intérêts simples a 4 0/0 pendant 6 ans, et l'autre de ses intérêts simples à 5 0/0 pendant 7 ans.

529. — Les roues d'une locomotive ont 5ᵐ,80 de tour et celles des wagons 2ᵐ,50 ; dans le trajet Paris-Bordeaux, celles-ci font 132 000 tours de plus que les premières. Quelle est la distance de Paris à Bordeaux ?

530. — Un express Paris-Le Havre a transporté 254 voyageurs de 1ʳᵉ et de 2ᵉ classe ; les premiers paient chacun 25ᶠ,55 et les autres 17ᶠ,25. La recette totale étant 5 062ᶠ,10, quel est le nombre des voyageurs de chaque classe ?

531. — Un menuisier et son apprenti travaillent ensemble à un même ouvrage. Le menuisier gagne par jour 4ᶠ de plus que son apprenti. Après 68 jours de travail, le menuisier tombe malade, néanmoins il reçoit 228ᶠ de plus que son apprenti qui a travaillé pendant 90 jours. Quel est le gain journalier de chaque ouvrier ?

532. — Les deux aiguilles de ma montre sont sur 3ʰ. A quelle heure l'aiguille des minutes recouvrira-t-elle l'aiguille des heures ?

533. — Une troupe doit mettre 24 jours pour se rendre à une certaine ville. Au moment de partir, elle reçoit l'ordre d'arriver à destination 6 jours avant la date primitivement fixée ; elle se voit alors obligée de faire 9ᵏᵐ de plus par jour. Quelle est la distance que cette troupe doit parcourir ?

534. — Après avoir travaillé ensemble, et pendant le même nombre de jours, deux ouvriers ont reçu l'un 87ᶠ,50, l'autre 62ᶠ,50. Sachant que le 1ᵉʳ gagne par jour 1ᶠ de plus que le 2ᵉ, on demande le gain journalier de chaque ouvrier.

535. — Un cycliste est monté en automobile à Bordeaux, cette automobile fait 45ᵏᵐ à l'heure. Après un certain parcours, il descend et revient à bicyclette au point de départ avec une vitesse horaire de 15ᵏᵐ. Sa promenade ayant duré 4ʰ, à quelle distance de Bordeaux est-il descendu de l'automobile ?

536. — Une dame achète de la toile à 2ᶠ,25 le mètre, du velours à 12ᶠ,50 le mètre et du drap à 9ᶠ,75 le mètre. On sait qu'elle a acheté 4 fois plus de mètres de toile que de mètres de velours et 6 fois plus de mètres de drap que de mètres de velours et qu'elle a payé 272ᶠ en profitant d'une remise de 15 0/0 sur le prix fort de la facture. On demande combien elle a acheté de mètres de chacune des étoffes.

537. — Un cycliste fait 74ᵏᵐ en 3ʰ. Il part 5ʰ après un second cycliste qui fait 126ᵏᵐ en 7ʰ. On demande le temps que mettrait le premier pour atteindre le second.

538. — Un cycliste part de Rouen avec une vitesse de 15ᵏᵐ à l'heure ; il se propose d'aller à Paris. Un accident l'oblige à retourner au point de départ, mais il stationne 1ʰ avant de pouvoir prendre un train. Celui-ci marchant à la vitesse moyenne de 60ᵏᵐ à l'heure, et la durée totale de la promenade ayant été 3ʰ30ᵐ, à quelle distance de Rouen est parvenu ce cycliste ? La distance de Rouen à Paris est de 138 ᵏᵐ.

539. — Deux bateaux à moteur mécanique partent en même temps de 2 points A et B situés à 45ᵏᵐ l'un de l'autre sur la même rivière, dont le courant est inconnu. Le bateau parti de A a une vitesse propre de 12ᵏᵐ à l'heure et remonte le courant, tandis que le bateau parti de B descend dans le sens du courant, sa vitesse propre étant de 8ᵏᵐ à l'heure. Ils se rencontrent au bout de 2ʰ15ᵐ. Quelle est la vitesse du courant ?

540. — Généraliser, en remplaçant 45ᵏᵐ par d ; 12ᵏᵐ par v ; 8ᵏᵐ par v′.

541. — Un tailleur a acheté pour 1 200ᶠ de drap payables dans 9 mois. A une certaine époque il paie 800ᶠ, mais pour compenser l'intérêt qu'il perd ainsi, il garde les 400ᶠ qui restent dus, encore 6 mois après l'échéance. Quand avait-il fait le premier versement ?

542. — Un opticien achète 12 jumelles à prismes, à 120ᶠ l'une, payables comme suit : 1 000ᶠ à 2 mois, et le reste à 3 mois. Il préfère se libérer en un seul paiement de 1 440ᶠ. Quelle en sera l'échéance ?

543. — Un vigneron vend 40 pièces de vin au prix moyen de 90ᶠ l'une, payables comme suit : 3 000ᶠ à 45 jours, le reste à 60 jours. L'acheteur préfère payer le tout en une seule fois ; quelle sera l'échéance du billet unique?

544. — On achète une petite maison 12 000ᶠ. payables comme suit : un quart dans 6 mois, un autre quart dans 9 mois, le reste dans un an. L'acheteur demande à se libérer en une seule fois : quelle sera l'échéance du paiement unique ?

545. — Un propriétaire vend sa maison 72 000ᶠ, payables comme suit : 30 000ᶠ au comptant, le reste dans un an. Au bout de 3 mois, il a besoin d'argent ; l'acheteur consent à lui avancer 20 000ᶠ, à condition que le reste du paiement sera reculé pour qu'il y ait compensation des intérêts. Quelle sera la date de l'échéance finale ?

546. — Un train part de Paris pour Dijon à 8ʰ du matin, et fait en moyenne 35ᵏᵐ à l'heure. Au tiers de sa route, on augmente la vitesse de 5ᵏᵐ à l'heure. Il arrive à destination à 4ʰ15 du soir. Quelle est la distance de Paris à Dijon ?

547. — Une personne fait valoir deux capitaux, l'un de 5 500ᶠ à 4 0/0, l'autre de 8 000ᶠ à 5 0/0. Ce second capital n'étant placé que quatre ans et demi après le premier, dans combien de temps après le premier placement ces deux capitaux auront-ils rapporté les mêmes intérêts?

548. — Un personne place ses fonds à $4\frac{1}{2}$ 0/0 ; une autre les place à à $3\frac{1}{2}$ 0/0. La première, en 7 mois, se fait un revenu qui est les $\frac{9}{11}$ du revenu que se fait la deuxième en 5 mois. Quel est l'avoir de ces deux personnes dont la différence des fortunes est de 51 600ᶠ ?

549. — Une personne est allée faire des achats avec une certaine somme dans sa poche. Pour le premier achat, elle a dépensé le $\frac{1}{4}$ de son argent ; pour le second, le $\frac{1}{6}$ de ce qui lui restait. Enfin, le montant du troisième achat représentait exactement ce qui lui restait dans sa bourse après le deuxième achat ; mais comme on lui a fait un escompte de $1\frac{1}{2}$ 0/0, elle rentre avec 0ᶠ,90 dans sa bourse. Combien avait-elle en sortant de chez elle et quel est le montant de chaque achat ?

550. — Deux billets payables l'un dans 60 jours, l'autre dans 90 jours ont été escomptés tous les deux au taux de 5 0/0. Trouver la valeur nominale de chacun de ces deux billets, sachant que la somme des deux valeurs nominales est égale à 12 400ᶠ et que la somme des deux escomptes est égale à 130ᶠ.

551. — Un commerçant fait escompter à des taux différents deux billets, l'un de 2 568ᶠ payable dans 36 jours, l'autre de 1 926ᶠ payable dans 44 jours. Il subit un escompte en dehors total de 26ᶠ,001. Les taux de l'escompte sont entre eux comme 4 est à 3 et le plus fort est appliqué au premier billet. Quels sont les deux taux ?

552. — La somme de 2 capitaux est de 33 000ᶠ ; le 2ᵉ est les $\frac{6}{5}$ du 1ᵉʳ. On place aujourd'hui le 1ᵉʳ capital à 4 0/0 ; dans 3 mois, on placera le 2ᵉ capital à 4,50 0/0. Au bout de combien de mois, à partir d'aujourd'hui, les intérêts des deux capitaux seront-ils égaux ?

553. — Deux personnes en réunissant leur avoir ont 167 280ᶠ. La 1ʳᵉ place ses fonds à 4 0/0, pendant 3 mois et elle se fait un revenu double de celui que toucherait la seconde plaçant ses fonds à 5 0/0 pendant 7 mois. Quel est l'avoir de chacune d'elles ?

554. — Un capitaliste emploie une partie de sa fortune à l'achat de rente 3 0/0 au cours de 97^f,50 ; une deuxième partie à l'achat de valeurs diverses donnant en moyenne un intérêt de 3,15 0/0 ; enfin, la troisième partie est employée à l'achat d'une maison qu'il loue et qui rapporte net 4 0/0. On demande la somme placée à chaque taux ; le montant total des intérêts annuels est 4 948^f,50 et les diverses parties sont entre elles comme les nombres 1,2,4 ?

555. — On a un alliage homogène d'or et cuivre pesant 2^{kg},7 au titre de 0,850. On demande de déterminer le poids du fragment de cet alliage qu'il faudrait débarrasser du cuivre qu'il renferme pour qu'en fondant l'or provenant de cette opération avec ce qui reste de l'alliage, on ait un nouveau lingot au titre de 0,900.

556. — Deux billets ont subi un escompte égal pour une période de 60 jours à 6 0/0. Le 1er a été escompté en dedans, l'autre en dehors. La somme des valeurs nominales est 4 125^{f}52. Trouver les valeurs nominales.

557. — Un lingot est composé d'argent et de cuivre ; le poids de l'argent pur qu'il contient surpasse de 1845^g le poids du cuivre. Si on y ajoute un poids d'argent égal au tiers du poids d'argent qu'il contient déjà, il devient propre à faire de la monnaie divisionnaire. Quels sont le poids et le titre de ce lingot ?

558. — On sait que 200^{kg} de farine donnent 250^{kg} de pain, et que, pour une fournée de 100^{kg} de pain, les frais divers s'élèvent à 6^f. On demande dans quelle proportion il faut mélanger deux sortes de farine, l'une à 29^f et l'autre à 37^f,5 les 100^{kg} pour obtenir du pain revenant à 32^f les 100^{kg}.

559. — Une somme en argent monnayé au titre de 0,900 a été ramenée au titre de 0,835 par l'addition d'une certaine quantité de cuivre. La somme fabriquée a été ainsi augmentée de 5 200^f. Quelle était la somme primitive ?

560. — Une personne avait placé les $\frac{5}{7}$ de son capital à 3 0/0 et le reste à 4 0/0. A la fin de l'année, elle prélève sur son revenu 3 200^f pour ses dépenses personnelles et place le reste à 3^f,50 0/0. Son revenu augmente ainsi de 463^f. Quel était son capital primitif?

561. — Un lingot d'or au titre de 0,93 a la même valeur qu'un autre lingot d'argent au titre de 0,8. La prix d'un alliage d'or au titre 0,9 est de 100^f pour 32^g,258 et celui de l'argent au même titre de 196^f le kilog. Le poids total des deux lingots est 6846^g. Trouver le poids de chaque lingot.

562. — Un marchand a deux espèces de vins : la première qu'il vend 104^f,76 l'hectolitre payable dans 3 mois, la seconde qu'il vend 81^f,60 l'hectolitre payable dans 1 mois et demi. Il en compose un mélange de 200 hectolitres qu'il vendra sans perte ni gain 93^f l'hectolitre payable dans 4 mois. Quelle quantité, à un litre près, doit-il prendre de chaque espèce, le taux de l'escompte commercial étant 5 0/0 ?

563. — Un héritage a été partagé entre 3 personnes, de manière que la part de la 2e soit double de celle de la 1re et la part de la 3e triple de celle de la 2e. Ces trois personnes étant absentes, leurs parts sont placées à intérêts simples, la 1re et la 2e à 5 0/0, la 3e à 4 0/0 l'an. La 2e retire ses fonds après un an 9 mois, la 1re après 1 an 10 mois, et la 3e après 1 an 10 mois 15 jours. Sachant que la somme des intérêts retirés est de 7 093^f, on demande de calculer : 1° chacune des 3 parts ; 2° le montant de l'héritage.

564. — Un négociant doit actuellement à un fabricant 1 500^f ; il s'acquitte de sa dette en lui remettant 800^f en espèces et deux billets d'égale valeur nominale payables l'un à 6 mois, l'autre dans un an. Trouver le montant commun des deux billets, le taux de l'intérêt étant 6 0/0.

565. — Deux billets, escomptés au taux de 4 0/0 et 90 jours avant l'échéance, ont donné lieu à la même retenue. Pour l'un, l'escompte a été pris en dedans ; pour l'autre, il a été pris en dehors. Trouver les valeurs nominales de ces billets, sachant que leur somme est de 7 437^f.

566. — Un bassin est alimenté par deux fontaines. Lorsqu'il est vide et étanche, les deux fontaines mettent 14^{h}24^m pour le remplir, et la première coulant seule emploierait les $\frac{2}{3}$ du temps nécessaire à la seconde pour le remplir. Mais le bassin a une fuite et il faut 20^h pour qu'il se remplisse quand les deux fontaines coulent ensemble. On demande le temps nécessaire à la première fontaine coulant seule pour remplir le bassin supposé vide et non étanche.

567. — Deux canons lancent des obus sur une ville assiégée ; le premier en a lancé 36 avant que le second ait commencé son feu et il en envoie 8 dans le même temps que le second en envoie 7 ; mais le second canon dépense en 3 coups la même quantité de poudre que le premier en 4. On demande combien d'obus doit lancer le deuxième canon pour dépenser la même quantité de poudre que le premier.

568. — Une route reliant deux localités A, B présente des parties horizontales, des montées et des descentes. La distance AB est de 128^{km} et, quand on marche dans le sens AB, la longueur des descentes est les $\frac{7}{10}$ de la longueur des montées. Un bicycliste qui a une vitesse de 25 kilomètres à l'heure en terrain horizontal, une vitesse de 15^{km} à l'heure en montée et une vitesse de 30^{km} à l'heure en descente, va d'abord de A en B et revient ensuite de B en A. Sachant que le temps qu'il a mis pour aller de A en B surpasse de 24 minutes le temps qu'il a mis pour revenir de B en A, on demande : 1° les longueurs, exprimées en kilomètres, des montées et des descentes qu'il a parcourues, en allant de A en B et les longueurs des parties horizontales de la route ; 2° le temps employé pour aller de A en B et le temps employé pour revenir de B en A.

569. — Trouver deux nombres tels que, chacun étant augmenté de son $\frac{1}{6}$ puis de 10, puis diminué de sa moitié, ils soient égaux : le premier, au double de son tiers augmenté de 8 ; le second, au double de son tiers augmenté de 10.

570. — On fond ensemble 4 lingots d'argent et de cuivre. Les 3 premiers dont les poids sont proportionnels aux nombres 2, 3 et 5, ont respectivement pour titres 0,800 ; 0,720 ; 0,500. Le quatrième qui pèse 6^{kg} est au titre de 0,890 ; enfin le lingot ainsi obtenu est au titre de 0,650. 1° Trouver les poids des 3 premiers lingots et le poids du lingot final

571. — Une somme de 12 896^f a été divisée en deux parties placées à intérêts simples : la première à 3^f,50 0/0 pendant 4 ans, la 2e à 4,25 0/0 pendant 3 ans. L'intérêt produit par le premier placement est les $\frac{8}{15}$ de celui que rapporte le deuxième placement. Trouver la valeur de chacune des sommes placées et vérifier le résultat.

572. — On a deux liquides de densités 1,25 et 0,92. Quel poids faut-il prendre de chacun d'eux pour qu'en les mélangeant on obtienne 3^{kg} d'un mélange dont la densité soit 0,97 : 1° en supposant que le mélange se fait sans contraction ni dilatation ; 2° en supposant que le mélange se contracte de 2 0/0 du volume primitif ?

573. — Un négociant achète 4 barriques de vin de 225^l chacune ; 30^l de la première coûtent 20^f ; 45^l de la deuxième coûtent 28^f ; mais on ne sait pas combien il a payé les deux autres. On sait seulement que les prix de troisième et de la quatrième sont entre eux comme 3 est à 4 ; et qu'en mélangeant les 4 barriques avec 100ˡ d'eau, il a fait un mélange qu'il a vendu 60ᶠ l'hectolitre, ce qui lui a procuré un bénéfice de 20 0/0 sur le prix d'achat. Combien a-t-il payé chacune des deux dernières barriques ?

574. — 74ᵏᵍ d'étain ne pèsent que 64ᵏᵍ dans l'eau ; 46ᵏᵍ de plomb ne pèsent dans l'eau que 42ᵏᵍ. Un alliage de plomb et d'étain pèse 240ᵏᵍ dans l'air et 212ᵏᵍ dans l'eau. Quels sont les poids de chaque métal entrant dans cet alliage ?

575. — Un alliage d'or et d'argent pèse 1 493ᵍ dans l'air et 1 400ᵍ dans l'eau. Les densités de l'or et de l'argent étant respectivement 19,26 et 10,51, on demande la composition en poids de cet alliage.

576. — Généraliser en remplaçant 1 493 par P ; 1 400 par p ; 19,26 par d ; 10.51 par d'.

577. — Deux lampes sont distantes de 8ᵐ,30 ; leurs intensités à 1 mètre sont dans le rapport de 9 à 4. A quelle distance doit-on placer un écran, sur la droite qui joint ces lampes, pour que les deux faces de l'écran soient également éclairées ?

578. — Une barre métallique est formée d'une barre de cuivre, et d'une de platine soudées bout à bout ; à 0°, elle a 1ᵐ,20 ; à 50°, elle a 1ᵐ,2007. Les coefficients de dilatation linéaire sont 0,0000086 pour le platine et 0,0000172 pour le cuivre. Quelles sont les longueurs à 0° des barres de cuivre et de platine ?

579. — Généraliser en remplaçant 1ᵐ,20 par l ; 50° par t° ; 1ᵐ,2007 par l' ; 0,0000086 par p ; 0,0000172 par c.

580. — Un vase de verre est complètement rempli par un poids de 6ᵏᵍ de mercure à 30°. On demande le volume du vase à 0°, le coefficient de dilatation du mercure étant $\dfrac{1}{5\,550}$, et sa densité à 0° étant 13,6 ; enfin, le coefficient de dilatation cubique du verre est $\dfrac{1}{38\,700}$.

581. — Généraliser en remplaçant 6ᵏᵍ par p ; $\dfrac{1}{5\,550}$ par a ; $\dfrac{1}{38\,700}$ par k ; 13,6 par d ; 30° par t.

582. — On forme un mélange d'alcool et d'eau en prenant 2ᵏᵍ,5 d'eau et 1ᵏᵍ,8 d'alcool. Ce mélange se contracte de $\dfrac{1}{20}$. Sachant que les densités de l'alcool et de l'eau sont 0,8 et 1, quelle est la densité du mélange ?

583. — Deux tubes cylindriques communiquent et ont pour diamètres, l'un 20ᵐᵐ, l'autre 15ᵐᵐ. On y verse du mercure, puis dans le plus petit tube on verse de l'eau jusqu'à ce que le niveau de cette eau dépasse de 1ᵐ,5 celui du mercure dans le gros tube. On demande de combien s'est abaissé le niveau du mercure dans le petit tube. On sait que la densité du mercure est 13,6.

584. — Généraliser en remplaçant 20 par D ; 15 par d ; 1,5 par h, les autres données restant les mêmes.

585. — A l'extrémité d'un cylindre de bois de 0ᵐ,80 de longueur on fixe un cylindre de platine de même diamètre ; le tout, étant plongé dans l'eau, s'y maintient verticalement, et émerge de 0ᵐ,30. Quelle est la longueur du cylindre de platine ? Densité du platine = 21,45 ; du bois = 0,6.

586. — Pour déterminer la température d'un foyer on y met un morceau de platine pesant 100ᵍ que l'on plonge ensuite dans 950ᵍ d'eau à 20°. La température finale de l'eau est 25°. Quelle est la température du foyer, sachant que la chaleur spécifique du platine est 0,0324 ?

587. — Généraliser en appelant p le poids du métal, c sa chaleur spécifique ; P le poids de l'eau ; t sa température initiale ; t' sa température finale.

588. — Un vase de laiton pesant 30ᵍ contient un certain poids d'eau à **20°**. On y plonge **40ᵍ** de fer à **100°**, et la température finale du mélange est 20°,716. Quel est le poids d'eau renfermée dans le vase, la chaleur spécifique du fer étant 0,1137 et celle du laiton 0,0939 ?

589. — Généraliser en appelant p le poids du laiton. c sa chaleur spécifique ; p′ le poids du fer, c′ sa chaleur spécifique ; t la température initiale de l'eau, t′ sa température finale ; T la température du fer.

590. — Une statuette en argent pèse 150ᵍ dans l'air et 125ᵍ dans l'eau. La densité de l'argent étant 10,5, cette statuette est-elle pleine ou creuse ? Dans le second cas, calculer le volume de la cavité.

591. — Une masse de gaz occupe un volume de 20ˡ sous la pression 755ᵐᵐ. Quel volume occupera-t-elle si on la soumet à une pression de 2ᵐ,50 d'eau ?

592. — Une masse d'air à **20°** occupe un volume de 5ˡ, sous la pression 770ᵐᵐ. Quel volume occupera-t-elle à la température de 95°, sous la pression 730ᵐᵐ ? Le coefficient de dilatation de l'air est 0,00367.

593. — Généraliser en remplaçant 20° par **t** ; 5ˡ par **v** ; 770ᵐᵐ par **h** ; **95°** par **t′** ; **730ᵐᵐ** par **h′**.

594. — Un manomètre à air libre est formé d'un tube en U dont une branche a 8ᵐᵐ de diamètre, et l'autre 20ᵐᵐ. On y verse du mercure, qui s'élève au même niveau dans les deux branches. puis on met le tube étroit en contact avec une chaudière contenant de la vapeur d'eau à la pression de 4 atmosphères. Quelle sera la distance des niveaux du mercure dans les 2 branches ?

595. — La chaleur de fusion de la glace étant 80 calories, quelle sera la température finale d'un mélange de 250ᵍ d'eau à 20° avec 30ᵍ de glace à 0°

596. — Généraliser en remplaçant 250ᵍ par P ; 20° par t ; 30ᵍ par p.

597. — Dans **500ᵍ d'eau à 25°, on met 400ᵍ de glace à 0°.** Quelle sera la température finale du mélange ? Chaleur de fusion de la glace = 80 calories. Discuter le résultat trouvé. Même problème avec 1,500ᵍ d'eau.

598. — Dans 2000ᵍ d'eau à 50° on fait passer 1 500ᵍ de vapeur d'eau à 100°. Quelle sera la température finale du mélange, la chaleur de vaporisation de l'eau étant 537 calories ? Discuter le résultat trouvé.

599. — Généraliser en remplaçant 2 000 par P ; 50° par t ; 1 500 par p.

600. — Quel poids de vapeur d'eau à 100° faut-il faire arriver dans une chaudière en fonte pesant, vide, 500ᵏᵍ, et contenant 1 000ᵏᵍ d'eau à 10°, pour porter la température de l'ensemble à 60° ? La chaleur de vaporisation de l'eau est 537 calories, et la chaleur spécifique de la fonte est 0,1138.

601. — Généraliser en remplaçant 500ᵏᵍ par p ; 1 000ᵏᵍ par P ; 10° par t ; 60° par t′ ; 0,1138 par c.

602. — On donne un trapèze AECD dont les bases sont AE = B, CD = b, et la hauteur CH = h. On prolonge les côtés non parallèles. Calculer la hauteur du petit triangle CDS ainsi obtenu. En déduire la formule qui donne la surface d'un trapèze, en considérant ce dernier comme la différence de deux triangles.

603. — Connaissant la grande base B, la hauteur h, et la surface S d'un trapèze, calculer sa petite base.

604. — On donne un triangle ABC dont les côtés sont a, b, c. Déterminer la longueur x d'une parallèle DE à la base AC de façon que le trapèze ACED ait un périmètre donné 2 P.

605. — Etant donnés les côtés a, b, c, et les hauteurs respectives h, k, l, d'un triangle, calculer les côtés des carrés inscrits dans ce triangle, et qui s'appuient chacun sur l'un des côtés. Quel est le plus grand de ces carrés ?

606. — On donne un angle XAY et un point B sur le côté AX. Calculer sur AX la longueur AP = x telle que la distance du point P au point B soit égale à la distance de ce point P à l'autre côté AY.

607. — Constater l'exactitude du calcul suivant: faites penser un nombre, ôter 1 de ce nombre, multiplier le reste par un nombre quelconque n ; ôter 1 du résultat; puis ajouter le nombre pensé. Demandez ce résultat final ; ajoutez-y (n + 1), puis divisez la somme par (n + 1). Le quotient sera le nombre pensé.

608. — Au centre d'un étang carré de 10 pieds de côté pousse un roseau qui dépasse le niveau de l'eau de 1 pied. Lorsqu'on tire du bord sur le roseau de façon à l'incliner et à le tendre en ligne droite, son extrémité atteint exactement le milieu de l'un des côtés du carré. Quelle est la profondeur de l'eau ? (Vieux problème chinois ; 2 600 avant J.-C.)

609. — Un bambou de 10 pieds de haut est brisé, et la pointe retombe à 3 pieds du pied du bambou, sans que la brisure soit complète. A quelle hauteur se trouve la cassure ? (Même origine).

610. — On fait une première saignée de poids P et l'on pèse la partie solide p du sang écoulé. On injecte ensuite un poids connu E d'eau distillée on fait ensuite une seconde saignée de même poids P que la première, et l'on en pèse encore la partie solide p'. Calculer, d'après ces expériences, le poids du sang circulant dans le corps.

611. — Constater l'exactitude du calcul suivant: faire penser un nombre x ; 1° le faire multiplier par a (donné); 2° faire ajouter au produit le nombre b (donné) ; ° faire diviser la somme par c (donné) ; 4° faire prendre la fraction $\frac{a}{c}$ de x , 5° faire retrancher le 4° résultat du 3°. Le résultat final doit être $\frac{b}{c}$.

612. — Constater l'exactitude du calcul suivant: inviter une personne A à prendre un nombre quelconque, x, de jetons, puis: 1° dites à une autre personne B de prendre p fois autant de jetons, p étant donné; 2° dites à A de donner à B q jetons (donné); 3° dites à B de donner à A p fois ce qui restait à A. Il doit rester à B un nombre de jetons égal à q (p + 1).

— Trouver l'explication des paradoxes suivants :

613. — On donne deux nombres égaux a et b. On peut donc écrire

$$a \times b = a^2, \quad \text{d'où} \quad ab - b^2 = a^2 - b^2.$$
$$\text{ou} \quad b(a - b) = (a + b)(a - b)$$

et, en simplifiant par (a − b) :

$$b = a + b \quad \text{ou} \quad b = 2b, \quad \text{ou enfin} \quad 1 = 2.$$

614. — On écrit $4 - 10 = 9 - 15$ ou $2^2 - 2\left(2 \times \frac{5}{2}\right) = 3^2 - 2\left(3 \times \frac{5}{2}\right)$

Complétons les carrés dans chaque membre :

$$2^2 - 2\left(2 \times \frac{5}{2}\right) + \left(\frac{5}{2}\right)^2 = 3^2 - 2\left(3 \times \frac{5}{2}\right) + \left(\frac{5}{2}\right)^2$$

$$\text{ou} \quad \left(2 - \frac{5}{2}\right)^2 = \left(3 - \frac{5}{2}\right)^2 \quad \text{ou} \quad 2 - \frac{5}{2} = 3 - \frac{5}{2} \quad \text{ou} \quad 2 = 3.$$

615. — On donne a et b inégaux, et a + b = 2c ; c est donc leur moyenne arithmétique. On écrit: $(a + b)(a - b) = 2c(a - b)$

$$\text{ou} \quad a^2 - b^2 = 2ac - 2bc, \quad \text{d'où} \quad a^2 - 2ac = b^2 - 2bc ;$$

ajoutons c^2 aux deux membres : $a^2 - 2ac + c^2 = b^2 - 2bc + c^2$

$$\text{ou} \quad (a - c)^2 = (b - c)^2 \quad \text{puis} \quad a - c = b - c \quad \text{et} \quad a = b.$$

616. — On donne a et b inégaux et a − b = c. On écrit:

$$(a - b)(a - b) = c(a - b) \quad \text{ou} \quad a^2 - 2ab + b^2 = ca - cb$$

Puis $a^2 - ab - ac = ab - b^2 - cb$

$$a(a - b - c) = b(a - b - c) \quad \text{et enfin} \quad a = b.$$

CHAPITRE IV

§ I. — Équations du premier degré à deux inconnues.

162. — Quand une équation contient deux inconnues, on peut trouver la valeur de l'une de ces inconnues en fonction de l'autre, c'est-à-dire d'après la valeur de cette autre. Puisque cette autre n'est pas connue, si on lui donne une valeur quelconque, la première aura une valeur correspondante mais l'équation proposée admettra autant de solutions qu'on voudra, puisque la valeur de l'une des inconnues est forcément arbitraire.

Ainsi, de
$$2x + 3y = 31 \qquad (\mathbf{1})$$

je tire
$$x = \frac{31 - 3y}{2}.$$

Pour $y = 1$,
$$x = \frac{31 - 3}{2} = 14.$$

Pour $y = 5$,
$$x = \frac{31 - 15}{2} = 8.$$

etc...

Une telle équation est indéterminée.

Pour préciser les racines il faudrait une seconde relation, fournie par une deuxième équation, par exemple :

$$\begin{cases} 2x + 3y = 31 & (1) \\ 5x + 2y = 39. & (2) \end{cases}$$

Ces deux équations, qui doivent être satisfaites pour les mêmes valeurs données aux mêmes inconnues, sont dites équations simultanées, et leur ensemble est un système d'équations simultanées à deux inconnues.

L'ensemble des racines qui satisfont un système s'appelle solution du système.

Deux systèmes sont équivalents quand ils ont des solutions identiques.

Résoudre un système, c'est chercher sa solution.

163. — Méthode générale. — On remplace le système proposé par un autre équivalent, mais dans lequel *l'une des équations ne contient plus qu'une seule inconnue;* on sait résoudre une telle équation, et la valeur de cette inconnue permet facilement de trouver celle de l'autre.

On peut y parvenir de deux manières principales, et qui conviennent à un système ayant un nombre quelconque d'inconnues : par substitution, et par élimination.

Une autre manière, dite par comparaison, ne convient en général qu'à un système à deux inconnues.

MÉTHODE PAR SUBSTITUTION

164. — Principe. — *Etant donné un système d'équations simultanées à plusieurs inconnues, si l'on tire la valeur de l'une des inconnues dans l'une des équations, l'équation ainsi obtenue forme avec toutes les autres, dans lesquelles on a remplacé cette inconnue par sa valeur, un nouveau système équivalent au premier.*

Soit le système :

$$\text{I} \begin{cases} 2x + 3y = 13 & (1) \\ 5x - y = 7. & (2) \end{cases}$$

Je tire la valeur de **x** dans l'équation (1) :

$$x = \frac{13 - 3y}{2}.$$

Je remplace **x** par cette valeur dans l'équation (2) :

$$\frac{5(13 - 3y)}{2} - y = 7.$$

Je dis que le système :

$$\text{II} \begin{cases} x = \dfrac{13 - 3y}{2} & \text{(3)} \\[2mm] \dfrac{5(13 - 3y)}{2} - y = 7 & \text{(4)} \end{cases}$$

est équivalent au système I.

1°. — Soit $x = 2$, $y = 3$, une solution du système I.

Puisque cette solution satisfait l'équation (1), elle satisfait aussi l'équation (3) qui lui est équivalente, d'après les principes sur l'équation à une inconnue. Elle transforme donc les deux membres de l'équation (3) en deux nombres identiques et, par suite, la valeur numérique de $\dfrac{5(13 - 3y)}{2}$ est identique à celle de $5x$; donc, la solution qui satisfait l'équation (2) satisfait l'équation (4). La solution du système I convient donc au système II.

2° *Réciproquement*, soit $x = 2$, $y = 3$, une solution du système II. Puisqu'elle satisfait l'équation (3), elle satisfait aussi l'équation (1) qui lui est équivalente. D'autre part, puisqu'elle transforme les deux membres de l'équation (3) en deux nombres identiques, la valeur numérique de $5x$ est identique à celle de $\dfrac{5(13 - 3y)}{2}$; donc la solution qui vérifie l'équation (4) convient aussi à l'équation (2).

Les deux systèmes I et II sont donc équivalents.

165. — Règle de la méthode par substitution. — 1° *Dans l'une des équations, tirer la valeur de l'une des inconnues en fonction de l'autre.* On choisit l'inconnue et l'équation qui donnent les calculs les plus simples, par exemple, une inconnue qui n'a pas de coefficient, ce qui évite un dénominateur.

2° *Remplacer cette inconnue par sa valeur dans l'autre équation,* ce qui donne une équation à une inconnue qu'on sait résoudre.

3° *La connaissance de l'inconnue conservée permet de calculer l'inconnue éliminée au début.*

$$\text{EXEMPLE :} \begin{cases} 2x + y = 3\left(x - 5 - \dfrac{2y}{3}\right) & \text{(1)} \\[2mm] 5x - y = \dfrac{3}{4}(2 - x - y). & \text{(2)} \end{cases}$$

L'équation (1) devient :

$$2x + y = 3x - 15 - 2y$$
$$-x + 3y = -15$$
$$\text{ou} \qquad x - 3y = 15. \qquad\qquad \text{(3)}$$

L'équation (2) devient :

$$20x - 4y = 6 - 3x - 3y$$
$$23x - y = 6. \qquad (4)$$

Les équations (3) et (4) donnent le système simplifié :

$$\text{II} \begin{cases} x - 3y = 15 & (3) \\ 23x - y = 6 & (4) \end{cases}$$

De l'équation (3) on tire :

$$x = 15 + 3y \qquad (5)$$

Remplaçons x par cette valeur dans l'équation (4) :

$$23\,(15 + 3y) - y = 6$$
$$345 + 69y - y = 6$$

$$68y = -339 \qquad \text{et} \qquad y = \frac{-339}{68}$$

Portons cette valeur de y dans l'équation (5) :

$$x = 15 + 3\left(\frac{-339}{68}\right) = \frac{3}{68}.$$

(Vérification facile.)

Réponse · *La solution du système est*

$$x = \frac{3}{68}; \qquad y = -\frac{339}{68}.$$

MÉTHODE PAR ÉLIMINATION

166. — Principe. — *Étant donné un système de n équations simultanées, à n inconnues, si l'on multiplie chacune d'elles par un facteur qui ne soit pas nul, et qu'on fasse la somme de ces équations, l'équation ainsi obtenue forme avec (n — 1) des équations primitives un système équivalent au système proposé.*

Bornons-nous à faire la démonstration sur un système à 2 inconnues, et, pour simplifier, supposons tous les termes de chaque équation groupés dans le premier membre; appelons enfin A tout le premier membre de l'une, et B le premier membre de l'autre. Le système est :

$$\text{I} \begin{cases} A = 0 & (\mathrm{I}) \\ B = 0 & (2) \end{cases}$$

Multiplions par m tous les termes de la première, qui devient $Am = 0$; par n tous ceux de la seconde qui devient $Bn = 0$; additionnons ces deux équations : $Am + Bn = 0$. Formons le système :

$$\text{II} \begin{cases} A = 0 & (3) \\ Am + Bn = 0 & (4) \end{cases}$$

Je dis qu'il est équivalent au système I.

1° Toute solution du système I convient à l'équation (3), identique à (1). D'autre part, puisqu'elle annule A et B, elle annule Am et Bn, et par suite leur somme $Am + Bn$; donc, elle vérifie aussi l'équation (4).

2° Toute solution du système II convient à l'équation (1), identique à (3). D'autre part, puisqu'elle annule A, elle annule Am; comme elle vérifie l'équation (4), il faut donc que Bn soit nul; or, par hypothèse, le facteur n n'est pas nul, donc B est nul, et par suite la solution convient à l'équation (2). Les systèmes I et II sont donc équivalents.

167. — Règle de la méthode par élimination.

1° *Opérer de manière à ce que la même inconnue ait le même coefficient dans les deux équations, et avec des signes contraires.* — On a tout avantage à rechercher, pour valeur absolue du coefficient commun, le plus petit multiple commun des coefficients.

2° *Additionner ces équations, ce qui élimine une inconnue, et permet de tirer la valeur de l'autre.*

3° *La valeur de l'inconnue éliminée peut être calculée d'une manière analogue, mais pratiquement on la déduit de l'inconnue déjà trouvée, comme on l'a fait dans la méthode par substitution.*

168. — Exemple I. —
$$\begin{cases} 5x - 3y = 9 & (1) \\ 5x + y = 17 & (2) \end{cases}$$

L'inconnue **x** ayant le même coefficient dans les deux équations, il suffit, par exemple, d'écrire l'équation (2), puis audessous l'équation (1) en changeant ses signes, et enfin d'additionner :

$$\begin{array}{r} 5x + y = 17 \\ -5x + 3y = -9 \\ \hline \text{″} + 4y = 8 \\ y = 2 \end{array}$$

Pour trouver x, on pourrait multiplier par 3 tous les termes

de l'équation (2), et l'ajouter membre à membre à l'équation (1) :

$$
\begin{aligned}
5x - 3y &= 9 \qquad &(1)\\
15x + 3y &= 51\\
\hline
20x \phantom{{}+3y} &= 60\\
x &= 3
\end{aligned}
$$

Mais, pratiquement, dès qu'on a trouvé $y = 2$, on tire x de 'équation (1) et l'on a :

$$
x = \frac{9 + 3y}{5} = \frac{9 + 3 \times 2}{5} = \frac{9 + 6}{5} = 3.
$$

Réponse : La solution du système est $\begin{cases} x = 3 \\ y = 2 \end{cases}$

169. — Exemple II. — $\begin{cases} 3x - 2y = 13 \qquad &(1)\\ 9x - 10y = 35 \qquad &(2) \end{cases}$

Je remarque que l'inconnue x a pour coefficients 3 et 9 ; il suffit donc de multiplier tous les termes de l'équation (1) par (— 3), et de l'ajouter membre à membre à l'équation (2) :

$$
\begin{aligned}
-9x + 6y &= -39\\
9x - 10y &= 35 \qquad &(2)\\
\hline
-4y &= -4\\
y &= 1
\end{aligned}
$$

D'où $\quad x = \dfrac{13 + 2y}{3} = \dfrac{13 + 2}{3} \quad$ ou $\quad x = 5$, etc...

170. — Exemple III. — $\begin{cases} 12x - 7y = 27 \qquad &(1)\\ 8x + 2y = 38 \qquad &(2) \end{cases}$

Je remarque que 12 et 8 ont pour p.p.m.c : 24.

Multiplions les termes de l'équation (1) par 2, et ceux de l'équation (2) par (— 3), puis additionnons :

$$
\begin{aligned}
24x - 14y &= 54\\
-24x - 6y &= -114\\
\hline
-20y &= -60\\
y &= 3
\end{aligned}
$$

D'où $\quad x = \dfrac{38 - 2y}{8} = \dfrac{38 - 6}{8} \quad$ ou $\quad x = 4$, etc..

171. — Exemple IV. —
$$\begin{cases} 5x + 2y = 48 & (1) \\ 4x - 3y = 20 & (2) \end{cases}$$

Les coefficients de **x** étant premiers entre eux, multiplions par 4 les termes de l'équation (1), et par (— 5) ceux de l'équation (2), puis additionnons :

$$
\begin{array}{r}
20x + 8y = 192 \\
-20x + 15y = -100 \\
\hline
23y = 92 \\
y = 4
\end{array}
$$

D'où $\qquad x = \dfrac{48 - 2y}{5} = \dfrac{48 - 8}{5} \qquad$ ou $\qquad x = 8$, etc...

172. — Remarques : I. — Le but de l'algèbre étant de simplifier les calculs, on choisit toujours, pour la faire disparaître, l'inconnue dont les coefficients sont les plus faibles, ou paraissent les plus avantageux : c'est une question d'habitude. — De même, on résout un système par la méthode qui paraît la plus rapide : ainsi, après avoir trouvé une inconnue par élimination, on cherche l'autre par substitution. — Enfin, nous verrons plus loin des procédés particuliers qui, dans certains cas, facilitent beaucoup la résolution d'un système.

II. — Avant d'appliquer l'une des méthodes de résolution, il faut ramener les équations du système à la forme simple :

terme en x $\pm$ *terme en* y $=$ *terme connu.*

Cela n'est pas toujours indispensable, mais il est prudent de le faire quand on n'a pas une très grande habitude du calcul algébrique.

MÉTHODE PAR COMPARAISON

173. — *Règle.* — *On tire la valeur de la même inconnue dans les deux équations; en égalant les valeurs trouvées on obtient une équation à une seule inconnue, que l'on sait résoudre; on en tire la valeur de l'inconnue conservée, qui donne facilement celle de l'autre inconnue.*

Soit le système
$$\begin{cases} 3x + 2y = 23 & (1) \\ 7x - 5y = 15 & (2) \end{cases}$$

De l'équation (1) on tire
$$x = \frac{23 - 2y}{3} \qquad (3)$$

—   (2)   —
$$x = \frac{15 + 5y}{7} \qquad (4)$$

D'où, en égalant les valeurs (3) et (4) :
$$\frac{23 - 2y}{3} = \frac{15 + 5y}{7}$$

Puis,
$$161 - 14y = 45 + 15y$$
$$161 - 45 = 15y + 14y$$
$$116 = 29y \qquad y = 4$$

Cette valeur, portée dans l'équation (3), donne :
$$x = \frac{23 - 8}{3} = \frac{15}{3} \qquad x = 5.$$

FORME GÉNÉRALE D'UN SYSTÈME DU PREMIER DEGRÉ A DEUX INCONNUES

174. — En simplifiant les équations d'un système à deux inconnues, on a la forme générale :
$$\begin{cases} a\,x + b\,y = c & (1) \\ a'x + b'y = c' & (2) \end{cases}$$

lans laquelle a, a', b, b', c, c' sont des nombres quelconques.

Résolvons ce système par substitution ; en admettant que a ne soit pas nul, nous tirons de l'équation (1) :
$$x = \frac{c - by}{a}. \qquad (3)$$

Substituons cette valeur à x dans l'équation (2) :
$$\frac{a'(c - by)}{a} + b'y = c'$$

ou
$$a'c - a'by + ab'y = ac'$$
$$y\,(ab' - a'b) = ac' - a'c. \qquad (4)$$

Si $ab' - a'b \neq 0$, nous avons le droit d'écrire :
$$y = \frac{ac' - a'c}{ab' - a'b}. \qquad (5)$$

Portons cette valeur dans l'équation (3) :

$$x = \frac{c - \dfrac{b(ac' - a'c)}{ab' - a'b}}{a} = \frac{ab'c - a'bc - bac' + ba'c}{a(ab' - a'b)} = \frac{ab'c - bac'}{a(ab' - a'b)}$$

$$= \frac{a(b'c - bc')}{a(ab' - a'b)} = \frac{b'c - bc'}{ab' - a'b}.$$

$$\text{Solution du système} \quad \begin{cases} x = \dfrac{b'c - bc'}{ab' - a'b} & y = \dfrac{ac' - a'c}{ab' - a'b}. \end{cases}$$

Ces formules sont appelées : *formules de Cramer.*

175. — Discussion. — 1° *Si* $ab' - a'b \neq 0$, on trouve une racine pour **x** et une pour **y**: le système admet alors une solution.

2° *Si* $ab' - a'b = 0$, la valeur de **y**, donnée par l'équation (4), se met sous la forme symbolique

$$y = \frac{ac' - a'c}{0}.$$

Si $ac' - a'c \neq 0$, la valeur de **y** est impossible, et par suite, il n'existe aucune valeur pour **x** et **y** qui satisfasse *à la fois* les deux équations du système proposé. Le système est *impossible.*

Si $ac' - a'c = 0$, la valeur de **y** est indéterminée, et pour chaque valeur arbitraire donnée à **y** correspond une valeur de **x**. Le système admet une infinité de solutions et est *indéterminé.*

Tels sont les principaux cas de la discussion.

176. — Remarques : I. — Lorsque $ab' - a'b = 0$, on peut écrire la relation :

$$\frac{a}{a'} = \frac{b}{b'} \tag{5}$$

Lorsque $ac' - a'c = 0$, on a de même

$$\frac{a}{a'} = \frac{c}{c'}. \tag{6}$$

Quand ces deux conditions sont réunies, on a donc :

$$\frac{a}{a'} = \frac{b}{b'} = \frac{c}{c'} \qquad (7)$$

et c'est alors que le système est indéterminé.

Nous pouvons facilement en constater la raison : les relations (7) signifient que les nombres a', b', c' sont *proportionnels* à a, b, c. L'équation (2) peut donc être considérée comme provenant de l'équation (1) dont on aurait multiplié tous les termes par un même nombre, $\frac{a'}{a}$; par suite, les deux équations proposées n'expriment qu'une même relation entre les inconnues, et *le système se ramène en réalité à une seule équation* : de là, son indétermination.

EXEMPLE :
$$\begin{cases} 9\,x - 6\,y = 14 \\ 18\,x - 12\,y = 28. \end{cases}$$

En multipliant par 2 les termes de la première équation, elle devient :

$$18\,x - 12\,y = 28$$

qui est identique à la seconde équation.

Ce système ne renferme en réalité qu'une seule équation : il est donc indéterminé.

II. — Par contre, si $ab' - a'b = 0$, et $ac' - a'c \neq 0$, on a :

$$\frac{a}{a'} = \frac{b}{b'} \quad \text{ou} \quad \frac{a'}{a} = \frac{b'}{b} \qquad \text{et} \qquad \frac{a}{a'} \neq \frac{c}{c'} \quad \text{ou} \quad \frac{a'c}{a} \neq c'.$$

En multipliant par $\frac{a'}{a}$, ou son égal $\frac{b'}{b}$, les termes de l'équation (1) on aurait :

$$a'x + b'y = \frac{a'c}{a} \quad (8) \qquad \text{or} \qquad \frac{a'c}{a} \neq c'.$$

Par suite, l'équation (8), qui est équivalente à (1), et l'équation (2), ont des premiers membres identiques, mais les seconds diffèrent : cela est donc impossible. Dans ce cas, on dit que les équations proposées sont **incompatibles**, et le système n'admet aucune solution.

Exemple :
$$\begin{cases} 12\,x + 20\,y = 77 \\ 15\,x + 25\,y = 95. \end{cases}$$

En procédant par élimination, on aurait :
$$\begin{cases} 60\,x + 100\,y = 385 \\ 60\,x + 100\,y = 380. \end{cases}$$

La même expression étant égale à deux valeurs différentes, il y a donc incompatibilité entre ces équations, et le système est impossible.

NOMBRE DES ÉQUATIONS D'UN SYSTÈME

177. — I. — Le système renferme moins d'équations que d'inconnues. — S'il n'y a qu'une équation pour deux inconnues, nous avons vu au n° 162 que ce système est indéterminé.

D'autre part, il peut arriver que le système renferme *en apparence* deux équations pour deux inconnues ; la remarque n°176, I, nous explique ce fait et ses conséquences.

178. — II. — Le système renferme plus d'équations que d'inconnues. — 1° *Les équations sont numériques.* — Dans ce cas, on résout autant d'équations qu'il y a d'inconnues, et l'on vérifie si la solution convient aux autres équations : si elle convient, le système est possible, et admet cette solution ; sinon, le système est impossible, et les équations proposées sont incompatibles.

Exemple 1 :
$$\begin{cases} 3\,x - 2y = 8 & (1) \\ x + y = 6 & (2) \\ 7\,x - 3y = 22. & (3) \end{cases}$$

La résolution des équations (1) et (2) est facile ; elle donne $x = 4$, $y = 2$. — Vérifions si ces racines conviennent à l'équation (3) :
$$7 \times 4 - 3 \times 2 = 28 - 6 = 22.$$

Par suite, ces équations sont compatibles, *le système est possible*, et admet pour solution : $x = 4$, $y = 2$.

EXEMPLE II :
$$\begin{cases} 3\,x - 2y = 8 & (1) \\ x + y = 6 & (2) \\ 7\,x - 3y = 20. & (3) \end{cases}$$

En procédant comme à l'exemple I, on voit que la solution des équations (1) et (2) ne convient pas à l'équation (3). Par suite, ces équations sont incompatibles, et le *système proposé est impossible.*

179. — **2° *Certaines équations sont littérales.*** — On résout encore autant d'équations qu'il y a d'inconnues, et de préférence celles qui sont numériques. En portant dans les autres équations les racines ainsi trouvées, on peut parfois déterminer les valeurs que doivent représenter les lettres connues pour que les équations soient compatibles.

EXEMPLE I :
$$\begin{cases} 3\,x - 2y = 8 & (1) \\ x + y = 6 & (2) \\ 4\,x - 7y = a. & (3) \end{cases}$$

La solution des équations (1) et (2) est $x = 4$, $y = 2$.
En vérifiant l'équation (3), on constate que :

$$4\,x - 7\,y = 4 \times 4 - 7 \times 2 = 2.$$

Les équations seront donc compatibles, èt *le système sera possible*, à condition que $\quad a = 2 \quad$ (4).

La relation (4) est appelée pour cette raison : équation de condition.

EXEMPLE II :
$$\begin{cases} x + y = a & (1) \\ x - y = b & (2) \\ mx + ny = c. & (3) \end{cases}$$

La solution des équations (1) et (2) est :

$$x = \frac{a+b}{2}, \qquad y = \frac{a-b}{2}.$$

Portons ces valeurs dans le premier membre de l'équation (3).

$$mx + ny = \frac{ma + mb}{2} + \frac{na - nb}{2} = \frac{a(m+n) + b(m-n)}{2}$$

ou encore .
$$= a\left(\frac{m+n}{2}\right) + b\left(\frac{m-n}{2}\right)$$

Pour que le système soit possible, il faut donc avoir :

$$c = a \left(\frac{m+n}{2} \right) + b \left(\frac{m-n}{2} \right). \qquad (4)$$

Telle est l'*équation de condition* du système proposé.

§ II. — Équations du premier degré à plus de deux inconnues.

180. — Nous avons vu qu'il faut autant d'équations différentes qu'il y a d'inconnues. Les principes n°ˢ 164 et 166 sont vrais quel que soit le nombre des équations. On résoudra donc un système quelconque par des méthodes analogues à celles employées pour un système à deux inconnues.

On peut employer dans une même résolution : la substitution seule, ou l'élimination seule, ou, ce qui est le plus pratique en général, les deux méthodes à la fois.

$$\text{Exemple :} \quad 1 \begin{cases} 4x + \quad y - 2z = 15 & (1) \\ 2x - 3y + 4z = \quad 7 & (2) \\ 5x + 2y - 3z = 20 & (3) \end{cases}$$

181. — **Résolution par substitution seule.** — *On cherche la valeur de l'une des inconnues, en fonction des autres, dans l'une des équations. On substitue cette valeur à cette inconnue dans toutes les autres équations, qui contiennent ainsi une inconnue de moins. On applique ce calcul autant de fois qu'il est nécessaire pour obtenir finalement deux équations à deux inconnues; leur résolution donne les valeurs de ces deux inconnues, d'où l'on tire facilement celles des autres.* — Je choisis, pour plus de simplicité, l'inconnue y dans l'équation (1), et je tire sa valeur :

$$y = 15 + 2z - 4x \qquad (4)$$

Je substitue à y cette valeur dans l'équation (2) :

$$2x - 3(15 + 2z - 4x) + 4z = 7$$

ou
$$2x - 45 - 6z + 12x + 4z = 7$$

ou
$$14x - 2z = 5$$

ou en n ;
$$7x - z$$

Je substitue à y sa valeur, dans l'équation (3) ·

$$5x + 2(15 + 2z - 4x) - 3z = 20$$

ou

$$5x + 30 + 4z - 8x - 3z = 20$$

ou

$$- 3x + z = - 10 \qquad (6)$$

Je suis ramené à résoudre le système

$$\text{II} \begin{cases} 7x - z = 26 & (5) \\ - 3x + z = - 10 & (6) \end{cases}$$

Par substitution, je tire de (6) :

$$z = - 10 + 3x \qquad (7)$$

L'équation (1) devient :

$$7x - (- 10 + 3x) = 26$$
$$7x + 10 - 3x = 26$$
$$4x = 16 \qquad \text{et} \qquad x = 4$$

Portons cette valeur dans l'équation (7) :

$$z = - 10 + 12 = 2 \qquad (8)$$

Enfin, de l'équation (4) on tire :

$$y = 15 + 2 \times 2 - 4 \times 4 = 19 - 16 = 3.$$

Réponse : La solution du système est : $x = 4, y = 3, z = 2.$

182. — Résolution par élimination seule. — *On élimine la même inconnue dans les équations du système, prises deux à deux, de manière à obtenir un système contenant une équation et une inconnue de moins que n'en contenait le système proposé. On applique ce calcul autant de fois qu'il est nécessaire pour obtenir finalement deux équations à deux inconnues; leur résolution donne les valeurs de ces deux inconnues, d'où l'on tire facilement celles des autres.* — Je choisis, pour l'éliminer, l'inconnue y qui a les coefficients les plus simples, et j'opère sur les équations (1) et (2) :

$$
\begin{array}{llr}
(1) & \text{devient} & 12x + 3y - 6z = 45 \\
(2) & \text{reste} & 2x - 3y + 4z = 7 \\
\hline
& \text{Additionnons} & 14x \qquad - 2z = 52 \\
\text{ou} & & 7x - z = 26
\end{array}
$$

Opérons de même sur les équations (1) et (3), en éliminant toujours la même inconnue y :

(1) devient $\qquad -8x - 2y + 4z = -30$
(3) reste $\qquad\ \ 5x + 2y - 3z =\ \ \ 20$
Additionnons $\qquad -3x\qquad\ + z = -10$

Nous sommes ramenés au système II :

$$\text{II} \begin{cases} 7x - z = 26 & (5) \\ -3x + z = -10 & (6) \end{cases}$$

Additionnons ces deux équations, pour éliminer z :

$$4x = 16$$
d'où $\qquad\qquad x = 4.$

Éliminons x par la même méthode, dans le système II

$$\begin{aligned} 21x - 3z &=\ \ \ 78 \\ -21x + 7z &= -70 \\ \hline 4z &=\ \ \ \ 8 \\ z &= 2 \end{aligned}$$

Comme il serait beaucoup trop long de trouver y par élimination, on remplace de suite x et z par leurs racines dans l'une des équations données, par exemple dans (1) :

$$4 \times 4 + y - 2 \times 2 = 15$$
d'où $\qquad\qquad y = 15 + 4 - 16 =\ \ 3.$

183. — Résolution par substitution et élimination. — J'opère d'abord par substitution seule, jusqu'à ce que j'arrive au système II; je résous alors ce système par élimination, et je trouve $x = 4$.

L'élimination étant trop longue pour calculer z, je reprends la méthode par substitution, qui me donne les égalités (7) et (8), et enfin je calcule y dans l'équation (4).

J'ai ainsi la série de calculs :

$$\begin{cases} 4x +\ \ y - 2z = 15 & (1) \\ 2x - 3y + 4z =\ \ 7 & (2) \\ 5x + 2y - 3z = 20 & (3) \\ \quad\ y = 15 + 2z - 4x & (4) \end{cases}$$

(2). donne $\quad 2x - 45 - 6z + 12x + 4z = 7$

ou $\qquad 14x - 2z = 52$

ou $\qquad 7x - z = 26 \qquad\qquad (5)$

(3) donne $\quad 5x + 30 + 4z - 8x - 3z = 20$

ou $\qquad -3x + z = -10 \qquad\qquad (6)$

Additionnons (5) et (6) : $\quad 4x = 16 \qquad$ ou $\quad x = 4$

(6) donne $\quad z = -10 + 3x = -10 + 12 \qquad$ ou $\quad z = 2$

(4) donne $\quad y = 15 + 2 \times 2 - 4 \times 4 = 19 - 16$ ou $\quad y = 3$

184. — **Remarque importante.** — Suivant l'ordre adopté pour les combinaisons d'équations, et pour la substitution des inconnues, les calculs sont plus ou moins compliqués. Ce n'est qu'après avoir résolu beaucoup d'exercices qu'on peut se rendre compte, à première vue, de l'ordre qui sera le plus avantageux.

$$\text{EXEMPLE :} \quad \begin{cases} x + y + z - t = 2 & (1) \\ 2x + y = 8 & (2) \\ x + y + 2t = 16 & (3) \\ 5x + v = 13 & (4) \\ 3y + 2v = 18 & (5) \end{cases}$$

L'inconnue v ne figure que deux fois dans le système, et dans deux équations très simples. Je tire sa valeur de l'équation (4) :

$$v = 13 - 5x$$

Je la porte dans l'équation (5) :

$$3y + 26 - 10x = 18$$

ou $\qquad 3y - 10x = -8 \qquad\qquad (6)$

Les équations (2) et (6) donnent, par élimination :

(2) $\qquad\qquad 3y + 6x = 24$

(6) $\qquad\qquad -3y + 10x = 8$

$$\overline{\qquad\qquad 16x = 32} \qquad\qquad x = 2$$

Donc $\qquad v = 13 - 5x = 13 - 10 \qquad\qquad v = 3$

L'équation (5) donne :

$$y = \frac{18 - 2v}{3} = \frac{18 - 6}{3} = \frac{12}{3} \qquad\qquad y = 4$$

L'équation (3) donne :

$$t = \frac{16 - x - y}{2} = \frac{16 - 2 - 4}{2} = \frac{10}{2} \qquad t = 5$$

Enfin, de l'équation (1) on tire :

$$z = 2 + t - x - y = 2 + 5 - 2 - 4 \qquad z = 1$$

ARTIFICES DE CALCUL

Dans certains cas particuliers, on emploie des méthodes qui abrègent considérablement les calculs, et qu'on appelle des artifices de calcul.

185. —EXEMPLE I.
$$\begin{cases} x + y + z = 10 & (1) \\ \dfrac{x}{60} = \dfrac{y}{36} = \dfrac{z}{24} & (2) \end{cases}$$

En appliquant le principe n° 102 sur la suite de fractions égales (2), qui représente deux équations, on a :

$$\frac{x}{60} = \frac{y}{36} = \frac{z}{24} = \frac{x + y + z}{60 + 36 + 24} = \frac{10}{120} = \frac{1}{12}$$

En égalant successivement chacun des trois premiers rapports au dernier on a :

$$\frac{x}{60} = \frac{1}{12} \qquad \text{d'où} \qquad x = \frac{60}{12} \qquad \text{ou} \qquad x = 5$$

$$\frac{y}{36} = \frac{1}{12} \qquad \text{d'où} \qquad y = \frac{36}{12} \qquad \text{ou} \qquad y = 3$$

$$\frac{z}{24} = \frac{1}{12} \qquad \text{d'où} \qquad z = \frac{24}{12} \qquad \text{ou} \qquad z = 2$$

186. — EXEMPLE II.
$$\begin{cases} x + y = a \\ \dfrac{x}{m} = \dfrac{y}{n} \end{cases}$$

On a de suite :

$$\frac{x}{m} = \frac{y}{n} = \frac{a}{m + n}$$

D'où :

$$x = \frac{am}{m + n} ; \qquad y = \frac{an}{m + n}$$

187. — EXEMPLE III. —
$$\begin{cases} y + z + t = 6 & (1) \\ z + t + x = 8 & (2) \\ t + x + y = 7 & (3) \\ x + y + z = 9 & (4) \end{cases}$$

Chaque inconnue figure 3 fois, avec le signe $+$, dans le système. En ajoutant membre à membre les 4 équations, on a donc :

$$3(x + y + z + t) = 30$$

et
$$x + y + z + t = 10 \qquad (5)$$

L'équation (5) donnant la somme des 4 inconnues, si l'on en retranche successivement les équations données, on trouvera de suite la valeur de l'inconnue qui manque dans chacune de ces équations.

Ainsi, en retranchant (1) de (5), on a :

$$(x + y + z + t) - (y + z + t) = 10 - 6 \qquad \text{ou} \qquad x = 4$$

De même, *mentalement* (2) donne $\qquad\qquad\qquad y = 2$

$$(3) \quad - \qquad\qquad z = 3$$
$$(4) \quad - \qquad\qquad t = 1$$

188. — EXEMPLE IV.
$$\begin{cases} \dfrac{1}{x} + \dfrac{1}{y} = \dfrac{7}{12} & (1) \\[2mm] \dfrac{1}{y} + \dfrac{1}{z} = \dfrac{5}{6} & (2) \\[2mm] \dfrac{1}{x} + \dfrac{1}{z} = \dfrac{3}{4} & (3) \end{cases}$$

On pourrait résoudre directement ce système d'après la méthode indiquée à l'exemple III, mais auparavant il est plus simple de remplacer les inconnues par leurs *inverses*. Faisons, par exemple :

$$\frac{1}{x} = x' \qquad \frac{1}{y} = y' \qquad \frac{1}{z} = z'.$$

Le système prend la forme simple :

$$\begin{cases} x' + y' = \dfrac{7}{12} & (4) \\[3mm] y' + z' = \dfrac{5}{6} & (5) \\[3mm] x' + z' = \dfrac{3}{4} & (6) \end{cases}$$

Additionnons membre à membre :

$$2(x' + y' + z') = \frac{7}{12} + \frac{5}{6} + \frac{3}{4} = \frac{26}{12}$$

$$x' + y' + z' = \frac{13}{12}$$

De (4) on tire : $z' = \frac{13}{12} - \frac{7}{12} = \frac{6}{12} = \frac{1}{2}$

mais, puisque z' est l'*inverse* de z, on a : $z = 2$

De (5) on tire : $x' = \frac{13}{12} - \frac{5}{6} = \frac{3}{12} = \frac{1}{4}$; donc $x = 4$

De (6) on tire : $y' = \frac{13}{12} - \frac{3}{4} = \frac{4}{12} = \frac{1}{3}$; donc $y = 3$

EXERCICES

617. $\begin{cases} 2x + 10y = 34 \\ x + y = 5. \end{cases}$

618. $\begin{cases} 2x + y = 10 \\ x - y = -1. \end{cases}$

619. $\begin{cases} 3x - y = 12 \\ 2x + 4y = 22. \end{cases}$

620. $\begin{cases} 4x + 3y = 26 \\ 7x - 8y = 19. \end{cases}$

621. $\begin{cases} 7x - 5y = 23 \\ 4x + 3y = 19. \end{cases}$

622. $\begin{cases} 60x - 17y = 146. \\ 48x + 5y = 154. \end{cases}$

623. $\begin{cases} 5x - 3y = 91 \\ 8x + 7y = 476. \end{cases}$

624. $\begin{cases} 3x + 2y = 33 \\ 7x + y = 61. \end{cases}$

625. $\begin{cases} 5x + 3y = 58 \\ 3x + 5y = 54. \end{cases}$

626. $\begin{cases} 12x - 9y = 42 \\ 4x - y = 18. \end{cases}$

627. $\begin{cases} 5(x - 2) = y + 3 \\ 2(x + 1) + y = 31. \end{cases}$

628. $\begin{cases} x + y = 12 \\ \dfrac{x}{2} + \dfrac{y}{3} = 6. \end{cases}$

629. $\begin{cases} \dfrac{x}{7} + \dfrac{y}{5} = 10 \\ x - y = 46. \end{cases}$

630. $\begin{cases} \dfrac{x}{3} - \dfrac{y}{5} = 4 \\ 2x + 2y = 60. \end{cases}$

631. $\begin{cases} 3x - \quad = 5. \\ \dfrac{x}{\ } + 3y = 95. \end{cases}$

632. $\begin{cases} \dfrac{2}{3}x + \dfrac{3}{4}y = 14 \\ 3x - \dfrac{y}{2} = 32. \end{cases}$

633. $\begin{cases} \dfrac{x}{2} + \dfrac{y}{3} = 3,2 \\ 4(x - y) = x + 3. \end{cases}$

634. $\begin{cases} \dfrac{3x}{10} + \dfrac{4y}{9} = 72 \\ \dfrac{5x}{8} + \dfrac{y}{3} = 116. \end{cases}$

635. $\begin{cases} \dfrac{7x}{12} + \dfrac{5y}{6} = 17. \\ \dfrac{7x}{16} + \dfrac{y}{12} = 6. \end{cases}$

636.
$$\frac{3x}{5} + \frac{y}{6} = x - 2$$
$$\frac{x}{3} - \frac{y}{8} = 26 - y.$$

637.
$$10x - 4 = 4 - 5y$$
$$9x + 15 = 2y - 2.$$

638.
$$\frac{x+y}{2} - \frac{x-y}{3} = 11.$$
$$x = \frac{2}{5}y + 12.$$

639.
$$\frac{3x-5y}{4} + \frac{3}{2} = \frac{2x+y}{10}.$$
$$\frac{x}{4} - 4 = \frac{2y-x}{8} - \frac{y}{6}.$$

640.
$$5y - 2 = 2x - \frac{3x-6y}{6}$$
$$8 + \frac{x-y}{3} = 2y - \frac{x+8}{7}.$$

641.
$$5\left(\frac{x+y}{2}\right) = 35 - \frac{6x-3y}{2}$$
$$\frac{2y}{x} + 8 = \frac{26}{3}.$$

642.
$$\frac{5x-2}{4-5y} = \frac{1}{2}$$
$$\frac{3x+5}{y-1} = \frac{2}{3}.$$

643.
$$\frac{4x}{x^2} + \frac{5y}{y^2} = -1 + \frac{9}{y}$$
$$\frac{4}{y} + \frac{5}{x} = \frac{3}{2} + \frac{7}{x}.$$

644.
$$x - ay = ab$$
$$aby + cx = af.$$

645.
$$ax + by = a^3 + b^3$$
$$bx + ay = 2ab.$$

646.
$$\frac{x}{a} + \frac{y}{b} = c$$
$$ax + y = b.$$

647.
$$\frac{x}{m} + \frac{y}{n} = 1$$
$$\frac{x}{n} + \frac{y}{m} = 1.$$

648
$$m(x+y) + n(x-y) = 1$$
$$n(x+y) + m(x-y) = 0.$$

649.
$$\frac{x}{y} = \frac{a}{b}$$
$$cx + dy = m^3.$$

650.
$$(a+b)\,bx - a^3 = ab^2 y$$
$$(a-b)\,bx + ab^2 y = a^3.$$

651.
$$\frac{x}{2a} + \frac{y}{2b} = 2.$$
$$cx - ay = 4ac.$$

652.
$$y(2a+b) - x(2a-b) = 8ab$$
$$y(2a-b) + x(2a+b) = 8a^3 - 2b^2.$$

653.
$$x - y + z = 3$$
$$x + y - z = 7$$
$$y - x + z = 1.$$

654.
$$x + z - y = -2$$
$$3x + y + z = 22$$
$$2x + y - z = 9.$$

655.
$$x + 2y - z = 26$$
$$y - x + 2z = 10.$$
$$2x - y + z = 20.$$

656.
$$3x + y - 2z = 20$$
$$5x \cdot\ 3y + 4z = 8$$
$$2z + x - y = 0.$$

657.
$$2y - x + 4z = 5.$$
$$x - 3y + 5z = 2$$
$$x - y + 2z = 3.$$

658.
$$y + z - x = -10$$
$$5x - 3y + 2z = 23$$
$$2x + 2y + 3z = 11.$$

659.
$$2z - y + 2x = 16$$
$$z - x - 5y = 46$$
$$6x - 3y + z = 33.$$

660.
$$3y - 2x + 7z = 7$$
$$2y + 5z + x = 12.$$
$$2z - 3x - 5y = 1.$$

661.
$$2y - 2x + 3z = 13$$
$$2z - x - 3y = 1$$
$$5z - 2x - 4y = 11.$$

662.
$$\frac{x}{5} + \frac{y}{4} + \frac{z}{3} = 12$$
$$\frac{z}{6} - \frac{x}{3} - \frac{y}{10} = -3$$
$$x + \frac{2y}{5} - \frac{3z}{4} = 14.$$

663.
$$\frac{x}{4} + \frac{y}{3} + \frac{z}{2} = 64$$
$$\frac{y}{4} - \frac{x}{2} + \frac{z}{3} = -4$$
$$\frac{z}{5} - \frac{y}{8} - \frac{x}{9} = -2.$$

664.
$$\begin{cases} \dfrac{2x}{7} + \dfrac{y}{5} + \dfrac{z}{3} = 36 \\[2mm] \dfrac{3x}{5} + \dfrac{y}{6} + \dfrac{5z}{4} = 39 \\[2mm] \dfrac{7x}{10} - \dfrac{y}{5} + 2 = 43. \end{cases}$$

665.
$$\begin{cases} \dfrac{x+2}{x-4} = \dfrac{y+3}{y-3} \\[2mm] \dfrac{y}{z} = \dfrac{14}{15} \\[2mm] \dfrac{x+5}{z-5} = \dfrac{34}{25} \end{cases}$$

666.
$$\begin{cases} \dfrac{1}{x} + \dfrac{1}{y} - \dfrac{1}{z} = -\dfrac{1}{12} \\[2mm] \dfrac{1}{z} + \dfrac{1}{y} - \dfrac{1}{x} = \dfrac{7}{12} \\[2mm] \dfrac{1}{x} + \dfrac{1}{z} - \dfrac{1}{y} = \dfrac{5}{12} \end{cases}$$

667.
$$\begin{cases} x + y + z = 1000 \\[2mm] \dfrac{x}{2} = \dfrac{y}{5} = \dfrac{z}{3}. \end{cases}$$

668.
$$\begin{cases} 2x + 3y + 5z = 1000 \\[2mm] \dfrac{x}{7} = \dfrac{y}{2} = \dfrac{z}{4}. \end{cases}$$

669.
$$\begin{cases} x + y = a \\ x + z = b \\ y + z = c. \end{cases}$$

670.
$$\begin{cases} \dfrac{1}{x} + \dfrac{1}{y} = a \\[2mm] \dfrac{1}{x} + \dfrac{1}{z} = b \\[2mm] \dfrac{1}{y} + \dfrac{1}{z} = c. \end{cases}$$

671.
$$\begin{cases} \dfrac{1}{x} + \dfrac{1}{y} - \dfrac{1}{z} = a \\[2mm] \dfrac{1}{x} + \dfrac{1}{z} - \dfrac{1}{y} = b \\[2mm] \dfrac{1}{y} + \dfrac{1}{z} - \dfrac{1}{x} = c. \end{cases}$$

672.
$$\begin{cases} x + y + z = a \\[2mm] \dfrac{x}{m} = \dfrac{y}{n} = \dfrac{z}{p} \end{cases}$$

673.
$$\begin{cases} ax + by + cz = e \\[2mm] \dfrac{x}{m} = \dfrac{y}{n} = \dfrac{z}{p} \end{cases}$$

CHAPITRE V

PROBLÈMES DU PREMIER DEGRÉ
A PLUSIEURS INCONNUES

189. — On suit l'ordre indiqué pour la résolution des problèmes à une inconnue (n° 144). — Il faut poser, bien entendu, autant d'équations différentes qu'il y a d'inconnues ; puis on applique une des méthodes de résolution des systèmes à plusieurs inconnues.

190. — Exemple I. — *3 grammaires et 5 dictionnaires coûtent 21ᶠ ; 6 grammaires et 2 dictionnaires coûtent 18ᶠ. — Quel est le prix de chaque livre ?*

Soient **x** et **y** les prix d'une grammaire et d'un dictionnaire

$$\begin{cases} 3x + 5y = 21 & (1) \\ 6x + 2y = 18 & (2) \end{cases}$$

Pour éliminer **x**, il suffit de multiplier par **2** tous les termes de l'équation (1) ; ou mieux, de diviser par (—2) tous les termes de l'équation (2), qui devient :

$$-3x - y = -9 \qquad (3).$$

En ajoutant les équations (3) et (1) il vient :

$$4y = 12. \qquad\qquad y = 3$$

L'équation (1) donne :

$$x = \frac{21 - 5y}{3} = \frac{21 - 15}{3} = \frac{6}{3} \qquad x = 2$$

Réponse : Une grammaire coûte 2 fr. et un dictionnaire 3 fr.

191. — EXEMPLE II. — *Un premier achat de 12^{kg} de sucre et de 4^{kg} de café a coûté 26^f,40 ; un second, de 5^{kg} de sucre et de 3^{kg} de café a coûté 17^f. Quel est le prix du kg. de sucre, et celui du kg. de café ?*

Soient **x** le prix du kg. de sucre ; **y**, celui du kg. de café. L'énoncé fournit les équations :

$$\begin{cases} 12x + 4y = 26,4 \\ 5x + 3y = 17 \end{cases} \qquad \begin{matrix} (1) \\ (2) \end{matrix}$$

Simplifions l'équation (1) par 4 :

$$3x + y = 6,6 \qquad\qquad (3)$$

puis multiplions ses termes par (— 3), pour éliminer y, en l'ajoutant ensuite à l'équation (2) :

$$\begin{aligned} -9x - 3y &= -19,8 \\ 5x + 3y &= 17 \\ \hline -4x \phantom{{}-3y} &= -2,8 \end{aligned} \qquad (2)$$

$$x = \frac{2,8}{4} \qquad \text{ou} \qquad x = \mathbf{0,7}$$

L'équation (3) donne :

$$y = 6,6 - 3x = 6,6 - 2,1 \qquad \text{ou} \qquad y = \mathbf{4,5}$$

Réponse : Le kg. de sucre coûte 0^f,7 et celui de café 4^f,5.

192. — EXEMPLE III. — *Plusieurs amis font un repas en commun En versant chacun 4^f, il y a 6^f de plus que la note générale ; mais en versant 3^f chacun il manquerait 9^f pour la payer. Combien y a-t-il de personnes, et quelle est la cotisation de chacune ?*

Soient **x** le nombre des amis et **y** la part exacte de chacun. La note totale s'élève à **x y** et l'on doit avoir :

$$\begin{cases} 4x = xy + 6 \\ 3x = xy - 9 \end{cases} \qquad \begin{matrix} (1) \\ (2) \end{matrix}$$

Retranchons l'équation (2) de l'équation (1) ; il vient immédiatement :

$$x = \mathbf{15}$$

Portons cette valeur dans l'équation (1).

$$4 \times 15 = 15y + 6$$

$$60 = 15y + 6 ; \qquad\qquad 54 = 15y$$

$$y = \frac{54}{15} \quad \text{ou} \quad y = 3^f,60$$

Réponse : Il y a 15 personnes ; chacune doit 3ʳ,60.

193. — EXEMPLE IV. — (*Vieux problème latin*). — *Un âne e un mulet portent des charges de quelques mesures de grains. L'âne so plaint et dit au mulet : « Si j'avais encore dix des mesures que tu portes, je serais 2 fois plus chargé que toi. » Le mulet répond : « C'est vrai, mais si tu me donnais dix des tiennes, je serais 3 fois plus chargé que toi. » Combien chacun porte-t-il de mesures ?*

Soient **x** la charge de l'âne, et y celle du mulet.
D'après les paroles de l'âne on peut écrire :

$$(x + 10) = 2(y - 10)$$

ou
$$x + 10 = 2y - 20$$

et
$$2y - x = 30 \qquad\qquad (1)$$

D'après les paroles du mulet :

$$(y + 10) = 3(x - 10)$$

ou
$$y + 10 = 3x - 30$$

et
$$3x - y = 40 \qquad\qquad (2)$$

Les équations (1) et (2) forment un système qu'on peut résoudre par substitution, par exemple.

(1) donne $\qquad x = 2y - 30 \qquad\qquad (3)$

(2) devient $\qquad 6y - 90 - y = 40$

d'où $\qquad 5y = 130 \quad$ et $\quad y = 26$

Enfin, de (3) on tire $\quad x = 52 - 30 \quad$ ou $\quad x = 22$

(Vérification facile.)

Réponse : L'âne porte 22 mesures, et le mulet 26.

194. — EXEMPLE V. — *La superficie forestière de la France est équivalente à celle d'un rectangle tel que si l'on diminue sa longueur de 50ᵏᵐ et sa largeur de 20ᵏᵐ, on obtient la superficie cultivée en blés, infé-*

rieure de $19\,000^{km2}$ *à la précédente ; si l'on augmente sa longueur de*
100^{km} *et sa largeur de* 20^{km}*, on obtient la superficie des cultures four-*
ragères, qui surpasse de $28\,000^{km2}$ *la superficie forestière. Trouver les*
surfaces cultivées en forêts, blés et fourrages.

Soient x la longueur, et y la largeur du rectangle exprimées
en kilomètres. Sa surface est représentée par **xy**. L'énoncé
fournit les deux équations :

$$\begin{cases} (x-\mathbf{50})(y-\mathbf{20})=xy-\mathbf{19\,000} & (1) \\ (x+\mathbf{100})(y+\mathbf{20})=xy+\mathbf{28\,000} & (2) \end{cases}$$

Simplifions l'équation (1) :

$$xy-50y-20x+1\,000=xy-19\,000$$
$$50y+20x=20\,000$$
$$5y+2x=2\,000 \qquad (3)$$

Simplifions l'équation (2) :

$$xy+100y+20x+2\,000=xy+28\,000$$
$$100y+20x=26\,000$$
$$5y+x=1\,300 \qquad (4)$$

En retranchant membre à membre l'équation (4) de l'équation (3), on a de suite : $x=\mathbf{700}.$

L'équation (4) donne enfin :

$$y=\frac{1\,300-x}{5}=\frac{1\,300-700}{5}=\frac{600}{5} \qquad \text{ou} \qquad y=\mathbf{120}$$

La surface du rectangle est donc : $700\times120=84\,000.$
(Achèvement et vérification faciles.)

Réponse : Les superficies cultivées en forêts, blés et fourrages
sont respectivement : $84\,000^{km2}$*,* $65\,000^{km2}$*,* $112\,000^{km2}$*.*

195. — EXEMPLE VI. — *Une personne place un certain capital à un*
certain taux ; une seconde personne possède $1\,500^{f}$ *de plus, et place son*
argent à $0^{f},6$ $0/0$ *de moins, et se fait* 800^{f} *de moins de revenu annuel*
que la première. Enfin, une troisième personne a $1\,000^{f}$ *de moins que la*
première, place son argent à $0^{f},4$ $0/0$ *de plus, et se fait un revenu qui*
surpasse de 700^{f} *celui de la première. Quels sont les trois capitaux et les*
trois taux ?

Soient **x** le capital de la première, et **y** son taux de placement. Le revenu annuel est alors $\frac{xy}{100}$; d'après l'énoncé on peut écrire :

$$\begin{cases} \dfrac{(x + 1\,500)(y - 0,6)}{100} = \dfrac{xy}{100} - 800 & (1) \\[2ex] \dfrac{(x - 1\,000)(y + 0,4)}{100} = \dfrac{xy}{100} + 700 & (2) \end{cases}$$

Simplifions l'équation (1) :

$$(x + 1\,500)(y - 0,6) = xy - 80\,000$$
$$xy + 1\,500y - 0,6x - 900 = xy - 80\,000$$
$$1\,500y - 0,6x = -79\,100 \qquad (3)$$

Simplifions l'équation (2) :

$$(x - 1\,000)(y + 0,4) = xy + 70\,000$$
$$xy - 1\,000y + 0,4x - 400 = xy + 70\,000$$
$$-1\,000y + 0,4x = 70\,400 \qquad (4)$$

Multiplions les termes de l'équation (3) par 2 et ceux de l'équation (4) par 3 :

$$(3) \quad \text{devient :} \qquad 3\,000y - 1,2x = -158\,200 \qquad (5)$$
$$(4) \qquad - \qquad -3\,000y + 1,2x = 211\,200 \qquad (6)$$
$$\text{ou} \qquad 3\,000y - 1,2x = -211\,200 \qquad (7)$$

Il y a clairement incompatibilité entre les équations (5) et (7) qui ont les premiers membres identiques, et les seconds différents

Réponse : *Le problème proposé est impossible.*

196. — EXEMPLE VII. — *Une personne place une partie de sa fortune à 5 0/0 et le reste à 4 0/0. La première partie rapporte annuellement 200ᶠ de plus que la seconde ; d'autre part le quart de la première partie surpasse de 1 000ᶠ le cinquième de la seconde. Quelles sont ces parties ?*

Soient x la première, et y la seconde. On a :

$$\begin{cases} \dfrac{5x}{100} - \dfrac{4y}{100} = 200 & (1) \\[2ex] \dfrac{x}{4} - \dfrac{y}{5} = 1\,000 & (2) \end{cases}$$

$$\text{Simplifions (1)} : \quad 5x - 4y = 20\ 000 \qquad (3)$$
$$\text{—} \quad (2) : \quad 5x - 4y = 20\ 000 \qquad (4)$$

Les équations (3) et (4) étant identiques, l'énoncé ne fournit qu'une équation, et le problème est indéterminé.

On peut donc donner à l'une des inconnues, **x** par exemple, une valeur quelconque; l'équation (3) fournira la valeur correspondante de **y**.

Réponse : Le problème proposé est indéterminé.

197. — EXEMPLE VIII. — *Paul et Pierre ont ensemble 30 billes, Pierre et Jean, 24 ; Paul et Jean, 34. Combien chacun en a-t-il ?*

Soient **x**, **y**, **z**, le nombre de billes que possèdent respectivement Paul, Pierre, Jean. On a :

$$\left\{ \begin{array}{ll} x + y = 30 & (1) \\ y + z = 24 & (2) \\ x + z = 34 & (3) \end{array} \right.$$

En additionnant ces 3 équations, on voit que le premier membre de la somme contient 2 fois **x**, 2 fois **y**, 2 fois **z**, c'est-à-dire 2 fois la somme $(x + y + z)$, ou

$$2 (x + y + z) = 88 \qquad (4)$$

d'où
$$x + y + z = 44 \qquad (5)$$

En retranchant de l'équation (5) l'équation (1), on a :

$$z = 44 - 30 \qquad\qquad z = 14$$

on tire de même, en retranchant de l'équation (5) les équations (2), puis (3).

$$x = 44 - 24. \qquad\qquad x = 20$$
$$y = 44 - 34. \qquad\qquad y = 10$$

Réponses : Paul a 20 billes ; Pierre, 10 ; Jean, 14.

198. — EXEMPLE IX. — *On fond trois lingots d'argent de titres 0,900 ; 0,850 ; 0,925. Les deux premiers lingots seuls formeraient un alliage au titre de 0,880; les deux derniers seuls, un alliage au titre de 0,9. Le poids total des lingots étant 900ᵍ, trouver le poids de chacun.*

Soient **x**, **y**, **z**, les poids des trois lingots, en grammes.

La quantité d'argent pur contenue dans deux d'entre eux est la même que celle contenue dans leur alliage, d'où les équations :

$$\begin{cases} x + y + z = 900 & (1) \\ 0,900x + 0,850y = (x + y)\,0,880 & (2) \\ 0,850y + 0,925z = (y + z)\,0,900 & (3) \end{cases}$$

Simplifions d'abord les équations (2) et (3).

(2) donne
$$900x + 850y = 880x + 880y$$
$$20x = 30y$$
$$2x = 3y \qquad (4)$$

(3) donne
$$850y + 925z = 900y + 900z$$
$$25z = 50y$$
$$z = 2y \qquad (5)$$

Le système devient.

$$\begin{cases} x + y + z = 900 & (6) \\ 2x = 3y & (7) \\ z = 2y & (8) \end{cases}$$

L'équation (8) donne immédiatement z en fonction d y.

L'équation (7) donne $\qquad x = \dfrac{3y}{2}$.

Portons ces valeurs dans l'équation (1)

$$\frac{3y}{2} + y + 2y = 900$$
$$3y + 2y + 4y = 1.800$$
$$9y = 1.800 \qquad y = 200$$

d'où
$$x = \frac{200 \times 3}{2} \qquad x = 300$$
$$z = 200 \times 2 \qquad z = 400$$

Réponse : Les lingots pèsent respectivement 300^g, 200^g, 400^g.

199. — EXEMPLE X. — *Trois pêcheurs se sont associés pour acheter un chalutier à vapeur de* 16 000^f *; le premier pourrait le payer seul si le second lui donnait la moitié de sa fortune ; le second pourrait le payer seul si le troisième lui donnait le tiers de sa fortune ; enfin, le* *troisième pourrait le payer seul si le premier lui donnait le quart de sa fortune. Quelles sont les fortunes respectives de ces pêcheurs ?*

Soient x, y, z, les mises du premier, du second et du troisième. L'énoncé donne :

$$\text{I}\left\{\begin{array}{l} x + \dfrac{y}{2} = 16\,000 \\[2mm] y + \dfrac{z}{3} = 16\,000 \\[2mm] z + \dfrac{x}{4} = 16\,000 \end{array}\right. \quad \text{ou} \quad \left\{\begin{array}{ll} 2x + y = 32\,000 & (1) \\[2mm] 3y + z = 48\,000 & (2) \\[2mm] 4z + x = 64\,000 & (3) \end{array}\right.$$

(3) donne :
$$x = 64\,000 - 4z$$

(2) — :
$$y = \frac{48\,000 - z}{3}$$

Portons ces valeurs dans l'équation (1) :

$$128\,000 - 8z + \frac{48\,000 - z}{3} = 32\,000$$

$$384\,000 - 24z + 48\,000 - z = 96\,000$$

$$-25z = -336\,000 \qquad\qquad z = 13\,440$$

$$\text{D'où} \quad x = 64\,000 - 13\,440 \times 4 \qquad x = 10\,240$$

$$y = \frac{48\,000 - 13\,440}{3} \qquad y = 11\,520$$

Réponse : Les fortunes du premier, du second et du troisième sont respectivement 10 240ᶠ, 11 520ᶠ, 13 440ᶠ.

200. — EXEMPLE XI. — *Le 9 juin 1909, le lieutenant Shackleton est arrivé à une certaine distance du pôle Sud, exprimée, en kilomètres, par un nombre de 3 chiffres dont la somme est 16 ; le chiffre des unités est égal à la somme de celui des dizaines et des centaines ; et en ajoutant à ce nombre 693, on obtient ce nombre renversé. Quelle est cette distance ?*

Soient c, d, u, les chiffres des centaines, des dizaines et des unités ; le nombre s'écrit alors (100c + 10d + u), et ce nombre renversé est (100u + 10d + c). L'énoncé donne :

$$\left\{\begin{array}{ll} c + d + u = 16 & (1) \\[2mm] u = c + d & (2) \\[2mm] 100c + 10d + u + 693 = 100u + 10d + c & (3) \end{array}\right.$$

En remplaçant $(c + d)$ par u dans l'équation (1), on a :

$$2u = 16 \quad \text{d'où} \quad u = 8.$$

L'équation (3) simplifiée donne :

$$99c + 693 = 99u$$

puis
$$c + 7 = u$$

et, comme $\quad u = 8, \quad c + 7 = 8 \quad$ d'où $\quad c = 1$

D'où aisément : $\quad d = u - c = 8 - 1 \quad$ d'où $\quad d = 7$

(Vérification facile.)

Réponse : La réponse demandée est 178 kilomètres.

201. — EXAMPLE XII. — *Trois fontaines coulent dans un bassin ; la première et la deuxième ensemble le remplissent en 3 heures ; la deuxième et la troisième en 2^h24^m ; la première et la troisième en 4^h. Combien de temps mettrait chaque fontaine seule pour remplir le bassin ?*

Soient x, y, z, les temps respectifs cherchés, en heures.

La contenance du bassin étant 1, en 1 heure chacune d'elles remplit $\dfrac{1}{x}$, $\dfrac{1}{y}$, $\dfrac{1}{z}$, ou, pour simplifier : x', y', z'.

L'énoncé permet d'écrire, en remarquant que $2^h24^m = \dfrac{12^h}{5}$

$$\left\{ \begin{array}{lr} 3x' + 3y' = 1 & (1) \\[2mm] \dfrac{12}{5}y' + \dfrac{12}{5}z' = 1 & (2) \\[2mm] 4x' + 4z' = 1 & (3) \end{array} \right.$$

L'équation (2) simplifiée donne :

$$12y' + 12z' = 5 \qquad\qquad (4)$$

Multiplions par 4 les termes de l'équation (1), et par 3 ceux de l'équation (3) :

(1) devient : $\qquad 12x' + 12y' = 4 \qquad\qquad (5)$

(3) — : $\qquad 12x' + 12z' = 3 \qquad\qquad (6)$

Ajoutons les équations (4), (5), (6), membre à membre :

$$2(12x' + 12y' + 12z') = 12$$

d'où $\qquad 12x' + 12y' + 12z' = 6 \qquad\qquad (7)$

Retranchons successivement de cette équation les équations (4), (5), (6), il vient :

$$12\,x' = 1 \quad ; \quad x = \frac{1}{12} \quad ; \quad \text{donc} \qquad x = 12$$

$$12\,z' = 2 \quad ; \quad z' = \frac{1}{6} \quad ; \quad \text{donc} \qquad z = 6$$

$$12\,y' = 3 \quad ; \quad y' = \frac{1}{4} \quad ; \quad \text{donc} \qquad y = 4$$

(Vérification facile).

Réponse : La première fontaine seule remplirait le bassin en 12^h; la seconde en 4^h; la troisième en 6^h.

Remarque. — On pouvait résoudre ce problème avec une seule inconnue : soit **x** la contenance du bassin.

En 1^h, la 1re et la deuxième fontaine remplissent $\dfrac{x}{3}$ (1)

— la 2e et la 3e — $\dfrac{5x}{12}$ (2)

— la 1re et la 3e — $\dfrac{x}{4}$ (3)

En 1 heure, elles remplissent :

$$\frac{\dfrac{x}{3} + \dfrac{5x}{12} + \dfrac{x}{4}}{2} = \frac{4x + 5x + 3x}{2 \times 12} = \frac{12x}{24} = \frac{x}{2} \qquad (4)$$

En retranchant de la valeur (4) successivement les valeurs (1), (2), (3), on trouve facilement la quantité remplie en une heure par chaque fontaine, etc...

Mais une telle méthode a nettement le caractère du raisonnement arithmétique; ce n'est pas à proprement parler une méthode algébrique, car on n'y trouve pas d'équation.

202. — EXEMPLE XIII. — *Calculer les segments additifs déterminés, sur le côté AC d'un triangle, par la bissectrice BD de l'angle intérieur B, (fig. 19).*

Appelons **a, b, c,** les longueurs des

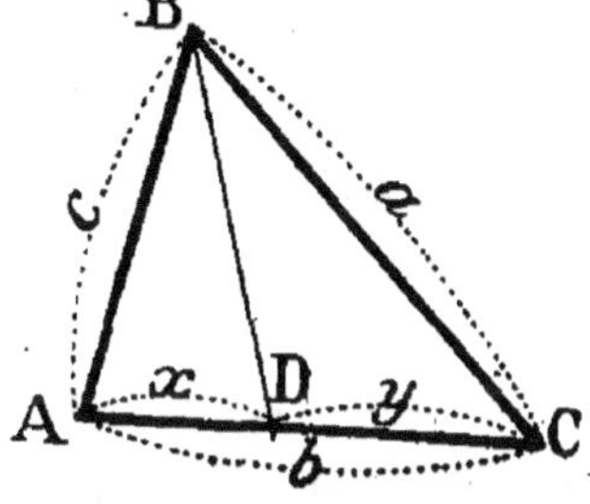

Fig. 19.

côtés. x le segment AD, y le segment DC. La géométrie permet d'écrire :

$$\left\{ \begin{array}{l} x + y = b \qquad (1) \\[2mm] \dfrac{x}{c} = \dfrac{y}{a} \qquad (2) \end{array} \right.$$

Un théorème connu sur les suites de rapports égaux donne

$$\frac{x}{c} = \frac{y}{a} = \frac{x+y}{c+a} = \frac{b}{c+a}$$

D'où $\qquad x = \dfrac{bc}{c+a} \qquad\qquad y = \dfrac{ab}{c+a}$

203. — **EXEMPLE XIV.** — *Calculer les segments additifs déterminés sur les côtés d'un triangle par le cercle inscrit*, (fig. 20).

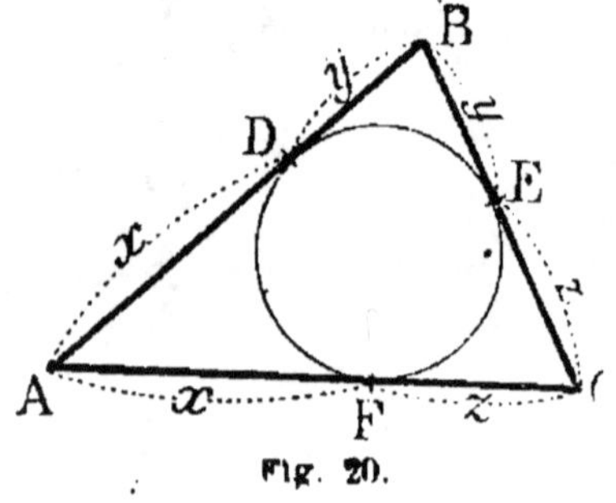

Fig. 20.

Les points de contact étant **D**, **E**, **F**, les tangentes issues d'un même point : **AD** et **AF**, sont égales : de même BD = BE ; CE = CF. Les côtés étant représentés par a, b, c, et le périmètre du triangle par 2p, on peut écrire :

AD + DB = AB	ou	$x + y = c$ (1)
AF + FC = AC	ou	$x + z = b$ (2)
BE + EC = BC	ou	$y + z = a$ (3)

En ajoutant les équations (1), (2), (3), on a :

$$2(x + y + z) = a + b + c \quad \text{ou} \quad 2(x + y + z) = 2p$$

et $\qquad\qquad\qquad x + y + z = p \qquad\qquad (4)$

En retranchant de l'équation (4) chacune des équations (1), (2), (3), on a :

$$z = p - c \; ; \quad y = p - b \; ; \quad x = p - a$$

On peut d'ailleurs énoncer ces solutions en langage ordinaire : *l'un des segments est égal à l'excès du demi-périmètre sur le côté non adjacent à ce segment.*

204. — EXEMPLE XV. — *L'aire d'un rectangle ne change pas si l'on augmente sa base de a mètres en diminuant sa hauteur de b mètres; elle reste encore la même si l'on diminue sa base de c mètres en augmentant sa hauteur de d mètres. Quelles sont ses dimensions?*

Soient **x** la longueur de la base, **y** celle de la hauteur : la surface est **xy**; et l'énoncé donne

$$(x + a)(y - b) = xy \qquad (1)$$
$$(x - c)(y + d) = xy \qquad (2)$$

Simplifions l'équation (1) :

$$xy + ay - bx - ab = xy$$
$$ay - bx = ab \qquad (3)$$

Simplifions l'équation (2) :

$$xy - cy + dx - cd = xy$$
$$- cy + dx = cd \qquad (4)$$

Multiplions les deux membres de l'équation (3) par c :

$$acy - bcx = abc \qquad (5)$$

Multiplions les deux membres de l'équation (4) par a :

$$- acy + adx = acd \qquad (6)$$

Ajoutons membre à membre les équations (5) et (6) :

$$adx - bcx = acd + abc$$
$$x(ad - bc) = ac(d + b)$$
$$x = \frac{ac(d + b)}{ad - bc} \qquad (7)$$

On trouverait, par un calcul analogue :

$$y = \frac{bd(c + a)}{ad - bc} \qquad (8)$$

Discussion. — 1° La nature des inconnues exige qu'elles soient positives. Les nombres a, b, c, d, étant positifs, les numérateurs le sont. Les valeurs **x** et **y** seront donc positives si les dénominateurs sont positifs. On doit donc avoir :

$$ad - bc > 0 \qquad \text{ou} \qquad ad > bc \qquad \text{ou} \qquad \frac{a}{b} > \frac{c}{d}$$

2° Si l'on avait :

$$ad - bc = 0 \qquad ou \qquad ad = bc \qquad ou \qquad \frac{a}{b} = \frac{c}{d}$$

les valeurs **x** et **y** prendraient la forme de l'impossibilité :

$$x = \infty \quad ; \quad y = \infty.$$

Les équations (1) et (2) seraient donc impossibles, ainsi que le problème.

3° Si l'on avait :

$$ad - bc < 0 \qquad ou \qquad ad < bc \qquad ou \qquad \frac{a}{b} < \frac{c}{d}$$

les valeurs **x** et **y** seraient négatives; elles conviendraient aux équations (1) et (2), *qui seraient possibles*, mais la nature de la question les ferait rejeter, et *le problème serait impossible.*

$$
\textit{Résumé}
\begin{cases}
\dfrac{a}{b} > \dfrac{c}{d} & x > 0 \quad ; \quad y > 0 & \text{1 solution} \\[2mm]
\dfrac{a}{b} = \dfrac{c}{d} & x = \infty \quad ; \quad y = \infty & \text{0 solution} \\[2mm]
\dfrac{a}{b} < \dfrac{c}{d} & x < 0 \quad ; \quad y < 0 & \text{0 solution}
\end{cases}
$$

EXERCICES

Problèmes à plusieurs inconnues.

674. — On achète une première fois 6ᵐ de drap et 4ᵐ de doublure pour 70ᶠ, une seconde fois 3ᵐ de drap et 6ᵐ de doublure pour 45ᶠ. Quels sont les prix du mètre de drap et du mètre de doublure ?

675. — Un marchand a deux qualités de vin ; 8ˡ de la première et 12ˡ de la seconde coûtent 9ᶠ,60 ; 5ˡ de la première et 7ˡ de la seconde coûtent 5ᶠ,80. On demande le prix du litre de chaque qualité.

676. — Trouver 2 nombres tels que si l'on divise le premier par 5 et le second par 4, la somme des quotients soit 6 ; et que si l'on multiplie le premier par 3 et le second par 2, la somme des produits soit 69.

677. — Un canot automobile a mis 20 minutes pour descendre un fleuve sur un parcours de 7.200ᵐ ; pour revenir, contre le courant, il met 30 minutes. Quelle est la vitesse propre du bateau et celle du courant?

678. — La somme de 2 nombres est 21. Si de 8 fois le premier, plus le second, on retranche 8 fois le second, plus le premier, le reste est 63. Quels sont ces nombres ?

679. — Un nombre de 2 chiffres vaut 8 fois la somme de ses chiffres, et le carré de cette somme est les $\frac{9}{8}$ du nombre. Quel est ce nombre ?

680. — Deux vases ont un même couvercle valant 0ᶠ,75. Le premier et le couvercle valent le double du second seul; le second et le couvercle valent les $\frac{13}{17}$ du premier seul. Quel est le prix de chaque vase?

681. — Dans une usine on a payé 145ᶠ pour les salaires de 20 hommes et de 15 femmes. S'il y avait 15 hommes et 20 femmes, on n'aurait payé que 135ᶠ. Quels sont les salaires d'un homme et d'une femme?

682. — Quelle est la fraction qui devient égale à $\frac{4}{7}$ quand on ajoute 4 à chacun de ses termes, et à $\frac{2}{5}$ quand on retranche 2 de chaque terme?

683. — Une personne place une partie de sa fortune à 4 0/0, et l'autre à 3 0/0; elle se fait un revenu total de 1.450ᶠ. En plaçant la première partie à 3 0/0 et la seconde à 4 0/0, le revenu serait diminué de 100ᶠ. Quelles sont les deux parties?

684. — Une personne, en mourant, lègue 47.800ᶠ à deux enfants ayant 13 et 16 ans, de façon à ce que la part de chacun étant placée à intérêts simples 3 0/0 jusqu'à sa majorité, les deux capitaux accumulés deviennent égaux. Quelles sont les parts actuelles?

685. — Trouver la vitesse d'un train et son parcours sachant qu'en augmentant cette vitesse de 10ᵏᵐ à l'heure on gagnerait 1 h. sur le trajet, mais en la diminuant de 10 ᵏᵐ à l'heure on perdrait 1 h. 24 m.

686. — Deux associés ont fondé une entreprise qui a rapporté 15.000ᶠ; l'un a mis 60.000ᶠ de plus que l'autre, et sa part est 3.000ᶠ de plus que celle du second. Quelles étaient les mises?

687. — Une personne achète une vigne, un pré, une terre. Le pré vaut les $\frac{2}{3}$ de la vigne moins 119ᶠ, et la terre vaut la vigne plus 500ᶠ. La personne revend le pré avec un bénéfice égal au $\frac{1}{7}$ de son prix d'achat, et la terre avec un bénéfice égal aux $\frac{2}{25}$ de son prix d'achat. Ces deux bénéfices étant égaux, trouver les prix de la vigne, du pré et de la terre.

688. — Deux courriers M et N partent à midi, l'un de A pour aller à B, l'autre de B pour aller à A. Leurs vitesses sont uniformes et telles que le premier arrive en B 9ʰ après la rencontre et que le second arrive en A 4ʰ après la rencontre. Quel est le temps employé par chaque courrier pour parcourir la distance AB?

689. — Un promeneur se propose de faire un certain parcours; au bout de 15ᵏᵐ il augmente son allure de 1ᵏᵐ à l'heure et arrive ainsi 20 minutes plus tôt que s'il avait conservé son allure primitive. Mais si le trajet avait été accompli entièrement à l'allure la plus rapide, il aurait encore été plus court de 30 minutes. Trouver la longueur du trajet et la vitesse primitive du piéton.

690. — La couronne de Hiéron, roi de Syracuse, pesait 20 livres; Archimède constata que dans l'eau elle perdait 1 livre $\frac{1}{4}$. En admettant que la couronne soit un alliage d'or et d'argent purs, trouver sa composition, la densité de l'or étant 19,6; celle de l'argent 10,5.

691. — Trois personnes ont ensemble 144ᶠ. Si la seconde donnait $\frac{1}{5}$ de son avoir et la troisième $\frac{1}{7}$ du sien à la première, elles auraient toutes trois la même somme. Trouver l'avoir de chacune.

692. — Un nombre est formé de trois chiffres dont la somme est 15 ; celui des centaines est quadruple de celui des dizaines. Si de ce nombre on retranche 297 on trouve le nombre renversé. Quel est ce nombre ?

693. — Un marchand a acheté du blé à 22ᶠ l'hectolitre ; de l'avoine à 12ᶠ l'hectolitre ; de l'orge à 15ᶠ l'hectolitre. Le prix total du blé surpasse celui de l'orge de 144ᶠ ; celui de l'avoine surpasse celui du blé de 36ᶠ. La dépense totale étant 684ᶠ, on demande le nombre d'hectolitres de chaque graine.

694. — On demande trois nombres tels que la somme des 2 premiers soit 60 ; celle des 2 derniers 82 ; celle du premier et du troisième 78.

695. — Un bassin reçoit de l'eau de trois robinets ; les 2 premiers coulant ensemble le rempliraient en 2 heures $\frac{1}{2}$; les 2 derniers seuls, en 3 h. 20 m ; le premier et le troisième en 2 h. $\frac{4}{13}$. Combien de temps mettrait chaque robinet coulant seul pour remplir le bassin ?

696. — Trouver 3 nombres tels que la somme des 2 premiers soit a ; celle des 2 derniers, b ; celle du premier et du troisième, c.

697. — Une automobile part de A vers B pendant que deux cyclistes partent de B dans des sens opposés, l'un allant vers A ; l'automobile rencontre le premier cycliste en M ; puis 7ᵐ30ˢ plus tard, le second en M'. Sachant que les deux cyclistes ont même vitesse, que celle de l'automobile est triple de la leur, et que M et M' sont distants de 6ᵏᵐ, on demande de calculer la distance AB, et les vitesses des cyclistes et de l'automobile.

698. — Deux trains partent à la même heure: l'un d'une ville A pour aller en B, l'autre de B pour s'en aller en A. Le train partant de A arrive en B 9ʰ après avoir rencontré le train partant de cette dernière ville ; celui-ci arrivera en A 16ʰ après cette rencontre. Combien d'heures chaque train mettra-t-il pour parcourir la distance qui sépare ces deux villes A et B ? Quelles sont leurs vitesses respectives si la distance AB est 840ᵏᵐ ?

699. — La rétribution scolaire dans un externat qui comprend deux classes, est fixée pour la 1ʳᵉ année à 4ᶠ par mois et pour la 2ᵉ année à 5ᶠ. L'effectif au commencement de l'année (1ᵉʳ octobre) fait prévoir pour les 10 mois de classe une recette totale de 4500ᶠ. Une épidémie ayant nécessité le licenciement de la 2ᵉ année du 16 mars au 1ᵉʳ mai et $\frac{1}{6}$ des élèves ayant disparu à la réouverture des classes, c'est-à-dire le 1ᵉʳ mai, la recette totale de l'année scolaire a été seulement de 4080ᶠ. On demande quel était l'effectif des deux classes au commencement de l'année.

700. — Une personne place une partie de sa fortune à 5 0/0, et l'autre partie à 3 0/0 ; de cette manière, elle se fait un revenu de 5174ᶠ. Quelles sont les deux sommes ainsi placées, sachant que si la somme qui rapporte 3 0/0 avait été placée à 5 0/0, et si la somme qui rapporte 5 0/0 avait été placée à 3 0/0, le revenu eût diminué de 668ᶠ.

701. — Une somme placée à 5 0/0 s'est élevée au bout d'un certain temps à 6840ᶠ, capital et intérêts simples compris. Placée à 4 0/0 pendant le même temps, elle serait devenue 6768ᶠ. Quelle est cette somme et pendant combien de temps a-t-elle été placée ?

702. — Deux capitaux sont placés à 4 0/0, l'un pendant 7 mois, l'autre pendant 9 mois. Trouver ces deux capitaux, sachant : 1° que les intérêts produits sont égaux, 2° que ces deux capitaux ajoutés à leurs intérêts forment une somme de 73138ᶠ.

703. — Deux capitaux placés au même taux, l'un pendant 4 mois, l'autre pendant 13 mois, ont produit le même intérêt. Calculer ces capitaux sachant que leur différence est 9450ᶠ.

4. — Un capital réuni à ses intérêts de 4 mois forme une somme de 7.405ᶠ,40. Le même capital, placé au même taux que précédemment devient — après 11 mois — capital et intérêts réunis : 7554ᶠ,85. Calculer le capital et le taux.

705. — La somme des intérêts de 2 capitaux est 1085ᶠ. L'intérêt du premier capital surpasse celui du deuxième de 135ᶠ. Ils sont placés au même taux, le premier pendant 11 mois, le deuxième pendant 8 mois, et le deuxième capital surpasse le premier de 1200ᶠ. Trouver : 1° le taux commun des placements ; 2° les deux capitaux.

706. — Un capitaliste place les $\frac{2}{5}$ de sa fortune dans l'industrie et le reste en rentes sur l'État. La première partie lui donne un revenu annuel de 1 400ᶠ et la deuxième de 1176ᶠ. Pendant la deuxième année, il ajoute 6300ᶠ à chaque placement et augmente ainsi son revenu annuel de 491ᶠ,40. On demande : 1° quelle était la somme primitivement placée ; 2° le taux de chaque placement?

707. — Une personne a engagé sa fortune dans 2 entreprises, dont l'une rapporte $7\frac{1}{2}$ 0/0 et l'autre $5\frac{2}{3}$. Elle retire de la 1ʳᵉ un bénéfice supérieur de 2607ᶠ à celui que lui donne la 2ᵉ. En intervertissant les placements, elle retirerait de chaque entreprise le même bénéfice. Combien a-t-elle placé dans chaque entreprise ?

708. — Un fabricant de sucre vend à un épicier une certaine quantité de sucre à 65ᶠ les 100ᵏᵍ ; il doit recevoir en payement 70 ᵏᵍ de café et 500ᶠ en argent. Il ne peut fournir que $\frac{3}{4}$ de la quantité de sucre qu'il a vendue, et il reçoit en paiement les 70ᵏᵍ de café et 305ᶠ en argent. Combien de kg de sucre le fabricant devait-il fournir, et quel est le prix du kg de café?

709. — 5 hommes ou 7 femmes feraient un ouvrage en 37 heures. En combien d'heures 7 hommes et 5 femmes feraient-ils ce même ouvrage ?

710. — Un industriel emploie dans son usine 15 hommes, 8 femmes et 12 enfants. Le montant des salaires de ces ouvriers pendant une semaine, c'est-à-dire 6 jours de travail, s'est élevé à 1 015ᶠ,20. On demande combien chacun gagne par jour, sachant que 3 journées d'un hommes valent 4 journées d'une femme et que 5 journées d'une femme valent 18 journées d'un enfant.

711. — 2 collégiens font leurs provisions. Le 1ᵉʳ paye 5ᶠ pour un certain nombre de boîtes de pâté à 0ᶠ,50 l'une et de pots de confitures à 1ᶠ l'un. L'autre, qui a acheté autant de pots de confitures que son camarade avait de boîtes de pâté et vice-versa, paye le tout 7ᶠ. Combien chacun avait-il de pots et de boîtes?

712. — Un oncle, en mourant, laisse 45000ᶠ à ses trois neveux âgés respectivement de 5 ans, de 9 ans et de 15 ans. Il recommande de partager cet héritage de façon que les trois parts placées à 3 0/0 procurent à chacun d'eux la même somme lorsqu'il atteindra 21 ans. Faire ce partage. (Intérêts non composés).

713. — Deux bicyclistes partent en même temps de deux villes A et B et vont à la rencontre l'un de l'aure. Le bicycliste parti de A fait 6ᵏᵐ à l'heure de plus que l'autre, mais il subit un arrêt de 15ᵐ après chaque heure de marche. L'autre parti de B n'a qu'un seul arrêt de 12ᵐ. On sait que les bicyclistes se rencontrent au bout de 5ʰ au milieu de AB. On demande : 1° quelle est la distance AB, 2° quelle est la vitesse de chaque bicycliste?

714. — Une personne a partagé sa fortune en 3 parties. La première s'élevant à 90000ᶠ est engagée dans l'agriculture et lui rapporte 2ᶠ,50 0/0 par an ; la deuxième est placée chez un négociant au taux de 5ᶠ,50 0/0, la troisième engagée dans l'industrie donne 7ᶠ,50 0/0 par an.

Le revenu de la 2ᵉ partie étant les $\frac{2}{5}$ de celui de la 3ᵉ et la somme de ces deux revenus les $\frac{11}{17}$ du revenu total, on demande : 1° quelle est la fortune totale ; 2° quelle est la totalité des revenus annuels?

715. — Une personne partage sa fortune en deux parts qu'elle place. La première part est les $\frac{2}{5}$ de la deuxième et est placée à un taux qui est les $\frac{2}{3}$ du taux de placement de la deuxième. Le revenu annuel est ainsi 969ᶠ. Si la première part seule était augmentée de 1000ᶠ et les taux intervertis, le revenu ne serait plus que 853ᶠ,50. On demande la valeur de la fortune et des taux de placement.

716. — Un ouvrage est entrepris par 3 ouvriers. Le premier et le second le feraient ensemble en 13 jours $\frac{1}{3}$; le second et le troisième en 10 jours $\frac{10}{11}$; le premier et le troisième en 12 jours. Si l'ouvrage est commencé simultanément par les 3 ouvriers et que le second l'abandonne avant qu'il soit achevé, il faut que les deux autres travaillent 2 jours $\frac{1}{2}$ de plus qu'il n'eût fallu sans la défection de leur camarade. Après combien de jours le 2ᵉ ouvrier a-t-il quitté l'ouvrage?

717. — Une personne a 3 propriétés. La 1ʳᵉ et la 2ᵉ lui rapportent ensemble 15600ᶠ ; la 2ᵉ et la 3ᵉ, 8400ᶠ ; la 1ʳᵉ et la 3ᵉ, 12800ᶠ. Que rapporte chacune des propriétés?

718. — On a payé 9ᶠ,70 pour expédier à une distance de 255ᵏᵐ un colis pesant 27ᵏᵍ. Le port d'un autre colis pesant 42ᵏᵍ et expédié à une distance de 175ᵏᵐ a coûté 10ᶠ60. On sait que le même tarif a été appliqué dans les 2 cas et que ce tarif comporte : 1° un prix déterminé par kilomètre pour les 10 premiers kilogrammes, 2° un autre prix par kilomètre pour chaque kilogramme en plus des dix premiers ; 3° un droit de timbre de 0ᶠ,10 pour chaque expédition. On demande quels sont les prix kilométriques inscrits dans ce tarif.

719. — Un bateau, descendant le courant d'une rivière, met 5ʰ pour faire un certain trajet; sa machine gardant la même vitesse propre, il met 7ʰ30ᵐ pour revenir à son point de départ ; si sa vitesse propre augmentait de 1ᵏᵐ,6 à l'heure, il ne mettrait que 6ʰ45ᵐ pour revenir. Quelles sont la vitesse propre du bateau, et celle du courant?

720. — Une automobile dont la vitesse est 36ᵏᵐ à l'heure est au niveau de l'arrière d'un train de marchandises filant sur une voie ferrée parallèle à la route; l'automobile met 56 secondes pour atteindre la tête du train. Après un parcours suffisant, l'automobile fait demi-tour, et, à la même vitesse, croise le train de marchandises ; il ne lui faut alors que 8 secondes pour aller de la tête à la queue du train. Quelles sont la vitesse et la longueur du train?

721. — On veut faire 10ᵏᵍ de soudure à 1 de plomb pour 1 d'étain; on possède de la soudure à 1 d'étain pour 2 de plomb, et de vieilles mesures de capacité à 9 d'étain pour 1 de plomb. Quels poids de ces deux derniers alliages faut-il prendre pour constituer le premier?

722. — Un aréomètre Baumé pour liquides plus denses que l'eau marque 0° dans l'eau pure, et 66° dans l'acide sulfurique de densité 1,84. Quelle sera la densité de l'acide azotique dans lequel il marque 36° ? (On représentera par **x** cette densité, par **v** le volume d'une division de la tige, par **N** le nombre des divisions que porterait l'instrument jusqu'au 0°, si le tube était calibré uniformément, de manière à représenter par **Nv** le poids de l'instrument).

723. — Un pèse-liqueurs, pour liquides moins denses que l'eau, marque 0° dans un liquide salé de densité 1,0847 et 10° dans l'eau pure. Trouver la densité de l'éther où cet aréomètre plonge jusqu'à 62°. — (Observations analogues à celles du problème précédent; ainsi, le poids de l'aréomètre est **Nv** $\times$ 1,0847.)

724. — Problème analogue au précédent, avec l'alcool, dans lequel le pèse-liqueurs marque 40°.

725. — (*Les bœufs de Newton*). — Trois bœufs ont mangé en 2 semaines l'herbe contenue dans 2 ares de terrain, plus l'herbe qui y a poussé pendant ces 2 semaines. Deux bœufs ont mangé en 4 semaines l'herbe contenue dans 2 ares de terrain, plus l'herbe qui y a poussé pendant ces 4 semaines. Combien faudra-t-il de bœufs pour manger en 6 semaines l'herbe contenue dans 6 ares de pré, plus l'herbe qui y poussera pendant ces 6 semaines ? On admet que l'herbe croît uniformément. (Prendre pour inconnue auxiliaire la hauteur h dont l'herbe croît en une semaine sur un are).

726. — On a 4 tonneaux ; si avec le 1er on remplit le 2e, il reste les $\frac{4}{7}$ du 1er; si avec le 2e on remplit le 3e, il reste le $\frac{1}{4}$ du second; si l'on verse le 3e dans le 4e, ce dernier n'est rempli qu'aux $\frac{9}{16}$ de sa capacité. Enfin le 1er contient 15 litres de plus que les deux derniers ensemble. Quelles sont les contenances de chaque fût ?

727. — Etant donnés les côtés a, b, c, d'un triangle, calculer la longueur des segments déterminés sur ces côtés par les cercles ex-inscrits. On représentera le périmètre a + b + c par 2p.

728. — Calculer, en fonction des côtés a, b, c, d'un triangle, les rayons des circonférences tangentes entre elles, et ayant pour centres les sommets du triangle.

729. — Quelles sont les dimensions d'un rectangle dont la surface ne change pas si l'on augmente sa base de a mètres, en diminuant sa hauteur de b mètres, ou bien en augmentant la base de c mètres et en diminuant la hauteur de d mètres ?

730. — On donne un rectangle de côtés a et b, et un autre de côtés c et d. Inscrire dans le premier un autre rectangle semblable au second. On prendra pour inconnues les distances d'un sommet du premier rectangle aux extrémités du côté le plus rapproché du rectangle inscrit.

731. — On joint le sommet **B** d'un rectangle **ABCD** au milieu **M** du côté **AD**; la droite **BM** coupe la diagonale **AC** en un point **P**. Calculer les distances de ce point **P** aux côtés **AB** et **AD**. (On représentera **AB** par a et **AD** par b).

732. — Un homme d'une taille de 1m,68 placé dans un hall éclairé par une lampe à arc, constate que son ombre a une longueur de 2m,20; il se rapproche de 3m,20 dans la direction de la lampe, et alors son ombre n'a plus que 1m,40. Calculer la hauteur de la lampe au-dessus du sol, et la distance à laquelle l'homme se trouvait, dans le 1er cas, du pied de la verticale passant par la lampe.

733. — Généraliser en remplaçant: 1m,68 par h; 2m,20 par a; 1m,40 par b, 3m,20 par d.

TROISIÈME PARTIE

SECOND DEGRÉ

CHAPITRE I

ÉQUATIONS DU SECOND DEGRÉ

§ I. — Exercices préliminaires.

205. — EXERCICE I. — *Trouver un nombre dont le tiers multiplié par le quart donne 48.*

Le nombre demandé étant x, on doit avoir :

$$\frac{x}{3} \times \frac{x}{4} = 48 \qquad \text{ou} \qquad \frac{x^2}{12} = 48$$

d'où $\qquad x^2 = 48 \times 12 \qquad$ ou $\qquad x^2 = 576 \qquad$ (1)

Extrayons la racine carrée des deux membres, en nous rappelant qu'une quantité positive a deux racines carrées, (n° 104); ainsi $\quad \sqrt{x^2} = \pm x; \qquad \sqrt{576} = \pm 24.$

Théoriquement, nous devrions écrire :

$$\pm x = \pm 24 \qquad (2)$$

ce qui donne les différentes solutions :

$$+ x = + 24 \qquad (3) \qquad\qquad - x = + 24 \qquad (5)$$
$$+ x = - 24 \qquad (4) \qquad\qquad - x = - 24 \qquad (6)$$

Mais on peut constater que les équations (5) et (6) sont respectivement identiques aux équations (4) et (3) dans lesquelles on aurait changé les signes des termes. Elles ne donnent pas d'autres solutions pour x que celles fournies par les équations (4) et (3). Aussi, *pratiquement*, lorsqu'on extrait la racine carrée des deux membres d'une équation, ne met-on le signe $\pm$ que devant un seul membre.

On passe donc de l'équation (1) à l'équation :

$$x = \pm 24$$

On sépare ensuite ces deux valeurs qu'on appelle x' et x'', et l'on écrit :

$$x' = + 24 \qquad\qquad x'' = - 24$$

Réponses : Les deux nombres 24 et (— 24) satisfont à l'énoncé.

206. — Exercice II. — *Trouver le rayon d'un cercle sachant que le nombre qui exprime sa surface en mètres carrés vaut 3 fois celui qui exprime la longueur de sa circonférence en mètres.*

Si le rayon vaut x, la surface est πx^2, et la circonférence $2\pi x$. D'où :

$$\pi x^2 = 2\pi x \times 3 \qquad \text{ou} \qquad \pi x^2 = 6\pi x$$

Divisons les deux membres extrêmes par π :

$$x^2 = 6x \qquad\qquad (7)$$

D'où $\qquad x^2 - 6x = 0 \qquad$ et $\qquad x(x - 6) = 0$

Ce produit étant nul, il faut et il suffit que l'un des facteurs soit nul. L'équation est donc satisfaite pour $\quad x = 0$
et pour $\qquad x - 6 = 0 \qquad$ ou $\qquad x = 6$
La solution $x = 0$ doit être rejetée d'après la nature de inconnue.

Réponse : Le rayon du cercle est 6 mètres.

207. — Exercice III. — *Quel est le nombre dont le triple multiplié par son quintuple donne un produit égal à 0.*

On a $\qquad 3x \times 5x = 0 \qquad$ ou $\qquad 15 x^2 = 0 \qquad (8)$

Le facteur 15 n'étant pas nul, il faut que x^2 le soit, et par suite $x = 0$.

208. — EXERCICE IV. — *Quelles sont les dimensions d'un rectangle dont le périmètre est 100^m et la surface 600^{m2} ?*

La somme des deux dimensions d'un rectangle vaut le demi-périmètre, soit ici 50^m; donc, si l'une est x, l'autre est 50 — x, et l'on a :
$$(50 - x)\, x = 600$$

ou
$$50\,x - x^2 = 600$$

ou, en changeant les signes :
$$x^2 - 50\,x = -600 \qquad (9)$$

Le premier membre peut être considéré comme le *commencement du carré d'une différence*, (Exercices 217 à 234). Le premier terme x^2 est le carré de x, première partie de la différence ; 50 x représente le double produit des deux parties ; donc le produit est 25 x; la première partie étant x, la seconde est 25, et le carré complet serait $(x - 25)^2$.

Pour que le premier membre de (9) fût un carré parfait, il faudrait donc lui ajouter le carré de 25 ou 625 ; alors, ajoutons 625 aux deux membres il vient :
$$x^2 - 50\,x + 625 = -600 + 625$$
ou
$$(x - 25)^2 = 25$$

Extrayons la racine carrée des deux membres :
$$x - 25 = \pm \sqrt{25} = \pm 5$$

Faisons passer 25 du premier dans le second membre :
$$x = \pm 5 + 25$$

Il y a donc deux réponses, que l'on désigne par x' et x'' et qui sont :
$$x' = +5 + 25 = 30 ; \qquad x'' = -5 + 25 = 20.$$

Avec $x' = 30$,   l'autre dimension est   50 — 30 = 20.
Avec $x'' = 20$,   d°   50 — 20 = 30.

Cela signifie que .

si la longueur est 30^m,   la largeur est 20^m ;
si la longueur est 20^m,   la largeur est 30^m.

Pratiquement, il suffit de dire :

Réponse . Les deux dimensions du rectangle sont 30^m *et* 20^m.

GÉNÉRALISATIONS

209. — **Les** équations (1), (7), (8), (9), qui contiennent l'inconnue *à la deuxième puissance, et pas à une puissance supérieure, sont des équations du* **second degré à une inconnue.**

Une telle équation contient au plus trois sortes de termes : termes en x^2, termes en x, termes connus. Après réduction des termes semblables, et en considérant l'ensemble des termes comme un seul terme, on peut donc la mettre sous la forme :

$$ax^2 + bx + c = 0$$

dans laquelle a, b, c, sont des quantités connues, qui peuvent être positives, nulles, ou négatives.

a est le coefficient de x^2; b celui de x; c est l'ensemble des termes connus; par extension on dit que a et c sont les coefficients extrèmes.

EXEMPLE : $2x + 8x^2 - 5x - 12 = 2x^2 + 4x - 2$
se ramène à $8x^2 - 2x^2 + 2x - 5x - 4x - 12 + 2 = 0$
puis à $6x^2 - 7x - 10 = 0$
dans laquelle $a = +6$; $b = -7$; $c = -10$.

§. II — **Équations incomplètes.**

210. — Le coefficient a ne peut jamais être nul, sans quoi le terme ax^2 disparaîtrait, et l'équation ne serait plus du second degré.

— Si le coefficient b est nul, l'équation se réduit à :

$$ax^2 + c = 0$$

C'est le cas de l'exercice I, (n° 205).

— Si le coefficient c est nul, l'équation se réduit à :

$$ax^2 + bx = 0$$

C'est le cas de l'exercice II, (n° 206).

— Si les coefficients b et c sont nuls, il reste :

$$ax^2 = 0$$

C'est le cas de l'exercice III (n° 207).

Dans ces trois cas, l'équation est dite incomplète.

RÉSOLUTION DE LA FORME $ax^2 + c = 0$.

211. — On a, en opérant comme dans l'exercice I :

$$ax^2 = -c \qquad x^2 = -\frac{c}{a} \qquad x = \pm\sqrt{-\frac{c}{a}}$$

et, en séparant les deux x :

$$x' = +\sqrt{-\frac{c}{a}} \qquad x'' = -\sqrt{-\frac{c}{a}}$$

Discussion. — Pour que l'équation soit possible, il faut que la quantité $-\dfrac{c}{a}$ soit positive, (n° 104), et pour cela, que le quotient $\dfrac{c}{a}$ soit négatif; il le sera si c et a sont de signes contraires, et seulement dans ce cas. Si cette condition est réalisée, les valeurs x' et x'' existent, et sont dites réelles; sinon, elles sont dites imaginaires, ce qui signifie que l'équation proposée est impossible. En résumé, dans cette forme incomplète, *les racines ne sont réelles que si les coefficients extrêmes sont de signes contraires; de plus, elles sont égales en valeurs absolues, mais de signes contraires.*

RÉSOLUTION DE LA FORME $ax^2 + bx = 0$

212. — On a, en opérant comme dans l'exercice II :

$$x\,(ax + b) = 0$$

équation vérifiée pour $\qquad x = 0$

et pour $\qquad ax + b = 0 \qquad$ ou $\qquad x = -\dfrac{b}{a}$

d'où les réponses :

$$x' = 0 \qquad x'' = -\frac{b}{a}$$

Discussion. — La valeur x'' peut être positive ou négative suivant les signes de b et de a ; elle existe toujours, ainsi que x'. Dans cette forme incomplète, *il y a toujours deux racines réelles, dont l'une est nulle, et l'autre positive ou né gative.*

RÉSOLUTION DE LA FORME $ax' = 0$.

213. — Puisque a n'est pas nul, on a

$$x^2 = 0 \qquad \text{et par suite} \qquad x = 0.$$

Discussion. — Supposons que $ax^2 = m$,   m étant une quantité très petite ; nous en tirons :

$$x^2 = \frac{m}{a} \qquad x' = + \sqrt{\frac{m}{a}} \qquad x'' = - \sqrt{\frac{m}{a}}$$

Admettons que ces valeurs soient réelles ; elles ont une même valeur absolue très petite, et x' et x'' sont symétriques par rapport à 0.

Rendons **m** de plus en plus petite ; les valeurs absolues x' et x'' se rapprochent de plus en plus de 0, l'une par valeurs positives, l'autre par valeurs négatives. A la limite, si m devient égale à 0, les valeurs de x' et x'' sont 0 ; pratiquement, l'équation n'admet qu'une racine, $x = 0$, mais théoriquement l'on conçoit qu'il existe encore deux racines, devenues toutes les deux égales à 0. Ainsi, dans cette forme incomplète, *il y a toujours deux racines égales à zéro.*

§ III. — **Équation complète.**

214. — Lorsqu'aucun des coefficients n'est nul, on a la forme complète : $ax^2 + bx + c = 0$

Résolvons-la d'après la méthode suivie dans l'exercice IV, (n° 208).

Divisons les deux membres par a :

$$x^2 + \frac{b}{a}x + \frac{c}{a} = 0$$

puis :

$$x^2 + \frac{b}{a}x = -\frac{c}{a}$$

Le premier membre est le commencement du carré d'un binôme dont le premier terme est x; le terme $\dfrac{b}{a}x$ représentant le double produit, le simple produit est $\dfrac{b}{2a}x$, et comme le premier terme est x, l'autre est $\dfrac{b}{2a}$. Ajoutons alors le carré de $\dfrac{b}{2a}$ ou $\dfrac{b^2}{4a^2}$ aux deux membres :

$$x^2 + \frac{b}{a}x + \frac{b^2}{4a^2} = -\frac{c}{a} + \frac{b^2}{4a^2} = \frac{b^2}{4a^2} - \frac{c}{a}$$

Réduisons le dernier membre au même dénominateur et mettons le premier sous forme de carré parfait :

$$\left(x + \frac{b}{2a}\right)^2 = \frac{b^2 - 4ac}{4a^2}$$

Extrayons la racine carrée des membres :

$$x + \frac{b}{2a} = \pm\sqrt{\frac{b^2 - 4ac}{4a^2}}$$
$$= \frac{\pm\sqrt{b^2 - 4ac}}{2a}$$

Faisons passer $\dfrac{b}{2a}$ dans le second membre :

$$x = -\frac{b}{2a} \pm \frac{\sqrt{b^2 - 4ac}}{2a}$$

soit enfin :

$$x = \frac{-b \pm \sqrt{b^2 - 4ac}}{2a}$$

En séparant les deux valeurs de x, on a les deux racines de l'équation :

$$x' = \frac{-b + \sqrt{b^2 - 4ac}}{2a} \qquad x'' = \frac{-b - \sqrt{b^2 - 4ac}}{2a}$$

DISCUSSION

215. — La quantité $b^2 - 4ac$ placée sous le radical s'appelle **discriminant**. Elle peut prendre trois valeurs remarquables :

1ᵉʳ Cas. $b^2 - 4ac > 0$. Dans ce cas, on peut extraire sa racine carrée, et les valeurs x' et x'' sont réelles ; de plus, ce sont deux fractions qui ont même dénominateur, $2a$; leurs numérateurs sont respectivement la somme et la différence des deux quantités $(-b)$ et $\sqrt{b^2-4ac}$ qui ne sont nulles ni l'un ni l'autre ; par suite ces numérateurs sont différents, et les valeurs x' et x'' sont inégales. On dit alors que l'équation admet *deux racines réelles et inégales*. Il faut toutefois remarquer que, suivant les signes de a et de b dans une équation proposée, les valeurs x' et x'' peuvent être toutes deux positives, ou toutes deux négatives, ou l'une positive et l'autre négative.

2ᵉ Cas. $b^2 - 4ac = 0$. — Les numérateurs de x' et x'' prennent évidemment des valeurs de plus en plus voisines à mesure que le discriminant se rapproche de 0, et quand celui-ci est égal à 0, les numérateurs deviennent $(-b + 0)$ et $-b - 0$, c'est-à-dire qu'ils sont égaux ; les racines x' et x'' de iennent donc égales, et leur valeur commune est

$$x' = x'' = \frac{-b}{2a}.$$

On dit alors que l'équation admet *deux racines réelles et égales*.

3ᵉ Cas. $b^2 - 4ac < 0$. — Il est alors impossible d'extraire la racine carrée du discriminant ; les racines x' et x'' n'existent pas, ou sont *imaginaires*, et, par analogie avec les autres cas, on dit que l'équation admet *deux racines imaginaires*, ce qui signifie pratiquement qu'une telle équation est impossible.

$$\textit{Résumé} \begin{cases} b^2 - 4ac > 0 & \textit{deux racines réelles, inégales.} \\ b^2 - 4ac = 0 & \qquad - \qquad\qquad - \qquad \textit{égales.} \\ b^3 - 4ac < 0 & \textit{deux racines imaginaires.} \end{cases}$$

EXEMPLES. — I. — $3x^2 - 14x + 8 = 0$.
Rappelons qu'ici : $a = +3$ $b = -14$ $c = +8$.
Discriminant :

$$b^2 - 4ac = (-14)^2 - (4 \times 3 \times 8) = 196 - 96 = 100.$$

Appliquons la formule du n° 214 :

$$x = \frac{-(-14) \pm \sqrt{100}}{2 \times 3} = \frac{14 \pm 10}{6}$$

$$x' = \frac{14 + 10}{6} = 4 \qquad x'' = \frac{14 - 10}{6} = \frac{2}{3}$$

soit : *deux racines réelles, inégales, et positives.*

II. —
$$5x^2 + 13x + 6 = 0$$
$$a = +5 \qquad b = +13 \qquad c = +6$$
$$b^2 - 4ac = 13^2 - (4 \times 5 \times 6) = 169 - 120 = 49$$
$$x = \frac{-13 \pm \sqrt{49}}{2 \times 5} = \frac{-13 \pm 7}{10}$$

$$x' = \frac{-13 + 7}{10} = \frac{-6}{10} = -\frac{3}{5} \qquad x'' = \frac{-13 - 7}{10} = -2$$

soit : *deux racines réelles, inégales, et négatives.*

III. —
$$7x^2 - 17x - 12 = 0$$
$$a = +7 \qquad b = -17 \qquad c = -12$$
$$b^2 - 4ac = (-17)^2 - 4 \times 7 \times (-12) = 289 - (-336) = 625$$
$$x = \frac{-(-17) \pm \sqrt{625}}{2 \times 7} = \frac{17 \pm 25}{14}$$

$$x' = \frac{17 + 25}{14} = 3 \qquad x'' = \frac{17 - 25}{14} = \frac{-8}{14} = -\frac{4}{7}$$

soit : *deux racines réelles, inégales, de signes différents.*

IV. —
$$64x^2 - 80x + 25 = 0$$
$$a = +64 \qquad b = -80 \qquad c = +25$$
$$b^2 - 4ac = (-80)^2 - 4 \times 64 \times 25 = 6400 - 6400 = 0$$
$$x = \frac{-(-80) \pm \sqrt{0}}{2 \times 64} = \frac{80 \pm 0}{128}$$

$$x' = x'' = \frac{80}{128} = \frac{5}{8}$$

soit : *deux racines réelles, égales, et positives.*

V. —
$$5x^2 + 12x + 21 = 0$$
$$a = +5 \qquad b = +12 \qquad c = +21$$
$$b^2 - 4ac = 12^2 - 4 \times 5 \times 21 = 144 - 420 = -276.$$

Il est inutile d'aller plus loin, l'équation est impossible.

216. — **Remarque.** — On constate que le terme $-4ac$ du discriminant est positif, et par suite le discriminant est sûrement positif, lorsque le produit ac est négatif, ce qui arrive lorsque a et c sont de signes contraires. Donc, à première vue, *si les coefficients extrêmes sont de signes contraires on peut affirmer que les racines sont réelles.* Mais le contraire n'est pas forcément vrai : si a et c sont de même signe, le terme $-4ac$ est négatif, mais il faut calculer b^2-4ac pour constater le signe du discriminant.

SIMPLIFICATIONS

217. — **I.** — **Les coefficients sont divisibles par un même nombre.** — Il est clair qu'on a tout avantage à diviser tous les termes par ce nombre.

Ainsi $\qquad\qquad 14x^2 - 42x + 77 = 0$
peut être simplifiée par 7 et devient :

$$2x^2 - 6x + 11 = 0.$$

218. — **II.** — **Le coefficient a de x^2 est négatif.** — La formule qui donne **x** est générale, et convient aussi à ce cas, mais il est prudent, pour éviter des erreurs de signes, de rendre a positif, ce qui est toujours possible en changeant les signes de tous les termes.

Ainsi $\qquad\qquad -3x^2 + 8x - 54 = 0$
devient $\qquad\qquad 3x^2 - 8x + 54 = 0.$

219. — **III.** — **Le coefficient b de x est pair.** — En écrivant $b = 2b'$, la formule de **x** devient :

$$x = \frac{-2b' \pm \sqrt{4b'^2 - 4ac}}{2a} = \frac{-2b' \pm \sqrt{4(b'^2 - ac)}}{2a}$$

$$x = \frac{-2b' \pm 2\sqrt{b'^2 - ac}}{2a} \quad \text{et} \quad x = \frac{-b' \pm \sqrt{b'^2 - ac}}{a}.$$

Cette formule donne évidemment des calculs plus simples que la première.

Ainsi, de $\qquad\qquad 3x^2 - 14x + 8 = 0$

on tire : $a = + 3$ $b' = -7$ $c = + 8$.

Discriminant : $b'^2 - ac = (-7)^2 - 3 \times 8 = 49 - 24 = 25$

d'où
$$x = \frac{-(-7) \pm \sqrt{25}}{3} = \frac{7 \pm 5}{3}$$

$$x' = \frac{7 + 5}{3} = 4 \qquad x'' = \frac{7 - 5}{3} = \frac{2}{3}.$$

220. — IV. — Le coefficient a de x^2 est 1. — Après avoir divisé par a tous les termes de la forme générale, on a trouvé :

$$x^2 + \frac{b}{a} x + \frac{c}{a} = 0.$$

Pour simplifier, posons : $\dfrac{b}{a} = p$; $\dfrac{c}{a} = q$; la forme devient:

$$x^2 + px + q = 0$$

que nous pouvons résoudre d'après la même méthode que celle employée pour la forme en a, b, c :

$$x^2 + px = -q.$$

Le premier membre est le commencement du carré de $\left(x + \dfrac{p}{}\right)$; pour le compléter, ajoutons $\dfrac{p^2}{4}$ aux deux membres :

$$x^2 + px + \frac{p^2}{4} = \frac{p^2}{4} - q$$

ou
$$\left(x + \frac{p}{2}\right)^2 = \frac{p^2}{4} - q$$

$$x + \frac{p}{2} = \pm \sqrt{\frac{p^2}{4} - q}$$

d'où finalement la formule :

$$x = -\frac{p}{2} \pm \sqrt{\frac{p^2}{4} - q}.$$

En séparant les deux valeurs de x, il vient :

$$x' = -\frac{p}{2} + \sqrt{\frac{p^2}{4} - q} \qquad x'' = -\frac{p}{2} - \sqrt{\frac{p^2}{4} - q}.$$

Le discriminant est ici $\dfrac{p^2}{4} - q$. La discussion serait analogue à celle de la première forme, et donnerait finalement :

$$\textit{Résumé} \begin{cases} \dfrac{p^2}{4} - q > 0 & \textit{deux racines réelles, inégales.} \\[2mm] \dfrac{p^2}{4} - q = 0 & \quad\textemdash\qquad\textemdash\qquad \textit{égales.} \\[2mm] \dfrac{p^2}{4} - q < 0 & \textit{deux racines imaginaires.} \end{cases}$$

EXEMPLE. — $\qquad x^2 - 12x + 35 = 0$

$$p = -12 \qquad q = +35$$

discriminant : $\quad \dfrac{p^2}{4} - q = \left(\dfrac{-12}{2}\right)^2 - 35 = 36 - 35 = 1$

d'où $\qquad x = -\left(\dfrac{-12}{2}\right) \pm \sqrt{1} = 6 \pm 1$

et $\qquad x' = 6 + 1 = 7 \qquad x'' = 6 - 1 = 5.$

221. — **Remarque importante.** — On convient de considérer la forme en a, b, c, comme la plus générale. Mais les coefficients a, b, c, p, q, étant des nombres quelconques, les deux formules qui donnent x peuvent s'appliquer chacune à toutes les équations.

Ainsi, à l'équation $\quad 5x^2 + 13x + 6 = 0$

on peut appliquer la formule $x = -\dfrac{p}{2} \pm \sqrt{\dfrac{p^2}{4} - q}$ en faisant

$$p = +\dfrac{13}{5}, \qquad q = +\dfrac{6}{5}.$$

Inversement, à l'équation $\qquad x^2 - 12x + 35 = 0$

on peut appliquer $\quad x = \dfrac{-b \pm \sqrt{b^2 - 4ac}}{2a}$

en faisant $\quad a = +1, \qquad b = -12, \qquad c = +35.$

Or, il est préférable, pour la commodité des calculs, d'éviter les dénominateurs; on pourra toujours y parvenir en réduisant tous les termes au même dénominateur, que l'on chasse ensuite. On obtiendra ainsi une équation de la forme $ax^2 + bx + c = 0$, dans laquelle a pourra ou non être égal à 1. C'est pourquoi l'on dit que : *la forme la plus générale de l'équation du second degré à une inconnue est :*

$$ax^2 + bx + c = 0$$

dont les racines sont données par la formule :

$$x = \frac{-b \pm \sqrt{b^2 - 4ac}}{2a}.$$

Telle est la seule formule qu'il est indispensable de retenir pour résoudre toutes les équations du second degré; les autres peuvent s'en déduire mentalement.

EXERCICES

— Résoudre les équations, et vérifier les réponses :

734. $x^2 - 16 = 0.$

735. $x^2 - 14 = 107.$

736. $5x^2 - 45 = 0.$

737. $4x^2 - 7 = 317.$

738. $4x^2 - 25 = 0.$

739. $3x^2 + 75 = 0.$

740. $3x^2 - 49 = x^2 + 289.$

741. $x^2 - 8x = 0.$

742. $2x^2 - 6x = 0.$

743. $4x^2 + 20x = 0.$

744. $9x^2 - 6x = 0.$

745. $x^2 - 11x + 24 = 0.$

746. $x^2 - 16x + 55 = 0.$

747. $x^2 + 4x = 45.$

748. $x^2 - 2x - 24 = 0.$

749. $x^2 + 3x - 40 = 0.$

750. $x^2 + 5x + 6 = 0.$

751. $x^2 + 7x + 2 = 0.$

752. $3x^2 - 18x + 24 = 0.$

753. $2x^2 - 4x - 6 = 0.$

754. $3x^2 - 2x = 225.$

755. $7x^2 = 8x + 384.$

756. $(x + 1)^3 - x^3 = 91.$

757. $4x^2 - 11x + 6 = 0.$

758. $3x^2 - 7x + 10 = 0.$

759. $40x^2 - 19x - 14 = 0.$

760. $42x^2 + 23x - 10 = 0.$

761. $3x^2 + 8x - 4 = 2x^2 + 5x + 24.$

762. $\dfrac{3x^2}{4} + 5x = 272.$

763 $\dfrac{x^2}{3} + \dfrac{x^2}{5} = 5x + 45.$

764. $5x^2 + \dfrac{x^2}{7} = 9x + 189.$

765. $\dfrac{2x^2}{3} + \dfrac{3x^2}{4} = 108 - 8x$

766. $\dfrac{x^2}{5} - 5x = \dfrac{x^2}{3} - 495.$

767. $\dfrac{5}{14}x^2 - \dfrac{325}{112} = \dfrac{3}{16}(x^2 - 1).$

768. $\dfrac{21(3 - x^2)}{15} + 3x^2 = \dfrac{27x^2}{5} + \dfrac{4}{10}.$

769. $\dfrac{11x}{2} - \dfrac{1}{4} - \dfrac{2x^2}{3} = \dfrac{463}{4} - \dfrac{5x^2}{3}$

770. $\dfrac{27}{2} - \dfrac{10x}{4} = \dfrac{90}{8 - x} - 4x.$

771. $\dfrac{1}{5 - x} + \dfrac{2}{5 + x} = \dfrac{3}{4}.$

772. $\dfrac{1}{x - 5} - \dfrac{1}{x + 5} = \dfrac{30}{5x + 3}.$

773. $\dfrac{3}{2x^2} + \dfrac{7}{10x} = \dfrac{2}{5}.$

774. $\dfrac{x + 1}{x - 1} + \dfrac{x - 1}{x + 1} = \dfrac{13}{6}.$

775. $x^2 - 2ax + a^2 - b^2 = 0$

776. $x^2 + ab = x(a + b).$

777. $x^2 - 2mx = 4n^2 - m^2.$

778. $abx^2 + (b^2 - a^2)x = ab.$

779. $(mx - n)(nx - m) = k^2.$

780. $x^2 - (p^2 + q^2)x = 2pq(p + q)^2.$

781. $5x(x - a) = b[x + 4(a + b)].$

782. $a(3x - m)^2 + 3m(m + 2ax) = 0.$

783. $(m + x)^2 + (n + x)^2 = m(5m + 2n) + n^2$

784. $\dfrac{x^2}{m} + \dfrac{px}{mq} = \dfrac{p}{nq} + \dfrac{x}{n}.$

785. $\dfrac{a + b}{c^2 - d^2} + \dfrac{x^2}{a - b} = \dfrac{(a + b)x}{(c - d)(a - b)} + \dfrac{x}{c + d}.$

CHAPITRE II

QUESTIONS SE RATTACHANT AU SECOND DEGRÉ

§ 1. — Relations entre les racines et les coefficients.

222. — **Principe.** — *Dans toute équation du second degré . 1° la somme des racines est égale au quotient exact, changé de signe, du coefficient de* x *par celui de* x^2; 2° *le produit des racines est égal au quotient exact du terme connu par le coefficient de* x^2.

1° La somme des racines x' et x'' donne :

$$x' + x'' = \frac{-b + \sqrt{b^2 - 4ac}}{2a} + \frac{-b - \sqrt{b^2 - 4ac}}{2a}$$

$$= \frac{-b + \sqrt{b^2 - 4ac} - b - \sqrt{b^2 - 4ac}}{2a}$$

$$= \frac{-2b}{2a} = \frac{-b}{a} \quad \text{ou} \quad x' + x'' = -\frac{b}{a}.$$

2° Le produit de ces racines est :

$$x'x'' = \frac{(-b + \sqrt{b^2 - 4ac})(-b - \sqrt{b^2 - 4ac})}{2a \times 2a}.$$

Au numérateur nous trouvons la somme des deux nombres $(-b)$ et $\sqrt{b^2 - 4ac}$ multipliée par leur différence ; ce produit est égal au carré de $(-b)$ ou b^2, moins le carré de $\sqrt{b^2 - 4ac}$, soit :

$$b^2 - (b^2 - 4ac) = b^2 - b^2 + 4ac = 4ac.$$

On a donc :

$$x'x'' = \frac{4ac}{4a^2} \quad \text{ou} \quad x'x'' = \frac{c}{a}.$$

223. — **Remarque.** — Puisque $\dfrac{b}{a} = p$ et $\dfrac{c}{a} = q$,

on peut dire, suivant la forme de l'équation :

$$x' + x'' = -\frac{b}{a} = - \qquad\qquad x'x'' = \frac{c}{a} = q.$$

Ainsi, dans $\qquad x^2 - \ + 9 = 0$
$$x' + x'' = -(-4) = 4 \qquad x'x'' = 9.$$

Dans $\qquad 7x^2 - 12x - 21 = 0$
$$x' + x'' = -\left(\frac{-12}{7}\right) = \frac{12}{7} \qquad x'x'' = \frac{-21}{7} = -3.$$

APPLICATIONS

224. — I. — *Vérifier immédiatement les racines d'une équation*

En résolvant $\qquad 7x^2 - 17x - 12 = 0$

nous trouvons $\qquad x' = 3 \qquad x'' = -\dfrac{4}{7}.$

Vérifions : $\quad x' + x'' = 3 + \left(-\dfrac{4}{7}\right) = \dfrac{21 - 4}{7} = \dfrac{17}{7}$

$$x'x'' = 3\left(-\frac{4}{7}\right) = -\frac{12}{7}.$$

Cette somme et ce produit sont respectivement égaux à $\dfrac{-b}{a}$ et à $\dfrac{c}{a}$; donc les racines sont exactes.

225. — II. — *Écrire l'équation admettant pour racines deux nombres donnés.*

Soient les nombres 5 et $\left(-\dfrac{4}{3}\right)$. Je cherche leur somme S et leur produit P.

$$S = 5 + \left(\frac{-4}{3}\right) = \frac{11}{3} \qquad P = 5\left(\frac{-4}{3}\right) = \frac{-20}{3}.$$

Je peux écrire $\dfrac{11}{3} = -\dfrac{b}{a}$ et $-\dfrac{20}{3} = \dfrac{c}{a}$

d'où $\dfrac{b}{a} = -\dfrac{11}{3}$ et $\dfrac{c}{a} = -\dfrac{20}{3}$

et, par suite, l'équation :

$$x^2 - \frac{11}{3}x - \frac{20}{3} = 0 \qquad \text{ou} \qquad 3x^2 - 11x - 20 = 0$$

qui est l'équation demandée.

226. — III. — *Trouver deux nombres connaissant leur somme et leur produit.*

On peut considérer ces nombres comme les racines d'une équation que l'on détermine comme dans l'exercice précédent.

Soient S $=$ 16. P $=$ 60. On écrit
$$x^2 - 16x + 60 = 0$$
d'où l'on tire $x' = 10$ et $x'' = 6$
qui sont les nombres cherchés.

227. — IV. — *Discuter les racines d'une équation du second degré sans la résoudre.*

Nous bornerons cette discussion à rechercher : 1° si les racines sont réelles ou imaginaires; 2° si elles sont de même signe ou de signes contraires.

Rappelons-nous qu'*un produit de deux facteurs n'est positif que si les deux facteurs sont de même signe, et qu'une somme de deux quantités de même signe a ce signe; si ces quantités sont de signes contraires, la somme prend le signe de la quantité qui a la plus grande valeur absolue.*

1° *Soit l'équation* $3x^2 - 14x + 8 = 0$.
Réalité : $b^2 - 4ac = 196 - 96 = 100$; donc les racines sont réelles et inégales.

Signes : $P = \dfrac{8}{3}$; donc les racines ont même signe;

$$S = \frac{14}{3};$$ la somme étant positive, les deux racines

sont positives.

Résumé : les deux racines sont réelles, inégales et positives.

2° *Soit l'équation* $3x^2 - 14x - 8 = 0$.

Réalité : $b^2 - 4ac = 196 + 96 = 292$; donc les racines sont réelles et inégales.

Signes : $P = -\dfrac{8}{3}$; racines de signes contraires.

$S = \dfrac{14}{3}$; la racine positive est la plus grande en valeur absolue.

Résumé : les racines sont réelles, inégales; la plus grande en valeur absolue est positive.

3° *Soit l'équation* $x^2 + 12x + 36 = 0$.

Réalité : $\dfrac{p^2}{4} - q = 36 - 36 = 0$; donc les racines sont réelles et egales.

Signes : dans ce cas particulier, les racines étant égales chacune vaut la demi-somme, soit $\dfrac{-12}{2} = -6$.

Résumé : les racines sont réelles, égales et négatives.

§ II. — Equations à plusieurs inconnues.

228. — *On dit qu'une équation à plusieurs inconnues est du second degré lorsqu'elle renferme des termes du second degré par rapport aux inconnues, et pas à un degré supérieur.*

Ainsi $xy = 16$ est du second degré. De même que pour les équations du premier degré, pour que les inconnues soient déterminées, il faut avoir autant d'équations que d'inconnues. On procède ensuite par l'une des méthodes d'élimination ou de substitution, et l'on arrive, en général, à une équation du second degré à une inconnue; parfois, on retombe même dans le premier degré, par suite de simplifications. Enfin, bien souvent, les calculs sont abregés par des artifices particuliers.

229. — **Exemple I.** — $\begin{cases} (x + 3)(y + 2) = 40 & \text{(1)} \\ (x - 2)(y + 1) = 12 & \text{(2)} \end{cases}$

Ces équations développées donnent :

$$xy + 3y + 2x + 6 = 40 \qquad (3)$$
$$xy - 2y + x - 2 = 12 \qquad (4)$$

Retranchons l'équation (4) de l'équation (3) :

$$5y + x + 8 = 28$$
$$5y + x = 20 \qquad \text{d'où} \qquad x = 20 - 5y \qquad (5)$$

Portons cette valeur de x dans l'équation (4) :

$$20y - 5y^2 - 2y + 20 - 5y - 2 = 12$$
$$-5y^2 + 13y + 6 = 0 \qquad \text{ou} \qquad 5y^2 - 13y - 6 = 0$$

d'où l'on tire $\quad y = \dfrac{13 \pm \sqrt{169 + 120}}{10} = \dfrac{13 \pm 17}{10}$

soit $\qquad y' = \dfrac{13 + 17}{10} = 3 \qquad y'' = \dfrac{13 - 17}{10} = -\dfrac{2}{5}.$

Ces valeurs portées dans l'équation (5) donnent :

$$x' = 20 - 5 \times 3 = 5 \qquad x'' = 20 - 5\left(\dfrac{-2}{5}\right) = 22.$$

Réponse : Le système proposé est vérifié par les deux systèmes de racines :

$$\text{I} \begin{cases} x' = 5 \\ y' = 3 \end{cases} \qquad \text{II} \begin{cases} x'' = 22 \\ y'' = -\dfrac{2}{5}. \end{cases}$$

230. — **Exemple II.** — *Trouver deux nombres connaissant leur somme et la somme de leurs carrés.*

Soient x et y ces nombres. On donne :

$$\begin{cases} x + y = 12 & (1) \\ x^2 + y^2 = 80 & (2) \end{cases}$$

Elevons au carré les deux membres de l'équation (1) :

$$x^2 + 2xy + y^2 = 144 \qquad (3)$$

Retranchons membre à membre (2) de (3) :

$$2xy = 144 - 80 = 64$$
$$xy = 32.$$

La question est ramenée au problème connu : *trouver deux nombres connaissant leur somme 12 et leur produit 32* (n° 226) :

$$x^2 - 12x + 32 = 0.$$

$$x = 6 \pm \sqrt{36 - 32} = 6 \pm 2; \qquad x' = 8; \qquad x'' = 4$$

ces deux racines sont respectivement les nombres x et y cherchés.

231. — EXEMPLE III. — *Trouver deux nombres, connaissant leur différence et la différence de leurs cubes.*

Soient :
$$\begin{cases} x - y = 3 & (1) \\ x^3 - y^3 = 117 & (2) \end{cases}$$

Élevons les deux membres de (1) au cube :

$$x^3 - 3x^2y + 3xy^2 - y^3 = 27 \qquad (3)$$

Retranchons membre à membre (2) de (3) :

$$-3x^2y + 3xy^2 = 27 - 117 = -90$$

ou
$$3x^2y - 3xy^2 = 90$$

$$xy(x - y) = 30$$

et, comme
$$x - y = 3$$

on a :
$$xy \times 3 = 30$$

d'où :
$$xy = 10 \qquad (4)$$

On pourrait résoudre facilement les équations (1) et (4) par la méthode de substitution; mais on peut retomber dans le problème n° 226 en posant, par exemple : $y = -z$. Les équations (1) et (4) deviennent :

$$x + z = 3$$
$$xz = -10$$

D'où :
$$x^2 - 3x - 10 = 0$$

dont les racines : 5 et (— 2) représentent x et z; on en tire

$$y = -z = -(-2) = +2.$$

Les nombres cherchés sont donc : $x = 5$ et $y = 2$.

232. — EXEMPLE IV. — *Trouver deux nombres, connaissant leur somme et la différence de leurs carrés.*

Soient :
$$\begin{cases} x + y = 13 & (1) \\ x^2 - y^2 = 91 & (2) \end{cases}$$

L'équation (2) peut s'écrire :

$$(x + y)(x - y) = 91$$

et, comme
$$x + y = 13$$

on a :
$$13(x - y) = 91$$
$$x - y = 91 : 13 = 7$$

Nous sommes ramenés à trouver deux nombres, connaissant leur somme 13 et leur différence 7, question du premier degré.

§ III. — Équations irrationnelles.

233. — EXEMPLE. — *Trouver le nombre qui, ajouté à sa racine carrée, donne pour somme* 30.

Ecrivons : $x + \sqrt{x} = 30$ (1)

Isolons le radical : $\sqrt{x} = 30 - x$

Elevons les deux membres au carré :

$$x = 900 - 60x + x^2 \qquad (2)$$

d'où
$$x^2 - 61x + 900 = 0$$

dont les racines sont :

$$x' = 36 \qquad x'' = 25$$

Mais il faut les vérifier, car l'élévation au carré ne donne pas une équation équivalente à la proposée, (n° 129). Nous constatons que, seule, la solution $x'' = 25$ convient : il faut donc rejeter $x' = 36$, solution étrangère à l'équation donnée.

Remarque. — On peut interpréter cette valeur 36 en remarquant que l'équation (2) pourrait provenir de l'élévation au carré de :

$$-\sqrt{x} = 30 - x$$

équation qui n'est autre que :

$$x - \sqrt{x} = 30$$

C'est cette dernière équation qui admet **36** pour racine.

§ IV. — Équations bicarrées.

234. — *Une équation bicarrée, à une inconnue, est une équation du 4ᵉ degré par rapport à l'inconnue, et qui ne contient que les puissances paires de cette inconnue.*

La forme générale est :

$$ax^4 + bx^2 + c = 0 \qquad (1)$$

Les termes bx^2 et c peuvent manquer. Résolvons seulement la forme complète. Pour cela, posons $\quad x^2 = y.\qquad (2)$

L'équation devient $\quad ay^2 + by + c = 0$ dont les racines sont :

$$y = \frac{-b \pm \sqrt{b^2 - 4ac}}{2a} \qquad (3)$$

L'égalité (2) donnant $\quad x = \pm\sqrt{y}$

la formule (3) permet d'écrire :

$$x = \pm\sqrt{\frac{-b \pm \sqrt{b^2 - 4ac}}{2a}}$$

formule qui contient 4 valeurs pour x.

Pour abréger, appelons y' et y'' les deux valeurs de y, celles de x sont :

$$x' = +\sqrt{y'} \qquad x''' = +\sqrt{y''}$$
$$x'' = -\sqrt{y'} \qquad x^{IV} = -\sqrt{y''}$$

Sans entrer dans la discussion, il est visible que :
si y' et y'' sont positives, les 4 valeurs de x sont réelles;
si y' est seule positive, x' et x'' sont seules réelles;
si y' et y'' sont négatives, les 4 valeurs de x sont imaginaires·
si y' et y'' sont imaginaires, **id.**

EXEMPLE. — $\quad 2x^4 - 7x^2 - 400 = 0$

Ecrivons : $\quad 2y^2 - 7y - 400 = 0$.

d'où : $$y = \frac{7 \pm \sqrt{49 + 3\,200}}{4} = \frac{7 \pm 57}{4}$$

Soit : $\begin{cases} y' = 16 \\ y'' = -\dfrac{25}{2} \end{cases}$ et par suite $\begin{cases} x' = +4 \quad x'' = -4 \\ x''' \text{ et } x^{iv} \text{ imaginaires.} \end{cases}$

§ V. — Résolution de problèmes.

235. — Lorsqu'il s'agit, en particulier, d'une question de géométrie donnant lieu à une équation du second degré, les racines doivent souvent répondre à certaines conditions de *signes* ou de *grandeurs*

Si x représente une longueur inconnue qui peut être portée dans deux sens différents, les racines positives et négatives sont acceptables ; sinon, la racine négative doit être rejetée.

Si x représente une longueur pouvant varier entre certaines limites, on ne peut accepter pour réponse qu'une racine comprise entre ces limites ; cette condition de grandeur doit être discutée à l'aide de méthodes particulières que nous ne pouvons exposer ici, mais parfois on peut remplacer cette discussion par un raisonnement simple . nous en donnerons un exemple au n° 238.

Enfin, on termine un problème de géométrie généralisé par la construction des racines (voir l'exemple 238).

236. — EXEMPLE I. — *Plusieurs associés achètent solidairement un fonds de 27 000ᶠ ; l'un d'eux meurt ; la part que chacun des autres doit payer est alors augmentée de 4 500ᶠ. Combien y avait-il d'associés au début ?*

Soit x le nombre des associés ; chacun doit payer $\dfrac{27\,000}{x}$,

la mort de l'un d'eux les oblige à payer chacun $\dfrac{27\,000}{x-1}$, d'où l'équation :

$$\frac{27\,000}{x} + 4\,500 = \frac{27\,000}{x-1}$$

Réduisons au même dénominateur $x(x-1)$, puis chassons-le :

$$27\,000x - 27\,000 + 4\,500x^2 - 4\,500x = 27\,000x$$
$$4\,500x^2 - 4\,500x - 27\,000 = 0$$

Simplifions par 4 500 :

$$x^2 - x - 6 = 0$$

dont les racines sont : $x = \dfrac{1}{2} \pm \sqrt{\dfrac{1}{4} + 6} = \dfrac{1}{2} \pm \dfrac{5}{2}.$

soit : $x' = 3$ $x'' = -2$

La nature de l'inconnue fait rejeter x''.

Réponse : Il y avait primitivement 3 associés.

REMARQUE : On peut interpréter la solution négative en changeant x en $(-x)$ dans l'équation (1) :

$$\frac{27\,000}{-x} + 4\,500 = \frac{27\,000}{-x-1} \quad \text{ou} \quad -\frac{27\,000}{x} + 4\,500 = -\frac{27\,000}{x+1}$$

ou enfin : $\dfrac{27\,000}{x} - 4\,500 = \dfrac{27\,000}{x+1}.$

La solution $(+2)$ conviendrait donc à l'énoncé : *plusieurs associés devaient payer 27 000ᶠ ; l'arrivée d'un nouvel associé diminue de 4 500ᶠ la part de chacun d'eux. Combien y avait-il d'associés au début?*

237. — EXEMPLE II. — *Une salle ayant la forme d'un parallélépipède rectangle a pour volume* 297^{m3}. *Trouver sa surface et sa hauteur, sachant que si l'on augmentait la base de* 4^{m2} *en diminuant la hauteur de* 0^m,5 *le volume diminuerait de* 17^{m3}.

Soient x la surface de base et y la hauteur.

$$\begin{cases} xy = 297 & (1) \\ (x+4)(y-0,5) = 280 & (2) \end{cases}$$

De l'équation (2) on tire :

$$xy + 4y - 0,5x - 2 = 280$$

et, en y remplaçant xy par sa valeur dans (1) :

$$297 + 4y - 0,5x - 2 = 280$$
$$0,5\,x - 4y = 15$$
$$x = \frac{15 + 4y}{0,5} = 30 + 8y \qquad (3)$$

Portons cette valeur dans l'équation (1) :

$$(30 + 8y)\,y = 297$$
$$8y^2 + 30y - 297 = 0 \qquad (4)$$

D'où l'on tire :

$$y = \frac{-15 \pm \sqrt{15^2 + 8 \times 297}}{8} = \frac{-15 \pm 51}{8}$$

$$y' = \frac{-15 + 51}{8} = 4,5 \qquad y'' = \frac{-15 - 51}{8} = -8,25$$

Portons cette valeur dans l'équation (3) :

$$x' = 30 + 8y' = 66 \qquad x'' = 30 + 8y'' = -36.$$

Le système d'équations fourni par le problème admet donc pour solutions :

$$\text{I}\begin{cases} x' = 66 \\ y' = 4,5 \end{cases} \qquad \text{II}\begin{cases} x'' = -36 \\ y'' = -8,25 \end{cases}$$

La nature des inconnues fait rejeter le système II.

Réponse : La surface de la salle est 66^{m2}, *et sa hauteur* $4^m,5$.

REMARQUE. — Pour interpréter le système II, changeons x et y en $(-x)$ et $(-y)$ dans les équations (1) et (2) :

$$(-x)(-y) = 297 \quad \text{ou} \quad xy = 297$$
$$(-x + 4)(-y - 0,5) = 280 \quad \text{ou} \quad (x - 4)(y + 0,5) = 280$$

équations qui correspondent à l'énoncé : *le volume d'une salle est* 297^{m3}; *en diminuant la surface de* 4^{m2} *et en augmentant la hauteur de* $0^m,5$ *ce volume diminuerait de* 17^{m3}. *Quelles sont la surface et la hauteur ?*

238. — EXEMPLE III. — *On donne une sphère de rayon* R; *à quelle distance* x *de la surface de la sphère faut-il mener un plan sécant pour*

que la surface totale du solide détaché soit équivalente à celle d'un cercle donné de rayon r (fig. 21)?

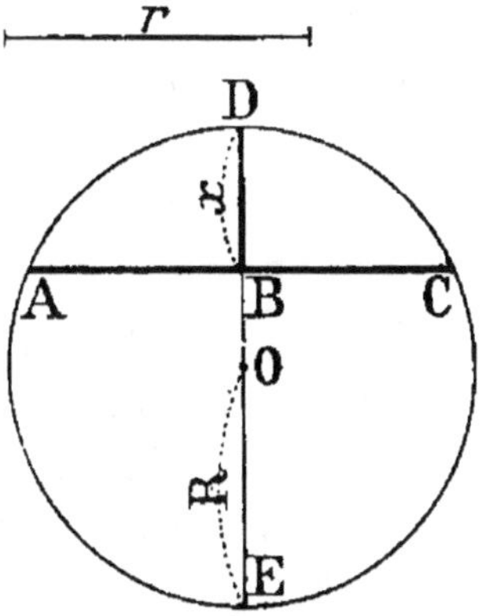

La surface du solide se compose d'une calotte sphérique et d'un cercle. La surface de la calotte est donnée par la formule générale $S = 2\pi R h$, qui, dans le problème, devient $S = 2\pi R x$; celle du cercle donné est πr^2; de là l'équation :

$$2\pi R x + \pi \overline{AB}^2 = \pi r^2$$

ou, en simplifiant par π

$$2Rx + \overline{AB}^2 = r^2 \qquad\qquad (1)$$

Fig. 21.

Mais la demi-corde **AB** est moyenne proportionnelle entre les deux segments du diamètre, **EB** et **BD**, qui valent respectivement $(2R - x)$ et x; d'où :

$$\overline{AB}^2 = EB \times BD = (2R - x)x = 2Rx - x^2$$

et par suite l'équation (1) devient :

$$2Rx + 2Rx - x^2 = r^2$$
$$x^2 - 4Rx + r^2 = 0 \qquad\qquad (2)$$

D'où :
$$x = 2R \pm \sqrt{4R^2 - r^2}$$

$$x' = 2R + \sqrt{4R^2 - r^2} \qquad x'' = 2R - \sqrt{4R^2 - r^2}$$

Discussion. — L'inconnue étant comptée à partir du point fixe **D**, toute solution, pour être acceptable, doit être réelle, positive, et au plus égale à 2R.

Réalité : Il faut $4R^2 - r^2 \geqslant 0$; comme R et **r** sont essentiellement positifs, on peut écrire :

$$4R^2 \geqslant r^2 \qquad ou \qquad 2R \geqslant r$$

Le problème n'est donc possible que **si le diamètre de la sphère est supérieur ou au moins égal au rayon du cercle** donné. Dans le cas limite où $2R = r$, les racines x' et x'' deviennent égales, et leur valeur commune est **2R**, c'est-à-dire que le plan sécant descendrait au point **E**, et deviendrait tangent à la sphère. Le solide serait donc la sphère, dont la surface totale est $4\pi R^2$, ce qui est bien la surface d'un cercle de rayon 2R.

Lorsque $2R > r$, il y a deux racines réelles et inégales.

Signes : Le produit des racines est r^2, toujours positif; donc les racines sont de même signe; la somme est $+ 4R$, toujours positive; donc les deux racines sont positives.

Grandeur : Nous pouvons ici, sans méthode spéciale, constater que la valeur x' est supérieure à 2R, et par suite doit être rejetée; la valeur x'' est inférieure à 2R, et comme nous avons vu plus haut qu'elle est positive, nous avons $0 < x'' < 2R$; par suite, la solution x'' convient au problème.

Résumé
$$\begin{cases} \mathbf{2R} < \mathbf{r} & \text{0 solution; problème impossible.} \\ \mathbf{2R} = \mathbf{r} & \text{2 sol. égales} \quad x' = x'' = 2R. \\ \mathbf{2R} > \mathbf{r} & \text{1 sol.} \quad\quad x'' = 2R - \sqrt{4R^2 - r^2}. \end{cases}$$

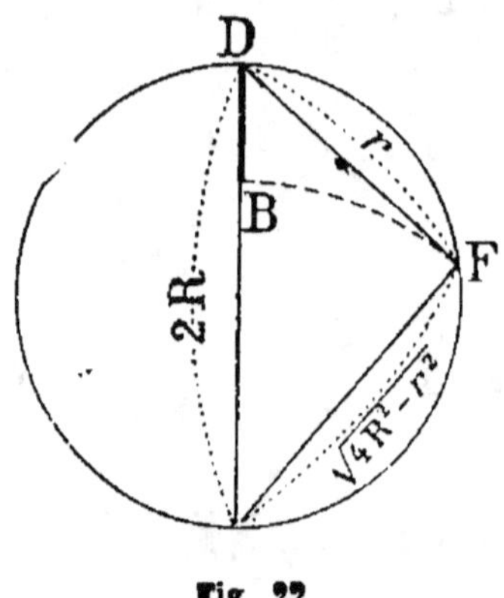

Fig. 22.

Construction. — 1° On peut construire directement cette formule en constatant que $\sqrt{4R^2 - r^2}$ est un côté de l'angle droit d'un triangle rectangle dont l'hypoténuse est 2R et le côté connu r. Il suffit donc, dans un cercle de diamètre 2R, de tracer $DF = r$ (*fig.* 22); la corde EF représente le radical. En rabattant EF sur ED, suivant EB, on a :

$$BD = ED - EB = 2R - \sqrt{4R^2 - r^2} = x''$$

donc BD est la distance x cherchée.

2° D'une façon générale, on peut construire les racines d'une équation du second degré en utilisant le problème classique : *Construire deux droites, connaissant leur somme et leur moyenne géométrique;* la somme est $\left(-\dfrac{b}{a}\right)$, et la moyenne géométrique est $\sqrt{\dfrac{c}{a}}$; puis l'on prendra, suivant le cas, les deux droites trouvées, ou l'une des deux.

Ici, $-\dfrac{b}{a} = 4R$, et $\sqrt{\dfrac{c}{a}} = r$. Par suite, traçons $MN = 4R$
(*fig. 23*), et sur MN comme diamètre décrivons une demi-circonférence ; menons en M la tangente $MP = r$, puis la paral-

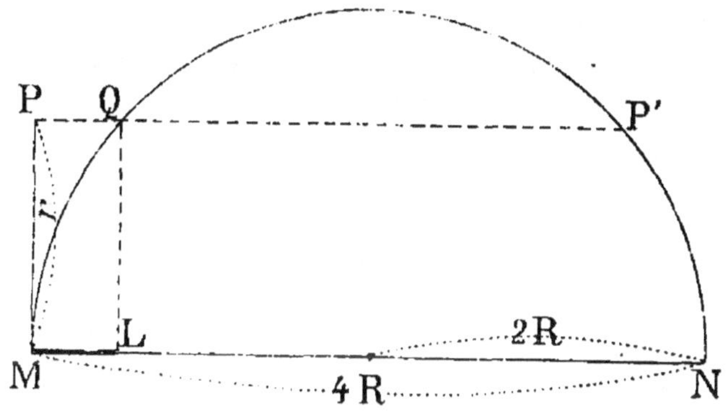

Fig. 23.

lèle PP′ à MN, qui coupe la circonférence en Q ; la perpendiculaire QL abaissée sur MN détermine les droites cherchées $ML = x''$, $LN = x'$. Cette construction montre en outre que LN est plus grande que 2R, et par suite doit être rejetée, résultat qui confirme ce que nous avions trouvé pour la condition de *grandeur*.

EXERCICES

— *Trouver de suite la somme et le produit des racines des équations :*

786.	$x^2 - 12x + 27 = 0$.	790.	$x^2 + 6x + 8 = 0$.
787.	$x^2 - 15x - 34 = 0$.	791.	$x^2 + 2x - 15 = 0$.
788.	$3x^2 - 8x + 12 = 0$.	792.	$5x^2 + 4x + 20 = 0$.
789.	$7x^2 - 9x - 4 = 0$.	793.	$2x^2 + 3x - 10 = 0$.

794. — Discuter, sans les résoudre, la réalité et les signes des racines des équations ci-dessus.

— *Écrire les équations ayant pour racines :*

795.   7 et 2 ; (— 5) et 8 ; (— 6) et 3 ; (— 2) et (— 3).

796. $\dfrac{2}{3}$ et $\dfrac{4}{5}$; $\left(-\dfrac{3}{7}\right)$ et 2 ; $\dfrac{3}{4}$ et $\left(-\dfrac{1}{2}\right)$; $\dfrac{12}{5}$ et (— 4).

— *Trouver deux nombres connaissant leur somme s et leur produit P.*

797. $s = 20$ $P = 96$ $s = -9$ $P = -90$
798. $s = 3$ $P = -70$ $s = -50$ $P = 600$.

799. — Comment faut-il prendre q dans l'équation $x^2 - 16x + q = 0$ pour que l'une des racines soit triple de l'autre ?

800. — Comment faut-il prendre p dans l'équation $x^2 + px + 50 = 0$ pour que l'une des racines soit double de l'autre ?

801. — Comment faut-il prendre c dans l'équation $12x^2 - 17x + c = 0$ pour que l'une des racines surpasse l'autre de $\dfrac{1}{12}$?

802. — Comment faut-il prendre b dans l'équation $4x^2 + bx + 15 = 0$ pour que l'une des racines surpasse l'autre de 1 ?

— Résoudre les systèmes suivants :

803. $\begin{cases} x - y = 5. \\ xy = 84. \end{cases}$

804. $\begin{cases} x + y = 7. \\ x^3 + y^3 = 29. \end{cases}$

805. $\begin{cases} x - y = 13 \\ xy = 2610. \end{cases}$

806. $\begin{cases} x - y = 8 \\ x^3 + y^3 = 544. \end{cases}$

807. $\begin{cases} x^2 + y^2 = 136 \\ xy = 60. \end{cases}$

808. $\begin{cases} x - y = 9 \\ x^3 - y^3 = 153. \end{cases}$

809. $\begin{cases} x^2 + xy + y^2 = 28 \\ xy = 8. \end{cases}$

810. $\begin{cases} x^2 + y^2 = 244 \\ x + 2y = 32. \end{cases}$

811. $\begin{cases} x - y = 4 \\ 2x^2 - 3xy = 27. \end{cases}$

812. $\begin{cases} x^3 + y^3 = m^3. \\ x^3 - y^3 = n^3. \end{cases}$

813. $\begin{cases} \dfrac{1}{x} + \dfrac{1}{y} = \dfrac{5}{6} \\ \dfrac{1}{x^2} + \dfrac{1}{y^2} = \dfrac{13}{36}. \end{cases}$

814. $\begin{cases} \dfrac{1}{x} + \dfrac{1}{y} = \dfrac{5}{12} \\ 12x - 4y = 1. \end{cases}$

— Résoudre les équations irrationnelles ·

815. $\sqrt{x + 4} = x - 8.$

816. $x + 6 = 5\sqrt{x}.$

817. $\dfrac{36}{\sqrt{x}} - 3\sqrt{x} = 2.$

818. $5x^2 = 4\sqrt{x^2 + 256 + 32x}.$

819. $\sqrt{9x + \dfrac{4}{9}} = \sqrt{5x + \dfrac{2}{3}}.$

820. $\dfrac{64}{\sqrt{x}} + 2\sqrt{x} = 8.$

821. $\sqrt{3x + 10} - \sqrt{x - 1} = \sqrt{4x + 1}.$

822. $\sqrt{p^2 + x} + \sqrt{q^2 - x} = p + q.$

823. $\sqrt{x^2 - x + 1} = a - \sqrt{x^2 + x + 1}.$

— Résoudre les équations bicarrées :

824. $x^4 - 12x^2 + 27 = 0.$

825. $x^4 + 8x^2 - 48 = 0.$

826. $x^4 - 9x^2 + \dfrac{308}{81} = 0.$

827. $100x^4 - 289x^2 + 144 = 0.$

Problèmes du second degré.

828. — Trouver deux nombres dont le quotient soit 3, et le produit 108.

829. — Trouver deux nombres ayant pour somme 35, et tels qu'en ajoutant le plus petit à leur produit on obtienne 260.

830. — Trouver un nombre formé de deux chiffres dont la somme soit 11 et dont le produit soit tel qu'en y ajoutant 19 on obtienne le nombre retourné.

831. — Décomposer 25 en deux parties dont le produit soit 128.

832. — Décomposer 60 en deux facteurs dont la somme soit 19.

833. — Un marchand achète un certain nombre d'assiettes pour 57^f,60. Il en casse 10, et revend le reste 0^f,20 de plus par assiette qu'il ne les avait payées; il réalise un bénéfice de 22^f,80. Combien avait-il acheté d'assiettes?

834. — On devait partager 480^f entre plusieurs personnes; 5 d'entre elles refusant leur part, chacune des autres reçoit 8^f de plus. Combien y avait-il de personnes?

835. — Dans une fabrique on a fait une souscription s'élevant à 30^f. Chaque homme a donné 0^f,20 de plus que chaque femme, mais le total des souscriptions des hommes est égal à celui des souscriptions des femmes. Combien y a-t-il d'hommes et de femmes?

836. — Un ouvrier a reçu 125^f pour son travail; s'il avait travaillé 5 jours de moins, tout en gagnant 1^f de plus par jour, il n'aurait touché que 120^f. Combien gagne-t-il par jour et combien de jours a-t-il travaillé?

837. — Un tailleur achète 2 pièces de drap, l'une pour 135^f, l'autre, qui contient 3^m de plus que la première, pour 108^f. Si les prix étaient intervertis, le tailleur aurait payé en tout 9^f de plus. Quel est le prix du mètre et la longueur de chaque pièce?

838. — Deux ouvriers reçoivent des salaires journaliers différents. Le premier a reçu 180^f; le deuxième qui a travaillé 10 jours de moins que le premier ne touche que 80^f. Si chaque ouvrier avait travaillé le nombre de jours qu'a travaillé l'autre, ils toucheraient la même somme. Quels sont les salaires journaliers?

839. — Un cultivateur achète des moutons pour 1500^f; une maladie en fait périr 11; pour gagner en tout 120^f il devrait vendre chaque tête qui lui reste 8^f,75 de plus qu'elle ne lui a coûté. Combien avait-il acheté de moutons?

840. — Une dette de 750^f doit être payée par plusieurs personnes; mais 3 étant devenues insolvables, la dette de chacune des autres est augmentée de 12^f,50. Combien y avait-il de personnes?

841. — Deux cyclistes partent ensemble pour faire un trajet de 112^{km}. L'un fait 2^{km} à l'heure de plus que l'autre et arrive 1 h. avant lui. Quelle est la vitesse de chaque cycliste?

842. — Dans un banquet, s'il y avait 5 personnes de moins, chaque convive payant 0^f,20 de plus, le prix total eût été le même; s'il y avait 5 personnes de plus, chacune payant 0^{f}20 de moins, le prix total eût été diminué de 2^f. Quel est le nombre de convives, et quelle est la cotisation de chacun?

843. — Un fermier loue plusieurs hectares de terre pour 1440^f. Il en cultive 8, et sous-loue le reste à 15^f de plus qu'il n'a loué lui-même; il reçoit ainsi 540^f du sous-locataire. Combien avait-il loué d'hectares de terre primitivement?

844. — On place 12.000^f à un certain taux; au bout d'un an, on place ce capital réuni à ses intérêts à un taux supérieur de 0^f,75 au taux primitif; on obtient ainsi un revenu annuel de 463^f,50. Quel était le taux primitif?

845. — Un bassin pourrait être rempli en 3 h. 45^m par 2 robinets coulant ensemble. Combien faudra-t-il de temps à chaque robinet coulant seul pour remplir ce bassin, sachant que le premier mettrait 4 heures de moins que le second?

846. — Un capital vaut 2.000^f de plus qu'un autre et rapporte 270^f par an; le second placé à 1 0/0 de plus que le premier rapporte 280^f. Trouver ces capitaux et leur taux?

847. — On commande une pièce de drap de 120^f; on reçoit une pièce contenant 3^m de plus, mais dont le mètre vaut 2^f de moins que celui de la première. La valeur des 2 pièces étant la même, on demande le prix du mètre de la première.

848. Quelle est l'échéance d'un billet de 3.030ᶠ, escompté à 4 0/0, sachant que la différence entre l'escompte commercial et l'escompte rationnel est 0ᶠ.30 ?

849. — Le rapport de deux nombres est 3, et la somme de leurs carrés est 360. Quels sont ces nombres ?

850. — La somme de deux nombres est 20 ; leur double produit est inférieur de 100 à la somme de leurs carrés. Quels sont ces nombres ?

851. — Un nombre surpasse de 4 le double d'un autre ; le produit de ces nombres étant 160, quels sont-ils ?

852. — En ajoutant le grand nombre au produit de deux nombres on obtient 567 ; en ajoutant le petit nombre à ce même produit on obtient 512. Quels sont ces nombres ?

853. — On a acheté plusieurs sacs de blé pour 672ᶠ ; si chaque sac coûtait 2ᶠ de moins, on aurait eu 8 sacs de plus. Combien a-t-on acheté de sacs, et quel est le prix de l'un d'eux ?

854. — Un billet de 3200ᶠ a subi un escompte de 24ᶠ ; si le taux était augmenté de 1ᶠ,50 et l'échéance diminuée de 30 jours, l'escompte serait le même. Quels sont le taux et l'échéance ?

855. — Un tailleur commande une pièce de drap de 135ᶠ. On lui envoie par erreur du drap valant 1ᶠ,50 de plus par mètre que celui commandé, mais la pièce ayant 3ᵐ de moins sa valeur est la même. Quels étaient la longueur et le prix de la pièce commandée ?

856. — Deux ouvriers ont reçu : le premier 144ᶠ ; le second, qui a travaillé 9 jours de moins, et à un salaire différent, 67ᶠ,50. Ces salaires sont tels que, si le second travaillait le même nombre de jours que le premier et si le premier travaillait 6 jours de moins, ils recevraient tous deux la même somme. Quels sont leurs salaires respectifs ?

857. — Un maçon a reçu 72ᶠ pour plusieurs jours de travail ; un autre, dont le salaire est différent, et qui a travaillé 2 jours de moins, n'a reçu que 50ᶠ. Si le premier avait travaillé 2 jours de moins, et le second 2 jours de plus, ils toucheraient la même somme. Quels sont leurs salaires ?

858. — On a reçu 1450ᶠ pour deux billets, l'un de 618ᶠ à 9 mois d'échéance, l'autre de 858ᶠ,5 à 3 mois, escomptés par la méthode rationnelle. Quel est le taux de l'escompte ?

859. — Un cultivateur veut planter 77 pommiers sur un terrain rectangulaire ayant 80ᵐ sur 48ᵐ ; les arbres sont également espacés, et il y en a un à chaque coin du champ. Quelle doit être la distance de deux arbres ?

860. — Deux associés ont retiré d'une entreprise, capital et bénéfice, 13500ᶠ ; on sait que le second retire un bénéfice de 3600ᶠ ; la mise du premier étant 2700ᶠ, on demande quel est son bénéfice, et quelle était la mise de son associé ?

861. — Une personne place 25000ᶠ pendant un an à un certain taux ; elle ajoute l'intérêt au capital et place le tout à 1¹⁄₂ 0/0 de plus que dans le premier cas ; son revenu annuel devient 1181ᶠ,5. Quel était le taux primitif ?

862. — Deux cyclistes partent du Havre, en même temps, pour aller à Rouen. Le premier fait 6ᵏᵐ à l'heure de plus que le second, et arrive 2ʰ1/2 avant lui. La distance des deux villes étant 90ᵏᵐ, quelles sont les vitesses moyennes des cyclistes ?

863. — Un express part de Paris pour Bordeaux, et en même temps un omnibus part de Bordeaux pour Paris. Au moment de la rencontre, l'express a fait 132ᵏᵐ de plus que l'omnibus ; à partir de cet instant, l'express met encore 3ʰ48ᵐ pour atteindre Bordeaux, et l'omnibus 9ʰ $\frac{9}{19}$ pour atteindre Paris. On demande la distance de Paris à Bordeaux. et la vitesse moyenne de chaque train.

864. — Deux automobiles partent : l'une, à midi, de Paris pour Lyon ; l'autre, à 1ʰ20ᵐ, de Lyon pour Paris. La première fait 16ᵏᵐ à l'heure de moins que l'autre. La distance des deux villes étant 512ᵏᵐ, quelle est la vitesse de chaque automobile, la rencontre ayant lieu à 266ᵏᵐ de Paris?

865. — Quelle est la base du système de numération dans lequel le nombre 75, à base 10, s'écrit 2210 (lire ces chiffres séparément) ?

866. — Quelle est la base du système de numération dans lequel le nombre 584, à base 10, s'écrit 408 ?

867. — Un maquignon achète un cheval, puis le revend 264ᶠ ; il gagne ainsi autant pour cent sur son prix d'achat que le cheval lui a coûté. Quel était le prix d'achat du cheval ?

868. — On partage un héritage de 48000ᶠ entre plusieurs personnes ; s'il y avait 2 héritiers de plus, la part de chacune serait diminuée de 2000ᶠ. Combien y avait-il d'héritiers ?

869. — Un négociant achète plusieurs barriques de vin, identiques, pour 1080ᶠ. On lui offrait, pour le même prix total, 3 barriques de moins, mais coûtant chacune 18ᶠ de plus. Quel est le nombre de barriques achetées?

870. — Un canotier remonte une rivière sur un parcours de 1800ᵐ; en descendant, il met 9 minutes de moins que pour monter, car le courant lui fait faire 100ᵐ de plus par minute. Quel est le temps total de sa promenade?

871. — La valeur de 63 impériales d'or de Russie est inférieure de 2ᶠ à celle de 100 livres sterling anglaises. On pourrait payer exactement en impériales ou en livres une somme de 50440ᶠ, mais le nombre de livres serait supérieur de 739 unités au nombre des impériales. Quelles sont, en francs et centimes, les valeurs de l'impériale russe et de la livre sterling ?

872. — Les dimensions d'un rectangle sont 90ᵐ et 40ᵐ. Quelles seront les dimensions d'un rectangle de même périmètre, mais dont la surface soit le tiers de celle du premier ?

873. — Un triangle rectangle a pour périmètre 180ᵐ; la longueur de l'hypoténuse est inférieure de 30ᵐ à la somme des deux autres côtés. Quelle est la surface de ce triangle ?

874. — On donne l'hypoténuse a et la hauteur h qui lui est relative dans un triangle rectangle. Calculer les autres côtés de ce triangle.

875. — Quelles sont les dimensions d'un parallélépipède rectangle dont le volume est 13ᵐ³,824 sachant que la somme de ces dimensions est 12ᵐ,6 et que l'une d'elles est moyenne proportionnelle entre les deux autres ?

876. — Un triangle est tel que son périmètre est exprimé par un nombre double de celui qui exprime sa surface ; ses côtés sont 3 nombres entiers consécutifs. Calculer les côtés et la surface de ce triangle.

877. — On plie un fil de fer de 0ᵐ,60 de longueur de manière à former un triangle rectangle dont l'hypoténuse ait 0ᵐ,25. Calculer les côtés et la surface de ce triangle.

878. — Généraliser en appelant l la longueur du fil et a celle de l'hypoténuse.

879. — La surface d'un trapèze étant 525ᵐ², trouver ses bases B et b et sa hauteur h, sachant qu'elles sont respectivement proportionnelles aux nombres 9, 5, 3.

880. — Généraliser en appelant s la surface du trapèze et m, n, p, les nombres proportionnels donnés.

881. — Trouver les côtés de deux carrés dont la somme des surfaces est 468, et le produit des diagonales est 432.

882. — Généraliser, en appelant s^2 et d^2 la somme et le produit donnés.

883. — On coupe une sphère par un plan. Quelle doit être la hauteur de l'une des calottes obtenues, pour que l'aire de cette calotte soit moyenne proportionnelle entre les aires de l'autre calotte et de la sphère entière?

884. — Sur une sphère de 0m,3 de rayon on décrit, d'un point quelconque pris pour pôle, un petit cercle dont la surface est 21dm2,2058. Quel est le rayon polaire ?

885. — Sur une sphère de 0m,16 de rayon, on décrit, d'un point quelconque pris pour pôle, une circonférence dont la longueur est 0m.50. Quel est le rayon polaire ?

886. — Un segment sphérique à une base a pour surface totale 25cm2. La sphère à laquelle il appartient ayant 0m,10 de diamètre, quelle est la hauteur de ce segment?

887. — On donne un cercle de rayon R. A quelle distance x du centre O faut-il placer un point P, pour que la tangente PA, menée de ce point à la circonférence, soit double de la partie extérieure PB de la sécante PBOC joignant le point P au centre du cercle ?

888. — La différence entre les superficies de deux terrains carrés est de 2 ares 64 centiares. La différence des périmètres est de 32m. Ces deux terrains ont été vendus : le grand a été payé comptant ; pour le petit, on a accepté un billet de 1912f,50 payable à 4 mois de date, capital et intérêts compris à 6 0/0. Le prix du mètre carré étant le même pour les deux terrains, on demande quel est ce prix ?

889. — Quel est le polygone qui admet 9 diagonales ?

890. — Généraliser en appelant n le nombre des diagonales ?

891. — On donne un cercle de rayon R. Calculer les côtés d'un rectangle inscrit dans ce cercle, et dont la surface soit k^2.

892. — Un triangle rectangle a pour hypoténuse a ; la différence des carrés des côtés de l'angle droit est égale au produit de ces côtés. Trouver ces côtés.

893. — Trouver les côtés de l'angle droit d'un triangle rectangle de surface S et d'hypoténuse a.

894. — On donne un cylindre circulaire droit, de rayon R et de hauteur h. A quelle distance de la base inférieure faut-il le couper, parallèlement à cette base, pour que cette base soit moyenne proportionnelle entre les deux parties de la surface latérale du cylindre ?

895. — Calculer les côtés de l'angle droit d'un triangle BAC rectangle en A, connaissant l'hypoténuse BC = a, et sachant que le volume engendré par le triangle en tournant autour du côté AB est double du volume engendré par ce même triangle en tournant autour du côté AC.

896. — Etant donnés un cercle de rayon R et un diamètre AB, à quelle distance de AB faut-il mener une parallèle CD, telle que la surface du trapèze ABCD soit dans un rapport donné k avec le carré de la hauteur du trapèze ?

897. — Un cône de hauteur H est inscrit dans une sphère de rayon R. A quelle distance x du sommet du cône faut-il mener un plan parallèle à la base pour que l'aire de la section faite dans le cône soit le tiers de l'aire de la section faite dans la sphère par le plan sécant ?

898. — On donne une demi-circonférence de diamètre AB = 2R, et en A a tangente AC illimitée. Sur le prolongement du diamètre AB, au delà de B on prend un point S par lequel on mène la tangente à la demi-circonférence ; cette tangente coupe la première en C. Calculer la distance AS pour que la surface engendrée par la droite SC, tournant autour de l'axe SA, soit équivalente aux $\frac{3}{2}$ de la surface engendrée par la demi-circonférence, dans la même rotation.

899. — On donne le rayon R d'un demi-cercle AOB, calculer le côté CD du trapèze inscrit ABCD dans lequel la somme des bases soit égale à celle des deux autres côtés.

900. — On donne un rectangle ABCD de hauteur DC $= 1^m$. Calculer sur DC la longueur DF $= x$ telle que les volumes engendrés par le quadrilatère AFCB tournant autour de AD, puis de BC, soient dans le rapport de 26 à 19.

901. — On donne un triangle BAC, rectangle en A, dont l'hypoténuse BC $= a$; on l'inscrit dans un demi-cercle BMANC. Trouver la hauteur AD $= x$ de façon que la somme des volumes engendrés par les segments AMB et ANC, tournant autour de BC, soit équivalente à celui d'une sphère de rayon R.

902. — On donne un cercle de rayon R. A quelle distance du centre faut-il mener une corde parallèle à un diamètre MN pour que, en tournant autour de ce diamètre, la corde engendre une surface équivalente à celle de la sphère qui aurait pour rayon la distance cherchée.

903. — On donne une sphère de rayon R. A quelle distance du centre faut-il la couper par un plan pour que le plus petit segment sphérique ainsi obtenu ait un volume équivalent à celui du cône qui a pour base la section et pour sommet le centre de la sphère.

904. — On donne une sphère de rayon R ; on la coupe par un plan. Calculer la hauteur de la plus petite des calottes obtenues, de manière que la surface de cette calotte soit équivalente à la surface latérale du cône ayant même base que la calotte, et pour sommet l'extrémité la plus éloignée du diamètre perpendiculaire à cette base.

905. — On donne une sphère de rayon R. Calculer le rayon de la base d'un cône circonscrit à cette sphère, et tel que la surface de cette base soit la moitié de la surface latérale du cône.

906. — On donne une sphère de rayon R. A quelle distance du centre faut-il la couper par un plan pour que la surface de la section soit la moitié de celle de la plus petite zone ?

907. — Même question, la surface de la section devant être équivalente à la différence des deux zones.

QUATRIÈME PARTIE

LOGARITHMES

CHAPITRE I

PROGRESSIONS

§ I. — **Progressions arithmétiques.**

239. — **Définitions.** — *On appelle* **progression arithmétique** *une suite de nombres tels que chacun d'eux est égal au précédent augmenté d'un nombre constant qu'on appelle* **raison.**

Ces nombres sont les termes de la progression; quand la progression est limitée, le premier et le dernier terme en sont les extrêmes.

Si le premier terme est 3, et la raison 2, on indique ainsi la progression :

$$\div \quad 3. \quad 5. \quad 7. \quad 9. \quad 11 \qquad\qquad (I)$$

et on l'énonce : **3** *est à* **5** *comme* **5** *est à* **7**, *comme* **7** *est à* **9**, etc.

Si la raison est un nombre positif, la valeur relative des termes va en augmentant, et la progression est **croissante.** Ex. : la progression (1).

Si la raison est un nombre négatif, la valeur relative des termes va en diminuant, et la progression est **décroissante.** Ex. : la progression (2), dont le premier terme est **8**, et la raison (— 3) :

$$\div \quad 8. \quad 5. \quad 2. \quad (-1). \quad (-4). \quad (-7)\dots \qquad\qquad (II)$$

D'une façon générale, on convient de représenter le premier
terme par a, la raison par r, la valeur d'un terme quelconque
par l, le nombre des termes ou le rang d'un terme par n :

$$\div \quad a. \quad b. \quad c. \quad d.... \quad l \qquad \text{raison } r$$

rangs $\qquad$ **1** $\quad$ **2** $\quad$ 3 $\quad$ 4 ... $\quad$ **n**

CALCUL D'UN TERME

240. — **Problème.** — *Connaissant le premier terme* **a**, *la raison*
r et le rang **n** *d'un terme d'une progression arithmétique, calculer la*
valeur **l** *de ce terme.*

De $\qquad\qquad \div \quad a. \quad b. \quad c. \quad d.... \quad l$

on tire : $\quad$ 2ᵉ terme $b = a + r$

$\qquad\qquad$ 3ᵉ terme $c = b + r = a + r + r = a + 2r$

$\qquad\qquad$ 4ᵉ terme $d = c + r = a + 3r$

$$\cdot \quad \cdot \quad \cdot \quad \cdot \quad \cdot \quad \cdot \quad \cdot \quad \cdot \quad \cdot \quad \cdot \quad \cdot$$

$$\text{nᵉ terme } l = a + (n - 1)r \qquad\qquad (\text{1})$$

Règle : Un terme quelconque d'une progression arithmétique
est égal au premier augmenté d'autant de fois la raison qu'il
y a de termes avant celui dont on cherche la valeur.

EXEMPLES : I. — Le 15ᵉ terme de la progression (I) est :

$$l = 3 + (15 - 1)2 = 31.$$

II. — Le 12ᵉ terme de la progression (II) est :

$$l = 8 + (12 - 1)(-3) = 8 + 11(-3) = 8 - 33 = -25$$

241. — **Formules.** — De la formule (1) on tire facilement :

Calcul de a : $\qquad\qquad a = l - (n - 1)r \qquad\qquad (2)$

Calcul de r : $\qquad\qquad r = \dfrac{l - a}{n - 1} \qquad\qquad (3)$

Calcul de n : $\qquad (n - 1)r = l - a$

d'où $\qquad n - 1 = \dfrac{l - a}{r} \qquad$ et $\qquad n = \dfrac{l - a}{r} + 1 \qquad (4)$

242. — **Insertion des moyens.** — *Insérer* **m** *moyens arithmé-*
tiques entre les deux nombres **A** *et* **B.**

Cela signifie qu'il faut former une progression arithmétique dont le premier terme soit A, le dernier B, et telle qu'entre A et B il y ait m termes. La progression renfermera donc en tout m + 2 termes, et avant B il y en aura m + 1. La raison inconnue de cette progression est donnée par la formule (3).

$$r = \frac{B - A}{m + 1}$$

La raison est égale à la différence des deux nombres donnés divisée par le nombre des moyens à insérer plus 1.

EXEMPLE : *Insérer 6 moyens arithmétiques entre 12 et 47.*

On a : $$r = \frac{47 - 12}{6 + 1} = \frac{35}{7} = 5.$$

D'où la progression :

$$\div \ 12. \ 17. \ 22. \ 27. \ 32. \ 37. \ 42. \ 47.$$

243. — **Remarque I.** — Il est évident que, si au lieu d'insérer 6 moyens, on en insérait 10, 20, 100, 1000, etc... la raison deviendrait de plus en plus petite, et par suite deux termes consécutifs de la progression obtenue auraient des valeurs très voisines l'une de l'autre. Ainsi, en insérant 999999 termes entre 12 et 47. la raison serait 0,000035 et deux termes consécutifs différeraient de moins de 0,0001.

244. — **Remarque II.** — Soit la progression de raison 4 :

$$\div 3. \ 7. \ 11. \ 15.$$

Insérons 3 moyens arithmétiques entre 3 et 7 :

$$r = \frac{7 - 3}{3 + 1} = 1 \qquad \text{d'où} \qquad \div 3. \ 4. \ 5. \ 6. \ 7.$$

Opérons de même entre 7 et 11, 11 et 15 :

$$r' = \frac{11 - 7}{3 + 1} = 1 \qquad \text{d'où} \qquad \div 7. \ 8. \ 9. \ 10. \ 11$$

$$r'' = \frac{15 - 11}{3 + 1} = 1 \qquad \text{d'où} \qquad \div 11. \ 12. \ 13. \ 14. \ 15.$$

On constate que toutes ces progressions ont la même raison et que le dernier terme de l'une est le premier terme de l'autre. On peut donc en former une progression unique dont les termes

ont des valeurs beaucoup plus voisines que ceux de la progression primitive :

$$\div 3.\ 4.\ 5.\ 6.\ 7.\ 8.\ 9.\ 10.\ 11.\ 12.\ 13.\ 14.\ 15.$$

SOMME DES TERMES

245. — Théorème. — *Dans toute progression arithmétique limitée, la somme de deux termes équidistants des extrêmes est égale à la somme des extrêmes.*

Soit la progression, de raison r :

$$\div a.\ b.\ c.\ d.\ e.\ f.\ g.\ h.\ l.$$

Prenons deux termes c et g, situés à deux intervalles des extrêmes.

Nous avons :
$$c = a + 2r$$
$$g = l - 2r$$

Additionnons
$$c + g = a + l$$

246. — Remarque. — Quand le nombre des termes est impair, celui du milieu, e, est égal à la demi-somme des extrêmes, car on a :

$$e = a + 4r$$
$$e = l - 4r$$
$$2e = a + l \qquad \text{et} \qquad e = \frac{a + l}{2}.$$

247. — Problème. — *Calculer la somme des termes d'une pro-gression arithmétique limitée.*

Soit la progression $\div a.\ b.\ c. \ldots f\ g.\ l.$
dont la raison est r, et le nombre des termes n. Ecrivons la somme des termes dans leur ordre, puis dans un ordre inverse, et additionnons :

$$S = a + b + c \ldots + g + l$$
$$S = l + g + f \ldots + b + a$$
$$2S = (a + l) + (b + g) + (c + f) \ldots + (g + b) + (l + a).$$

Or, ce dispositif place les uns sous les autres des termes équidistants des extrêmes. Toutes les sommes du second membre sont donc égales à $(a + 1)$, et il y en a autant que la progression donnée contenait de termes, ou n. On peut donc écrire :

$$2S = (a + 1)n \qquad \text{d'où} \qquad S = \frac{a + 1}{2} \times n. \qquad (5)$$

Règle : La somme des termes d'une progression arithmétique limitée est égale à la demi-somme des extrêmes multipliée par le nombre des termes.

248. — Remarques. I. — Si les extrêmes sont égaux et de signes contraires, la formule donne $S = 0$. En effet, dans ce cas, les termes s'annulent deux à deux, et leur somme totale est nulle, quel que soit le nombre des termes.

II. — Si la progression arithmétique n'est pas limitée, il est évident que S tend vers $+ \infty$ ou $- \infty$ suivant que la progression est croissante ou décroissante.

249. — Formules. — De la formule (5) on tire :

Calcul de n :
$$n = \frac{2S}{a + 1}$$

Calcul de a *et de* l :
$$(a + 1)n = 2S$$

$$a + 1 = \frac{2S}{n} \qquad \text{d'où} \qquad a = \frac{2S}{n} - 1 \qquad \text{et} \qquad l = \frac{2S}{n} - a.$$

Enfin, lorsqu'on ne donne pas le dernier terme, on peut calculer la somme en remplaçant l, dans la formule (5), par sa valeur dans la formule (1) :

$$S = \frac{a + [a + (n - 1)r]}{2} \times n \quad \text{ou} \quad S = \frac{2a + (n - 1)r}{2} \times n. \qquad (6)$$

APPLICATIONS

250. — I. — *Trouver la somme des* n *premiers nombres entiers.* La suite des nombres entiers à partir de 1 forme une progression arithmétique telle que *le rang et la valeur d'un terme* sont indiqués par le même nombre. Ainsi, le 8e terme est 8 ; le n^e terme est n. En appliquant la formule (5) il vient :

$$S = \frac{1 + n}{2} \times n \quad \text{ou} \quad S = \frac{n(n + 1)}{2}$$

c'est-à-dire *au demi-produit du dernier nombre entier donné par celui qui le suit.*

EXEMPLE : La somme des 50 premiers nombres entiers est

$$25 \times 51 = 1275.$$

251. — II. — *Trouver la somme des* n *premiers nombres impairs.* Ces nombres forment une progression arithmétique commençant par 1 et ayant pour raison 2. En appliquant la formule (6) il vient :

$$S = \frac{2 + (n-1)2}{2} \times n = \frac{2 + 2n - 2}{2} \times n = \frac{2n}{2} \times n$$

$$\text{ou} \quad S = n^2$$

c'est-à-dire *au carré du nombre des nombres impairs.*

EXEMPLE : La somme des 20 premiers nombres impairs est

$$20^2 = 400.$$

II. — **Progressions géométriques.**

252. — Définitions. — *On appelle* **progression géométrique** *une suite de nombres tels que chacun d'eux est égal au précédent multiplié par un nombre constant qu'on appelle* **raison.**

Ces nombres sont les termes de la progression. Quand la progression est limitée, le premier et le dernier terme en sont les extrêmes.

Si le premier terme est 5, et la raison 3, on indique ainsi la progression :

$$\div\!\div 5 : 15 : 45 : 135 : 405 \tag{1}$$

et on l'énonce : 5 est à 15 comme 15 est à 45, comme 45 est à 135, etc...

Si la raison est supérieure à 1, la valeur des termes va en augmentant, et la progression est croissante. Ex. : la progression (1).

Si la raison est un nombre inférieur à 1, mais positif, la valeur des termes va en diminuant, et la progression est décroissante. Ex. : la progression (II) dont le premier terme est 512, et la raison 0,5 :

$$\div 512 : 256 : 128 : 64 : 32. \qquad \text{(II)}$$

Dans les progressions géométriques, la raison ne peut jamais être négative.

Enfin nous laisserons de côté le cas où la raison est 1, ce qui donnerait une suite de nombres égaux.

D'une façon générale, on convient de représenter le premier terme par a, la raison par q, la valeur d'un terme quelconque par l, le nombre des termes ou le rang d'un terme par n :

$$\div a : b : c : d : \ldots\ldots : l \qquad \text{raison } q$$

rangs $\qquad 1 \quad 2 \quad 3 \quad 4 \quad \ldots\ldots \quad n.$

CALCUL D'UN TERME

253. — Problème. — *Connaissant le premier terme* a, *la raison* q, *et le rang* n *d'un terme d'une progression géométrique, calculer la valeur* l *de ce terme.*

De $\qquad \div a : b : c : d \ldots\ldots : l$

on tire :

$$2^e \text{ terme} \qquad b = aq$$
$$3^e \text{ terme} \qquad c = bq = aq^2$$
$$4^e \text{ terme} \qquad d = cq = aq^3$$
$$n^e \text{ terme} \qquad l = aq^{n-1}. \qquad \text{(1)}$$

Règle : Un terme quelconque d'une progression géométrique est égal au premier multiplié par la raison affectée d'un exposant égal au nombre des termes qui précèdent celui dont on cherche la valeur.

EXEMPLES : Le 10ᵉ terme de la progression (I) serait

$$l = 5 \times 3^9 = 5 \times 19.683 = 98.415.$$

Le 15ᵉ terme de la progression (II) serait

$$l = 512 \times \left(\frac{1}{2}\right)^{14} = \frac{1}{32}.$$

254. — Formules. — De la formule (1) on tire :

Calcul de a : $\qquad\qquad a = \dfrac{l}{q^{n-1}} \qquad\qquad\qquad \text{(2)}$

Calcul de q :
$$q = \sqrt[n-1]{\frac{l}{a}}.$$
(3)

Le calcul de **n** sera fait plus tard.

255. — Insertion de moyens. — *Insérer* **m** *moyens géométriques entre deux nombres* **A** *et* **B**.

Cela signifie qu'il faut former une progression géométrique dont le premier terme soit A, le dernier B, et telle qu'entre A et B il y ait m termes. La progression renfermera donc en tout m + 2 termes, et avant B il y en aura m + 1. La raison inconnue de cette progression est donnée par la formule (3) :

$$q = \sqrt[m+1]{\frac{B}{A}}.$$

EXEMPLE : *Insérer 3 moyens géométriques entre 7 et 1792.*

On a
$$q = \sqrt[4]{\frac{1792}{7}} = \sqrt[4]{256} = 4.$$

D'où la progression :
$$\div\ 7 : 28 : 112 : 448 : \mathbf{1792}.$$

256. — Remarques. — Un raisonnement analogue à celui que nous avons fait sur les progressions arithmétiques (n°⁵ 243 et 244), montre que : 1° plus le nombre des moyens insérés est grand, plus la valeur de la raison se rapproche de 1, et plus les valeurs de deux termes consécutifs deviennent voisines; 2° si l'on insère un même nombre de moyens géométriques entre les termes consécutifs d'une progression géométrique, on obtient une nouvelle progression dont les termes ont des valeurs beaucoup plus voisines que ceux de la progression primitive.

SOMME DES TERMES

257. — Problème. — *Calculer la somme des termes d'une progression géométrique limitée.*

Soit la progression $\div\ a : b : c : d : 1$

dont la raison est **q**, et le nombre des termes **n**. Nous avons :

$$S = a + b + c + d + 1.$$
(4)

Multiplions les deux membres par q :

$$Sq = aq + bq + cq + dq + lq$$

Or, $aq = b, \quad bq = c, \quad cq = d, \quad dq = l,$

d'où : $Sq = b + c + d + l + lq.$ (5)

1ᵉʳ Cas : $q > 1$. — Alors $Sq > S$; retranchons membre à membre l'égalité (4) de l'égalité (5) :

$$Sq - S = b + c + d + l + lq - a - b - c - d - l$$
$$S(q - 1) = lq - a.$$

Pour rappeler que la progression est croissante, représentons par S_c la somme des termes :

$$S_c = \frac{lq - a}{q - 1}.$$ (6)

2ᵉ Cas : $q < 1$. — Alors $Sq < S$; retranchons membre à membre l'égalité (5) de l'égalité (4) :

$$S - Sq = a + b + c + d + l - b - c - d - l - lq$$
$$S(1 - q) = a - lq.$$

Pour rappeler que cette progression est décroissante, représentons par S_d la somme des termes :

$$S_d = \frac{a - lq}{1 - q}.$$ (7)

La formule (6) donne la somme des termes d'une progression géométrique croissante; la formule (7), celle des termes d'une progression géométrique décroissante.

258. — **Formules** : Des formules (6) et (7) on peut tirer facilement les valeurs de a, l, et q.

La plus importante de toutes les formules sur les progressions géométriques est donnée par la combinaison de la formule (1) avec les formules (6) ou (7) :

Puisque $l = aq^{n-1}, \quad lq = aq^{n-1}q = aq^n;$

la formule (6) devient alors :

$$S = \frac{aq^n - a}{q - 1} \quad \text{ou} \quad S_c = \frac{a(q^n - 1)}{q - 1}$$ (8)

et la formule (7) :

$$S = \frac{a - aq^n}{1 - q} \quad \text{ou} \quad S_d = \frac{a(1 - q^n)}{1 - q} \qquad (9)$$

259 — Discussion. — *Cas où le nombre des termes est infini* *1° La progression est croissante.* — Pour plus de simplicité, reprenons la formule (6). Les termes étant de plus en plus grands, si le nombre des termes est infini, la valeur de l est infiniment grande, et par suite celle du numérateur lq — a l'est aussi. Le dénominateur (q—1) n'étant ni nul ni infini, la valeur de la fraction tend donc vers l'infini. *Quand le nombre des termes d'une progression géométrique croissante est infini, la somme de ces termes est infiniment grande.*

2° La progression est décroissante. — Reprenons la formule (7). Nous pouvons l'écrire :

$$S_d = \frac{a - lq}{1 - q} = \frac{a}{1 - q} - \frac{lq}{1 - q}.$$

Les termes étant de plus en plus petits, en poursuivant la progression aussi loin qu'on le veut, la valeur du dernier terme l se rapproche de plus en plus de 0, ainsi que celle de lq ; le dénominateur (1 — q) n'étant ni nul ni infini, la valeur de la fraction $\frac{lq}{1 - q}$ tend vers 0, ou a pour limite 0. La somme S_d est donc égale à un terme constant $\frac{a}{1 - q}$ diminué d'une fraction dont la limite est 0. On dit alors que la somme S_d a pour limite $\frac{a}{1 - q} - 0$ ou $\frac{a}{1 - q}$.

Quand le nombre des termes d'une progression géométrique décroissante est infini, la somme de ces termes a pour limite le quotient du premier terme par l'excès de l'unité sur la raison.

Ainsi, la limite de la somme des termes de la progression poursuivie indéfiniment :

$$\div\div 1 : \frac{1}{2} : \frac{1}{4} : \frac{1}{8} : \frac{1}{16} \ldots\ldots$$

est
$$S_d = \frac{1}{1 - \frac{1}{2}} = \frac{1}{\frac{1}{2}} = 2.$$

On peut se rendre compte matériellement de ce résultat en prenant une droite AL dont la moitié AB représente le premier terme, 1, de la progression (*fig. 24*); le second terme, $\frac{1}{2}$, est représenté par BC, moitié de BL; le troisième terme, $\frac{1}{4}$, par CD, moitié de CL ou quart de BL, etc... Ces segments s'ajoutent les uns aux autres, et l'extrémité du dernier se rapproche de plus en plus de L, mais sans pouvoir l'atteindre théoriquement : la limite de cette somme est donc bien AL, qui représente le nombre 2.

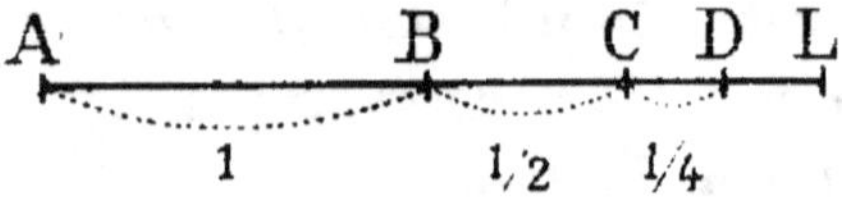

Fig. 24.

APPLICATIONS

260. — I. — *Calculer la fraction génératrice de la fraction périodique simple 0,323232...*

Cette fraction périodique peut s'écrire

$$\frac{32}{100} + \frac{32}{100^2} + \frac{32}{100^3} \cdots \cdots \tag{I}$$

et sa valeur est rigoureusement egale à la somme des fractions de la suite (I) lorsque le nombre de ces fractions est nfini; or, ces fractions sont les termes d'une progression géométrique décroissante dont le premier terme est $\frac{32}{100}$ et la raison $\frac{1}{100}$. La fraction génératrice cherchée, qui est la limite de leur somme, est donc :

$$S = \frac{\frac{32}{100}}{1 - \frac{1}{100}} = \frac{\frac{32}{100}}{\frac{99}{100}} = \frac{32}{99}.$$

La fraction génératrice d'une fraction périodique simple est égale à une fraction ayant pour numérateur la période, et pour dénominateur un nombre formé d'autant de 9 qu'il y a de chiffres dans la période.

261. — II. — *Calculer la fraction génératrice de la fraction périodique mixte,* 0,5836767...

Cette fraction périodique peut s'écrire

$$\frac{583}{1000} + \frac{67}{1000 \times 100} + \frac{67}{1000 \times 100^2} \cdots$$

En négligeant le premier terme de cette somme, la somme de tous les suivants, en nombre infini, est

$$s = \frac{\dfrac{67}{1000 \times 100}}{1 - \dfrac{1}{100}} = \frac{\dfrac{67}{100000}}{\dfrac{99}{100}} = \frac{67}{99000}.$$

La somme totale, qui est la fraction génératrice **cherchée**, est donc :

$$S = \frac{583}{1000} + \frac{67}{99000} = \frac{583 \times 99 + 67}{99000}$$

$$= \frac{583\,(100 - 1) + 67}{99000} = \frac{58300 - 583 + 67}{99000} = \frac{58367 - 583}{99000}.$$

La fraction génératrice d'une fraction périodique mixte est égale à une fraction ayant pour numérateur la différence des nombres entiers obtenus en portant la virgule à droite puis à gauche de la première période, et pour dénominateur un nombre formé d'autant de 9 qu'il y a de chiffres dans la période, suivis d'autant de zéros qu'il y a de chiffres irréguliers.

EXERCICES

Progressions arithmétiques (abrégé : p. a.)

908. — Trouver le 25e terme d'une p. a. dont le 1er terme est 8 et la raison 3.

909. — Trouver le 20ᵉ terme d'une p. a. dont le 1ᵉʳ terme est 2, et la raison 4.

910. — Trouver le 18ᵉ terme d'une p. a. dont le 1ᵉʳ terme est 180 et la raison (— 4).

911. — Trouver le 1ᵉʳ terme d'une p. a. dont le 21ᵉ terme est 41, et la raison (— 2).

912. — La somme des 8 premiers termes d'une p. a. commençant par 1 est 120. Quelle est la raison ?

913. — Trouver la raison d'une p. a dont le 12ᵉ terme est 48, et le 1ᵉʳ est 4.

914. — Insérer 7 moyens arithmétiques entre 4 et 24.

915. — Le 1ᵉʳ terme d'une p. a. est 6, la raison est 5 ; quel est le rang du terme dont la valeur est 51 ?

916. — Le 4ᵉ terme d'une p. a. est 20 et le 9ᵉ est 45. Calculer le 1ᵉʳ terme, la raison, le 18ᵉ terme, et la somme des 25 premiers termes.

917. — Trouver la somme des termes d'une p. a. dont le 1ᵉʳ terme est 5 le dernier 60, et le nombre des termes 12.

918. — Trouver la somme de tous les nombres inscrits dans une table de Pythagore limitée à 9 $\times$ 9.

919. — Trouver la somme des 500 premiers nombres entiers.

920. — Combien y a-t-il de billes dans 12 rangées disposées en **triangle** équilatéral, la 1ʳᵉ rangée contenant 1 bille, la seconde 2, etc...

921. — Trouver la somme des 500 premiers nombres impairs.

922. — Combien une horloge sonnant les heures, les quarts, les demies, les trois-quarts, frappe-t-elle de coups pendant 12 heures ?

923. — Trouver la somme des 500 premiers nombres pairs.

924. — Un cantonnier est chargé de répartir un tas de cailloux en 25 tas égaux placés de 10ᵐ en 10ᵐ, à la suite les uns des autres. Il conduit une première brouette à 10ᵐ du tas primitif, revient à ce tas, conduit une seconde brouette à 20ᵐ, etc... On demande quel chemin total il aura parcouru après avoir conduit la 24ᵉ et dernière brouette, et qu'il est revenu à son point de départ.

925. — On a planté en ligne droite 12 arbres équidistants l'un de l'autre : la distance du premier au dernier est 63ᵐ,80. Une fontaine existe au pied du 1ᵉʳ arbre. Le jardinier ne peut porter en un voyage que l'eau nécessaire à un seul arbre. En supposant le jardinier à cette fontaine, quel trajet total aura-t-il parcouru lorsqu'il sera revenu à la fontaine après avoir arrosé tous les arbres ?

926. — Dans une commune normande existe la coutume suivante : le lundi de Pâques, on place sur une route un van à café, vide, puis, à 0ᵐ40 l'un de l'autre, 28 œufs, le premier étant à 0ᵐ,40 du van. Un garçon, appelé ramasseux, et un autre appelé coureux, partent en même temps du van ; le premier doit rapporter un à un tous les œufs dans le van, en commençant par le plus éloigné ; l'autre court chercher sur une côte un drapeau planté à 500ᵐ du van. Quels sont les trajets parcourus par les deux concurrents ?

927. — Quel est l'espace parcouru par un caillou tombant d'un ballon, dans la 8ᵉ seconde de sa chute ; puis, la hauteur de laquelle il tombe, sachant que la chute totale dure 15 secondes. (On sait qu'il parcourt 4ᵐ,9044 dans la 1ʳᵉ seconde ; 14ᵐ,7132 dans la 2ᵉ ; 24ᵐ,5220 dans la 3ᵉ, etc...)

928. — Une personne a payé une dette de 425ᶠ en plusieurs paiements qui ont augmenté successivement de 5ᶠ. Le premier ayant été de 20ᶠ, on demande le nombre des paiements et la valeur du dernier.

929. — Combien faut-il prendre de termes dans la p. a. ÷ 3.6.9.12... pour que la somme des termes soit 16ᵉ ?

930. — La somme des termes d'une p. a. est 192, la raison est 4, et le dernier terme 42. Trouver le 1ᵉʳ terme et le nombre des termes.

931. — Quels sont les 3 côtés d'un triangle rectangle, sachant qu'ils sont en p. a. de raison 5 ?

932. — Quelles sont les dimensions d'un parallélépipède rectangle dont le volume est 280^{m3}, sachant que la somme des trois dimensions est 21^m, et qu'elles sont en p a. ?

933. — Un voiturier fait 50^{km} par jour, et part en même temps qu'un cycliste qui fait 25^{km} le premier jour, 35 le second, 45 le troisième, etc... Au bout de combien de jours le cycliste atteindra-t-il le voiturier ?

934. — Pour creuser un puits de 25^m, un puisatier demande 1^f,50 pour le premier mètre, 2^f pour le second, 2^f,50 pour le troisième. etc... Quelle somme totale recevra-t-il ?

935. — Deux points sont distants de 215^m. De chaque extrémité partent en même temps deux mobiles qui font, l'un : 3^m la première minute, 5^m la seconde, 7^m la troisième, etc..., l'autre, 5^m la première minute, 6^m la seconde, 7^m la troisième, etc... Dans combien de minutes aura lieu leur rencontre ?

936. — Les dimensions d'un parallélépipède rectangle sont en p. a. On connaît la surface s et la diagonale d du solide. Calculer ces dimensions.

Progressions géométriques (abrégé : p. g.).

937. — Quel est le 9ᵉ terme de la p.g. dont le 1ᵉʳ terme est 6 et la raison 2 ?

938. — Quel est le 6ᵉ terme de la p. g. dont le 1ᵉʳ terme est 729 et la raison $\dfrac{\lambda}{3}$?

939. — Quel est le 1ᵉʳ terme d'une p.g. dont la raison est 4, et le 6ᵉ terme 3072 ?

940. — Trouver la somme des 8 premiers termes de la p.g. ÷ 4 : 12 : 36...

941. — Trouver la somme des termes d'une p.g. dont le 1ᵉʳ terme est 4, la raison 5, et le nombre des termes 7.

942. — Trouver la somme des 8 premiers termes de la p.g. ÷ 1 : $\dfrac{1}{3}$: $\dfrac{1}{9}$...

943. — Trouver la limite de la somme des termes de la p.g. précédente prolongée à l'infini.

944. — Insérer 5 moyens géométriques entre 4 et 256.

945. — Trouver 4 nombres sachant qu'ils sont en p. g. ; que leur somme est 510, et que le dernier vaut 16 fois le second.

946. — Insérer 7 moyens géométriques entre 1 et 256.

947. — Un joueur perd 3^f dans une première partie ; il s'entête, et toujours en doublant sa mise, il perd 10 parties. Combien perd-il en tout ?

948. — Un puisatier doit faire un puits de 10^m de profondeur. Il demande 1^f pour le premier mètre ; 1^f,50 pour le second ; 2^f,25 pour le troisième, chaque mètre coûtant les $\dfrac{3}{2}$ du mètre précédent. Combien recevra-t-il en tout ?

949. — Un maréchal ferrant, ayant ferré à neuf un cheval, réclame 1 centime pour le premier clou, 2 pour le second, 4 pour le 3ᵉ, etc... Combien faudrait-il payer pour les 28 clous ?

950. — L'inventeur de l'échiquier, Sessa, réclama, paraît-il, pour sa récompense, 1 grain de blé pour la première case, 2 pour la seconde, 4 pour la 3ᵉ, etc... en doublant toujours. Combien d'hectolitres de blé aurait-il dû recevoir, sachant que l'échiquier a 64 cases, et qu'un litre de blé contient environ 10000 grains ?

951. — Partager le nombre 105 en 3 parties qui forment une p.g., la 3ᵉ surpassant la 1ʳᵉ de 75.

952. — Un parallélépipède rectangle a pour volume 1728^{cm3} ; trouver les longueurs de ses arêtes sachant que leur somme est 42^{cm}, et qu'elles forment une p.g. ?

953. — On joint les milieux des côtés consécutifs d'un carré de côté c ; on obtient un second carré, dans lequel on opère de même ; on opère ainsi indéfiniment. Trouver la limite de la somme de tous les carrés ainsi formés.

954. — Dans un cercle de rayon R on inscrit un carré ; dans le carré, on inscrit un nouveau cercle, et ainsi de suite indéfiniment. On demande: 1° la limite de la somme des aires de tous les cercles ; 2° celle de la somme des aires des carrés.

955. — Même problème, en inscrivant un hexagone régulier au lieu d'un carré.

956. — Dans un angle de 30°, BAC, on prend sur l'un des côtés une longueur AB = a ; du point B on abaisse sur l'autre côté la perpendiculaire BC ; du point C, la perpendiculaire CD sur AB, et ainsi de suite indéfiniment. Déterminer la limite de la somme de toutes ces perpendiculaires.

957. — On inscrit un cube dans une sphère de rayon R ; dans ce cube, une nouvelle sphère, etc... indéfiniment. On demande : 1° les formules des volumes des sphères S_1, S_2, S_3.... S_n; 2° celles des volumes des couches sphériques comprises entre S_1 et S_2, S_2 et S_3,... S_{n-1} et S_n ; vérifier en outre que la somme de ces volumes, en nombre infini, est équivalente au volume de la sphère primitive S_1.

CHAPITRE II

LOGARITHMES

§ I. — **Propriétés générales.**

262. — **Définition.** — *Lorsqu'on fait correspondre les termes d'une progression géométrique de raison quelconque, mais commençant par 1, avec ceux d'une progression arithmétique de raison quelconque, mais commençant par 0, on dit que chaque terme de la seconde est le* **logarithme** *du nombre correspondant de la première et, réciproquement, qu'un terme de la première est* **l'antilogarithme** *du terme correspondant de la seconde.*

L'ensemble de ces deux progressions forme un *système de logarithmes.* Il y a une infinité de ces systèmes. Exemple :

$$\textit{Nombres} \qquad \div \quad 1 : 3 : 9 : 27 : 81 \dots$$

$$\textit{Logarithmes} \qquad \div \quad 0.1.2.3.4\dots$$

Ainsi, dans ce système, 3 est le logarithme de 27, et l'on écrit en abrégé :

$$\log 27 = 3$$

263. — **Système général** — La raison de la première progression étant q, puisqu'elle commence toujours par 1, ses termes successifs sont les puissances de q ; la raison de la progression arithmétique étant r, puisqu'elle commence toujours par 0, ses termes successifs sont les multiples de r, et l'on a la forme générale :

$$\div \quad 1 : q : q^2 : q^3 : q^4 : q^5$$

$$\div \quad 0.r.2r.3r.4r.5r$$

On constate ainsi que, dans deux termes qui se correspondent, le coefficient de *r* est égal à l'exposant de q.

264. — Remarque. — Il semble d'après cela que, seuls, les nombres de la progression géométrique admettent des logarithmes. Nous allons montrer comment, pratiquement, un nombre quelconque a un logarithme. Soit **N** compris entre q³ et q⁴ ; insérons entre ces deux nombres **m** moyens géométriques, et entre leurs logarithmes, 3*r* et 4*r*, insérons aussi **m** moyens arithmétiques ; il est clair que :

1° A chacun des nombre compris entre q³ et q⁴ correspondra donc un logarithme compris entre 3*r* et 4*r* ;

2° On peut prendre **m** suffisamment grand pour que les termes insérés soient extrêmement voisins l'un de l'autre (n° 256).

Dans ces conditions, ou bien **N** sera l'un des nombres insérés entre q³ et q⁴, et alors il aura un logarithme ; ou bien **N** sera compris entre deux de ces nombres, et alors, pour éviter une nouvelle insertion de moyens, on remplace **N** par le nombre qui en est le plus approché par défaut ou par excès, dont le logarithme donne une valeur approchée, par défaut ou par excès, du logarithme exact de **N**.

Il est évident que, plus le nombre des moyens insérés est grand, plus l'erreur commise en procédant ainsi est petite ; mais cette approximation des calculs explique pourquoi, dans la plupart des cas, le calcul par logarithmes ne donne pas *rigoureusement* le même résultat que le calcul arithmétique ; *pratiquement*, l'erreur commise est négligeable.

PRINCIPES

265. — Théorème fondamental: — *Le logarithme d'un produit de facteurs est égal à la somme des logarithmes de chacun des facteurs.*

Soient deux facteurs a et b. Je dis que :

$$log\,(ab) = log\,a + log\,b$$

En effet, ces facteurs peuvent être ramenés à faire partie d'une progression géométrique dans laquelle ils sont des

puissances de **q** ; soient q^2 et q^3 ces puissances. Nous savons
que

$$log\ q^2 = 2r$$
$$log\ q^3 = 3r$$

Additionnons $\qquad log\ q^2 + log\ q^3 = 5r$

D'autre part :

$$log\ (q^2 \times q^3) = log\ q^5 = 5r$$

Donc $\qquad log\ q^5 = log\ q^2 + log\ q^3$

ou $\qquad log\ (ab) = log\ a + log\ b.$

La démonstration serait analogue avec plus de deux facteurs.

266. — Corollaire I. — *Le logarithme d'un quotient est égal au
logarithme du dividende moins le logarithme du diviseur,*

Soit $\qquad \dfrac{a}{b} = q.$

Je dis que $\qquad log\ q = log\ a - log\ b$

En effet, de $\qquad \dfrac{a}{b} = q \qquad$ on tire $\qquad a = bq$

d'où $\qquad log\ a = log\ b + log\ q$

et $\qquad log\ q = log\ a - log\ b$

ou enfin $\qquad log\ \dfrac{a}{b} = log\ a - log\ b$

Remarque : Cette règle s'applique évidemment à une fraction,
qui est un quotient.

267. — Corollaire II. — *Le logarithme d'une puissance d'un
nombre est égal au logarithme du nombre multiplié par l'exposant de la
puissance.*

Je dis que $\qquad log\ a^3 = 3\ log\ a$

En effet $\qquad a^3 = a \times a \times a$

d'où $\qquad log\ a^3 = log\ a + log\ a + log\ a$

ou $\qquad log\ a^3 = 3\ log\ a$

268. — **Corollaire III.** — *Le logarithme d'une racine d'un nombre est égal au logarithme du nombre divisé par l'indice de la racine.*

Soit
$$\sqrt[5]{a} = x$$

Je dis que
$$log\, x = \frac{log\, a}{5}$$

En effet, de $\sqrt[5]{a} = x$, on tire $x^5 = a$

d'où $\quad 5\, log\, x = log\, a \quad$ ou $\quad log\, x = \dfrac{log\, a}{5}$

et par suite
$$log\, \sqrt[5]{a} = \frac{log\, a}{5}$$

Remarque. — Il ne faut pas écrire $log\, x = log\, \dfrac{a}{5}$, car cela voudrait dire que $x = \dfrac{a}{5}$. C'est la valeur $log\, a$ qui doit être divisée par 5.

269. — Application. — *Traduire en logarithmes* $x = \dfrac{a\sqrt{b}}{cd}$.

On a : $\quad log\, x = log\, (a\sqrt{b}) - log\, (cd) \quad$ (n° 266)

or $\quad log\, a\sqrt{b} = log\, a + log\, \sqrt{b} = log\, a + \dfrac{log\, b}{2}$

$$\text{(n}^{os}\text{ 265 et 268).}$$

$$log\, cd = log\, c + log\, d.$$

D'où $\quad log\, x = log\, a + \dfrac{log\, b}{2} - log\, c - log\, d$

MÉCANISME DU CALCUL PAR LOGARITHMES

270. — Pour nous familiariser avec les principes de ce calcul, traitons quelques exemples avec le système arbitraire suivant :

$$\div \quad 1 : 3 : 9 : 27 : 81 : 243 : 729 : 2187 : 6561 : 19683 : 59049.$$
$$\div \quad 0 . 2 . 4 . 6 . 8 . 10 . 12 . 14 . 16 . 18 . 20.$$

I. — *Trouver* $\quad x = 729 \times 81$

On a $\quad log\, x = log\, 729 + log\, 81 = 12 + 8 = 20$

d'où $\quad x = 59049$

II. — *Trouver* $x = 6561 : 243$

On a $log\,x = log\,6561 - log\,243 = 16 - 10 = 6$

d'où $x = 27$

III. — *Trouver* $x = 27^3$

On a $log\,x = 3\,log\,27 = 3 \times 6 = 18$

d'où $x = 19683$

IV. — *Trouver* $x = \sqrt[5]{59049}$

On a $log\,x = \dfrac{log\,59049}{5} = \dfrac{20}{5} = 4$

d'où $x = 9$

V. — *Trouver* $x = \dfrac{19683 \times 729}{2187}$.

On a $log\,x = log\,19683 + log\,729 - log\,2187$
$$= 18 + 12 - 14 = 16$$

d'où $x = 6561$

VI. — *Trouver* $x = \sqrt[3]{\dfrac{19683}{27}}$

On a $log\,x = \dfrac{log\,19683 - log\,27}{3} = \dfrac{18 - 6}{3} = 4$

d'où $x = 9$

271. — **Remarque.** — Nous avons choisi des nombres qui se trouvent dans les deux progressions. Pour rendre notre système pratique, il nous faudrait insérer entre ses termes un très grand nombre de moyens : nous n'aurions plus qu'à dresser une fois pour toutes un tableau de ces résultats : ce serait une table de logarithmes.

Ce procédé très ingénieux de calcul a été imaginé par l'Ecossais Neper (1550-1617) ; mais ce fut un ami de ce savant, Briggs qui publia en 1624 les premières tables de logarithmes usuels ou vulgaires, qui après avoir été complétées par de nombreux mathématiciens, tels que le Hollandais Vlacq, et le Français Lalande, sont universellement employées aujourd'hui.

§ II. — **Logarithmes usuels**.

272. — Ce système a pour *base* 10, c'est-à-dire que c'est le nombre 10 qui admet 1 pour logarithme. Il est défini par les progressions :

$$÷÷ \quad 1 : 10 : 100 : 1000 : 10000 : 100000\ldots$$
$$÷ \quad 0 . \quad 1 . \quad 2 . \quad 3 . \quad 4 . \qquad 5\ldots$$

On voit de suite que les puissances de 10 ont seules des logarithmes entiers ; les autres nombres auront pour logarithmes des nombres décimaux. Nous verrons plus loin le cas des nombres plus petits que 1. Enfin, les nombres négatifs, ne pouvant faire partie de la progression géométrique, n'ont pas de logarithmes.

Lorsqu'un logarithme est un nombre décimal, sa partie entière se nomme caractéristique, et sa partie décimale mantisse.

NOMBRES SUPÉRIEURS A 1

273. — **Caractéristique.** — Les nombres entiers ou décimaux compris entre 1 et 10 exclus ont un chiffre à leur partie entière, leur logarithme est compris entre 0 et 1 exclus, et par suite sa caractéristique est *zéro*.

Les nombres entiers ou décimaux compris entre 10 et 100 exclus ont *deux* chiffres à leur partie entière ; leur logarithme est compris entre 1 et 2 exclus, et par suite sa caractéristique est *un*. Etc...

En résumé, si la partie entière d'un nombre contient

1 chiffre, la caractéristique de son logarithme est   0

2 chiffres,   —   —   1

3   —   —   —   2

. . . .

n —   —   — $n-1$

La caractéristique du logarithme d'un nombre supérieur à 1 contient autant d'unités, moins une, que ce nombre a de chiffres dans sa partie entière.

Ainsi, le *log* de   3,1416   a pour caractéristique o
—   105,34   —   2
—   3890,25   —   3

274. — **Mantisse**. — Soit le nombre 324 ; dans les tables de logarithmes usuels nous verrons que :

$$log\ 324 = 2,51055$$

Multiplions ce nombre par 100; nous avons :

$$32400 = 324 \times 100$$

d'où
$$log\ 32400 = log\ 324 + log\ 100$$
$$= 2,51055 + 2 = 4,51055.$$

Au contraire, divisons-le par 100 :

$$3,24 = 324 : 100$$

d'où
$$log\ 3,24 = log\ 324 - log\ 100$$
$$= 2,51055 - 2 = 0,51055.$$

Ces exemples suffisent pour montrer qu'en multipliant ou divisant un nombre par une puissance de 10, la mantisse de son logarithme est invariable ; seule **la caractéristique** change.

Les logarithmes des nombres composés des mêmes chiffres, dans le même ordre, ont les mêmes mantisses.

Examples : de ce que les tables donnent:

$$log\ 6854 = 3,83594$$

nous déduisons :

$$log\ 685400 = 5,83594 \qquad log\ 68,54 = 1,83594$$
$$log\ 685,4 \ = 2,83594 \qquad log\ 6,854 = 0,83594$$

NOMBRES INFÉRIEURS A 1

275. — **Caractéristique**. — Reprenons l'égalité

$$log\ 324 = 2,51055$$

Divisons 324 par 1000, nous avons :

$$0,324 = 324 : 1000$$

d'où
$$log\ 0,324 = log\ 324 - log\ 1000$$
$$= 2,51055 - 3$$

Au lieu d'effectuer ici la soustraction qui donnerait un résultat négatif, soit (— 0,48945), on emploie l'artifice suivant :

$$2,51055 - 3 = 2 + 0,51055 - 3 = (2 - 3) + 0,51055$$
$$= - 1 + 0,51055,$$

La valeur de ce dernier membre est évidemment (—0,48945), mais sous cette forme on a l'avantage de conserver la mantisse 51055, ce qui permettra de généraliser la règle relative aux mantisses. Toutefois, comme la caractéristique est (— 1) et la mantisse (+ 0,51055), afin d'écrire le logarithme en un seul terme on convient de le disposer ainsi :

$$log\ 0,324 = \bar{1},51055$$

D'une manière analogue :

$$0,00324 = 324 : 100000$$
$$log\ 0,00324 = log\ 324 - log\ 100000$$
$$= 2,51055 - 5 = \bar{3},51055$$

La caractéristique du logarithme d'un nombre inférieur à 1 est négative, et elle indique le rang du premier chiffre significatif à droite de la virgule dans le nombre donné.

Ainsi, le *log* de 0,0812 a pour caractéristique $\bar{2}$.

le *log* de 0,004   — $\bar{3}$.

276. — **Mantisse.** — La convention faite plus haut pour l'écriture du logarithme complet montre que les mantisses des nombres inférieurs à 1 suivent la même loi que celles des nombres supérieurs à 1.

En résumé, *la caractéristique ne dépend que de la place de la virgule dans le nombre donné, et non des chiffres qui le composent ; au contraire, la mantisse ne dépend que des chiffres et de leur ordre, et non pas de la place de la virgule.*

La caractéristique peut être positive, nulle, ou négative. La mantisse est toujours positive.

DISPOSITION ET USAGE DES TABLES

277. — Les tables usuelles contiennent les logarithmes, avec 5 décimales, des nombres de 1 à 10000. On peut, grâce à certains artifices, les présenter sous une forme réduite, mais alors leur usage demande beaucoup d'attention. Celles que nous joignons à ce cours sont un peu volumineuses, mais on les lit très facilement.

La caractéristique se trouvant à vue, les tables ne renferment que les mantisses des *log* des suites de chiffres de 1 à 10000 inclus, soit des 10000 premiers nombres entiers.

Les colonnes N renferment ces nombres entiers ; celles marquées Log, les mantisses de leurs logarithmes ; celles marquées D, la différence entre deux mantisses consécutives. Nous verrons plus loin ce que renferment celles marquées P.P.

Les nombres des colonnes Log et D représent des *cent-millièmes*.

Enfin, pour éviter l'accumulation des chiffres, à partir de 1000 on ne répète, dans les colonnes N, les centaines que de 10 en 10 nombres, et dans les colonnes Log, les deux premiers chiffres décimaux des mantisses que de 5 en 5, sauf quand ils changent.

Avec les tables, on résout deux problèmes inverses :

278. — **Premier problème.** — *Étant donné un nombre, trouver son logarithme.*

*I*ᵉʳ *Cas.* — *Abstraction faite de la virgule et des zéros qui sont à droite, s'il y en a, le nombre est compris entre 1 et 10000.*

a) Soit à trouver *log* 3823. A vue, la caractéristique est 3 ; la mantisse se trouve dans la table, page 25, soit 58240. D'où

$$log\ 3823 = 3{,}58240,$$

b) Soit à trouver *log* 254000. A vue, la caractéristique est 5 ; la mantisse est la même que pour les nombres 254 (page 4), ou 2540 (page 17), soit 40483. D'où

$$log\ 254000 = 5{,}40483.$$

c) Soit à trouver *log* 1,035. A vue, la caractéristique est o ; la mantisse est la même que pour le nombre 1035 (page 8), soit 01494. D'où

$$log\ 1{,}035 = 0{,}01494.$$

Ainsi, les *log* de   0,04 ;   30,5 ;   85,09 ;...
ont pour caractéristique $\bar{2}$;   I ;   I   ;...
et mêmes mantisses que   4   ;   305 ;   8509 .

2· Cas. — *Abstraction faite de la virgule et des zéros de droite, s'il y en a, le nombre est plus grand que* 10000.

a) Soit à trouver *log* 32586. A vue, la caractéristique est 4. La mantisse est la même que pour le nombre 3258,6 ; or, cette mantisse est comprise entre celles des *log* de 3258 et 3259.

On trouve page 22 :

la mantisse de 3258 est 51295
celle   de 3259 est 51308

leur différence est 13.

On admet qu'entre des nombres très voisins les variations du logarithme sont proportionnelles à celles des nombres ; on dit alors :

Si 3258 augmente de 1, sa mantisse augmente de 13 (cent-mil.)
Si 3258   —   0,6   — $13 \times 0{,}6$

soit 7,8 ou sensiblement 8. Ce calcul s'appelle Interpolation.

La mantisse de la suite de chiffres **32586** est donc 51295 + 8 = 51303, et l'on a :

$$log\ 32586 = 4{,}51303.$$

279. — DISPOSITION PRATIQUE. — On écrit simplement, en appelant d la *différence tabulaire* 13 ·

log 3258	*a pour mantisse*	51295	d = 13
pour 0,6	*correction*	8	
log 32586	*a pour mantisse*	51303	

$$log\ 32586 = 4{,}51303$$

b) Soit à trouver *log.* 28,5364. La caractéristique est à vue 1. Cherchons la mantisse :

	2853	a p. m.	45530	d $= 15$
pour	0,64	corr.	9, 6	
	2853 64	a p. m.	45539 6	

$$log.\ 28{,}5364 = 1{,}455396\ \text{ou}\ 1{,}45540.$$

280. — REMARQUE. — Pour trouver la correction, nous avons fait le produit 15 × 0,64 = 9,6. On peut faire l'interpolation à vue en se servant des tableaux contenus dans les colonnes intitulées P. P. Ces tableaux renferment les produits par 1, 2, 3... 9 *dixièmes*, des différences tabulaires supérieures à 10 (pour les autres, on a jugé ce travail inutile). Dans notre exemple, d $= 15$. Nous trouvons page 19 le tableau intitulé 15, et nous voyons que le produit de 15 par 6 dixièmes est 9, celui de 15 par **4** dixièmes, est 6, et par suite celui de 15 par 4 centièmes est 0,6.

Nous dirons alors mentalement :

$$15 \times 0{,}64 = 15 \times 0{,}6 + 15 \times 0{,}04 = 9 + 0{,}6 = 9{,}6.$$

281. — **2. Problème.** — *Trouver le nombre (antilog.) qui correspond à un logarithme donné.*

Dans tous les cas, on cherche d'abord la suite des chiffres qui constituent ce nombre ; puis on le complète par une virgule ou par des zéros, d'après la caractéristique.

1er Cas. — *La mantisse du log. donné est dans la table.* Soit à trouver **x**, sachant que *log* x $= 2{,}86617$. Avec un peu d'habitude, on trouve rapidement que les mantisses commençant par 86 sont page 47, et l'on arrive à 86617 qui correspond au nombre entier 7348. Mais la caractéristique étant 2, le nombre demandé ne doit avoir que 3 chiffres à la partie entière ; donc **x** $= 734{,}8$.

2e Cas. — *La mantisse n'est pas dans la table.* C'est le raisonnement inverse de celui du 2e cas du problème I. Soit à trouver **x**, sachant que *log* x $= 1{,}48930$. On voit, page 21, que 48930 est comprise entre 48926 et 48940, qui sont mantisses des *log.* de 3085 et 3086 : leur différence est 14 ; celle de 48930 et 48926 est 4 ; et l'on dit :

si la mantisse augmente de 14, le nombre augmente de **1**

si la mantisse augmente de 1 le nombre augmente de $\dfrac{1}{14}$

si la mantisse augmente de 4, le nombre augmente de $\dfrac{4}{14}$

soit $4 \cdot 14 = 0,28...$ et le nombre est 3085,28.

La suite de chiffres qui admet 48930 pour mantisse est donc 303528. Comme la caractéristique donnée est 1, le nombre cherché a 2 chiffres à sa partie entière, c'est donc :

$$x = 30,8528.$$

282. — DISPOSITION PRATIQUE. — On écrit simplement :

	48926	est mant. du *log*. de	3085		$d = 14$
pour	4	corr.		0,28	
	48930	est mant. du *log*. de	308528		

$$1,48930 = log\ 30,8528.$$

283. — REMARQUE. — Dans la colonne P. P., au tableau 14, le produit le plus approché de la différence des mantisses, 4' est 2,8 correspondant au produit de 14 par 2 dixièmes; donc, le premier chiffre de la correction est 2; de 2,8 à 4 il y a 1,2; le produit le plus approché est 11,2 : 10 qui correspond à 8 : 10, soit en réalité à 8 centièmes; le second chiffre de la correction est 8, etc...

Mais en général on va aussi vite, et l'on risque moins de se tromper, en divisant la différence, telle que 4, par la différence tabulaire, telle que 14.

OPÉRATIONS SUR LES LOGARITHMES

284. — Addition. — On opère absolument comme sur des nombres décimaux, mais en tenant compte du signe de chaque caractéristique, et en se rappelant que la retenue de la colonne des dixièmes, s'il y a une retenue, est positive. Ainsi, dans l'exemple ci-contre, le total de cette colonne est 23; je pose 3 et retiens $+ 2$; puis je dis $3 + 1 + 2 = + 6$; $\bar{4} + \bar{2} = - 6$; total 0.

$$
\begin{aligned}
&3,58412 \\
&\bar{4},75906 \\
&1,04830 \\
&\bar{2},93715 \\
\hline
&0,32863 \\
&+1
\end{aligned}
$$

285. — Soustraction. — Mêmes observations que ci-dessus. Dans le second exemple ci-contre, à la colonne des dixièmes je dis : 7 ôté de 14, reste 7, et je retiens 1; 1 et 1, 2;

$$\begin{array}{ll} 4{,}52803 & \overline{2}{,}48715 \\ 1{,}38412 & 1{,}75847 \\ \hline 3{,}14391 & \overline{4}{,}72868 \end{array}$$

2 ôté de $\overline{2}$ donne $\overline{4}$. Mais cette opération est très délicate lorsque l'une ou les deux caractéristiques sont négatives; aussi la **remplace-t-on par une addition** :

Soit à effectuer **N — 3,72836.**

On peut écrire : $N - 3{,}72836 = N - 3 - 0{,}72836.$

Retranchons et ajoutons 1 dans le second membre :

$$N - 3{,}72836 = N - 3 - 1 + 1 - 0{,}72836$$
$$= N - (3 + 1) + (1 - 0{,}72836).$$

Le terme — $(3 + 1)$ représente la somme de la caractéristique 3 et de 1, changée de signe; le terme $(1 - 0{,}72836)$ est le complément de la mantisse, que l'on trouve de suite en retranchant de 9 tous les chiffres de la mantisse, sauf le dernier chiffre significatif à droite qu'on retranche de 10, ce qui donne ici 0,27164. L'opération proposée devient donc :

$$N - 3{,}72836 = N + \overline{4}{,}27164$$

La valeur $\overline{4}{,}27164$ est le cologarithme (abrégé : **colog**), du nombre qui admettait 3,72836 pour logarithme.

De même, nous aurions

$$N - \overline{3}{,}72836 = N - (- 3) - 0{,}72836$$
$$= N - (- 3) - 1 + 1 - 0{,}72836 = N - (- 3 + 1) + (1 - 0{,}72836)$$
$$= N - (- 2) + 0{,}27164 = N + 2{,}27164.$$

Donc, dans tous les cas, on peut remplacer la soustraction d'un logarithme par l'addition du cologarithme correspondant.

L'observation des deux exemples précédents montre que :
Pour transformer un logarithme en cologarithme, on ajoute +1 à la caractéristique, on change le signe de cette somme, et on la fait suivre du complément de la mantisse.

APPLICATION : Une opération telle que : $log\ \dfrac{abc}{de}$ sera résolue à l'aide d'une seule addition :

$$log\ \frac{abc}{de} = log\ a + log\ b + log\ c + colog\ d + colog\ e.$$

286. — Multiplication. — On procède comme pour multiplier un nombre entier, mais en tenant toujours compte du signe de la caractéristique. Ainsi, au produit de 7 par 3 je trouve, avec la retenue précédente : 23, je pose 3 et retiens $+2$; puis je dis : $\bar{2} \times 3 = \bar{6}$; $\bar{6} + 2 = \bar{4}$.

$$
\begin{array}{r}
\bar{2},78906 \\
\times\ 3 \\
\hline
\bar{4},36718 \\
+2
\end{array}
$$

287. — Division. — *Caractéristique positive.* — Le diviseur étant toujours entier et positif, on procède comme pour les nombres décimaux.

Caractéristique négative. — 1° Si elle est divisible par le diviseur, l'opération ne présente aucune difficulté :

$$\bar{4},58712 : 2 = \bar{2},29356.$$

$$
\begin{array}{r|l}
\bar{4},58712 & 2 \\
0\ 5 & \overline{} \\
\ \ 18 & \bar{2},29356 \\
\ \ \ 07 \\
\ \ \ \ 11 \\
\ \ \ \ \ 12 \\
\ \ \ \ \ \ 0
\end{array}
$$

2° Sinon, on lui ajoute un nombre d'unités négatives strictement nécessaire pour la rendre divisible par le diviseur, mais on ajoute le même nombre d'unités positives à la mantisse. Ainsi, le diviseur étant 3, on transforme $\bar{4},58712$ en $\bar{6} + 2.58712$, et l'on dit : $\bar{6} : 3 = \bar{2}$; 25 : 3 donne 8 et il reste 1... et l'on continue l'opération comme d'ordinaire. Tout ceci est dit mentalement, mais, pour éviter des erreurs, il est bon d'écrire le nombre auxiliaire 2 au-dessus de la caractéristique, de sorte que, en commençant la division de la mantisse, on se rappelle qu'il faut diviser 25 par 3, et non pas 5 par 3.

$$
\begin{array}{r|l}
\overset{2}{\bar{4}},58712 & 3 \\
0\ 18 & \overline{} \\
\ \ \ 07 & \bar{2},86237 \\
\ \ \ \ 11 \\
\ \ \ \ \ 22 \\
\ \ \ \ \ \ 1
\end{array}
$$

Enfin, il est utile de toujours vérifier une telle division, en multipliant le quotient trouvé par le diviseur, et ajoutant le reste à ce produit :

$$\bar{2},86237 \times 3 + 0,00001 = \bar{4},58711 + 0,00001 = \bar{4},58712.$$

DISPOSITION DES CALCULS

L'emploi des logarithmes demande un ordre méticuleux et une grande clarté dans les opérations. Lorsque ces calculs sont un peu compliqués, on les dispose comme l'indique la solution suivante :

288. — **Probléme.** — *Quel est le diamètre de l'hectolitre en bois ?* Prenons pour unité de longueur le décimètre. Appelons d le diamètre cherché : nous savons que dans cette mesure la hauteur est égale au diamètre ; d'où

$$\pi \frac{d^2}{4} \times d = 100 \qquad \text{ou} \qquad \pi d^3 = 400$$

et

$$d = \sqrt[3]{\frac{400}{\pi}}.$$

Traduisons en logarithmes :

$$log\ d = \frac{log\ 400 - log\ \pi}{3} = \frac{log\ 400 + colog\ \pi}{3}.$$

Calculs définitifs	*Calculs auxiliaires*
$log\ 400 = 2,60206$	$log\ 3141$ a. p. m. 49707 d $= 14$
$colog\ \pi = \bar{1},50285$	pour 0,6 8
$log\ d = \dfrac{2,10491}{3}$	$log\ 31416$ a p. m. 49715 $log\ 3,1416 = 0,49715$
$log\ d = 0,70164$	70157 m. $log\ 5030$ d $= 8$ pour 7 0,8
$d = 5,0308.$	70164 m. $log\ 50308.$

Réponse : Le diamètre de l'hectolitre en bois est $5^{dm},0308$

EXERCICES

— Traduire en logarithmes les expressions :

958. $\quad x = ab$; $\qquad x = a^2 b$; $\qquad x = a^3 b^3$; $\qquad x = a(b+c)$.

959. $\quad x = \dfrac{ab}{c}$; $\qquad x = \dfrac{a^3}{bc}$; $\qquad x = \dfrac{b^2}{a^3 c}$; $\qquad x = \dfrac{a(1+r)}{r}$.

960. $\quad x = \sqrt[3]{a}$; $\quad x = \sqrt[5]{ab}$; $\quad x = \sqrt[5]{a^2 b^3}$; $\quad x = \sqrt{a^2 - b^2}$.

961. $\quad x = (1+r)^n$; $\quad x = a\,[(1+r)^n - 1]$; $\quad x = Dr\,(1+r)^n$.

962. $\quad A = \dfrac{a\,[(1+r)^n - 1]}{r}$; $\qquad A = \dfrac{a(1+r)\,[(1+r)^n - 1]}{r}$.

963. $\quad D(1+r)^n = \dfrac{a\,[(1+r)^n - 1]}{r}$; $\qquad a = \dfrac{Dr\,(1+r)^n}{(1+r)^n - 1}$.

— Inversement, rétablir les expressions qui ont pour logarithmes :

964. $\quad \log a + \log b$; $\quad \log x - \log y$; $\quad 3 \log x + 2 \log y$.

965. $\quad \log \sqrt{a} + \log \sqrt{b}$; $\quad 2 \log x - \dfrac{\log y}{3}$; $\quad \log(a+b) - \log(a-b)$.

966. $\quad 3 \log(6x - 4) + 3 \log(2x + 5)$; $\quad \dfrac{1}{2}\,[\log(a^2 - b^2) - \log(a-b)]$.

— Trouver les logarithmes des nombres :

967. $\quad 8$; 25 ; 104 ; 360 ; 1035 ; 81350 ; 75246.

968. $\quad 1,05$; $8,75$; $3,1416$; $0,82$; $0,025$; $308,75$.

— Trouver les nombres qui ont pour logarithmes :

969. $\quad 0,15229$; $3,66049$; $\overline{1},92454$; $2,00561$; $\overline{2},65600$.

970. $\quad 0,63565$; $4,99010$; $\overline{3},41390$; $0,06215$; $\overline{1},33208$.

— Calculer par logarithmes :

971. $\quad (1,04)^{12}$; $(1 + 0,043)^{18}$; $\sqrt{2}$; $\sqrt[3]{4}$; $\sqrt{\dfrac{1}{\pi}}$.

972. $\quad 500\,[1,03^9 - 1]$; $4200 \times 1,035^{15}$; $\sqrt[3]{2}$; $\sqrt{3}$; $\sqrt{4}$; $\sqrt[3]{7}$.

973. $\quad \dfrac{300 \times 1,04\,(1,04^{20} - 1)}{0,04}$; $54 \sqrt[3]{\dfrac{1}{\pi}}$; $\left(\sqrt[5]{35412}\right)^2$.

974. $\quad \sqrt{0,0225}$; $\sqrt{1000}$; $\sqrt{0,4}$; $\sqrt[3]{0,27}$; $\sqrt[3]{0,064}$.

975. — Etant donnés $\log 2 = 0,30103$ et $\log 5 = 0,69897$, trouver sans la table : $\log 4$, $\log 8$, $\log 25$, $\log 125$, $\log 20$, $\log 50$, $\log 40$.

976. — La somme de deux nombres est 254 ; la somme de leurs logarithmes est 3. Trouver ces nombres, sans l'aide des tables.

— Résoudre les équations :

977. $\quad \log(3x - 12) + \log(6x + 2) = \log 96$.

978. $\quad 2 \log\left(\dfrac{x}{4}\right) - 2 \log\left(\dfrac{x}{6}\right) = 3 \log x - 4 \log 4$.

979. — Quelle est la hauteur du double litre en étain ?

980. — Quel est le diamètre d'un aérostat sphérique dont la capacité est 1300^{m3} ?

CHAPITRE III

INTÉRÊTS COMPOSÉS. — ANNUITÉS.

§ I. — **Intérêts composés**.

289. — **Définition.** — *On dit qu'un capital est placé à intérêts composés lorsque au bout d'une certaine période, prise pour unité de temps, les intérêts s'ajoutent au capital pour porter eux-mêmes intérêt pendant la période suivante.*

Cette période est généralement l'*année* (Caisses d'épargne), ou le *semestre* (Crédit Foncier).

On représente le capital primitif par a, le nombre de périodes par n, l'intérêt de 1^f en une période par r, et le capital accumulé par A. Ainsi, pour une capitalisation annuelle, au taux 3 °/₀, r représente non pas 3, comme en arithmétique, mais $0^f,03$.

CAPITALISATION ANNUELLE

290. — **Problème fondamental.** — *Trouver le capital A accumulé par un capital a, au taux r pour 1^f, au bout de n années, à capitalisation annuelle.*

1^f placé au début de la 1re année devient à la fin $1 + r$
a^f placés   —   —   deviennent — $a(1 + r)$
1^f placé   — 2e année devient   — $1 + r$

or, au début de cette 2e année, il y a un capital de $a(1 + r)$, qui devient donc à la fin $a(1 + r)(1 + r) = a(1 + r)^2$. D'une façon générale, le capital accumulé à la fin d'une année est égal au capital placé au début de ladite année, multiplié par $(1 + r)$.

A la fin de la 3ᵉ année, on a donc $a (1 + r)^3$
—   nᵉ   —   — $a (1 + r)^n$.

La valeur cherchée est donc

$$A = a (1 + r)^n. \qquad (1)$$

291. — Applications. — On déduit de cette formule :

Calcul de A : $\log A = \log a + n \log (1 + r) \qquad (2)$

Calcul de a : $\log a = \log A - n \log (1 + r) \qquad (3)$

Calcul de n : $n = \dfrac{\log A - \log a}{\log (1 + r)} \qquad (4)$

Calcul de r : $\log (1 + r) = \dfrac{\log A - \log a}{n} \qquad (5)$

d'où l'on tire la valeur de $(1 + r)$, puis celle de **r**, et enfin celle du taux de placement.

292. — Observation. — Le facteur $\log (1 + r)$ étant multiplié par **n**, l'erreur commise sur lui est donc multipliée par **n**. Par exemple, les logarithmes étant à 5 décimales, $\log (1 + r)$ est approché à 0,00001 près ; si $n = 25$, le produit ne sera approché qu'à 0,00025 près ; on ne pourra donc pas compter sur l'exactitude des deux derniers chiffres de droite. Aussi, pour éviter des erreurs parfois très sensibles dans les résultats, *il faut prendre* $\log (1 + r)$ *avec* 6 *décimales lorsque* $n < 10$; *avec* 7 *décimales lorsque* $n > 10$; *si* n *dépassait* 100, *il faudrait* 8 *décimales, etc...., puis, au produit* $n \log (1 + r)$, *on ne conserve finalement que* 5 *décimales.* (Voir Table de *log.* page 64.)

293. — Cas où le temps n'est pas un nombre entier d'années. — Une convention admise par les banquiers permet d'employer la formule (1) dans tous les cas, ainsi que les formules (2), (3), (4), (5), qui en sont déduites. Mais alors **n**, qui représente le temps du placement, est un nombre entier ou fractionnaire, l'année étant toujours prise pourunité.

Ainsi, pour un placement de 3 ans 8 mois,

$$n = 3 + \frac{8}{12} = 3 + \frac{2}{3} = \frac{11}{3} \text{ d'année}$$

et l'on écrit $\qquad A = a(1 + r)^{\frac{11}{3}}$

d'où $\qquad log\ A = log\ a + \frac{11}{3} log\ (1 + r).$

Grâce aux logarithmes, les calculs sont aussi faciles avec n fractionnaire qu'avec n entier.

294. — *Justification*. — Soient le nombre n entier d'années et $\frac{p}{q}$ la fraction d'année supplémentaire. Au bout de n années, le capital est devenu $a(1 + r)^n$.

Supposons l'année divisée en q périodes égales; admettons que la capitalisation se fasse à la fin de chacune de ces périodes, et soit r' l'intérêt de 1^f, en une période. Cette convention est équitable à condition qu'au bout de 1 an l'intérêt total rapporté par 1^f soit encore r. Or, à la fin de la 1re période, 1^f est devenu $1 + r'$; au bout de l'année, qui comprend q périodes, 1^f devient $(1 + r')^q$. On doit donc avoir

$$(1 + r')^q = 1 + r.$$
$$1 + r' = \sqrt[q]{1 + r}.$$

Au bout de la p^e période, 1^f devient :

$$(1 + r')^p = (\sqrt[q]{1 + r})^p = \sqrt[q]{(1 + r)^p} = (1 + r)^{\frac{p}{q}} \quad (n^o\ 108).$$

Or, au début de ce mode de capitalisation, le capital était $a(1 + r)^n$; il est donc finalement $a(1 + r)^n (1 + r)^{\frac{p}{q}} = a(1 + r)^{n + \frac{p}{q}}.$

Nous arrivons donc à une formule analogue à la formule (1), et qui rentre dans la forme générale $a(1 + r)^n$, où n peut être entier ou fractionnaire.

295. — Exemples. — I. — *Un livret de Caisse d'épargne indiquait un avoir de $854^f.30$ en fin 1902. Quelle valeur aura-t-il en fin 1911 le taux servi par cette Caisse étant 3 %?* (On suppose bien entendu qu'il n'y a aucun autre dépôt ni retrait.)

$$A = a(1 + r)^n$$
$$A = 854,3 \times 1,03^9$$
$$log\ A = log\ 854,3 + 9\ log\ 1,03.$$

Calculs définitifs	*Calculs auxiliaires*
log 854,3 $=$ 2,93161	log 1,03 $=$ 0,012837
9 log 1,03 $=$ 0,11553	$\times$ 9
log A $=$ 3,04714	0,115533
A $=$ 1114^f,.66	04689 m. l. 1114 d $=$ 38
	p. 25 0.66
	04714 m. l. 111466

Réponse : Le montant du livret sera 1114^f,66.

296. — II. — *Au bout de combien de temps un capital de* 3000^f *sera-t-il devenu* 4500^f, *au taux* 3,5 °/₀?

De $\qquad$ A $=$ a $(1 + r)^n$

on tire $\quad log$ A $= log$ a $+$ n log $(1 + r)$

$$n = \frac{log\ A - log\ a}{log\ (1 + r)} = \frac{log\ 4500 - log\ 3000}{log\ 1,035}.$$

Calculs définitifs.	*Calculs auxiliaires.*
log 4500 $=$ 3,65321	log 1,035 $=$ 0,01494
log 3000 $=$ 3,47712	0,17609	0,01494
$\quad$ 0,17609	2669	11^a
n $= \dfrac{0,17609}{0,01494}$	1175

$$n = 11\ ans\ \frac{1175}{1494},\ ou\ 11\ ans\ 9\ mois\ 13\ jours.$$

CAPITALISATION NON ANNUELLE

297. — Les mêmes raisonnements et les mêmes formules subsistent, à condition que r représente l'intérêt de 1^f pendant la période prise pour unité de temps, et que n représeute le temps en prenant cette période pour unité.

298. — Exemples. — I. — *Que devient un capital de* 1000^f, *placé au taux* 3,6 0/0 *pendant* 5 *ans* 9 *mois, la capitalisation étant trimestrielle ?*

$$r = 0^f,036 : 4 = 0^f,009 \qquad n = 23\ (trimestres)$$

D'où
$$A = 1000 \times 1{,}009^{23}$$

$$\log A = \log 1000 + 23 \log 1{,}009 \qquad \text{etc...}$$

299. — II. — *Que devlent un capital de 1200^f, placé à 3 0/0, pendant 4 ans 8 mois, la capitalisation étant semestrielle ?*

$$r = 0^f{,}03 : 2 = 0^f{,}015 \qquad n = \frac{56}{6} = \frac{28}{3} \text{ (semestres)}.$$

D'où
$$A = 1200 \times 1{,}015^{\frac{28}{3}}$$

$$\log A = \log 1200 + \frac{28}{3} \log 1{,}015 \qquad \text{etc...}$$

§ II. — **Annuités proprement dites**.

300. — *On appelle* **annuité** *une somme fixe que l'on verse à intervalles égaux d'une année chacun, et pendant un temps déterminé,* **soit pour constituer un capital,** *soit pour* **amortir une dette.**

Dans le premier cas, on l'appelle annuité proprement dite, et dans le second, amortissement.

On pourrait aussi effectuer ces versements chaque trimestre, ou chaque semestre ; le raisonnement et les formules seraient les mêmes que pour les versements annuels ; nous nous occuperons seulement de ces derniers.

301. — Interprétation d'un énoncé. — Une question de formation de capital peut être énoncée, et par suite interprétée, de trois manières différentes.

I. — *Quel sera le capital A accumulé par une annuité a versée au commencement de chaque année pendant 6 ans. par exemple, au taux r pour 1^f ?*

L'opération commence dès le premier versement (*fig. 25*) ; le 6e a lieu au début de la 6e année ; mais comme l'opération dure 6 ans, elle se termine 1 an après ce dernier versement ; de sorte que :

la 1re annuité reste placée 6 ans.

la 6e et dernière   —   1 an.

II. — *Quel sera le capital* A *accumulé par une annuité* a *versée à la fin de chaque année pendant* 6 *ans, par exemple, au taux* r *pour* 1ᶠ (*fig. 26*)?

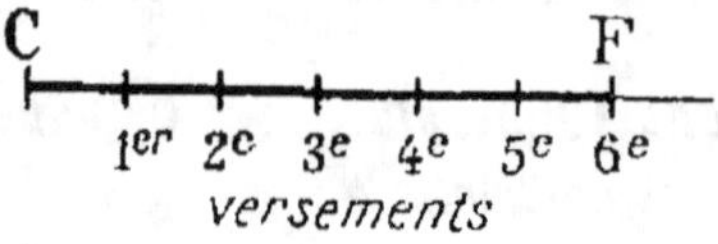

Dans l'esprit de l'énoncé, le point de départ de l'opération est 1 an avant le premier versement (car ici : *fin de chaque année* ne signifie pas forcément . 31 *décembre.*) La fin de l'opération a donc lieu dès le 6ᵉ versement ; de sorte que :

la 1ʳᵉ *annuité reste placée* 5 *ans.*

la 6ᵉ *et dernière* — 0 *année.*

Fig. 26

III. — *Quel sera le capital* A *accumulé par* 6 *versements annuels de* aᶠ *chacun, au taux* r *pour* 1ᶠ (*fig. 27*)?

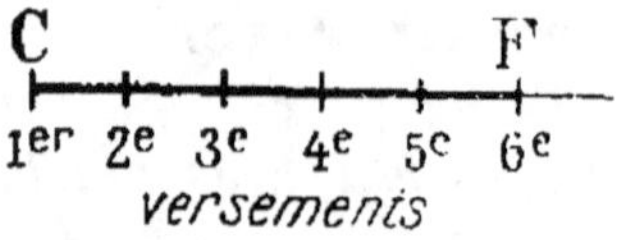

Ici, l'opération commence nettement dès le 1ᵉʳ versement, et se termine dès le 6ᵉ ; elle dure donc en réalité 5 ans. Nous avons encore ici :

la 1ʳᵉ *annuité reste placée* 5 *ans.*

la 6ᵉ *et dernière* — 0 *année.*

Fig. 27.

PROBLÈME FONDAMENTAL

302. — *Calculer le capital* A *accumulé par une annuité* a *versée au commencement de chaque année pendant* n *années, au taux* r *pour* 1ᶠ?

Le problème fondamental de l'annuité rentre dans le 1ᵉʳ cas signalé plus haut.

1ʳᵉ annuité a, placée n années, devient $a(1+r)^n$.

2ᵉ — a, — n—1 — , — $a(1+r)^{n-1}$.

3ᵉ — a, — n—2 — , — $a(1+r)^{n-2}$.

. . . .

$(n-1)^e$ ou avant-dernière annuité, a, est placée 2 ans, et devient $a(1+r)^2$

nᵉ ou dernière annuitée, a, est placée 1 an et devient $a(1+r)$.

Le capital accumulé A est la somme de toutes ces valeurs.

$$A = a(1+r) + a(1+r)^2 + \dots + a(1+r)^{n-1} + a(1+r)^n$$

Nous remarquons que c'est la somme des termes d'une progression géométrique dont le 1er terme est a $(1 + r)$, la raison $(1 + r)$, et le nombre des termes **n**. Appliquons la formule $S = \dfrac{a(q^n - 1)}{q - 1}$, il vient :

$$A = \frac{a(1 + r)[(1 + r)^n - 1]}{1 + r - 1}$$

ou

$$A = \frac{a(1 + r)[(1 + r)^n - 1]}{r} \tag{1}$$

FORMULES

303. — Calcul de A. — De la formule (1) on tire :

$$log\,A = log\,a + log\,(1 + r) + log\,[(1 + r)^n - 1] + colog\,r.$$

Mais il faut bien remarquer que la quantité entre crochets, étant une différence, doit être calculée à part pour en trouver ensuite le logarithme. Pour cela, on cherche par logarithmes la valeur de $(1 + r)^n$, on en retranche 1, puis on cherche le logarithme de cette différence.

Pratiquement on peut se borner à calculer par logarithmes seulement la valeur de $(1 + r)^n$, puis on effectue tous les autres calculs par l'arithmétique.

304. — Calcul de a. — La formule (1) donne de suite

$$a = \frac{Ar}{(1 + r)[(1 + r)^n - 1]} \tag{2}$$

que l'on peut calculer entièrement par l'arithmétique, après avoir trouvé $(1 + r)^n$ par logarithmes. Sinon, l'on calcule :

$$log\,a = log\,A + log\,r + colog\,(1 + r) + colog\,[(1 + r)^n - 1].$$

305. — Calcul de n. — De la formule (1) on tire .

$$Ar = a(1 + r)[(1 + r)^n - 1] \qquad \text{d'où} \qquad (1 + r)^n - 1 = \frac{Ar}{a(1 + r)}$$

et

$$(1 + r)^n = \frac{Ar}{a(1 + r)} + 1 \tag{3}$$

Pratiquement, on calcule par l'arithmétique tout le second membre ; soit **V** la valeur finale trouvée ; on a :

$$(1 + r)^n = V$$

On termine ensuite le calcul par logarithmes :

$$n \, log \, (1 + r) = log \, V$$

d'où
$$n = \frac{log \, V}{log \, (1 + r)}$$

306. — *Remarque.* — Dans un problème d'annuités, la nature de n exige que ce nombre soit entier. Si le calcul précédent donne un quotient exact entier, le problème est terminé. Sinon, on peut faire plusieurs conventions, tout à fait arbitraires. Supposons $n = 8,4\ldots$; on pourra :

1° Adopter 8 pour réponse, mais alors, si l'on veut obtenir le capital **A**, il faut augmenter l'annuité a ; le problème n'est terminé qu'après avoir calculé la nouvelle annuité. Au contraire, si l'on veut conserver l'annuité a, il faut calculer la valeur accumulée en 8 ans, qui n'est plus **A**.

2° Adopter 9 pour réponse, et procéder d'une manière analogue.

3° Adopter 8 pour réponse, en conservant a et **A** ; pour cela, calculer le capital accumulé en 8 ans par 8 annuités a, et le retrancher du capital demandé **A** ; le reste, ou *reliquat*, sera versé à la fin de la 8ᵉ année, comme une 9ᵉ annuité différente des autres et terminant l'opération.

307. — **Calcul de r.** — Dans la pratique, le taux est toujours connu.

308. — APPLICATION. — *Pendant combien de temps faut-il verser au commencement de chaque année une annuité de 500ᶠ pour obtenir un capital de 10000ᶠ, le taux étant 3 0/0 ?*

La formule (3) donne :

$$1,03^n = \frac{10000 \times 0,03}{500 \times 1,03} + 1 = 1,5825$$

$$n \, log \, 1,03 = log \, 1,5825$$

$$n = \frac{log\ 1,5825}{log\ 1,03} = \frac{0,19935}{0,01284} = 15,5\ldots \text{ environ.}$$

Calculons le capital accumulé à la fin de la 15ᵉ année par 15 annuités de 500ᶠ :

$$A = \frac{500 \times 1,03\ (1,03^{15} - 1)}{0,03} = 9578^f,4$$

Reliquat : $10000^f - 9578^f,4 = 421^f,6$

Réponse : Il faut verser 15 annuités de 500ᶠ au commencement de chaque année, plus une 16ᵉ annuité de 421ᶠ,6 à la fin de la 15ᵉ année, et qui termine l'opération.

AUTRES CAS

309. — Si un énoncé se présente comme l'exemple II du n° 301, on pourrait le traiter comme le problème général n° 302, et l'on dirait :

la 1ʳᵉ annuité a, placée $n - 1$ années, devient $a(1 + r)^{n-1}$

. . . .

la nᵉ —, qui termine l'opération, reste a

D'où $A = a + a(1 + r) + \ldots + a(1 + r)^{n-1}$

ce qui est la somme des termes d'une progression géométrique dont le 1ᵉʳ terme est a, la raison $(1 + r)$, et le nombre des termes n. D'où

$$A = \frac{a\,[(1 + r)^n - 1]}{1 + r - 1} \qquad \text{ou} \qquad A = \frac{a\,[(1 + r)^n - 1]}{r} \qquad (4)$$

Mais il est plus simple de constater que, dans ce cas, il rapport au premier, *tous les versements sont retardés d'un an* la valeur acquise par chacun d'eux est donc *divisée par* $(1 + r)$, et il en est de même de leur somme.

Cette somme étant dans le 1ᵉʳ cas :

$$A = \frac{a(1 + r)\,[(1 + r)^n - 1]}{r}$$

il suffit de la diviser mentalement par $(1 + r)$ pour avoir la formule convenant au 2ᵉ cas :

$$A = \frac{a\left[(1 + r)^n - 1\right]}{r} \qquad (4)$$

310. — Enfin, si un énoncé se présente sous la forme III du nᵒ 301, on constate que le calcul est identique à celui du second cas ; il suffit de se rappeler que la lettre n représente ici le nombre des versements, et non celui des années.

Pour résoudre tous les problèmes d'annuités, il suffit donc de retenir la seule formule (1) (nᵒ 302), dont on pourra déduire rapidement toutes les autres.

§ III. — Amortissements.

311. — *Un* **amortissement** *est une opération financière ayant pour but d'éteindre une dette en versant à intervalles fixes une somme fixe qu'on appelle aussi* **amortissement**, *ou encore* **annuité**, *et cela, en tenant compte des intérêts composés rapportés par l'emprunt et par les annuités versées successivement.*

L'intervalle fixe est généralement l'année, parfois le semestre. Nous ne traiterons que le cas de l'amortissement annuel.

PROBLÈME FONDAMENTAL

312. — *Quelle annuité a devra-t-on verser pendant n années pour éteindre une dette D, le taux étant r pour 1ᶠ ?*

Remarquons d'abord que, l'emprunt étant contracté en un moment C, (IIᵉ cas du nᵒ 301), la première annuité sera versée un an plus tard, ou à la fin de la 1ʳᵉ année, et la nᵉ et dernière annuité sera versée à la fin de la nᵉ année et terminera l'opération.

Pour acquitter cette dette, on pourrait :

1ᵒ *ou bien*, payer en une seule fois la dette et ses intérêts composés au bout de n années ; dans ce cas, à la fin de l'opération, le créancier recevrait $D(1 + r)^n$;

2ᵒ *ou bien*, payer par annuités ; dans ce cas, à la fin de l'opération, le créancier serait en possession de la valeur accumulée par tous les versements, valeur donnée par la formule (4) du n° 309 :

$$A = \frac{a\,[(1 + r)^n - 1]}{r}.$$

Le créancier acceptera donc l'un ou l'autre mode de paiement, à condition que, dans les deux cas, il soit en possession de la même somme à la fin de la n^e année. On doit donc avoir :

$$D (1 + r)^n = \frac{a\,[(1 + r)^n - 1]}{r} \qquad (1)$$

Telle est l'équation de l'amortissement.
On en tire :

$$a = \frac{D r (1 + r)^n}{(1 + r)^n - 1} \qquad (2)$$

FORMULES

313. — **Calcul de a.** — Même remarque que pour les annuités au sujet du calcul de $[(1 + r)^n - 1]$.

En général il y a avantage à calculer seulement $(1 + r)^n$ par logarithmes, puis à effectuer les autres opérations par l'arithmétique.

314. — **Calcul de D.** — De la formule (1) on tire :

$$D = \frac{a\,[(1 + r)^n - 1]}{r (1 + r)^n} \qquad (3)$$

Même remarque que pour le calcul de a.

315. — **Calcul de n.** — La formule (1) donne :

$$Dr (1 + r)^n = a\,[(1 + r)^n - 1]$$
$$Dr (1 + r)^n = a (1 + r)^n - a$$
$$a (1 + r)^n - Dr (1 + r)^n = a$$
$$(1 + r)^n (a - Dr) = a$$
$$(1 + r)^n = \frac{a}{a - Dr} \qquad (4)$$

On effectue le second membre par l'arithmétique : soit V la valeur trouvée ; on a ensuite :

$$(1 + r)^n = V$$
$$n \, log \, (1 + r) = log \, V$$
$$n = \frac{log \, V}{log \, (1 + r)}$$

316. — Remarque. — Si le quotient exact **est entier**, le problème est terminé. Sinon, on peut prendre le quotient à l'unité près par défaut ou par excès, et l'on modifie en conséquence l'annuité à payer, car ici la dette est fixe. Mais, plus généralement, on procède ainsi : Soit $n = 12,3$; on calcule le capital **A** accumulé par 12 annuités a, dont la dernière est versée à la fin de la 12e année ; à ce moment, la valeur acquise par la dette est $D (1 + r)^{12}$, et l'on a $A < D (1 + r)^{12}$, puisqu'il faut faire plus de 12 versements pour se libérer.

On calcule alors la différence $D (1 + r)^{12} - A = R$, qu'on appelle reliquat, et l'on convient : *ou bien* de la payer de suite, ce qui donne une 12e annuité égale à $a + R$; *ou bien* dans un an, ce qui donne une 13e annuité égale à $R (1 + r)$, car il faut tenir compte de l'intérêt de ce reliquat en un an.

317. — Calcul de r. — Pratiquement, le **taux** est toujours connu.

318. — Application : *Combien faudra-t-il payer d'annuités de 4000ᶠ pour éteindre une dette de 30000ᶠ, le taux étant 3,5 0/0 ?*

La formule (4) donne :

$$1,035^n = \frac{4000}{4000 - 30000 \times 0,035} = \frac{4000}{} = 1,35593$$

$$n \, log \, 1,035 = log \, 1,35593$$

$$n = \frac{log \, 1.35593}{log \, 1,035} = \frac{0,13224}{0,01494} = 8,8...$$

Calculons le capital accumulé dès la 8ᵉ annuité :

$$A = \frac{4000 \, (1,035^8 - 1)}{0,035} = 36204^f,3$$

Valeur acquise par la dette en 8 ans :

$$D\,(1+r)^n = 30000 \times 1,035^8 = 39503^r,6$$

Reliquat à la fin de la 8e année :

$$39503^r,6 - 36204^r,3 = 3299^r,3$$

Qui vaudra, à la fin de la 9e année :

$$3299^r,3 \times 1,035 = 3414^r,77.$$

Réponse : Il faudra payer 8 annuités de 4000 et *une 9e annuité de 3414*,*77.*

RENTE PERPÉTUELLE

319. — Reprenons la formule (2) ; on peut l'écrire :

$$a = \frac{Dr\,(1+r)^n}{(1+r)^n - 1} = \frac{Dr}{1 - \dfrac{1}{(1+r)^n}};$$

Nous admettrons que les puissances successives d'un nombre plus grand que 1, tel que $(1+r)$, vont toujours en croissant ; par suite, si n augmente, $(1+r)^n$ augmente, et $\dfrac{1}{(1+r)^n}$ diminue ; le dénominateur $1 - \dfrac{1}{(1+r)^n}$ augmente en devenant de plus en plus voisin de 1 ; le numérateur Dr étant constant, la valeur a diminue donc ; c'est-à-dire que *plus le nombre des amortissements est grand, plus l'annuité est petite.*

Si l'on se propose de ne jamais rembourser la dette, ce qui est le cas de la rente 3 0/0 perpétuelle, ou non amortissable, n tend vers ∞, $(1+r)^n$ tend vers ∞, $\dfrac{1}{(1+r)^n}$ tend vers 0 ; $1 - \dfrac{1}{(1+r)^n}$ tend vers $1 - 0$ ou 1, et

$$a = Dr$$

c'est-à-dire que *l'annuité est l'intérêt simple de la dette.* Cette annuité est une **rente perpétuelle**.

§ IV. — **Problèmes divers.**

320. — Pratiquement, on connaît la dette et le taux ; les questions usuelles portent donc sur le calcul de a ou de n.

Les amortissements donnent lieu à une grande variété de questions pratiques ; nous en signalerons deux seulement, se rapportant d'une façon indirecte au calcul de D.

321. — **I.** — *Je veux recevoir chaque année une rente de 800ᶠ pendant 15 ans. Quelle somme dois-je verser aujourd'hui si je veux toucher la première rente dans un an ? Taux 3 0/0.*

Cette somme peut être considérée comme un prêt qui me sera remboursé en **15** annuités de 800ᶠ chacune. C'est donc le calcul de D.

322. — **II.** — *Id., la première rente devant être touchée 10 ans après le versement ?*

Quelle que soit l'époque du versement, en appliquant la formule qui donne **D**, conformément à l'énoncé **I**, on trouve la valeur du prêt *I an avant de toucher la première rente.* Il est facile d'en déduire la valeur du versement le jour où il a été effectué, c'est-à-dire **9** ans plus tôt. Ainsi, le versement étant x, au bout de **9** ans il est x $(1 + r)^9$; c'est cette valeur que représente D. Le calcul est alors :

$$D = \frac{800 \times (1,03^{15} - 1)}{0,03 \times 1,03^{15}} = x \times 1,03^9$$

$$\text{D'où} \quad x = \frac{800 \times (1,03^{15} - 1)}{0,03 \times 1,03^{15} \times 1,03^9} = \frac{800 \times (1,03^{15} - 1)}{0,03 \times 1,03^{24}}.$$

323. — **Remarque.** — Ces calculs sont la base des questions de rentes *viagères* ou *temporaires*, *immédiates* ou *différées*. Mais, dans les calculs d'assurances on tient compte de plusieurs éléments, dont les principaux sont les Tables de mortalité. La combinaison de toutes ces données conduit à des formules extrêmement compliquées, qui sont du domaine des mathématiques supérieures ; elles sont établies ou vérifiées par des mathématiciens faisant partie de l'Institut des actuaires français ; cette société a le contrôle officiel de toutes les combinaisons nouvelles lancées par les compagnies d'assurances. Pour donner une idée de ces opérations, nous appliquons ci-dessous, d'une façon très élémentaire, le mécanisme du calcul des primes dans le cas très restreint où les assurés ont 85 ans et recevront 1ᶠ de rente viagère immédiate, c'est-à-dire dès la fin de la 1ʳᵉ année du contrat, jusqu'à leur mort. Ce calcul sera basé sur le taux 3,5 0/0.

IDÉE DU CALCUL DES PRIMES

324. — **Intérêts composés.** — Puisque, au taux 3,5 °/₀,

la valeur acquise par 1ᶠ en 1 an est 1ᶠ × 1,035

— — — 2 ans est 1ᶠ × (1,035)²

réciproquement, si 1ᶠ n'est payable que dans 1 an, sa valeur actuelle est 1ᶠ : 1,035 = 0ᶠ,966184...; si 1ᶠ n'est payable que dans 2 ans, sa valeur actuelle est 1ᶠ : (1,035)² = 0ᶠ,933511, etc... Les valeurs actuelles de 1ᶠ payable dans n années sont données par le tableau suivant, réduit à 12 ans :

n	VALEURS ACT. DE I fr.	n	VALEURS ACT. DE I fr.
1	0,966184	7	0,785991
2	0,933511	8	0,759412
3	0,901943	9	0,733731
4	0,871442	10	0,708919
5	0,841973	11	0,684946
6	0,813501	12	0,661783

Ainsi, une somme de 540ᶠ qui sera payée dans 1 an ne vaut aujourd'hui que 0ᶠ,966184 × 540 = 521ᶠ,73; c'est sa *valeur actuelle*.

325. — **Tables de mortalité.** — Elles indiquent la quantité des vivants qui existent à chaque âge, en partant d'un nombre déterminé de vivants à un âge antérieur. Elles sont variables avec les pays, les professions. Prenons une partie de la plus connue en France, celle de Déparcieux, qui se rapporte à la mortalité générale :

AGES	VIVANTS	AGES	VIVANTS	AGES	VIVANTS
0	10 000	88	159	93	14
..	......	89	117	94	7
85	327	90	80	95	3
86	261	91	50	96	1
87	206	92	28	97	0

Ainsi, sur un groupe de 327 personnes de 85 ans, il en survivra environ la moitié à 88 ans; l'une de ces personnes a autant de chances d'être en vie que d'être morte dans 3 ans; on dit que sa durée de vie *probable* est 3 ans; mais si l'on basait un calcul financier sur cette seule personne, ce serait un jeu de hasard, car elle peut aussi bien mourir dans 1 an que dans 5, ou 10.

ou 15. Ce qui permet l'usage de ces tables, c'est qu'on opère sur des groupes; plus ces groupes sont nombreux, plus les *moyennes* qu'ils donnent sont voisines de la réalité. En résumé, *étant donnée une personne de 85 ans, il est impossible de prévoir combien de temps elle vivra encore; mais étant donné un groupe de 327 personnes de 85 ans, on peut considérer comme à peu près certain que la moitié auront disparu dans 3 ans.*

326. — **Problème.** — *Une personne de 85 ans fait un versement unique pour toucher 1ᶠ de rente dès l'âge de 86 ans jusqu'à sa mort (rente viagère immédiate). Quel doit être ce versement?*

Avec une seule personne, le calcul est impossible. Supposons un groupe de 327 assurés, dans les mêmes conditions.

La compagnie d'assurances devra payer *dans 1 an 1ᶠ* de rente à chaque survivant, soit à 261 personnes; elle déboursera donc 261ᶠ, somme qui nécessite *aujourd'hui* une valeur actuelle de :

$$0^f,966184 \times 261 = 252^f,17.$$

Dans 2 ans, elle paiera 1ᶠ à chacun des 206 survivants de 87 ans, soit 206ᶠ dont la valeur actuelle est :

$$0^f,933511 \times 206 = 192^f,30$$

et ainsi de suite; d'où le tableau .

TEMPS	AGES	SURVIVANTS	RENTES A PAYER	VALEURS ACTUELLES
1 an	86 ans	261	261 fr.	252 fr. 17
2 ans	87 »	206	206 »	192 30
3 »	88 »	159	159 »	143 40
4 »	89 »	117	117 »	101 96
5 »	90 »	80	80 »	67 36
6 »	91 »	50	50 »	40 68
7 »	92 »	28	28 »	22 00
8 »	93 »	14	14 »	9 63
9 »	94 »	7	7 »	5 14
10 »	95 »	3	3 »	2 13
11 »	96 »	1	1 »	0 68
12 »	97 »	0	0 »	0 00
Total des valeurs actuelles.......................				838 fr. 45

Ainsi, pour payer toutes les rentes prévues, la compagnie doit constituer dès aujourd'hui un capital de 838ᶠ,45; ce capital est l'ensemble des versements effectués par les 327 assurés de 85 ans. Chacune de ces personnes devra donc effectuer dès l'assurance un versement unique de :

$$838^f,45 : 327 = 2^f,564.$$

C'est la *prime d'assurance* pour 1ᶠ de rente, dans les conditions d'âge du problème.

Ainsi, un vieillard de 85 ans, désirant recevoir une rente de 4 000ᶠ jusqu'à sa mort, devra verser le jour du contrat 2 564ᶠ.

Remarque. — Il ne faut pas s'étonner si l'on trouve d'autres résultats sur les barèmes des compagnies d'assurances; cela dépend du taux, et surtout des tables de mortalité employées, qui varient notamment suivant la profession des assurés.

EXERCICES

Intérêts composés.

981. — Quel sera le capital accumulé au bout de 18 ans par une somme de 500ᶠ, placée à intérêts composés au taux 4,5 0/0 ?

982. — Un négociant avait déposé 30000ᶠ dans une banque; au bout de 6 ans, il vient toucher le capital et les intérêts capitalisés à 3 0/0. Combien reçoit-il ?

983. — Une personne a prêté 5400ᶠ, à 4 0/0, intérêts composés. Combien recevra-t-elle si on rembourse ce prêt dans 6 ans 8 mois ?

984. — Que devient un capital de 32000ᶠ placé à intérêts composés, au taux 2ᶠ,75 0/0, après 5 ans 4 mois 15 jours ?

985. — Quelle somme a-t-on empruntée au Crédit Foncier si on lui rembourse 7001ᶠ,83 au bout de 8 ans, le taux étant 4,3 0/0 ?

986. — Un capital a été placé pendant 18 ans à 4 0/0. On a retiré 15490ᶠ,20. Quel était ce capital ?

987. — Un capital a été placé pendant 8 ans 10 mois 20 jours, au taux 3,25 0/0. Il est alors devenu 12500ᶠ. Quel était-il ?

988. — Quelle somme faut-il placer aujourd'hui pour recevoir 12000ᶠ dans 6 ans 10 mois, le taux étant 3,5 0/0 ?

989. — Au bout de combien de temps un capital de 12800ᶠ, placé à 4 0/0, est-il devenu 20492ᶠ,80 ?

990. — Un prêt de 3200ᶠ, fait au taux 4 0/0, a été remboursé par 5541ᶠ,50. Quelle était sa durée ?

991. — Un prêt de 3100ᶠ, fait au taux 5 0/0, a été remboursé par 4713ᶠ,70. Au bout de combien de temps a-t-il été remboursé ?

992. — Pendant combien de temps faut-il placer un capital au taux 3 0/0, pour qu'il soit: 1° doublé ; 2° triplé ; 3° rendu m fois plus grand ?

993. — Combien de temps doit rester placé un capital au taux 4 0/0 pour qu'il soit doublé en capitalisant les intérêts : 1° à la fin de chaque année; 2° à la fin de chaque semestre?

994. — Une somme de 16000ᶠ est devenue 25616ᶠ au bout de 12 ans. Quel était le taux du placement ?

995. — Un capital de 40000ᶠ a été placé pendant 3 ans à intérêts composés, et est devenu 46305ᶠ. Quel était le taux du placement ?

996. — En 13 ans 2 mois, un capital de 9007ᶠ,20 est devenu 15096ᶠ. A quel taux était-il placé ?

997. — Un sylviculteur achète un bois 6824ᶠ ; au bout de 11 ans 6 mois 25 jours, il vend la coupe totale 5176ᶠ. En supposant que le terrain avec les souches ait la même valeur après la coupe qu'au moment de l'achat, à quel taux l'argent est-il placé ?

998. — Un capital est placé à 4 0/0 pendant 5 ans ; son intérêt composé surpasse de 80ᶠ son intérêt simple. Quel est ce capital ?

999. — On place 25000ᶠ au taux 3 0/0, et 20000ᶠ au taux 3,5 0/0. Dans combien de temps auront-ils acquis la même valeur, et quelle sera cette valeur commune ?

1000. — On place 12000ᶠ à intérêts composés, 4 0/0, pendant 14 ans. Pendant combien de temps faudrait-il placer ce capital pour acquérir la même valeur à intérêt simple ?

1001. — Un particulier laisse à ses héritiers les $\frac{2}{3}$ de sa fortune ; il en donne $\frac{1}{5}$ aux pauvres, et il ordonne que le reste soit placé à 4 0/0 pendant 3 ans, à intérêts composés, au profit du Bureau de bienfaisance ; celui-ci possèdera au bout de 3 ans 7408ᶠ,80. On demande la fortune totale, la part des héritiers et celle des pauvres.

1002. — Une personne place les $\frac{2}{3}$ de sa fortune à 4 0/0, le $\frac{1}{5}$ à 3,5 0/0, et le reste à 3 0/0. Au bout de l'année elle a dépensé les $\frac{3}{4}$ de son revenu, et le reste de ce revenu ayant été placé pendant 2 ans 4 mois à intérêts composés, au taux 3,75 0/0, est devenu 2500ᶠ. Quelle était la fortune de cette personne ?

1003. — Un banquier doit payer 250000ᶠ dans 5 ans. Pour s'acquitter, il donne une lettre de change de 140000ᶠ payable dans 1 an. On demande ce qu'il devra payer à l'échéance, les intérêts composés étant calculés au taux 4 0/0.

1004. — Un industriel a emprunté le 1ᵉʳ février 1906 une somme de 77280ᶠ ; il a payé 44052ᶠ,52 le 1ᵉʳ février 1908, et une même somme le 1ᵉʳ février 1910. A quel taux l'emprunt a-t-il été fait, si l'on tient compte des intérêts composés ?

1005. — Partager 50000ᶠ entre 3 enfants ayant respectivement 5 ans, 10 ans, 15 ans, de façon que chacun d'eux touche la même somme à 21 ans. Les intérêts sont composés, et au taux 3,5 0/0.

1006. — On a deux billets, l'un de 1500ᶠ, payable dans 1 an, l'autre de 3350ᶠ, payable dans 5 ans. On veut les remplacer par un billet unique payable dans 3 ans. Quel en sera le montant ? Les intérêts sont composés et au taux 5 0/0.

1007. — On a versé 800ᶠ à la Caisse d'épargne le 31 décembre 1900, puis, 800ᶠ le 31 décembre 1910. A quelle époque le montant du livret aura-t-il atteint la valeur maximum 1500ᶠ ? Le taux servi par cette caisse est 3 0/0.

Annuités proprement dites.

1008. — Quelle annuité faut-il payer pour constituer un capital de 30000ᶠ au bout de 20 ans, à 3 0/0 ?

1009. — Quelle annuité faut-il verser pendant 15 ans pour constituer un capital de 25000ᶠ, au taux 3,5 0/0 ?

1010. — En plaçant une même annuité au taux 4,25 0/0, on a retiré, immédiatement après le 16ᵉ versement, 250000ᶠ. quelle était l'annuité ?

1011. — Une personne verse au commencement de chaque année peudant 10 ans, une annuité de 800ᶠ. Quel sera le capital formé, le taux étant 3 0/0 ?

1012. — Quel capital formera-t-on en versant au commencement de chaque année pendant 20 ans une annuité de 600ᶠ, le taux étant 3,25 0/0 ?

1013. — On place au commencement de chaque année une annuité de 800ᶠ au taux 4 0/0. Quelle somme aura-t-on accumulée dès le 18ᵉ versement ?

1014. — Pendant combien de temps faut-il verser une annuité de 500ᶠ pour obtenir un capital de 10000ᶠ, le taux étant 4 0/0 ?

1015. — Je peux disposer chaque année de 1500ᶠ ; pendant combien de temps me faudra-t-il verser cette somme entre les mains d'un banquier pour obtenir un capital de 20000ᶠ, le taux étant 3,5 0/0 ?

1016. — On place 750ᶠ au commencement de chaque année, au taux 3,5 0/0, pour toucher, immédiatement après le dernier versement, une somme de 10000ᶠ. Trouver le nombre des annuités.

1017. — Un père veut constituer un capital de 30000ᶠ à son fils, en 20 années. Combien devra-t-il verser au commencement de chaque année, le taux étant 3,75 0/0 ?

1018. — Une personne prévoyante place à la fin de chaque année, pendant 18 ans, une somme de 300ᶠ. Le taux étant 3,2 0/0, combien retirera-t-elle à la fin de ces 18 ans ?

1019. — Une personne veut que son enfant, qui a eu 6 ans le 15 février 1906, ait à sa majorité, c'est-à-dire le 15 février 1921, un capital de 10000ᶠ ; pour cela elle verse chaque année, du 15 février 1906 inclus au 15 février 1920 inclus, une certaine annuité. Quelle doit être cette annuité, le taux étant 3,4 0/0 ?

1020. — Un fumeur dépense, à partir du début de sa 16ᵉ année, en moyenne 0ᶠ,20 par jour ; à partir du début de sa 20ᵉ année, en moyenne 0ᶠ,40 par jour. Quelle somme aurait-il à la fin de sa 65ᵉ année s'il avait placé à la fin de chaque année, au taux 3 0/0, l'argent que lui coûte cette habitude ?

1021. — Un fonctionnaire dont le traitement est 4200ᶠ économise les $\frac{2}{7}$ de ce traitement, et les place à la fin de chaque année à intérêts composés au taux 3,5 0/0. Au bout de la 5ᵉ année, il emploie les sommes qu'il a économisées à acheter de la rente 3 0/0 au cours 98ᶠ,50. Quel revenu annuel supplémentaire se fait-il ainsi ?

1022. — Une personne achète un bois qui vient d'être coupé. Elle l'exploite en taillis en y faisant une coupe tous les 6 ans. Elle paie 10000ᶠ d'achat, et débourse tous les ans 80ᶠ pour impôts et entretien. Que devra rapporter chaque coupe pour que son argent soit placé à 5 0/0 ?

1023. — On place 120000ᶠ à 3,5 0/0. Au bout de la 1ʳᵉ année le capital est 124200ᶠ ; on en retire 2400ᶠ. On fait de même pendant 18 ans. Que retirera-t-on au bout de 18 ans, après avoir prélevé les 18ᵉ et derniers 2400ᶠ?

1024. — Un buveur dépense en moyenne 0ᶠ,45 par jour du début de sa 18ᵉ année à 25 ans inclus ; il dépense un tiers en plus de 26 à 30 ans inclus ; cette nouvelle dépense augmente encore de son tiers, de 31 à 35 ans inclus. Enfin, les années suivantes elle est en moyenne 1ᶠ par jour. En supposant qu'il vive jusqu'à 65 ans révolus, quel capital aurait-il à cette époque s'il avait placé, de la fin de sa 18ᵉ année, à la fin de sa 65ᵉ année, seulement la moitié des sommes que lui coûte son vice ? Taux 4 0/0. (On comptera l'année de 360 jours.)

1025. — Une Société d'épargne, pour formation de capital, demande 72ᶠ par an, pendant 14 ans, versés au début de chaque année. A la fin des

14 ans, elle verse 1600 fr., en cas de vie de l'assuré. Quel avantage l'assuré en retire-t-il, sachant qu'il aurait pu placer ses fonds dans une Caisse d'épargne versant 3 °/₀ d'intérêt? De plus, signaler simplement les avantages et les inconvénients de chaque mode de placement.

Amortissements.

1026. — Pour s'acquitter d'une somme empruntée on paie 25 annuités de 1500ᶠ chacune. Le taux étant 4 0/0, quelle était la dette?

1027. — Un emprunteur a remboursé une dette en payant pendant 18 ans une somme de 750ᶠ. Quelle était la dette, le taux étant 4 0/0?

1028. — Quelle annuité faut-il payer pendant 12 ans pour éteindre une dette de 8000ᶠ, le taux étant 4,5 0/0?

1029. — Quelle annuité faut-il verser pour éteindre en 15 ans une dette de 30000ᶠ? Le taux est 4 0/0.

1030. — Combien faudra-t-il payer d'annuités de 3500ᶠ pour éteindre une dette de 32000ᶠ, le taux étant 3,8 0/0?

1031. — Une commune, qui dispose de 4000ᶠ par an, emprunte 60000ᶠ au taux 3,80 0/0. Combien mettra-t-elle de temps à rembourser sa dette?

1032. — On doit payer chaque année 1800ᶠ pendant 15 ans. Remplacer cette annuité par un paiement unique qui sera effectué dans 5 ans. Le taux est 4 0/0.

1033. — Une personne doit recevoir 450ᶠ à la fin de chaque année pendant 5 ans; le débiteur offre de payer sa dette actuellement; combien doit-il donner, le taux étant 4,2 0/0?

1034. — On doit payer deux sommes égales, de 7500ᶠ chacune, la 1ʳᵉ dans 5 ans, la seconde dans 12 ans. A quelle époque pourrait-on s'acquitter par un versement unique de 15000ᶠ, le taux étant 4 0/0?

1035. — Une commune veut construire une école dont le devis monte à 48000ᶠ. L'Etat lui assure un secours de 8000ᶠ, et le département s'engage à payer le douzième de la dépense totale. Elle emprunte le surplus, au taux 3,5 0/0, et s'engage à le rembourser en 12 annuités. Quelle est l'annuité?

1036. — Une commune a emprunté 30000ᶠ à 4,6 0/0. Elle se propose de rembourser cette somme en 30 annuités. Quelle sera l'annuité?

1037. — Une commune peut construire pour établir une communication, soit un pont en bois coûtant 40000ᶠ et devant servir 30 ans, soit un pont en pierre coûtant 120000ᶠ et devant durer toujours. On ne tient pas compte de l'entretien. On demande quelle est la plus économique des deux constructions, l'intérêt étant 5 0/0, et le capital emprunté pour la construction devant être amorti au moyen d'annuités successives égales, payables à la fin de chaque année pendant le nombre d'années que durera le pont. (On suppose que tous les 30 ans le pont de bois serait rétabli dans les mêmes conditions.)

1038. — Un capitaliste prête 20000ᶠ à une société, au taux 4,5 0/0, à condition qu'au bout de 6 ans on commencera à lui rembourser son prêt au moyen de 8 annuités égales se succédant d'année en année. Quelle sera la valeur de l'annuité?

1039. — Le 31 décembre 1906, une personne emprunte 20000ᶠ; elle veut se libérer en payant à la fin de chaque année, à partir du 31 décembre 1910, une certaine annuité. Quel sera le montant de cette annuité, si la dernière doit être payée le 31 décembre 1925, le taux étant 4,25 0/0?

1040. — Une personne emprunte 34356ᶠ qu'elle s'engage à rembourser à intérêts composés à 4 0/0 au moyen d'un premier versement effectué à la fin de la 1re année ; d'un second, double du premier, à la fin de la 2e année et d'un troisième, triple du second, à la fin de la 3e année. Quelle est la valeur de chaque versement ?

1041. — Une personne emprunte à intérêts composés, 4 0/0, une somme de 20000ᶠ qu'elle doit rembourser en 10 sommes égales payables d'année en année, la 1re étant versée 3 ans après l'emprunt. 1° Déterminer la valeur de chacune d'elles. 2° L'emprunteur meurt après avoir payé la 5e annuité, et ses héritiers, au lieu de continuer le remboursement par annuités, préfèrent achever de se libérer par un paiement unique qui sera effectué 2 ans après le décès : déterminer le montant de ce paiement.

1042. — Une personne s'est engagée à payer une dette à l'aide de 10 annuités de 500ᶠ chacune, la première étant payée dans 1 an ; elle propose de s'acquitter en payant seulement 5 annuités, la 1re étant payée dans 1 an ; quelle doit être la valeur de cette annuité, les intérêts étant composés, à 4 0/0 ?

1043. — Une somme de 66000ᶠ est prêtée à intérêt simple, 3 0/0, pour 9 ans. 1° Quelle sera la dette de l'emprunteur au bout de 9 ans ? 2° Quelle annuité devrait-il payer pour éteindre cette dette, en supposant qu'on lui tient compte de l'intérêt simple produit par chaque annuité pendant le temps qui reste à courir avant l'échéance ?

1044. — Une somme de 15000ᶠ est prêtée pour 8 ans à intérêt simple au taux 4,5 0/0. 1° Quelle sera la dette de l'emprunteur au bout de 8 ans ? 2° Quelle annuité devrait-il payer pour se libérer, si tout le calcul d'amortissement était fait à intérêts simples ?

1045. — Une ville emprunte à intérêt simple au taux 5 0/0, et pour 50 ans, une somme de 50000ᶠ. Mais au lieu d'attendre la fin du temps pour se libérer, elle verse une annuité fixe à la fin de chaque année, à partir de la fin de la 1re année de l'emprunt. Quelle doit être l'annuité pour que la dette soit amortie, capital et intérêts simples, après le versement des 50 annuités ?

(Les 3 problèmes précédents sont des exercices théoriques n'ayant d'autre but que d'obliger l'élève à bien comprendre le mécanisme de l'amortissement.)

1046. — On verse chaque trimestre chez un banquier une somme de 200ᶠ dont les intérêts à 4 0/0 par an doivent se capitaliser tous les 3 mois. 1° Quelle somme devra le banquier 6 ans après le 1er versement, soit 3 mois après le 24e et dernier versement ? 2° A partir de cette époque, quelle somme le banquier devra-t-il payer à la fin de chaque semestre pour que sa dette soit éteinte en 10 versements, les intérêts étant alors capitalisés tous les 6 mois ?

1047. — Un propriétaire a une maison estimée 8000ᶠ. Il offre à un locataire : 1° de la louer 320ᶠ par an, soit 80ᶠ payables à la fin de chaque trimestre ; 2° de la louer 600ᶠ par an, soit 150ᶠ payables à la fin de chaque trimestre, mais, dans ce cas, la maison appartiendra au locataire au bout de 15 ans. Le taux étant pris à 4 0/0 l'an, et la capitalisation étant trimestrielle, quelle est, pour le locataire, la proposition la plus avantageuse ? On suppose l'opération continuée par les héritiers en cas de décès de l'un ou l'autre des contractants, et l'on admet que la propriété aura conservé la même valeur, 8000ᶠ, la dépréciation de l'immeuble pouvant être compensée par une plus-value du terrain.)

Le Crédit Foncier fait aux particuliers des prêts à 4ᶠ,30 0/0 l'an, mais la capitalisation est semestrielle. Quand le prêt ne dépasse pas 9 ans, il est remboursable en une seule fois, à l'échéance fixée. Quand le prêt est fait pour une durée de 10 à 75 ans, il est remboursable par amortissement ; on calcule alors ce qu'il faut payer chaque semestre, pour ce remboursement, et c'est la somme de ces deux versements annuels égaux qu'on appelle ici : annuité.

Dire que, pour un prêt de 100^f, d'une durée de 14 ans, l'annuité est 9^f,58, signifie qu'on versera chaque semestre la moitié de cette annuité, soit 4^f,79.

Ces prêts à longs termes peuvent enfin être remboursés en totalité, ou en partie, avant l'époque fixée pour l'échéance, en tenant toujours compte du jeu des intérêts composés à capitalisation semestrielle, et au taux 4^f,30.

Les prêts faits aux communes sont au taux 3.85 0/0. Mais lorsque l'emprunt dépasse 50000^f, et qu'aucun remboursement anticipé n'aura lieu avant 15 ans, ce taux est ramené à 3,80 0/0.

1048. — Calculer le versement semestriel qu'il faudrait effectuer pour rembourser en 1 an un prêt de 100^f, au Crédit Foncier. Taux 4^f,3 0/0. Indiquer l'annuité (qui en est le double).

1049. — Pour construire une école, une commune emprunte 15000^f au Crédit Foncier ; elle remboursera ce prêt en 30 ans. Quelles seront l'annuité, et la valeur de chaque versement semestriel ? Taux : 3,85 0/0.

1050. — Une commune emprunte 52500^f au Crédit Foncier pour la construction d'une mairie, et elle s'engage à se libérer en 25 ans ; le taux est 3,8 0/0. 1° Quels seront l'annuité, et chaque versement semestriel ? 2° Combien de centimes additionnels le Conseil municipal devra-t-il voter pour faire face à cette dépense annuelle, si le centime communal est 448^f ?

1051. — Une commune emprunte 60000^f au Crédit Foncier, au taux 4,3 0/0 ; elle veut se libérer en 11 ans, soit en 22 paiements semestriels. Quels seront l'annuité, et chacun de ces versements ? Si la commune ne disposait que de 3000^f par an, au maximum, combien mettrait-elle de temps pour se libérer ?

1052. — Un vigneron possède une vigne estimée 24000^f. Il emprunte au Crédit Foncier le maximum de ce que celui-ci consent à prêter, (soit le tiers de la valeur pour les vignes et les bois). Le taux est 4,3 0/0. Le prêt est fait pour 12 ans. Quels sont l'annuité, et chaque versement semestriel ? Au bout de 4 ans, la prospérité étant revenue, le vigneron veut se libérer totalement à la fin de cette 4° année. Quelle somme doit-il verser ?

COMPLÉMENT

CHAPITRE I

REPRÉSENTATIONS GRAPHIQUES

§ I. — Notions fondamentales.

Pour l'introduction à l'étude des graphiques, se reporter au Cours complet d'Arithmétique, page 417.

1. — Variable et fonction. — On obtient la surface S d'un carré en multipliant le côté c par lui-même. Si je donne $c = 3^m$, la surface $S = 9^{m2}$; si je donne $S = 25^{m2}$, le côté $c = 5^m$.

Les grandeurs côté et surface pouvant prendre des valeurs quelconques sont dites des variables; mais si l'on fixe arbitrairement la valeur de l'une, l'autre prend une valeur bien déterminée; on dit qu'elles sont fonctions l'une de l'autre.

La grandeur dont on choisit arbitrairement la valeur s'appelle variable indépendante, et celle qui en dépend est la fonction de la variable indépendante. Ainsi, quand je donne $c = 3^m$, le côté c est la variable indépendante, et la surface S est fonction de cette variable; quand je donne $S = 25^{m2}$, la surface S est la variable indépendante, et le côté c est fonction de cette variable.

D'une manière analogue, la longueur d'une circonférence,

la surface d'un cercle, la surface et le volume d'une sphère
sont fonctions du rayon pris pour variable indépendante, et
réciproquement; — le volume d'une masse de gaz est fonction
de la pression qu'il supporte, et réciproquement ; — l'espace
parcouru par un mobile de vitesse uniforme est fonction du
temps, et réciproquement, etc...

Dans ces exemples ci-dessus, la variable et sa fonction
sont liées par une loi mathématique, *exprimée par une formule,*
ce qui permet **de** calculer *exactement* l'une quand on connaît
l'autre.

2. — Graphiques. — Il y a beaucoup de cas où des
quantités sont liées par des relations empiriques, c'est-à-dire
que l'on constate par expérience, sans pouvoir en tirer une
loi absolue. Ainsi, la température d'un malade varie avec
l'heure; en général, elle est plus faible le matin que le soir;
mais la connaissance de l'heure ne permet pas de calculer la
température correspondante; — la température de l'atmo-
sphère varie avec l'heure et la saison; — le montant des
ventes effectuées par un commerçant varie avec les jours de
la semaine et l'époque de l'année, etc... On peut mettre les
résultats constatés soit sous la forme d'un tableau statistique,
soit sous la forme plus avantageuse de graphique. Nous ne
reviendrons pas sur ces notions exposées dans le Cours
complet d'Arithmétique (n°s 531 à 538).

On peut aussi appliquer cette construction aux cas où la
fonction se déduit mathématiquement de la variable; on
obtient alors des graphiques mathématiques. Parfois, leur
construction est très simple; nous en avons donné des
exemples dans le Cours d'Arithmétique (n°s 539 à 555). Mais
on généralise ces constructions à l'aide de méthodes permettant de remplacer une équation par un graphique. Nous
allons donner une idée de ces méthodes.

CONTINUITÉ D'UNE FONCTION

3. — Variation continue d'une variable. — Représentons
une variable par x et sa fonction par y. Appelons x_1 et x_2

deux valeurs distinctes et déterminées données à la variable, et y_1 et y_2 les valeurs correspondantes bien déterminées que prend la fonction.

Si l'on donne à x successivement toutes les valeurs comprises entre x_1 et x_2, négatives, positives, entières, fractionnaires, incommensurables, de telle sorte que l'une diffère de la précédente d'une quantité infiniment petite, on dit que x varie d'une manière continue de x_1 à x_2. La différence $x_2 - x_1$ est son accroissement.

Si l'on a $x_2 > x_1$, l'accroissement est positif, et l'on dit que x croît d'une manière continue de x_1 à x_2.

Si l'on a $x_2 < x_1$, l'accroissement est négatif, et l'on dit que x décroît d'une manière continue de x_1 à x_2.

Par exemple, dans un baromètre enregistreur, le temps, considéré comme variable, croît d'une manière continue, puisque l'appareil inscrit à chaque instant la hauteur barométrique correspondante ; mais, sur le graphique construit à la main à l'aide d'observations faites toutes les 3 heures, la variable ne croît pas d'une manière continue, puisqu'entre deux observations successives il y a une lacune de 3 heures.

4. — Variation continue d'une fonction. — Lorsque x croît d'une manière continue de x_1 à x_2, si y passe successivement par toutes les valeurs comprises entre y_1 et y_2 sans lacune, ni saut brusque, de telle sorte qu'à une faible variation de x corresponde une faible variation de y, on dit que *la fonction y de la variable x est continue pour les valeurs de x comprises entre x_1 et x_2.*

Si $\qquad y_2 > y_1$, la fonction croît d'une manière continue.

Si $\qquad y_2 < y_1$, la fonction décroît $\qquad$ —

Si à un accroissement positif de x correspond un accroissement positif de y, on dit que x et y varient **dans le même sens** ; sinon, elles varient **en sens inverse**.

Dans tous les cas,

Si x et y varient d'une manière continue pour des valeurs de x comprises entre x_1 et x_2, x et y sont liées par une formule permettant de calculer la valeur que prend y pour une valeur déterminée donnée à x, entre x_1 et x_2.

EXEMPLES : I. — La température variant d'une manière continue de t_1^o à t_2^o, t_1 et t_2 étant certaines limites étudiées en physique, la longueur L d'une tige de fer, ayant pour longueur L_0 à 0°, est fonction de la température t, et varie d'une manière continue dans le même sens. Le coefficient de dilatation linéaire étant l, on traduit en physique cette relation par la formule :

$$L = L_0 (1 + lt)$$

dans laquelle la variable est le nombre de degrés t. et la fonction est L.

II. — La pression supportée par une masse de gaz variant d'une manière continue de p_1 à p_2 atmosphères, p_1 et p_2 étant certaines limites étudiées en physique, le volume V occupé par cette masse, valant V_1 à la pression de 1^{atm}, est fonction de la pression P, et varie d'une manière continue, mais en sens inverse. On traduit cette relation en physique par la formule

$$V = \frac{V_1}{P}$$

dans laquelle la variable est la pression P, exprimée en atmosphères, et la fonction est V.

ÉTUDE DES VARIATIONS D'UNE FONCTION

5. — **Exemple I.** — *Soit la fonction* $y = ax + b$.

1° *Soit* $a > 0$. — On voit de suite que :

Pour
$$x = -\infty \qquad y = -\infty$$
$$x = -\frac{b}{a} \qquad y = 0$$
$$x = +\infty \qquad y = +\infty.$$

Mais il pourrait arriver que, x croissant de $-\infty$ à $+\infty$, la fonction y ait entre $-\infty$ et $+\infty$ des valeurs intermédiaires ne présentant aucune continuité, par exemple : $-1\,000$, -50, $+2$, -8, $+0,25$, etc.,

Pour conclure que y est fonction continue de **x**, il faut donc prouver : 1° *que toutes les valeurs de* y *vont toujours en croissant de* $-\infty$ *à* $+\infty$; 2° *qu'elles ne présentent aucune solution de continuité*, et pour cela, qu'étant donnée une valeur y_1 de la fonction, pour la valeur x_1 de la variable, on obtiendra toujours une valeur y_2 de la fonction, supérieure à y_1 et très voisine de y_1, en donnant à x_1 un accroissement suffisamment petit.

Soient, en effet, deux valeurs quelconques de **x** telles que :

$$x_2 > x_1, \quad \text{ou} \quad x_2 - x_1 > 0$$

La fonction devient
$$y_1 = ax_1 + b$$
$$y_2 = ax_2 + b$$

Retranchons membre à membre :

$$y_2 - y_1 = a(x_2 - x_1). \tag{I}$$

Or $(x_2 - x_1)$ est positif, par hypothèse, ainsi que **a**; donc leur produit $(y_2 - y_1)$ est positif, et par suite : $y_2 > y_1$.

Ainsi, les valeurs de **x** *devenant de plus en plus grandes, celles de* **y** *le deviennent aussi.*

D'autre part, si nous voulons que la valeur y_2 soit très voisine de y_1, ou que leur différence $y_2 - y_1$ soit inférieure à une quantité positive très petite e, nous pouvons écrire :

$$y_2 - y_1 < e \qquad \text{ou} \qquad a(x_2 - x_1) < e$$

et enfin
$$x_2 - x_1 < \frac{e}{a}.$$

Il suffirait donc de calculer $\frac{e}{a}$, et de faire croître **x** d'une quantité plus petite que le quotient trouvé, pour avoir une valeur de **y** très voisine de la précédente.

2° *Soit* $a < 0$. — On voit de suite que :

Pour
$$x = -\infty \qquad\qquad y = +\infty$$
$$x = -\frac{b}{a} \qquad\qquad y = 0$$
$$x = +\infty \qquad\qquad y = -\infty.$$

Un raisonnement analogue à celui du 1er cas donne :

$$y_1 = ax_1 + b$$
$$y_2 = ax_2 + b$$
$$y_2 - y_1 = a(x_2 - x_1).$$

L'accroissement $(x_2 - x_1)$ est positif, mais ici a étant négatif, le produit $(y_2 - y_1)$ l'est aussi, et par suite $y_2 < y_1$.

Ainsi, *les valeurs de x devenant de plus en plus grandes, celles de y deviennent de plus en plus petites.*

On démontrerait, comme au 1er cas, qu'un accroissement très petit de y correspond à un accroissement très petit de x, mais ici ces accroissements seraient de sens inverses.

En résumé : *Lorsque x croît d'une manière continue de* $-\infty$ à $+\infty$, *la fonction* $y = ax + b$ *varie d'une manière continue: 1° dans le même sens que x si a est positif, soit de* $-\infty$ à $+\infty$; *2° en sens inverse si a est négatif, soit de* $+\infty$ à $-\infty$.

6. — Exemple II. — *Soit la fonction* $y = x^2$.

Supposons $\qquad\qquad x_2 > x_1$.

Nous savons qu'on ne peut pas élever au carré les deux membres d'une inégalité sans faire auparavant une hypothèse sur les signes de ces membres.

1° Faisons varier x de $-\infty$ *à 0.* — Deux valeurs de x telles que $x_1 < x_2$ étant négatives, en les élevant au carré on a :

$$x_2^2 < x_1^2 \qquad \text{ou} \qquad y_2 < y_1.$$

Donc, lorsque x croît, la fonction y décroît; d'autre part, la valeur de y est toujours positive puisque c'est un carré, et

pour $\qquad x = -\infty \qquad$ on a $\qquad y = +\infty$

pour $\qquad x = 0 \qquad\qquad - \qquad\qquad y = 0$.

On prouverait, comme dans l'exemple I, que la variation de y est continue.

Par suite, lorsque x croît d'une manière continue de $-\infty$ à 0, y décroît d'une manière continue de $+\infty$ à 0.

2° Faisons varier x de 0 à $+\infty$. — Dans ce cas, deux valeurs de x, telles que $x_2 > x_1$, étant positives, en les élevant au carré on a :

$$x_2{}^2 > x_1{}^2 \qquad \text{ou} \qquad y_2 > y_1.$$

Donc, lorsque x croît, la fonction y croît; d'autre part :

pour $\qquad x = 0 \qquad$ on a $\qquad y = 0$
pour $\qquad x = + \infty \qquad$ — $\qquad y = + \infty.$

On prouverait, comme dans l'exemple I, que la variation de y est continue.

Par suite, lorsque x croît d'une manière continue de 0 à $+ \infty$, y croît de même de 0 à $+ \infty$.

En résumé, *lorsque x croît d'une manière continue de $-\infty$ à 0, la fonction $y = x^2$ varie en sens inverse, de $+\infty$ à 0; lorsque x croît d'une manière continue de 0 à $+ \infty$, la fonction y varie dans le même sens, de 0 à $+\infty$.*

7. — **Exemple III.** — *Soit la fonction* $y = \dfrac{1}{x}$.

Cette expression n'ayant aucune valeur déterminée pour $x = 0$, faisons varier x de $-\infty$ à $(0 - e)$, e étant une quantité positive infiniment petite. Lorsque x a une valeur absolue très grande, celle de y est très petite et tend vers 0 ; x étant négatif, la valeur y est alors très voisine de 0, mais négative; la valeur de x croissant, celle de y décroît, toujours négative ; et lorsque x est très près de 0, la valeur absolue de y est très grande, et comme y est négatif, y tend vers $-\infty$. Ainsi la valeur de y, toujours négative, va en décroissant de 0 à $-\infty$.

Faisons varier x de $(0 + e)$ à $+\infty$, e étant une quantité positive infiniment petite ; la valeur de y, toujours positive, va en décroissant. Pour $x = 0 + e$, y a une valeur positive infiniment grande ; pour $x = +\infty$, y tend vers 0.

En résumé, tant que x se rapproche de 0 par valeurs négatives, la valeur absolue de y devient infiniment grande, mais y a le signe — ; dès que x dépasse 0, la valeur de y devient infiniment grande, et y a le signe +. On convient alors de dire que : *lorsque x passe la valeur 0, y saute de $-\infty$ à $+\infty$.*

La fonction y n'est donc pas calculable pour $x = 0$, puisqu'elle représente en même temps un nombre infiniment grand et un nombre infiniment petit ; on convient de la représenter par $\pm\infty$, et l'on dit que *la fonction* $\dfrac{1}{x}$ *est* **discontinue** *pour* x = 0.

Ces relations entre une variable et sa fonction sont mises nettement et rapidement en évidence par la méthode graphique.

COORDONNÉES RECTANGULAIRES

8. — Traçons deux axes gradués x'x, y'y, perpendiculaires l'un sur l'autre au point O (*fig. 1*). Les directions Ox et Oy sont positives ; celles de Ox' et Oy' sont négatives. Ces axes forment 4 angles que nous désignerons par 1, 2, 3, 4.

Plaçons un point M dans l'angle 1 ; menons les perpendiculaires MA sur x'x, MB sur y'y.

Le segment $\overline{OA} = + 6$ est appelé abscisse du point M ;

le segment $\overline{OB} = + 4$ est appelé ordonnée du point M.

Le point O est l'origine des abscisses et des ordonnées.

On représente une abscisse

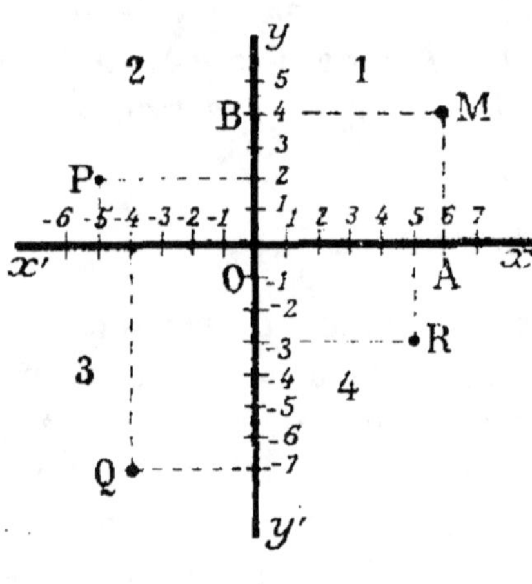

Fig. 1.

par la lettre x, une ordonnée par la lettre y ; la droite x'x est appelée **axe des x**, et la droite y'y, **axe des y**.

L'abscisse et l'ordonnée d'un point M sont appelées coordonnées du point M.

On désigne, ou on **définit**, le point M de la manière suivante : M (x = 6, y = 4), ou simplement : M (6,4), en ayant soin de toujours placer l'abscisse la première. Enfin, on dit que l'x de M est 6, et que l'y de M est 4.

On définit de même les points P, Q, R :

$$P (- 5,2) ; \quad Q (- 4, - 7) ; \quad R (5, - 3).$$

Remarque. — Si le point est dans l'angle :

1,   il a deux coordonnées positives ;

2,   son abscisse est négative ; son ordonnée, positive ;

3,   ses coordonnées sont négatives ;

4,   son abscisse est positive ; son ordonnée, négative.

Réciproquement, pour placer un point M (6,4), on compte 6 divisions dans le sens Ox, ce qui donne le point A ; on élève la perpendiculaire à Ox en ce point : le point cherché ne peut être que sur cette perpendiculaire, sans quoi son abscisse ne serait plus + 6. On compte 4 divisions dans le sens Oy, ce qui donne B ; on élève la perpendiculaire à Oy en B : le point cherché ne peut être que sur cette perpendiculaire. Les deux perpendiculaires ainsi tracées, étant respectivement perpendiculaires à x'x et y'y, qui sont rectangulaires, *ont forcément un point commun, et un seul :* c'est le point cherché **M**.

Il résulte de là que :

1° *Tout point a deux coordonnées bien déterminées ;*

2° *Deux coordonnées déterminent la position d'un seul point.*

En conséquence, l'usage de deux axes rectangulaires permet de déterminer la position d'un point sur un plan.

§ II. — Représentation graphique d'une fonction.

FONCTION $y = ax$.

9. — Un cycliste allant à la vitesse uniforme de **v** mètres par seconde, l'espace e qu'il parcourt en t secondes est donné par la formule :

$$e = v \times t.$$

Si la vitesse est 5ᵐ par seconde, on a :

$$e = 5 \times t.$$

La variable indépendante étant t, sa fonction est e. Donnons à t différentes valeurs, et calculons les valeurs correspondantes de

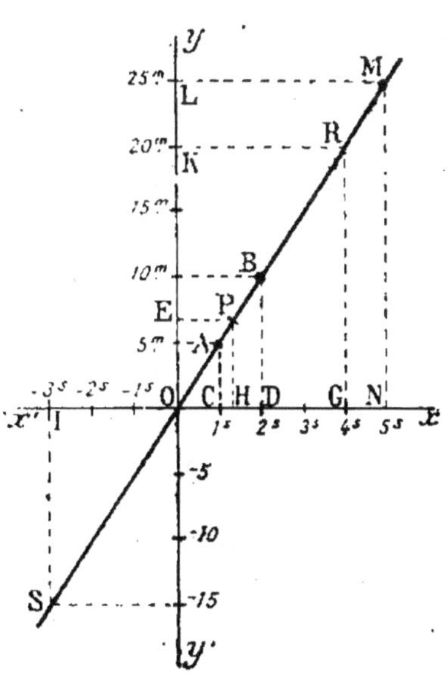

Fig. 2.

e ; puis, construisons deux axes rectangulaires gradués x'x, y'y (*fig.* 2) et plaçons sur cette figure les points définis par les valeurs correspondantes de t et de e ; les valeurs de t seront portées sur l'axe des x, et celles de e sur l'axe des y. (Remarquons que, la variable et sa fonction n'étant pas de même nature, la graduation de l'axe y'y est indépendante de celle de x'x ; ces deux graduations sont tout à fait arbitraires.)

$$\text{Pour} \quad t=0, \quad \text{on a} \quad e=0, \quad \text{d'où le point} \quad O.$$
$$- \quad t=1, \quad - \quad e=5, \quad - \quad A.$$
$$- \quad t=2, \quad - \quad e=10, \quad - \quad B.$$

. . . .

Je dis que les points O, A, B... ainsi obtenus sont en ligne droite.

En effet, d'après la construction de ces points, et en tenant compte de l'échelle des longueurs sur chaque axe, on a :

$$\frac{\overline{CA}}{\overline{OC}} = \frac{5}{1} ; \quad \frac{\overline{DB}}{\overline{OD}} = \frac{10}{2} = \frac{5}{1}, \dots$$

Les angles C et D sont égaux comme droits. Par suite, en traçant séparément OA, puis OB, les deux triangles OCA, ODB, sont semblables comme ayant un angle égal compris entre deux côtés proportionnels ; les angles AOC et BOD sont alors égaux, et la direction OB coïncide avec OA : donc les points O, A, B, sont en ligne droite.

Réciproquement, un point quelconque P de cette droite est tel que :

$$\frac{\overline{HP}}{\overline{OH}} = \frac{\overline{CA}}{\overline{OC}} = \frac{5}{1}$$

ou $$\overline{HP} = 5 \times \overline{OH}$$

ou *ordonnée de* P $= 5 \times$ *abscisse de* P,

ce qui montre que les coordonnées du point P sont liées par la relation $$e = 5 \times t.$$

Remarque. — Si le cycliste marchait déjà avant l'époque choisie pour origine du temps, le temps qui précède cette époque serait négatif, c'est-à-dire compté sur ox′, et la distance au point d'origine O des coordonnées serait négative, c'est-à-dire comptée sur Oy′. Ainsi, pour t = — 3 on aurait e = — 15, et l'on construirait le point S (— 3, — 15). On aurait pour ce point

$$\frac{\overline{IS}}{\overline{OI}} = \frac{-15}{-3} = \frac{5}{1}$$

ce qui prouve que S est encore sur la direction OB.

10. — **Conséquences.** — Tous les points **qui** ont pour abscisse une valeur de t et pour ordonnée la valeur correspondante de e, liées par la relation e = 5 t, sont sur la droite OB, illimitée dans les deux sens. Réciproquement, tous les points situés sur la droite indéfinie OB ont pour coordonnées des valeurs de t et de e liées par la relation e = 5t.

D'une manière générale, si **y** est fonction d'une variable indépendante **x**, et si l'on a :

$$y = ax$$

dans laquelle **a** est une quantité constante connue, *le lieu géométrique des points qui ont x et y pour coordonnées est une droite qui passe par l'intersection O des axes de coordonnées.* Ce lieu porte le nom général de courbe de fonction. Dans l'exemple que nous venons d'étudier, cette courbe est une droite géométrique.

Enfin, on remplace pratiquement le mot courbe par le mot graphique, et l'on dit :

La droite OB est le graphique de la fonction y = ax. On la désigne en abrégé par : *la droite* y = ax. Inversement, on dit que : y = ax *est l'équation de la droite.*

11. — APPLICATIONS : 1°. — *A quelle distance du point de départ se trouvera le cycliste au bout de 4 secondes ? (fig. 2).*

Il suffit de chercher le point G d'abscisse + 4, et d'élever en ce point la perpendiculaire qui rencontre la direction OB en R ; la hauteur $\overline{GR}$, reportée sur l'axe des **y**, donne $\overline{OK}$ ou 20ᵐ, qui est la distance cherchée.

2° *Au bout de combien de temps aura-t-il fait* 25^m ? (*fig.* 2).

Il suffit de chercher le point L d'ordonnée $+$ 25, et de mener en ce point la perpendiculaire à l'axe y'y ; elle rencontre la direction OB en M ; la distance $\overline{LM}$, reportée sur l'axe x'x, donne $\overline{ON}$ ou 5^s, qui est le temps cherché.

FONCTION $y = ax + b$.

12. — Supposons qu'au moment pris pour origine du temps, ou des abscisses, le cycliste ait déjà fait 15^m ; donc, à l'abscisse 0, correspond une ordonnée égale à 15^m, et nous marquons A sur Oy tel que $\overline{OA} = + 15$ (*fig. 3*).

Il est évident qu'au bout de 1, 2, 3... secondes, le cycliste

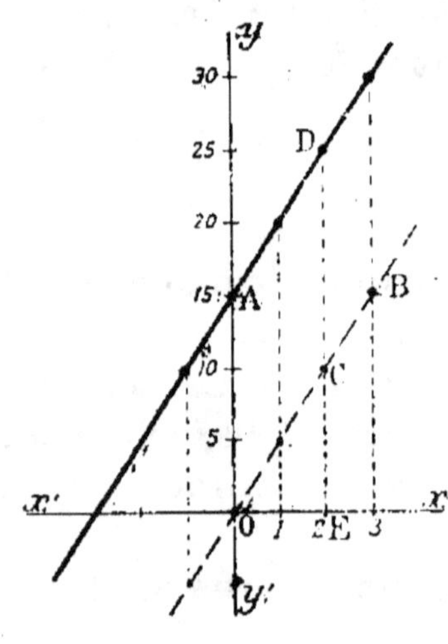

Fig. 3.

aura parcouru les distances 5, 10, 15... augmentées chacune de 15^m, soit 20, 25, 30... Il suffira donc de construire la droite OB comme on l'a fait au cas précédent, puis d'ajouter 15 à l'ordonnée de chaque point de cette droite ; ainsi, au point C, d'abscisse $+$ 2, je prolonge l'ordonnée $\overline{EC}$ d'une longueur $\overline{CD} = \overline{OA} = + 15$; en procédant de même pour tous les points de OB, on constate que cela revient *à déplacer* OB *parallèlement à elle-même* jusqu'à ce qu'elle passe au point A : on obtient alors la droite AD, qui est la courbe ou le graphique de la fonction e $=5$ t $+$ 15.

D'une manière générale, si y est fonction d'une variable indépendante x, et si l'on a :

$$y = ax + b,$$

a et b étant des quantités constantes connues, *le lieu géométrique des points qui ont* x *et* y *pour coordonnées est une droite parallèle à la droite* y $=$ ax, *et coupant l'axe des* y *en un point d'ordonnée* b.

13. — **Cas où $a = 0$.** — La forme $y = ax + b$ devient $y = b$.

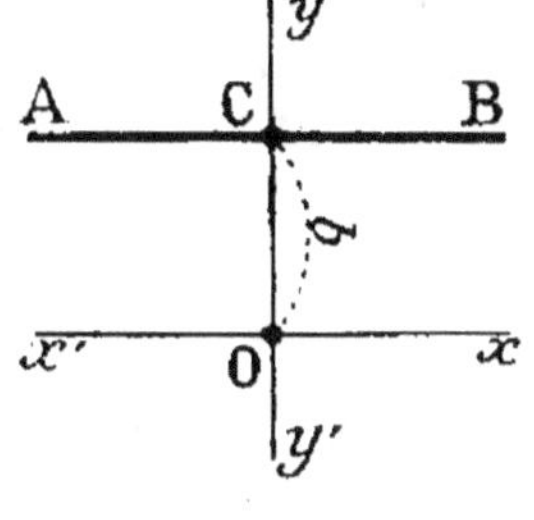

Quelle que soit la valeur x de l'abscisse, l'ordonnée aura toujours pour valeur b, et un point de coordonnées x et y sera toujours sur la parallèle AB à l'axe des x, qui rencontre l'axe des y en un point C tel que $\overline{OC} = b$ (*fig. 4*).

La droite **AB** est donc le graphique de la fonction $y = b$. Si b est positif, cette droite **est au-dessus de** $x'x$; si b est négatif, elle est au-dessous de $x'x$.

Fig. 4.

ROLES DE a ET b.

14. — **Coefficient angulaire.** — D'après ce qui précède, on voit que l'angle formé par la droite avec l'axe des x ne dépend que de la constante a qu'on appelle coefficient **angulaire** de la droite.

Si l'on a $a > 0$, la droite va en montant de gauche à droite. Si l'on a $a < 0$, la droite va en descendant de gauche à droite. On peut le constater aisément soit par la construction graphique directe de ces deux cas, soit en se reportant au n° 5.

15. — **Valeur de ce coefficient.** — 1° Si $b = 0$, $y = ax$, et $a = \dfrac{y}{x}$.

C'est donc *le rapport constant entre une ordonnée et l'abscisse correspondante,* chacune étant mesurée avec son échelle particulière.

2° Si $b \neq 0$, on peut écrire :

pour la valeur $x_1,$ $\qquad y_1 = ax_1 + b$

$\qquad\quad$ — $\qquad x_2,$ $\qquad y_2 = ax_2 + b.$

Retranchons membre à membre la première égalité de la seconde :

$$y_2 - y_1 = a(x_2 - x_1)$$

d'où

$$a = \frac{y_2 - y_1}{x_2 - x_1}.$$

C'est alors *le rapport constant entre l'accroissement de la fonction, et l'accroissement correspondant de la variable*, chacun d'eux étant mesuré avec son échelle particulière.

Pratiquement, on prend sur la droite deux points quelconques **A** et **B** (*fig. 5*), et l'on forme le triangle rectangle ABC dans lequel :

$$\left.\begin{array}{l} \overline{CB} = \overline{EF} = y_2 - y_1 \\ \overline{AC} = \overline{GH} = x_2 - x_1 \end{array}\right\} \quad \text{d'où} \quad a = \frac{\overline{CB}}{\overline{AC}}.$$

On évalue alors $\overline{CB}$ à l'aide de l'échelle des longueurs de

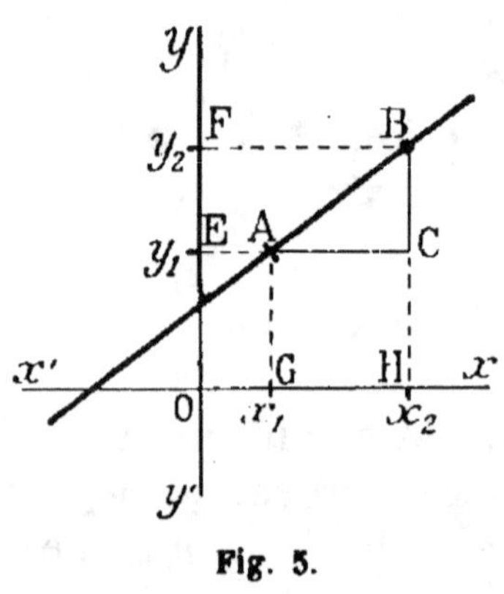

Fig. 5.

l'axe y'y, puis $\overline{AC}$ à l'aide de l'échelle des longueurs de l'axe x'x. Le quotient des valeurs trouvées est le coefficient angulaire.

Pente d'une droite. — Si la variable et la fonction sont de même nature, ou toutes deux abstraites, on gradue les deux axes à la même échelle; dans ce cas, le coefficient angulaire est la tangente trigonométrique de l'angle formé par la droite avec l'axe x'x; on dit encore que c'est la pente de la droite.

16. —**APPLICATIONS**. —Les graduations des deux axes restant les mêmes, plus a est grand en valeur absolue, plus la droite se rapproche de la perpendiculaire à l'axe des **x**. C'est ce que l'on constate clairement sur les graphiques des chemins de fer (Cours d'Arithmétique, *fig. 29*), où la marche des trains est figurée par des lignes obliques à l'axe des heures, x'x; pour les trains de marchandises, cette obliquité est relativement faible; pour les express et les rapides, elle se rapproche de la perpendiculaire : on dit que ces trains ont une marche plus tendue que celle des premiers. Enfin, sur ces graphiques, si l'on prend pour unités de temps et de distance l'heure et le kilomètre, l'heure étant prise pour abscisse, et la distance pour ordonnée, *le coefficient angulaire, déterminé comme il est dit au n° 15, représente la* vitesse *du train*. Les haltes sont figurées par un trait parallèle à l'axe des heures; le coefficient angulaire d'un de ces traits est donc nul, ce qui correspond bien à une vitesse nulle, ou à un arrêt.

17. — Ordonnée à l'origine. — La constante b représente simplement le point où la droite coupe l'axe des **y**; on dit que c'est l'ordonnée à l'origine, car c'est la valeur de l'ordonnée qui correspond à une abscisse nulle.

FONCTION LINÉAIRE

18. — **Toutes les équations du 1er degré à 2 inconnues peuvent se mettre sous la forme** $y = ax + b.$ (1)

Elles pourront donc toutes se traduire graphiquement par une droite géométrique. C'est pourquoi on donne à la forme (1) le nom de **fonction linéaire.**

Etant donnés deux axes rectangulaires gradués :

1° Toute fonction linéaire a pour graphique une droite;

2° Toute droite a pour équation une fonction linéaire, c'est-à-dire une équation du premier degré.

19. — **Construire le graphique d'une fonction linéaire.** — Puisque deux points suffisent pour déterminer une droite:

1° On peut procéder comme au n° 9, c'est-à-dire donner à **x** deux valeurs quelconques, calculer les valeurs correspondantes de **y**, construire les deux points définis par les valeurs ainsi déterminées, puis les joindre par une droite.

2° On peut abréger la construction en remarquant que :

Si la fonction est de la forme $y = ax$, la droite passe par l'intersection des axes de coordonnées; il suffit donc de déterminer un seul point, en donnant à **x** une valeur différente de 0;

Si la fonction est de la forme $y = ax + b$, on construit d'abord la droite $y = ax$, puis on trace la parallèle à cette droite par le point b de l'axe des **y**.

3° Lorsqu'on a la forme $y = ax + b$, on opère généralement plus vite en calculant :

1° L'ordonnée du point d'abscisse nulle :

$$y = a \times 0 + b \qquad \text{d'où} \qquad y = b$$

c'est le point où la droite coupe l'axe y'y ;

2° L'abscisse du point d'ordonnée nulle :

$$0 = ax + b \qquad \text{d'où} \qquad x = -\frac{b}{a}$$

c'est le point où la droite coupe l'axe x'x.

En joignant ces deux points on a la droite cherchée.

20. — Exemple I. — *Construire la droite* y $=$ 3x $-$ 5 (*fig. 6*).

Pour   x $=$ 0   on a   y $=$ $-$ 5

—   y $=$ 0   —   x $=$ $\dfrac{5}{3}$.

Je marque donc le point **A** d'ordonnée $-$ 5 sur l'axe y'y, puis le point **B** d'abscisse $\dfrac{5}{3}$ sur l'axe x'x ; je joins **AB**, que je prolonge à volonté : c'est la droite cherchée.

21. — Exemple II. — *Construire la droite*

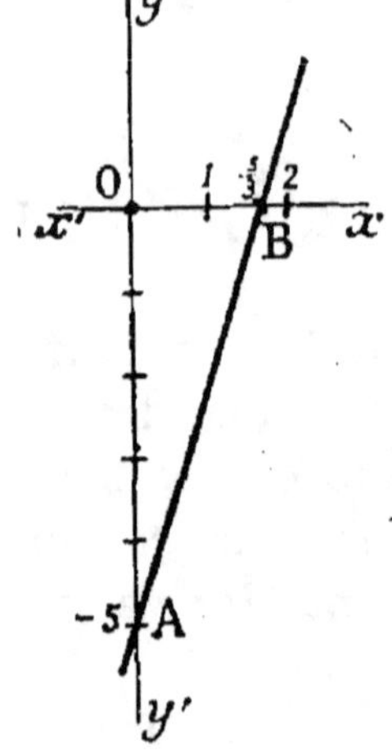

Fig. 6.

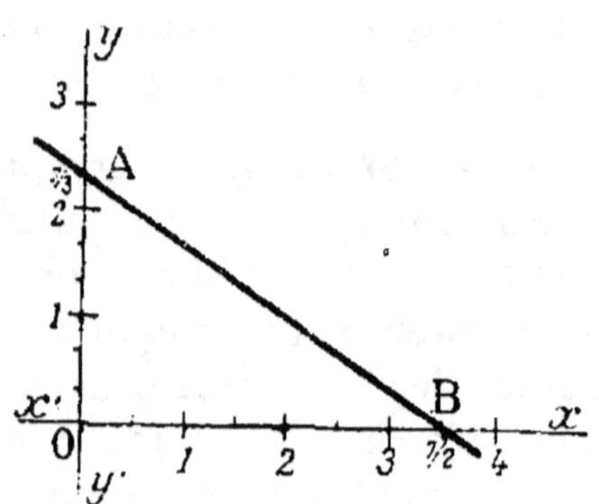

Fig. 7.

2x $+$ 3y $=$ 7 (*fig. 7*). Cette équation peut s'écrire :

3y $=$ $-$ 2x $+$ 7   puis   y $=$ $-\dfrac{2}{3}$ x $+$ $\dfrac{7}{3}$.

Pour   x $=$ 0   on a   y $=$ $\dfrac{7}{3}$

—   y $=$ 0   —   x $=$ $\dfrac{7}{2}$.

Je marque A d'ordonnée $\dfrac{7}{3}$ sur y'y, puis B d'abscisse $\dfrac{7}{2}$ sur x'x, et je joins **AB**.

22. — Exemple III. — *Un train se trouve, à midi, à 45^{km} de Paris sur la ligne Paris-Lyon. Sa vitesse moyenne étant 60^{km} à l'heure, à quelle heure sera-t-il à Dijon, soit à 315^{km} de Paris?*

Soit x l'heure cherchée. Le train aura parcouru depuis midi

60x, et depuis son départ de Paris **60x + 45**. L'équation de l'espace parcouru est donc :

$$y = 60x + 45. \tag{1}$$

Je construis le graphique de cette équation (*fig. 8*) :

pour   **x** = 0,   **y** = 45,   d'où le point **A** ;

pour   **y** = 0, $x = -\dfrac{3}{4}$,   —   **B**.

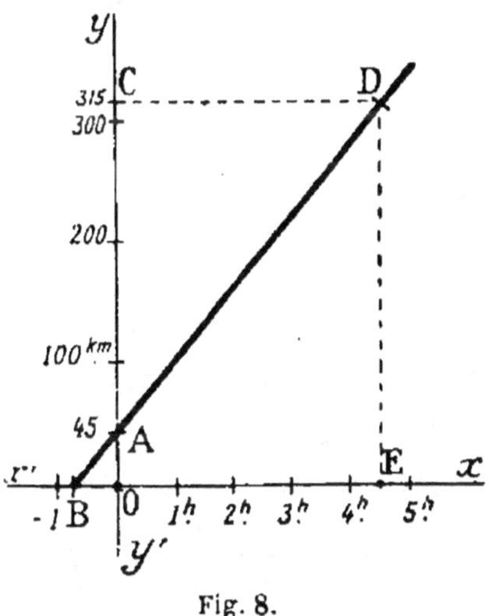

Fig. 8.

La droite **AB** prolongée est le graphique de la marche du train. Je cherche alors sur **Oy** le point 315, soit **C** ; je trace **CD** parallèle à **x'x**, jusqu'à sa rencontre **D** avec **AB** ; puis j'abaisse **DE** perpendiculaire sur **x'x**.

Le point **D**, étant sur **AB**, ses coordonnées vérifient l'équation (1), et puisque nous avons pris $\mathbf{y} = \overline{OC} = 315$, l'abscisse $\overline{OE}$ représente la valeur correspondante de **x**, soit 4 heures 30 minutes.

23. — EXEMPLE IV. — *Dans l'exercice précédent, à quelle heure le train était-il parti de Paris?*

Au moment du départ, l'ordonnée est nulle, et le point correspondant est sur l'axe **x'x**. La méthode employée pour construire la droite **BA** dans l'exercice III nous donne immédiatement la réponse : c'est l'abscisse du point **B**, soit $-\dfrac{3}{4}$, ou $\dfrac{3}{4}$ d'heure *avant* midi, soit enfin **11**$^{\mathbf{h}}$**15**$^{\mathbf{m}}$ du matin.

§ III. — Résolution d'un système du premier degré à deux inconnues.

24. — Soit le système $\begin{cases} \mathbf{y = ax + b} & (1) \\ \mathbf{y = a'x + b'}. & (2) \end{cases}$

Il faut donc trouver les valeurs de **x** et de **y** qui **vérifient** en même temps ces deux équations.

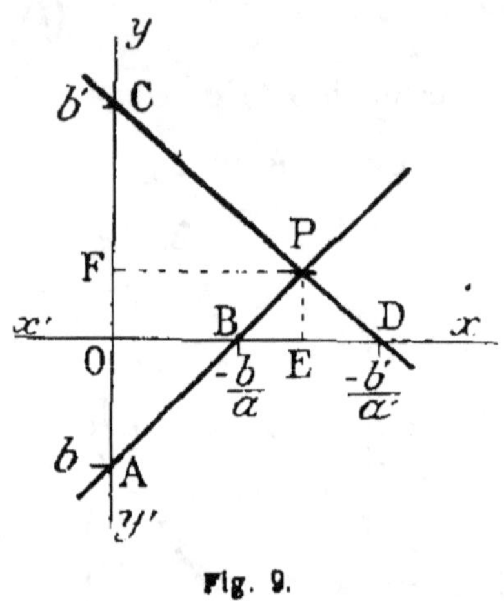

Fig. 9.

Considérons **x** et **y** comme les coordonnées d'un point **P** par rapport à deux axes rectangulaires **x'x**, **y'y** (*fig. 9*). Puisque les valeurs de **x** et **y** vérifient l'équation (1), le point **P** ne peut être que sur la droite **AB** qui représente l'équation (1). Puisque ces mêmes valeurs de **x** et **y** vérifient l'équation (2), le point **P** ne peut être que sur la droite **CD** qui représente l'équation (2). Ce point **P** est donc à l'intersection des deux droites ; ses coordonnées $\overline{OE}$ et $\overline{OF}$ donnent les valeurs respectives de **x** et de **y**, qui sont les racines du système proposé.

Règle. — Pour résoudre un système d'équations simultanées du premier degré à deux inconnues, *on trace deux axes rectangulaires gradués ; on construit les droites qui représentent les deux équations ; on cherche l'abscisse et l'ordonnée de leur point d'intersection : ce sont les racines du système proposé.*

Discussion. — Si les deux droites sont parallèles, le point **P** n'existe pas, et le système est impossible.

Si les deux droites coïncident, tous leurs points sont tels que leurs coordonnées vérifient le système proposé, et par suite celui-ci est indéterminé.

Enfin, s'il s'agit d'un problème, les réponses obtenues doivent être discutées, comme on l'a fait en algèbre, pour savoir si elles sont acceptables.

25. — **Remarque.** — Ces résultats sont conformes à ceux trouvés dans la discussion algébrique du système à 2 inconnues (n° 176), et cela s'explique facilement.

Du système $\qquad \begin{cases} ax + by = c \\ a'x + b'y = c' \end{cases}$

$$\begin{cases} y = -\dfrac{a}{b}\,x + \dfrac{c}{b} & \text{(1)} \\[2mm] y = -\dfrac{a'}{b'}\,x + \dfrac{c'}{b'}. & \text{(2)} \end{cases}$$

on tire

1· Si l'on a $\dfrac{a}{b} = \dfrac{a'}{b'}$ et $\dfrac{c}{b} \neq \dfrac{c'}{b'}$, on a vu que le système est impossible (n° 176) ; d'autre part, graphiquement, $-\dfrac{a}{b}$ et $-\dfrac{a'}{b'}$ sont les coefficients angulaires des deux droites ; $\dfrac{c}{b}$ et $\dfrac{c'}{b'}$ sont les ordonnées à l'origine. Puisque ces coefficients sont égaux, et puisque les ordonnées à l'origine sont différentes, les deux droites sont parallèles, et leur intersection n'existe pas.

2° Si avec $\dfrac{a}{b} = \dfrac{a'}{b'}$ on a $\dfrac{c}{b} = \dfrac{c'}{b'}$, on a vu que le système est indéterminé (n° 176) ; d'autre part, graphiquement, puisque les coefficients angulaires $-\dfrac{a}{b}$ et $-\dfrac{a'}{b'}$ sont égaux, et que les ordonnées à l'origine $\dfrac{c}{b}$ et $\dfrac{c'}{b'}$ sont égales, les deux droites se confondent.

APPLICATIONS

26. — Exemple I. — *3^m de drap et 2^m de doublure coûtent 28^r ; 2^m de drap et 5^m de doublure coûtent 26^r. Quels sont les prix d'un mètre de drap et d'un mètre de doublure ?*

On a le système
$$\begin{cases} 3x + 2y = 28 \\ 2x + 5y = 26 \end{cases}$$

d'où l'on tire (*fig. 10*) :

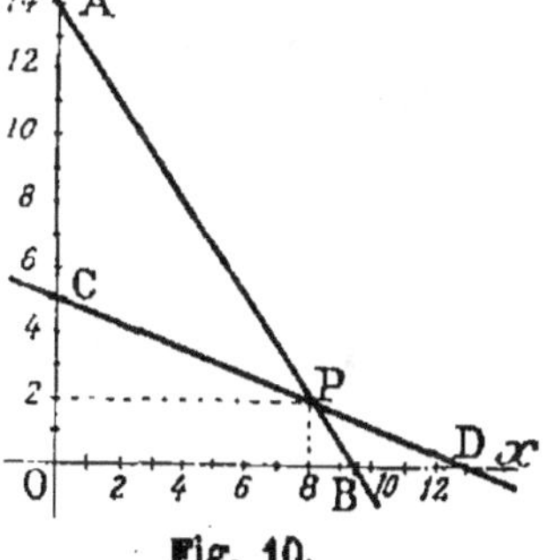

$$\begin{cases} y = -\dfrac{3}{2}\,x + 14 & \text{représentée par la droite } \mathbf{AB}. \\[3mm] y = -\dfrac{2}{5}\,x + \dfrac{26}{5} & \text{—} \qquad\qquad \text{—} \qquad \mathbf{CD}. \end{cases}$$

Ces deux droites se coupent au point P dont l'abscisse est $x = 8$, et l'ordonnée $y = 2$. Les valeurs **8** et **2** sont les prix cherchés.

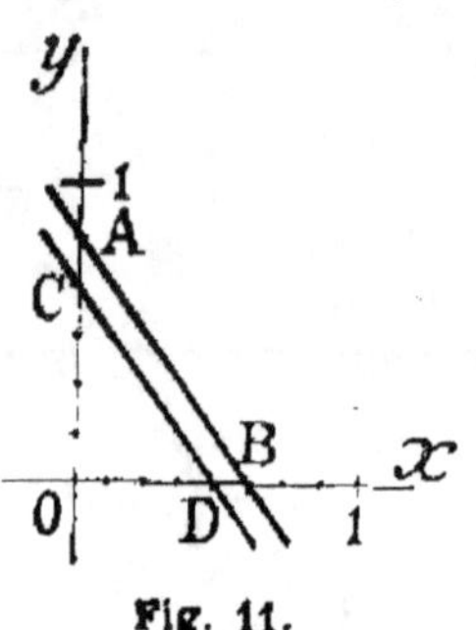

Fig. 11.

27. — Exemple II. — *8 assiettes et 6 verres coûtent 5ᶠ; 20 assiettes et 15 verres coûtent 10ᶠ. Quels sont les prix d'une assiette et d'un verre?*

On a le système
$$\left\{ \begin{array}{l} 8x + 6y = 5 \\ 20x + 15y = 10 \end{array} \right.$$

d'où l'on tire (*fig. 11*) :

$$\left\{ \begin{array}{l} y = -\dfrac{8}{6}\, x + \dfrac{5}{6} \qquad \text{représentée par la droite AB} \\[2mm] y = -\dfrac{20}{15}\, x + \dfrac{10}{15} \qquad \text{représentée par la droite CD.} \end{array} \right.$$

On constate que ces deux droites sont parallèles, et d'ailleurs la remarque n° 25 le prouve, car $\dfrac{8}{6} = \dfrac{20}{15}$, et $\dfrac{5}{6} \neq \dfrac{10}{15}$.

Par suite, le problème proposé est impossible.

28. — Exemple III. — *Un capital est formé de 2 parties; la première placée à 4 °/₀ et la seconde à 2°/₀ rapportent ensemble 800ᶠ; si la première était placée à 6 °/₀ et la seconde à 3 °/₀, elles rapporteraient 1 200ᶠ. Quelles sont ces deux parties?*

On a le système
$$\left\{ \begin{array}{l} \dfrac{4x}{100} + \dfrac{2y}{100} = 800 \\[2mm] \dfrac{6x}{100} + \dfrac{3y}{100} = 1200 \end{array} \right.$$

Fig. 12.

d'où l'on tire (*fig. 12*) :

$$\left\{ \begin{array}{ll} y = -2x + 40\,000, & \text{représentée par la droite AB} \\ y = -2x + 40\,000, & \qquad\quad - \qquad\qquad \text{même droite.} \end{array} \right.$$

Ce résultat était prévu d'après la remarque n° 25, car les coefficients angulaires sont égaux, ainsi que les ordonnées à l'origine.

Par suite, le problème proposé est indéterminé.

§ IV. — **Fonctions du second degré**.

29. — Les équations autres que celles du premier degré ont pour graphiques, non plus des droites, mais des courbes géométriques. Nous signalerons seulement quelques fonctions du second degré, dont les graphiques sont dits : **courbes du second degré**.

FONCTION $y = x^2$.

30. — Cette fonction exprime la surface y d'un carré de côté donné x. Sur deux axes rectangulaires (*fig. 13*), portons comme abscisses plusieurs valeurs de x : 1, 2, 3, etc..., et comme ordonnées correspondantes les carrés de ces valeurs : 1, 4, 9, etc... Les points définis par ces coordonnées forment la courbe OB.

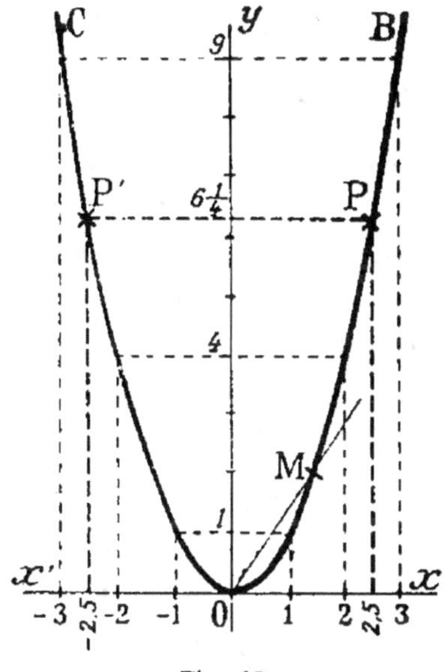

Fig. 13.

Remarquons que, pour deux valeurs absolues égales de x, mais de signes contraires, les ordonnées sont égales en valeur absolue et toutes deux positives ; par suite, en faisant varier x de 0 à $-\infty$, le graphique correspondant de y sera la courbe OC symétrique de OB par rapport à l'axe $y'y$.

Le graphique complet est la courbe COB, qui est tangente en 0 à l'axe $x'x$.

En effet, pour un point $M(x_1, y_1)$, le coefficient angulaire de la droite OM est

$$a = \frac{y_1}{x_1}, \text{ et comme } y_1 = x_1^2, \qquad a = \frac{x_1^2}{x_1} = x_1$$

c'est-à-dire que ce coefficient est égal à l'abscisse du point M. Si donc M se rapproche indéfiniment du point 0, son abscisse tend vers 0, et par suite son coefficient angulaire tend vers 0 ;

à la limite, lorsque M est en 0, ce coefficient est donc nul, et la droite OM, dans ce mouvement, a tourné autour de 0, et s'applique finalement sur Ox : elle est donc tangente à la courbe, et réciproquement.

Le graphique ainsi obtenu est une **parabole**.

31. — APPLICATION. — Ce graphique, construit à une échelle suffisamment grande, et de préférence sur du papier millimétrique, (quadrillé au millimètre), permet de trouver immédiatement le carré d'un nombre, ce nombre étant pris comme abscisse; et inversement, de trouver la racine carrée d'un nombre, ce nombre étant pris comme ordonnée.

Ainsi, on obtient le carré de 25 en prenant le point d'abscisse 2,5 qui nous donne le point P dont l'ordonnée lue sur Oy est $6\frac{1}{4}$ ou 6,25; le nombre proposé étant entier, nous négligeons la virgule, et le carré cherché est 625. — Inversement, on obtient la racine carrée de 625 en menant par le point 6,25 de l'axe Oy la parallèle P'P à l'axe **x'x**. Les points P' et P ont pour abscisses — 2,5 et + 2,5; donc **la racine** cherchée est ± 25.

FONCTION y = ax².

32. — On détermine plusieurs points de la courbe comme on l'a fait à l'exercice précédent. On constate alors que, *si a est positif*, la courbe reste dans la région positive, au-dessus de **x'x** (*fig. 14*, I); *si a est négatif*, la courbe est symétrique de la précédente par rapport à **x'x**, et reste au-dessous de cet axe (*fig. 14*, II).

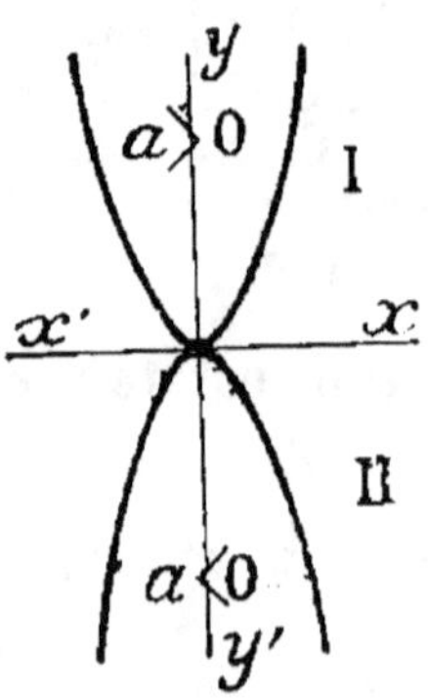

On peut remarquer d'ailleurs que la fonction y = x² est le cas particulier de la fonction y = ax², lorsque a = 1; cela justifie l'analogie des courbes obtenues, qui sont toujours des paraboles.

Fig. 14.

Enfin, on voit aisément que, si la valeur absolue de a est **inférieure à 1, la parabole a des branches plus écartées que** dans la *fig. 13;* si la valeur absolue de a est supérieure à 1 la parabole a des branches plus rapprochées.

33. — APPLICATIONS. — I. — La surface du cercle est donnée par la formule : $S = \pi R^2$.

La variable étant le rayon R, qui est toujours positif, la courbe de la fonction S sera une demi-parabole qu'on peut construire comme il a été indiqué. Un tel graphique donnera de suite la surface d'un cercle connaissant le rayon, ou le rayon connaissant la surface.

II. — Un corps tombant librement est doué d'un mouvement uniformément accéléré. La formule de l'espace parcouru est $e = \dfrac{1}{2} gt^2$.

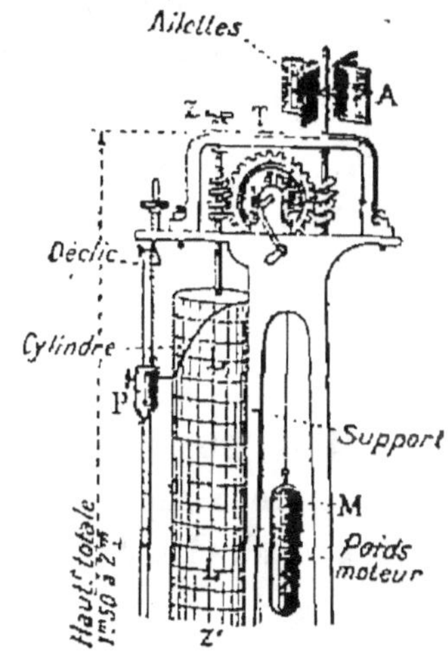

Fig. 15.

A Paris, $g = 9,81$; si l'on représente e par y, et *t* par x cette formule devient : $y = 4,905x^2$.

Le graphique de la chute d'un corps est donc une demi-parabole, car x ne peut avoir que des valeurs positives.

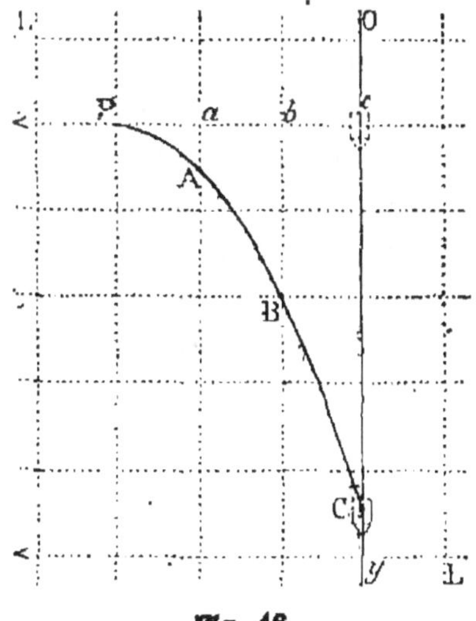

Fig. 16.

Fig. 17.

On peut construire ce graphique par points, mais la machine de Morin le donne automatiquement (*fig. 15 et 16*).

Sur la figure 16, l'abscisse Pa représente 1 seconde, et l'ordonnée aA représente l'espace parcouru en 1 seconde.

III. — Un projectile lancé en l'air, puis retombant, décrit une parabole entière, qu'on appelle trajectoire. C'est ce que montre grossièrement la *fig. 17*. L'équation de cette courbe est encore de la forme $y = ax^2$, en prenant pour origine des temps et des hauteurs le moment et le point où le projectile atteint sa plus grande hauteur.

$$\text{FONCTION } y = \frac{1}{x}.$$

34. — En faisant varier x de $-\infty$ à $+\infty$, et en tenant compte des remarques faites au n° 7, on obtient pour graphique la figure 18. Cette courbe, qu'on appelle hyperbole, se compose de deux branches ABC, DEF, symétriques par rapport aux bissectrices des angles formés par les axes $x'x$ et $y'y$; le point 0 est le centre de l'hyperbole. Les axes $x'x$ et $y'y$, dont les branches se rapprochent indéfiniment, mais sans jamais les rencontrer, sont les **asymptotes** de la courbe.

Ce graphique montre nettement la discontinuité de la fonction y, qui saute de $-\infty$ à $+\infty$ au moment où l'abscisse x passe par la valeur 0.

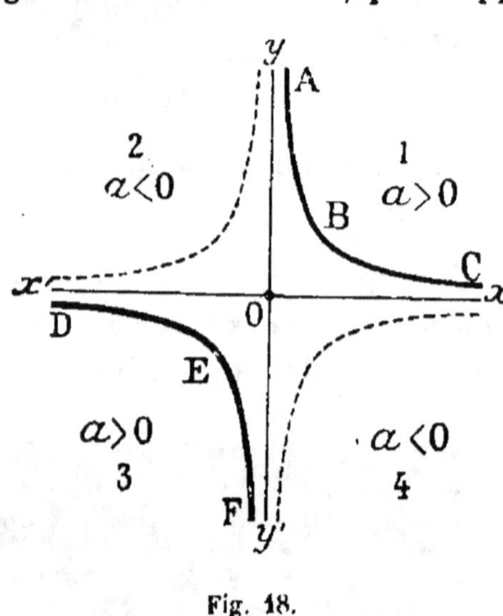

Fig. 18.

$$\text{FONCTION } \quad y = \frac{a}{x}$$

Si $a > 0$, la courbe est une hyperbole dont les branches occupent les angles 1 et 3, comme pour la fonction précédente qui n'est qu'un cas particulier de celle-ci, lorsque $a = 1$.

Si $a < 0$, les branches occupent les angles 2 et 4.

35. — APPLICATIONS. — La loi de Mariotte donne la formule :

$$V' \times H' = V \times H \qquad \text{ou} \qquad V' = \frac{VH}{H'}.$$

On connaît le volume V d'une masse de gaz à la pression H; par suite le produit VH est connu; on peut le représenter par **a**. La variable est la pression nouvelle, H', qu'on peut représenter par **x**, et sa fonction est le nouveau volume, V', qu'on peut représenter par **y**. La loi de Mariotte conduit donc à la forme

$$y = \frac{a}{x}.$$

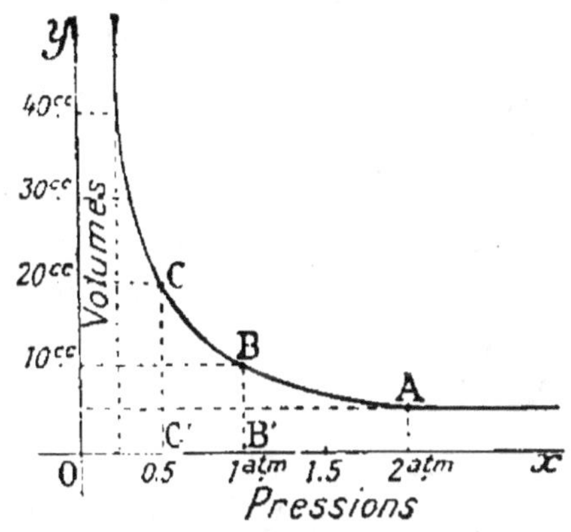

Fig. 19.

Les pressions, ou abscisses, ne pouvant être que positives, le graphique de **cette loi es'** une **branche d'hyperbole** (*fig. 19*).

APPLICATIONS DIVERSES

36. — **Résolution graphique de l'équation du second degré** $x^2 + px + q = 0$. — Si l'on représente x^2 par **y**, on peut remplacer cette équation par le système :

$$\left\{ \begin{array}{l} y = x^2 \\ y + px + q = 0 \end{array} \right. \qquad \text{ou} \qquad \left\{ \begin{array}{l} y = x^2 \qquad\qquad\quad (1) \\ y = -px - q \qquad\ (2) \end{array} \right.$$

L'équation (1) a pour graphique une parabole, et l'équation (2), une droite. Une intersection de ces **graphiques a pour coordonnées x** et **y**, et donne une valeur de **x** convenant à l'équation proposée.

En général, la droite coupe la parabole en **deux points** : l'équation admet alors **2** solutions distinctes. **Si la droite est tangente** à la parabole, les deux solutions se **confondent en une seule. Si la droite ne coupe pas la parabole, l'équation proposée est impossible.**

37. — **Graphique d'un mouvement accéléré.** — Il a la forme de la *figure 20*. La vitesse à un instant donné est le chemin qui serait parcouru dès ce moment pendant l'unité de temps si le mouvement devenait uniforme. Par suite, pour avoir la vitesse du mobile lorsqu'il est en **A**, on mène la tangente en **A** à la courbe : elle représente le graphique du mouvement uniforme qui continuerait le mouvement accéléré à partir du point **A**. La vitesse est donc le coefficient angulaire a de cette tangente,

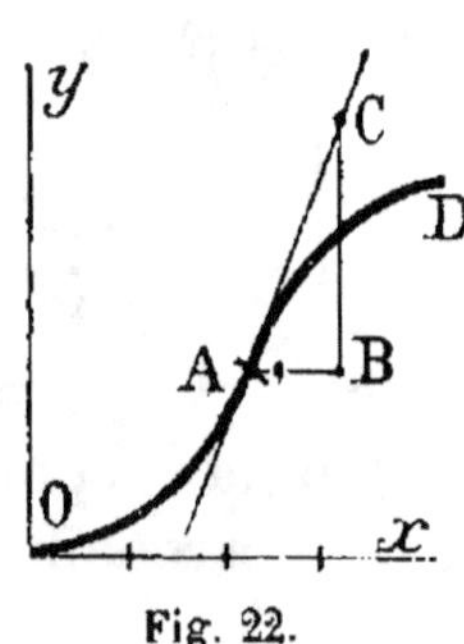

Fig. 20.

qu'on évalue comme il est dit au n° 15. Par exemple, on fait **AB** $= 1$ à l'échelle des abscisses ; on mesure **BC** à l'échelle des ordonnées : cette mesure indique la vitesse cherchée.

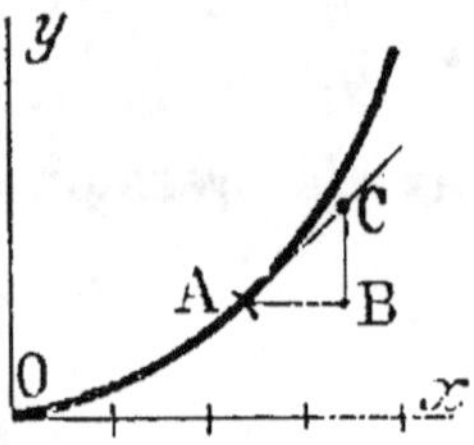

38. — Graphique d'un mouvement retardé. — Il a la forme de la *figure 21*. Ainsi qu'au cas précédent, la vitesse pour la position **A** du mobile est le coefficient angulaire de la tangente en **A** à la courbe.

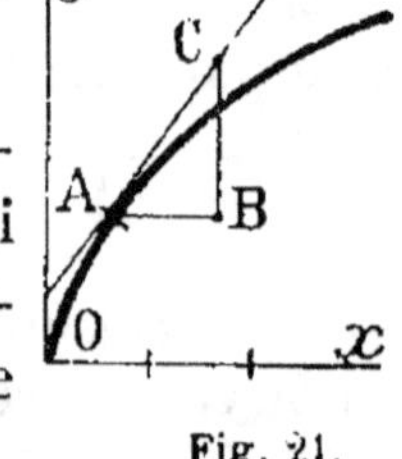

Fig. 21.

39. — Graphique d'un mouvement varié. — Si un mobile a une vitesse accélérée de **O** en **A**, puis retardée de **A** en **D**, le graphique est donné par la *figure 22*. La vitesse au point **A** est la tangente commune, au point **A**, aux courbes **OA** et **AD**. Il est évident que la vitesse maxima correspond à la position **A** : c'est ce que montre le graphique, sur lequel la tangente en **A** a le coefficient angulaire maximum.

Ce graphique est très important ; c'est lui qui représente, en réalité, la marche d'un train sur les graphiques des chemins de fer. En quittant une station, le train a une vitesse accélérée, puis conserve une vitesse uniforme, puis sa vitesse est retardée en s'approchant de la station suivante ; mais les changements de vitesse ont une durée relativement faible, et ce que l'on voit surtout, c'est la ligne droite correspondant à la vitesse uniforme. (**Cours d'Arithmétique, n° 554**).

Fig. 22.

CHAPITRE II

FONCTION EXPONENTIELLE

§ I. — Notions fondamentales.

40. — Définition. — Lorsque la variable d'une fonction est l'exposant d'un nombre positif constant **a**, on a la forme :

$$y = a^x$$

qu'on appelle fonction exponentielle.

VALEURS D'UN EXPOSANT

41. — Le nombre a étant positif, il peut avoir pour exposant un nombre quelconque :

1° *entier et positif*; dans ce cas $a^n = a \times a \times a\ldots$;

2° *fractionnaire et positif*; dans ce cas, on a vu (n° 108),

que :
$$a^{\frac{p}{q}} = \sqrt[q]{a^p}$$

3° *incommensurable et positif*, par exemple $x = \sqrt{5}$.

Dans ce cas, on peut remplacer cet exposant par deux valeurs fractionnaires approchées l'une par défaut, soit $x' = 2{,}236$, l'autre par excès, soit $x'' = 2{,}237$; ces valeurs pouvant s'écrire $\dfrac{2\,236}{1\,000}$ et $\dfrac{2\,237}{1\,000}$, on peut donc calculer $a^{x'}$ et $a^{x''}$; les chiffres communs aux deux valeurs trouvées donnent une valeur approchée de a^x; en prenant pour x' et x'' un très grand nombre de chiffres décimaux, on peut donc calculér a^x avec une approximation aussi grande qu'on le voudra;

4° négatif quelconque; dans ce cas, on a vu (n° 94), que :

$$a^{-3} = \frac{1}{a^3};$$

de même on aurait $\qquad a^{--} = \dfrac{1}{\sqrt[5]{a^2}};$

5° nul; dans ce cas, on a vu (n° 83), que $a^0 = 1$. Il est alors indifférent d'écrire a^0 ou $\dfrac{1}{a^0}$.

En résumé, quelle que soit la valeur de l'exposant, la puissance a^x peut être calculée, et a une valeur bien définie.

Remarque. — Ajoutons simplement que, si **a** était négatif, ces calculs ne seraient pas toujours possibles, ni définis; c'est pourquoi, dans tout ce qui va suivre, on ne s'occupe que du cas où **a** représente un nombre positif.

PRINCIPE I

42. — *Un nombre étant plus grand que 1 : 1° ses puissances successives à exposants entiers, positifs, croissants, sont plus grandes que 1; 2° elles vont en croissant; 3° elles tendent vers l'infini.*

Soit $(1 + e)$ un nombre plus grand que 1, e étant une quantité positive quelconque, même très petite.

On sait que, dans une multiplication, si le multiplicateur est supérieur à 1, le produit est supérieur au multiplicande. Donc :

1° Puisque $(1 + e)^n = (1 + e)(1 + e)(1 + e)...$, il est évident que ce produit est toujours supérieur à $1 + e$, et par suite à 1, quel que soit n;

2° Étant donnée une puissance $(1 + e)^n$, on obtient la suivante $(1 + e)^{n+1}$ en multipliant la puissance donnée par $(1 + e)$, nombre plus grand que 1; par suite $(1 + e)^{n+1} > (1 + e)^n$;

3° Je dis que les puissances successives de $(1 + e)$ tendent vers l'infini, c'est-à-dire que, *si A est un nombre aussi grand*

qu'on voudra le supposer, on peut toujours trouver une puis-
sance de $(1 + e)$ *supérieure à ce nombre.*

En effet, la différence entre deux puissances consécutives peut s'écrire :

$$(1 + e)^{n+1} - (1 + e)^n = (1 + e)^n (1 + e - 1) = (1 + e)^n e$$

c'est-à-dire le produit de la plus petite par e ; mais $(1 + e)^n$ étant plus grand que 1, ce produit est plus grand que e ; par suite, entre les puissances $(1 + e)^n$ et $(1 + e)^0$ ou 1, qui comprennent n intervalles, il y a une différence plus grande que n fois e, soit :

$$(1 + e)^n - 1 > ne$$

ou

$$(1 + e)^n > 1 + ne.$$

Il suffit donc de faire :

$$1 + ne > A \qquad \text{ou} \qquad n > \frac{A - 1}{e},$$

ce qui est toujours possible, pour avoir :

$$(1 + e)^n > 1 + ne > A.$$

PRINCIPE II

43. — *Un nombre étant plus petit que 1, mais positif : 1° ses puissances successives à exposants entiers, positifs, croissants, sont plus petites que 1 ; 2° elles vont en décroissant ; 3° elles tendent vers zéro.*

Le nombre $(1 + e)$ étant supérieur à 1, la fraction $\dfrac{1}{1 + e}$ représente un nombre positif inférieur à 1 ; une puissance quelconque de ce nombre est $\left(\dfrac{1}{1 + e}\right)^n$ ou $\dfrac{1}{(1 + e)^n}$.

1° D'après le principe I, le dénominateur est toujours plus grand que 1 ; donc la fraction est toujours plus petite que 1 ;

2° Les puissances successives du dénominateur allant en croissant, les valeurs correspondantes de la fraction, c'est-à-dire les puissances successives du nombre donné, vont en décroissant ;

3° Enfin, je dis que ces puissances successives tendent vers 0, c'est-à-dire que : *si I est un nombre aussi petit qu'on voudra le supposer, on peut toujours trouver une puissance de* $\dfrac{1}{1+e}$ *plus petite que* I. En effet, pour obtenir :

$$\frac{1}{(1+e)^n} < I \qquad \text{ou} \qquad (1+e)^n > \frac{1}{I}$$

il suffit de chercher une puissance du nombre $(1+e)$ qui soit supérieure au nombre donné $\dfrac{1}{I}$, ce qui est toujours possible d'après le principe I.

44. — Généralisation. — Dans ces deux principes, nous avons supposé que les puissances avaient des exposants entiers et positifs. Nous admettrons sans autre démonstration que *ces principes sont encore vrais lorsque les puissances ont des exposants fractionnaires positifs.*

Enfin *lorsque les exposants, entiers ou fractionnaires, sont négatifs, ces principes subsistent encore.* En effet, si $a > 1$ on a :

$$a^{-5} = \frac{1}{a^5} \quad \text{ou} \quad \left(\frac{1}{a}\right)^5 ; \quad \text{puis} \quad a^{-3} = \frac{1}{a^3} \quad \text{ou} \quad \left(\frac{1}{a}\right)^3 .$$

L'exposant -3 est plus grand que l'exposant -5; les exposants vont donc en croissant. D'autre part, $\dfrac{1}{a}$ est un nombre plus petit que 1; sa 5e puissance est donc plus petite que sa 3e puissance; les puissances a^{-5} et a^{-3} vont donc aussi en croissant. Ainsi, a étant supérieur à 1, quand ses exposants négatifs vont en croissant, ses puissances croissent aussi, ce qui est conforme au principe I.

45. — Conséquences. — Si nous affectons le nombre positif a d'un exposant x croissant d'une manière continue de $-\infty$ à $+\infty$,

1° à chaque valeur de x correspond une valeur bien déterminée de a^x ;

2° ces valeurs de a^x vont toujours en croissant si a est plus grand que 1, en décroissant si a est plus petit que 1.

Nous admettrons de plus, sans autre démonstration, que l'on peut faire varier x d'une quantité assez petite pour que l'accroissement de a^x soit aussi petit qu'on voudra, et alors les valeurs le a^x, pouvant être infiniment rapprochées les unes des autres, croissent d'une manière continue.

En résumé, *la fonction exponentielle* $y = a^x$ *est une fonction continue pour toutes les valeurs de x variant de* $-\infty$ *à* $+\infty$

§ II. — Variation de la fonction exponentielle.

46. — **1er Cas : $a > 1$.** — 1° *Faisons varier x de* $-\infty$ *à* 0. — La fonction varie de $a^{-\infty}$ à a^0, ou de $\dfrac{1}{a^\infty}$ à $\dfrac{1}{a^0}$, qui a la même valeur que a^0, ou enfin de $\left(\dfrac{1}{a}\right)^\infty$ à $\left(\dfrac{1}{a}\right)^0$. Puisque a est plus grand que 1, la fraction $\dfrac{1}{a}$ représente un nombre plus petit que 1 ; la valeur $\left(\dfrac{1}{a}\right)^\infty$ représente donc 0, d'après le prin-cipe II, et comme $\left(\dfrac{1}{a}\right)^0$ représente 1, *la fonction varie de* 0 *à* 1.

2° *Faisons varier x de* 0 *à* $+\infty$. — La fonction varie de a^0 à a^∞, *soit de* 0 *à* $+\infty$.

Ainsi, x *croissant de* $-\infty$ *à* $+\infty$, y *croît de* 0 *à* $+\infty$.

Le tableau ci-dessous résume ces observations ; on peut le confirmer en construisant le graphique (*fig. 23*), établi en faisant a = 2, et en donnant à x quelques valeurs simples.

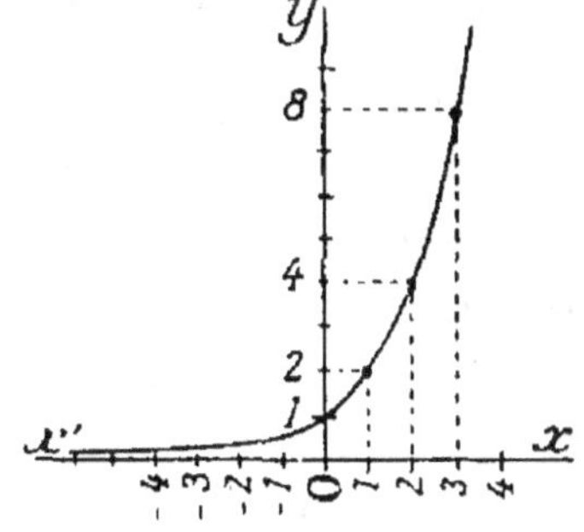

$\alpha > 1$

Variation de x	Variation de $y = \alpha^x$
$-\infty$	0
0	1
$+\infty$	$+\infty$

Fig. 23.

2° *Cas* $0 < a < 1$. — 1° *Faisons varier x de* $-\infty$ *à* 0 — La fonction varie de $a^{-\infty}$ à a^o, ou de $\dfrac{1}{a^\infty}$ à $\dfrac{1}{a^o}$, ou enfin de $\left(\dfrac{1}{a}\right)^{\infty}$ à $\left(\dfrac{1}{a}\right)^{o}$. Puisque a est plus petit que 1, la fraction $\dfrac{1}{a}$ représente un nombre plus grand que 1 ; la valeur $\left(\dfrac{1}{a}\right)^{\infty}$ représente donc $+\infty$, d'après le principe I, et comme $\left(\dfrac{1}{a}\right)^{o}$ représente 1, *la fonction varie de* $+\infty$ *à* 1.

2° *Faisons varier* x *de* 0 *à* $+\infty$. — La fonction varie de a^o à a^∞ ; or, $a^\infty = 0$, puisque a est plus petit que 1, (principe II) ; donc, *la fonction varie de* 1 *à* 0.

Ainsi, x *croissant de* $-\infty$ *à* $+\infty$, y *décroît de* $+\infty$ *à* 0.

D'où le tableau et le graphique ci-dessous (*fig.* 24) :

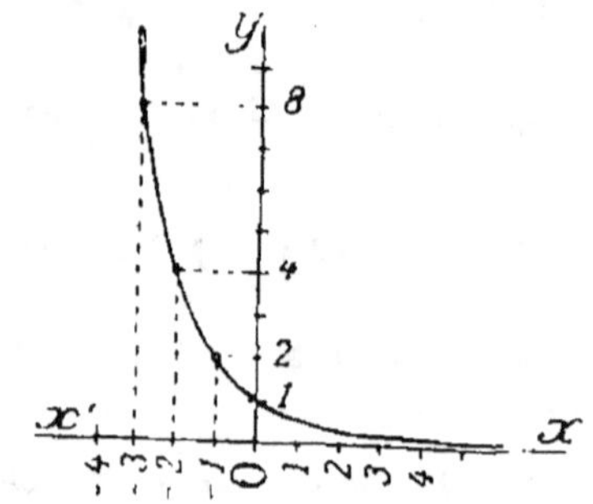

Variation de x	Variation de $y = a^x$
$-\infty$	$+\infty$
0	1
$+\infty$	0

Fig. 24.

47, — **Remarque I.** — La fonction $y = a^x$ est toujours positive, quelle que soit la valeur de x, le nombre a étant positif.

48. — **Remarque II.** — On voit que la courbe de ces graphiques croît très vite dans le 1ᵉʳ cas pour $x > 0$ (*fig. 23*), et décroît de même dans le 2ᵉ cas pour $x < 0$ (*fig. 24*) ; il est facile de constater, de plus, que cette variation est d'autant plus rapide que le nombre a est plus grand : c'est pourquoi nous avons donné seulement la valeur 2 à a.

Si nous donnons maintenant à a la valeur 10, la variation est si rapide, pour les valeurs positives de x, que le graphique, s'allonge démesurément en hauteur pour une faible variation de x ; par suite, ses indications sont peu précises. Ainsi pour $x = 1,3$ (*fig. 25*), la perpendiculaire à $x'x$ au point d'abscisse 1,3 couperait la courbe très obliquement, et l'ordonnée correspondante serait très mal déterminée.

On remédie facilement à cet inconvénient en adoptant pour graduer l'axe des **y** une échelle plus petite que celle de la graduation de l'axe des **x**. On a ainsi le graphique (*fig. 26*). plus clair et plus précis ; on voit, par exemple : qu'à l'abscisse 1,3 correspond l'ordonnée 20 environ ; réciproquement, à l'ordonnée 50 correspond l'abscisse 1,7 environ.

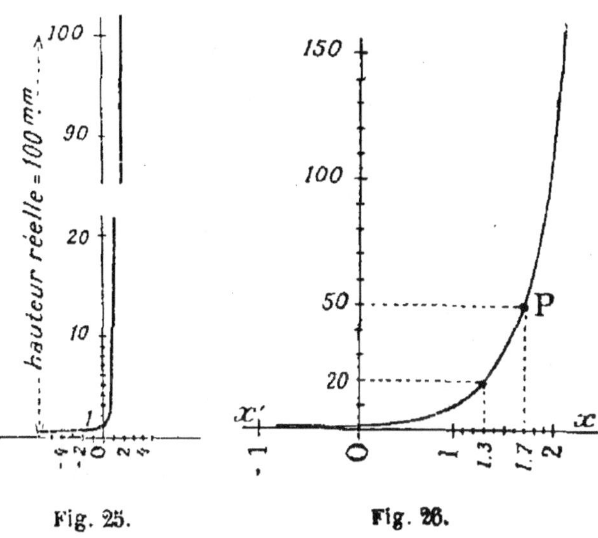

Fig. 25.   Fig. 26.

Par contre, pour bien étudier la région des **x** négatifs, on ferait l'échelle des **y** beaucoup plus grande que celle des **x**.

§ III. — **Logarithmes.**

49. — Prenons un point P sur la courbe (*fig. 26*) ; son abscisse $(x = 1,7)$, est dite le logarithme de son ordonnée $(y = 50)$.

Puisque l'ordonnée représente la valeur y_1 que prend la fonction $y = a^x$ pour la valeur x_1 de la variable, on peut dire encore :

Etant donné un nombre constant positif a, *appelé* **base**, *le* **logarithme** *d'un nombre positif* P *est l'exposant de la puissance à laquelle il faut élever* a *pour obtenir* P.

PROPRIÉTÉS GÉNÉRALES

50. — **Produit.** — *Le logarithme d'un produit de facteurs est égal à la somme des logarithmes des facteurs.*

Si x_1 et x_2 sont les logarithmes respectifs des nombres A et B, on a par définition :

$$a^{x_1} = A \qquad\qquad (1)$$
$$a^{x_2} = B. \qquad\qquad (2)$$

Multiplions membre à membre ces égalités :

$$a^{x_1 + x_2} = A \times B.$$

Cette égalité prouve, d'après la définition, que $(x_1 + x_2)$ est le logarithme de $A \times B$, ce qui justifie l'énoncé.

51. — Quotient. — *Le logarithme d'un quotient est égal au logarithme du dividende moins le logarithme du diviseur.*

En divisant membre à membre les égalités (1) et (2) on a :

$$a^{x_1 - x_2} = \frac{A}{B}.$$

Donc, par définition, $(x_1 - x_2)$ est le logarithme de ce quotient.

52. — Puissance. — *Le logarithme d'une puissance d'un nombre est égal au logarithme du nombre multiplié par l'exposant de la puissance.*

Élevons à la puissance n les deux membres de l'égalité (1) :

$$a^{x_1 n} = A^n.$$

Donc, par définition, $x_1 n$ est le logarithme de A^n.

53. — Racine. — *Le logarithme d'une racine d'un nombre est égal au logarithme du nombre divisé par l'indice de la racine.*

Extrayons la racine n^e des deux membres de l'égalité (1) :

$$\sqrt[n]{a^{x_1}} = \sqrt[n]{A}, \quad \text{or} \quad \sqrt[n]{a^{x_1}} = a^{\frac{x_1}{n}}$$

donc
$$a^{\frac{x_1}{n}} = \sqrt[n]{A}$$

et, par définition, $\dfrac{x_1}{n}$ est le logarithme de $\sqrt[n]{A}$.

OBSERVATIONS

54. — La théorie des logarithmes que nous venons d'indiquer est absolument conforme à celle basée sur les progressions (n° 262).

On peut le vérifier d'une façon très simple, en ne considérant que les puissances entières de x et les valeurs correspondantes de y.

Valeurs de x : ... -2 -1 0 1 2 3 4 ... n

— y : ... $\dfrac{1}{a^2}$ $\dfrac{1}{a}$ 1 a a^2 a^3 a^4 .. a^n.

On voit de suite que :

1° *si les valeurs de* x *croissent en* progression **arithmétique**, *celles de* y *varient en* progression géométrique ;

2° *à la valeur* 0 *de* x *correspond toujours la valeur* 1 *de* y ;

3°   —   1   —   —   a —,

ou base ;

4° un nombre quelconque : $P = a^n$, a pour logarithme n.

On ferait une constatation analogue en faisant croître x par

$\dfrac{1}{2}, \dfrac{1}{4}, \dfrac{1}{10}$... etc...

Ces relations étant identiques à celles obtenues d'après le système des deux progressions définies au n° 262, *le graphique de la fonction exponentie..* *..'est donc autre chose que celui du système de logarithmes défini par deux progressions.*

55. — **Conséquences.** — Si l'on prend pour base $a = 10$, le graphique de la fonction exponentielle donnera sur l'axe des x les logarithmes vulgaires des nombres lus sur l'axe des y. *Ce graphique pourra donc remplacer une table de logarithmes vulgaires,* et l'on opérera sur ces logarithmes comme il a été dit au chapitre II, page 221, du *Cours d'Algèbre*.

Cependant, on ne se sert pas directement de ce graphique, car il serait beaucoup moins pratique que les tables ; on en tire parti, d'une façon très ingénieuse, pour construire un instrument dont l'emploi se répand de plus en plus aujourd'hui : la Règle à calculs.

CHAPITRE III

RÉGLE A CALCULS

§ 1. — Principe et construction.

ÉCHELLE

56. — Rappelons que, dans les logarithmes vulgaires, ou à base 10, les nombres composés des mêmes chiffres dans le même ordre, ont la même mantisse ; ils ne diffèrent que par la caractéristique, que l'on trouve d'ailleurs immédiatement à vue. Ainsi, par exemple, en nombres ronds :

$$\log 5 = 0,7 \qquad \log 50 = 1,7$$
$$\log 500 = 2,7$$

Construisons le graphique de la fonction exponentielle $y = 10^x$. (La figure exacte ayant des dimensions trop grandes, la figure 27 n'a pas d'échelle pour l'axe des **y** ; c'est un simple schéma pour suivre l'explication).

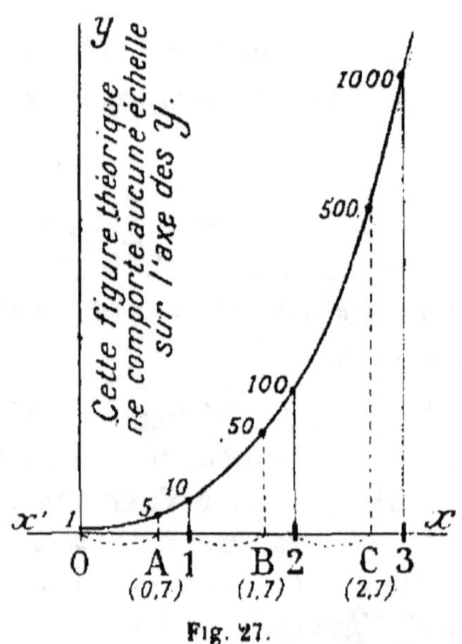

Fig. 27.

Le logarithme de 5 étant lu au point A, soit 0,7 ; celui de 50 au point B, soit 1,7 ; celui de 500 au point C, soit 2,7... on voit que les intervalles 0—A, 1—B, 2—C,... valent chacun 0,7 et ont même longueur : *ils représentent une même mantisse.*

Imaginons qu'on ait placé sur la courbe les nombres d'ordonnées 2, 3, 4... 9, entre 1 et 10 ; 20, 30, 40... 90, entre 10 et 100 ; 200, 300, 400... 900, entre 100 et 1000, etc... ; en les projetant sur **Ox** pour avoir leurs abcisses ou logarithmes, *les intervalles* 0 — 1, 1 — 2, 2 — 3... *seront gradués rigoureusement de la même manière*. Il suffit donc de construire une de ces graduations, par exemple celle de 0 à 1 (*fig.* 28), correspondant aux nombres de 1 à 10, pour les connaître toutes, aussi loin qu'on voudra.

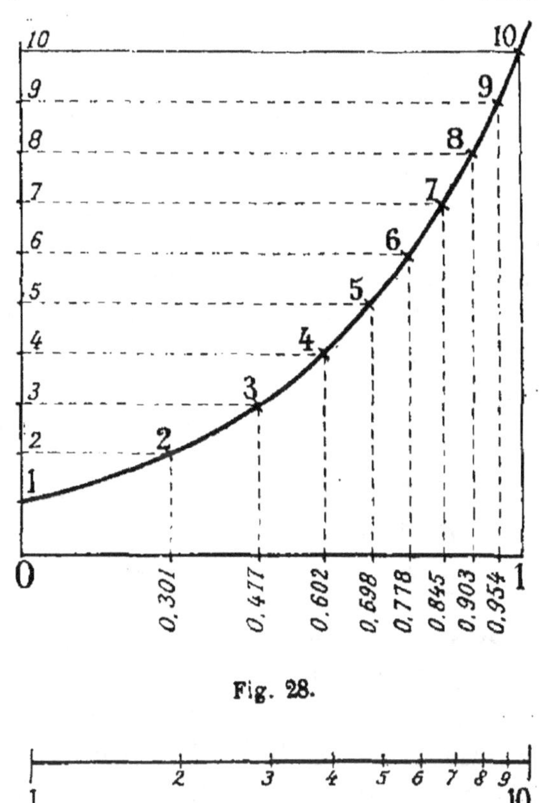

Fig. 28.

Fig. 29.

57. — Echelle. — Isolons cette graduation, et inscrivons aux points de division *non pas les valeurs des logarithmes mais celles des nombres correspondants,* (*fig.* 29). On l'appelle alors **échelle.** Elle donne :

longueur 1 — 2 = mantisse du *log* de 2, de 20, de 200, etc...

— 1 — 3 = — de 3, de 30, de 300, etc...

— 1 — 4 = — de 4, de 40, de 400, etc...

58. — Usage de cette échelle. — Construisons deux échelles identiques H et H', et plaçons H' sous H.

1° *Soit à trouver le produit* 2 $\times$ 3. — Faisons glisser H' sous H de façon que le 1 de H' soit sous le 2 de H, (*fig.* 3o), et considérons le 3 de H'. La longueur 1 — 3 de H', *qui est la mantisse du log. de 3 vient s'ajouter à la longueur* 1 — 2 *de H, qui est la mantisse du log. de* 2. Or, la somme de ces mantisses donne la mantisse du *log.* du produit 2 × 3 ou 6 ; cette somme

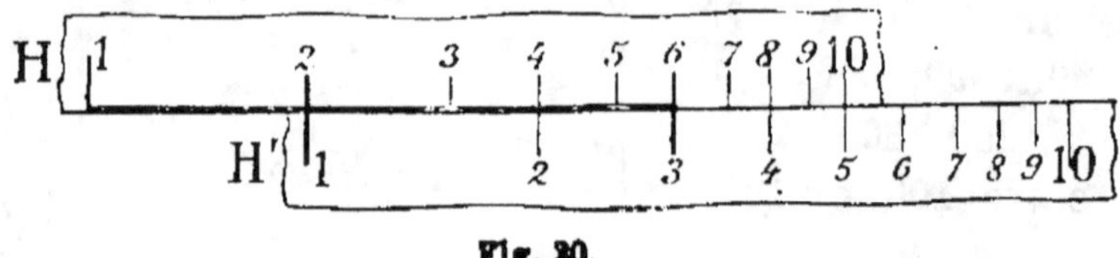

Fig, 30.

doit donc avoir la même longueur que la mantisse du *log.* de 6, soit l'intervalle 1 — 6 ; l'origine de cette somme étant 1 de H, son extrémité, 3 de H', doit donc être juste au-dessous du 6 de H.

Ainsi, le 1 de H' étant sous le 2 de H, au-dessus :

 du 3 *de* H', *nous trouvons sur* H *le nombre* 6 *ou* 2 × 3 ,
 du 4 — ,   —   8 *ou* 2 × 4 ;
 du 5 — ,   —   10 *ou* 2 × 5.

2° *Soit à trouver le produit de* 200 *par* 30. — Les mantisses des *log* de 200 et de 30 sont les mêmes que celles de 2 et de 3 ; il suffit donc d'opérer comme au cas précédent, **pour avoir le chiffre significatif 6 du produit cherché. Mais ensuite, on** tient compte des caractéristiques : 2 et 1, dont on fait la somme, 3, conformément à l'addition des logarithmes ; d'autre part, la somme des mantisses ne sortant pas de l'échelle H, *soit de l'intervalle* 0 — 1 *(fig. 27)*, est plus petite que 1 ; elle ne donne donc pas de retenue pouvant modifier la somme, 3, des caractéristiques ; le *log* du produit final admet donc certainement 3 pour caractéristique, et ce produit a 4 chiffres ; le seul chiffre significatif étant 6, ce produit est 6000.

59. — **Remarque.** — L'emploi de ces deux échelles correspond à un calcul de mantisses ; il donne comme résultat *non pas le produit lui-même, mais les chiffres significatifs qui le constituent.* Si ce produit comporte une virgule, ou des zéros sur sa droite, c'est l'observation des caractéristiques, que l'on fait mentalement, qui permet de le préciser.

Ce mode de calcul est donc analogue à celui que l'on fait **avec les tables de logarithmes.**

PERFECTIONNEMENT

60. — **Subdivisions.** — Une construction analogue à celle employée pour graduer en unités l'axe des **x** nous donnerait, en prenant le 1 pour origine de toutes les longueurs :

entre 1 *et* 2, les mantisses des logarithmes des nombres 1,1 — 1,2 — 1,3 ... 1,9 et par suite celles des nombres 11 — 12 — 13... 19, ou 110 — 120 — 130... 190 etc... ;

entre 2 *et* 3, les mantisses des logarithmes des nombres 2,1 — 2,2 — 2,3... 2,9 et par suite celles des nombres 21 — 22 — 23... 29, ou 210 — 220 — 230... 290, etc...

On aurait alors la graduation (*fig. 31*), sur laquelle on n'inscrit pas de nombres nouveaux, mais permettant de lire tous les nombres ayant deux chiffres significatifs qui se suivent. Ainsi, la flèche **A** (*fig. 31*) marque les nombres 1,7 ou 17 ou 170, etc... ; la flèche B marque les nombres 3,3 ou 33 ou 330, etc...

Fig. 31.

Tout se passe donc comme si le 1 à gauche de l'échelle représentait 1, ou 10 ou 100, etc...

Enfin, si l'intervalle le permet, on peut, entre deux de ces subdivisions, intercaler 2, ou 5, ou 10 subdivisions nouvelles, dont la valeur se devine facilement, et entre ces subdivisions, la position d'un point s'apprécie à vue. Par exemple, sur la figure 32, suivant la valeur accordée au 1 de gauche, la pointe de la flèche indique :

en **A** les nombres 1,45 ou 14,5 ou 145 ou 1450, etc...

en B   —   1,84 ou 18,4 ou 184 ou 1840, etc..

en C   —   2,55 ou 25,5 ou 255 ou 2550, etc...

en D   —   3,38 ou 33,8 ou 338 ou 3380, etc...

en E   —   5,43 ou 54,3 ou 543 ou 5430, etc...

en F   —   8,3 ou 83 ou 830 ou 8300, etc...

Fig. 32.

61. — **Echelles contiguës.** — 1° *Soit à trouver le produit* 2×7. En plaçant 1 de H′ sous 2 de H (*fig. 30*), nous constatons que le 7 de H′ dépasse l'échelle H. En nous reportant à la figure 27, nous comprenons de suite qu'il suffira de construire à droite de l'échelle H une seconde échelle identique H_2 (la première étant désignée maintenant par H_1) (*fig. 33*) ; le 7 de H′ se

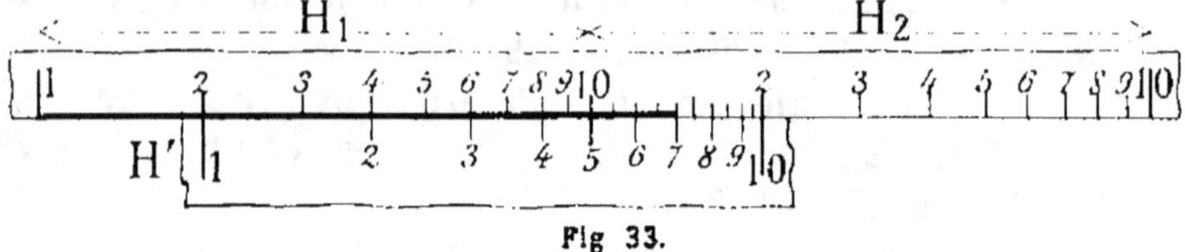

Fig 33.

trouve alors sous la division de H_2 qui indique les chiffres significatifs du produit, soit 14. Pour savoir si ce produit est 1,4 ou 14 ou 140, etc... observons les caractéristiques. Toutes deux sont 0, donc leur somme est 0 ; mais ici, la somme des mantisses est plus grande que la première échelle, c'est-à-dire plus grande que l'intervalle $0-1$ (*fig. 27*), ou enfin que 1 unité de l'axe des **x**.

Si l'on calculait cette somme à l'aide d'une addition algébrique, la somme des mantisses fournirait donc une retenue de 1 qu'il faudrait ajouter à la somme des caractéristiques. Nous avons trouvé mentalement que cette dernière somme était 0, donc en tenant compte de la retenue, elle devient 1 ; le produit renferme alors deux chiffres à la partie entière : c'est donc 14.

CONSÉQUENCES PRATIQUES

62. — **Nombre des chiffres d'un produit de facteurs entiers.** — On peut se dispenser de recourir aux caractéristiques en tenant compte des observations faites à ce sujet aux n°ˢ 58 et 61.

Si deux facteurs entiers renferment n *et* n′ *chiffres*, les caractéristiques de leurs logarithmes sont $(n-1)$ et $(n'-1)$, dont la somme est $(n+n'-2)$.

1° *Si le produit est dans la première échelle* H_1, la caractéristique de son logarithme est $(n+n'-2)$, ce qui prouve que ce produit contient $(n+n'-1)$ chiffres ;

2° *Si le produit est dans la deuxième échelle* H_2, la caractéristique de son logarithme est $(n + n' - 2) + 1$ ou $(n + n' - 1)$, ce qui prouve que ce produit contient $n + n'$ chiffres.

Ces résultats peuvent s'exprimer ainsi :

Etant donnés deux facteurs entiers : 1° lorsque leur produit se trouve dans la première échelle, il renferme autant de chiffres moins un qu'il y en a dans les deux facteurs ; 2° lorsque leur produit se trouve dans la deuxième échelle, il renferme autant de chiffres qu'il y en a dans les deux facteurs.

EXEMPLE. — Pour trouver le produit 2000×57, je place le 1 de H' sous 2 de H_1 ; au-dessus de 57 de H', je lis sur H_2 la suite de chiffres 114 (*fig 34*) ; ce produit, étant dans la seconde échelle, doit renfermer autant de chiffres qu'il y en a dans les deux facteurs, soit $4 + 2$ ou 6 ; c'est donc 114000.

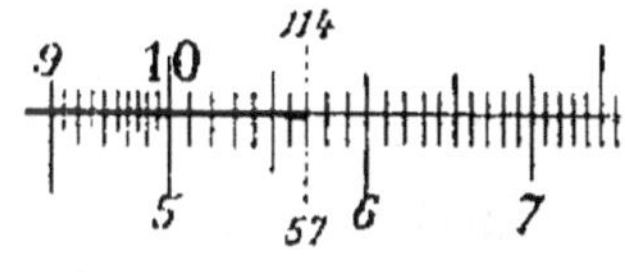

Fig. 34.

63. — Nombre de chiffres d'un produit de facteurs décimaux. — On cherche le produit en négligeant les virgules, ce qui ramène au cas précédent ; puis mentalement on place la virgule au rang convenable dans ce produit.

EXEMPLE. — Pour trouver le produit $20 \times 0{,}57$ on place les échelles comme dans l'exemple précédent ; les deux facteurs entiers étant 20 et 57, le produit a 4 chiffres, soit 1140 ; je sépare enfin 2 chiffres décimaux sur sa droite, soit 11,4.

64. — Conclusion. — Ces explications théoriques paraîtront un peu longues ; mais, si on les comprend bien, la construction et l'usage de la Règle à calculs ne sont plus qu'une question de mécanisme et d'habitude, car toutes les opérations dérivent de la multiplication ; d'autre part, l'appréciation des résultats se fait, au gré de chacun, avec ou sans les caractéristiques, et souvent même par intuition. Par exemple, je vois de suite que le produit 17×35 aura 3 chiffres, car il est visiblement plus grand que 100, et il est plus petit que 20×40 ou 800.

Désormais, nous ne donnerons plus que les règles pratiques, justifiées suffisamment par ce qui précède, et par la construction de l'appareil.

CONSTRUCTION

65. — La **Règle à calculs,** construite pour la première fois sur des principes rigoureux par l'anglais Gunther, vers 1600, a été modifiée par l'anglais Winsgate (1627), qui lui donna la forme connue sous le nom de Règle à calculs ordinaire. En 1851, le français Mannheim, lieutenant d'artillerie à Metz, la perfectionna. La Règle Mannheim (1) étant la plus employée aujourd'hui, **c'est elle que nous allons décrire et utiliser** (2) (*fig. 35*).

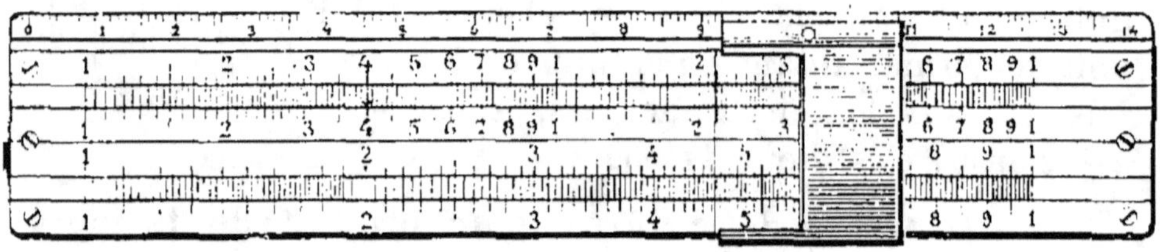

Fig. 35.

Elle se compose d'une règle fixe ayant 28^{cm} de longueur, **R,** creusée d'une coulisse dans laquelle glisse une réglette R' de même longueur.

Règle. — La partie supérieure S de la règle (*fig. 36*) comporte les deux échelles **H$_1$** et **H$_2$,** dont nous avons parlé au n° **61**; ces échelles occupent une longueur de 25^{cm} (simple détail n'ayant aucune importance pour l'emploi de l'instrument). Elles portent 3 points **1** que nous appellerons: **1** *gauche,*

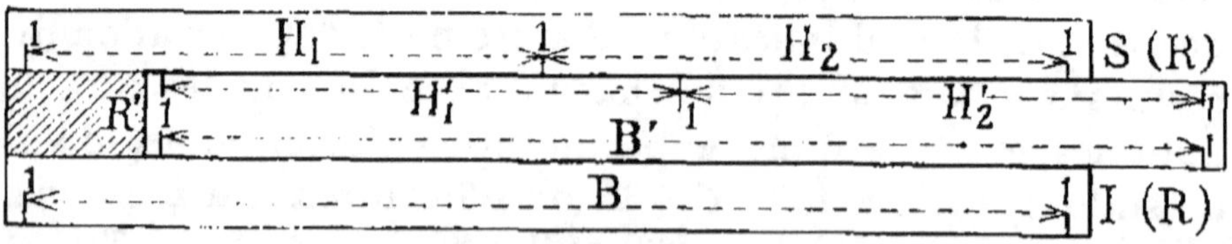

Fig. 36.

(1) Chez Tavernier-Gravet, constructeur, 19, rue Mayet, Paris.
(2) Il est nécessaire, pour ce qui va suivre, d'avoir l'appareil entre les mains.

1 *milieu*, 1 *droite*. La partie inférieure I de la règle comporte une seule échelle, que nous appellerons **B**, dont les divisions ont une longueur double de celles de H_1 et H_2, ce qui permet une approximation plus grande dans la lecture des nombres. Nous y trouvons comme repères : 1 *gauche* et 1 *droite*.

Réglette. — Elle comporte une graduation identique à celle de la règle : en haut, deux échelles H'_1 et H'_2 coïncidant avec H_1 et H_2 ; en bas, une échelle B' coïncidant avec **B**.

Dessous de la règle. — On y trouve des documents pouvant servir dans la résolution de problèmes. Ces documents varient suivant les usages auxquels on destine principalement la règle. Signalons particulièrement les **diviseurs**. Ainsi on lit *cercle* $= D^2 : 1,2732$; cela signifie qu'on aura la surface du cercle en divisant le carré du diamètre par le nombre 1,2732 qu'on appelle *diviseur*. L'origine de ce diviseur est très simple ; il suffit de se rappeler que :

$$S = \frac{\pi D^2}{4} = D^2 : \frac{4}{\pi} \qquad \text{et} \qquad \frac{4}{\pi} = 1,2732.$$

De même,

$$vol.\ sphère = D^3 : 1,91 \quad \text{car} \quad V = \frac{\pi D^3}{6} = D^3 : \frac{6}{\pi} \quad \text{et} \quad \frac{6}{\pi} = 1,91.$$

66. — *Dans certaines règles on trouve le tableau :*

MATÉRIAUX	Ppp Bh	Cyl. D²h	Sph. D³
Eau	1,000	1,273	1,910
Mercure	0,074	0,094	0,141
Acier	0,128	0,163	0,244
Bronze	0,116	0,148	0,221
Cuivre r. fondu	0,113	0,144	0,216
Cuivre r. fil	0,117	0,149	0,224
Etain fondu	0,137	0,175	0,262
Fer	0,128	0,164	0,245
Fonte	0,139	0,177	0,266
Laiton	0,119	0,152	0,228
Plomb fondu	0,088	0,112	0,168
Zinc laminé	0,139	0,177	0 266

MATÉRIAUX	$\dfrac{\text{Ppp}}{\text{Bh}}$	$\dfrac{\text{Cyl.}}{\text{D}^2\text{h}}$	$\dfrac{\text{Sph.}}{\text{D}^3}$
Briques pleines..........................	0,454	0,579	0,868
Maçonnerie de briques..............	0,535	0,681	1,021
— de moellons...........	0,435	0,561	0,842
Marbre..................................	0,352	0,449	0,673
Meulière.................................	0,400	0,509	0,764
Pierre calcaire.......................	0,481	0,612	0,918
Sable....................................	0,578	0,670	1,011
Terre argileuse.......................	0,625	0,795	1,194
Terre végétale.....	0,714	0,910	1,362
Verre....................................	0,400	0,509	0,764
Chêne sec.............................	1,166	1,490	2,235
Sapin....................................	1.818	2,315	3,472

Cela signifie qu'on trouvera le poids d'un parallélépipède de fer *en divisant par* **0,128** *le produit de ses dimensions;* le poids d'un cylindre de pierre *en divisant par* **0,612** *le produit* D^2h, car **0,612** est une combinaison de π avec la densité de la pierre; le poids d'une sphère de cuivre *en divisant par* **0,224** *le cube de son diamètre,* etc...

Dessous de la réglette. — On y trouve des divisions concernant les logarithmes, les sinus, les tangentes, dont nous parlerons plus loin.

Côtés de la règle. — L'un, taillé en biseau, porte une division en **25** centimètres, et son usage est analogue à celui du double décimètre. L'autre est divisé, sur toute la longueur de la règle, en **28**^{cm} ; cette graduation métrique est continuée au fond de la coulisse de la règle, jusqu'à **54**^{cm} environ; elle permet de mesurer la distance entre deux points, en tirant au besoin, et autant qu'il est nécessaire, la réglette hors de la règle.

Curseur. — Sur la face supérieure de l'appareil se meut un curseur muni d'une lame de verre portant un trait de repère; il sert à faciliter les lectures, à mettre en concordance les points des échelles inférieures et supérieures, ou à conserver la position d'un résultat acquis, et dont on aura besoin ultérieurement.

§ II. — Usages de la Règle Mannheim.

MULTIPLICATION

67. — On pourrait se servir des échelles H_1 et H_2 de la règle et des échelles correspondantes de la réglette, comme il a été indiqué aux n° 58 et 61. Mais il est préférable, pour avoir une approximation plus grande, d'employer les échelles B et B'.

EXEMPLES : I. — *Pour trouver le produit* 24×32, je place 1 gauche de B' sur 24 de B (*fig. 37*), et au-dessous de 32 de B', je lis sur B : 768.

II — *Pour trouver le produit* 24×78, je place 1 gauche de B' sur 24 de B, mais je constate que 78 de B' tombe en dehors de B. La

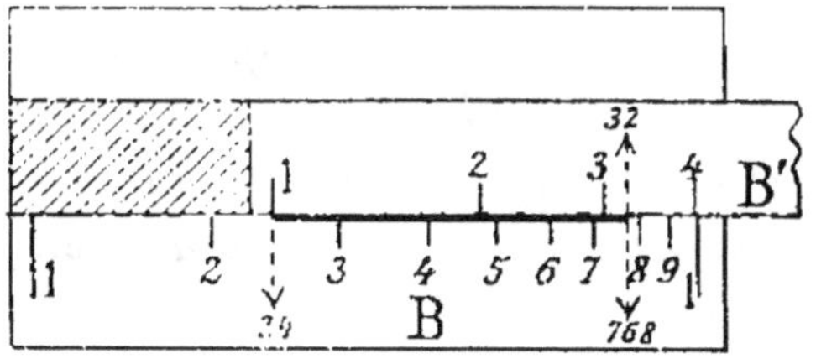

Fig. 37.

fig. 38, I, fait comprendre que : si une seconde échelle B_2 existait à la suite de B, la distance A1 à gauche de B' se retrouverait en A'1 à droite de B', et le point 1 à droite de B' serait juste au-dessus du point 24 de B_2; le produit cherché serait au-dessous de 78 de B', entre 1 et 24 de B_2. Supprimons maintenant par la pensée l'échelle B; nous constatons que *le* 1 *droite de* B' *étant au-dessus de* 24 *de* B_2, *le produit cherché est au-des-*

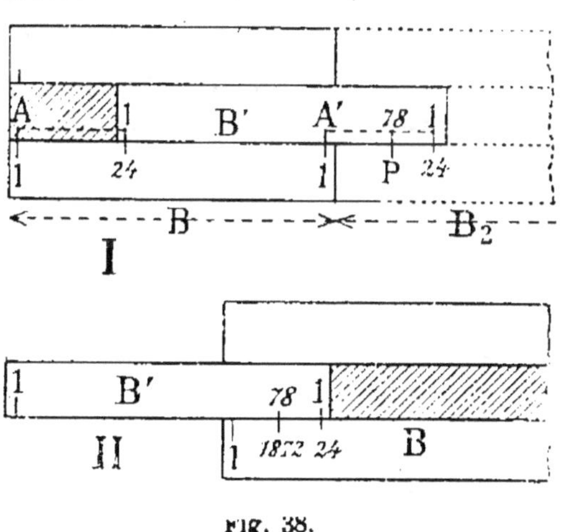

Fig. 38.

sous du 78 *de* B' *dans cette échelle inférieure* B_2. Nous pouvons opérer alors sur B comme si c'était l'échelle B'_2 (*fig. 38* II) : Plaçons le 1 droite de B' sur 24 de B, et le **produit cherché** sera sur B au-dessous du 78 de B', soit **1872**.

Remarque. — On lit nettement sur B la suite de chiffre 187, mais le 78 de B' dépasse un peu ce nombre; on peut évaluer à vue cet excès, et même le préciser en observant que le produit 24×78 aura 4 chiffres, dont 3 sont connus; le chiffre des unités proviendra de 8×4 ou **32** et doit donc être forcément un 2. Le produit cherché est alors 1872.

68. — **Règle générale.** — *Pour multiplier a par b, amener l'un des traits 1 de l'échelle inférieure de la réglette sur le facteur a lu sur l'échelle inférieure de la règle; lire le produit sur la règle en face du facteur b lu sur la réglette. Si en employant le 1 gauche de la réglette, le produit ne peut pas être lu sur la règle, employer le 1 droite de la réglette.*

Si l'on a employé le 1 gauche de la réglette, le produit a un chiffre de moins qu'il y en a. dans les deux facteurs, considérés comme entiers; si l'on a employé le 1 droite, le produit a autant de chiffres qu'il y en a dans ces facteurs.

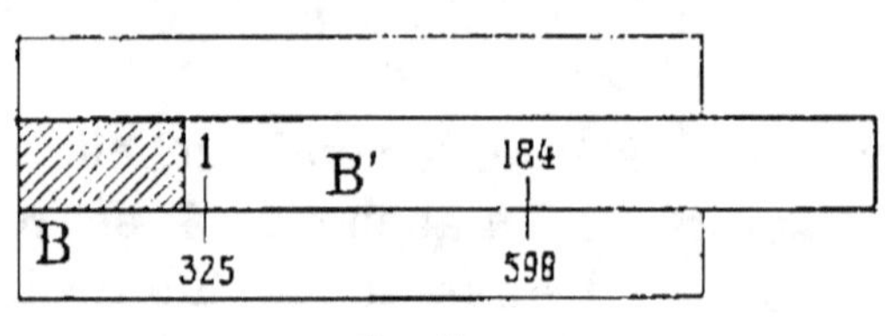

Fig. 39.

69. — **APPLICATIONS.** — **I.** — *Quelle est la surface d'un jardin rectangulaire ayant 32^m,5 de longueur sur 18^m,4 de largeur?*

Le **1** gauche de B' étant au-dessus de **325** de B (*fig. 39*), au-dessous de 184 de B' on lit sur B : 598.

Le produit entier 325×184 doit avoir 5 chiffres, soit 59800. Il y a 2 chiffres décimaux; donc la surface cherchée est 598^m2.

II. — *Quel est le volume d'un mur ayant 0^m,30 d'épaisseur sur 2^m,4 de hauteur et 8^m,5 de longueur?*

Je place **1** gauche de

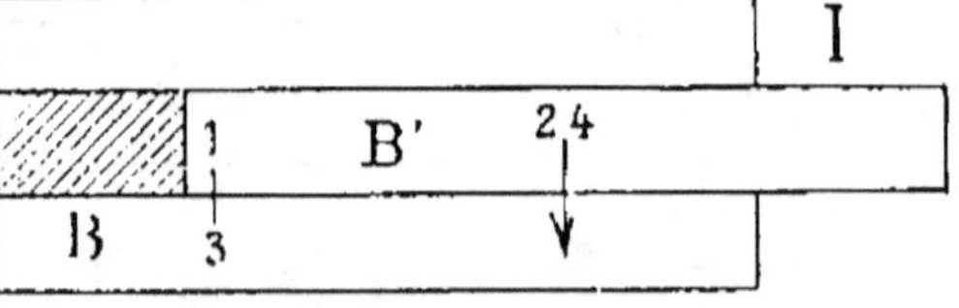

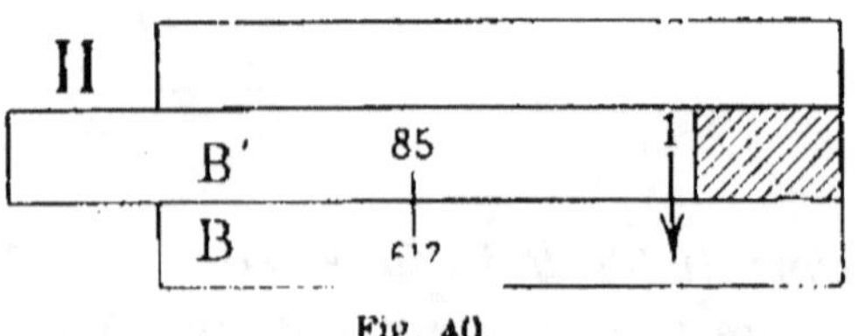

Fig. 40.

B' sur **3** de B (*fig. 40*, I); au-dessous de **24** de B' j'ai le produit 3×24, mais il est inutile de le lire: je place simplement le trait du curseur sur 24 de B′; (c'est une flèche sur la figure); puis je fais glisser la réglette vers la gauche pour placer le 1 droite de B′ sous le trait du curseur, qui indique toujours le nombre 3×24 (*fig. 40*, II); au-dessous du 85 de B′ je lis 612 sur B. Le produit 3×24, ayant été obtenu avec 1 gauche de B′, a 2 chiffres; le produit $(3 \times 24) \times 85$, ayant été obtenu avec 1 droite de B′, a 4 chiffres; c'est donc 6120; comme il y a 3 chiffres décimaux, le volume cherché est $6^{m3},120$.

III. — *Quel est l'intérêt annuel rapporté par un livret de Caisse d'Epargne de 738ᶠ, le taux étant 2,5 °/₀ ?*

Je place 1 droite de B′ au-dessus de 25 de B (*fig. 41*); au-dessous de 738 de B′ je lis sur B : 1845; le produit 738×25

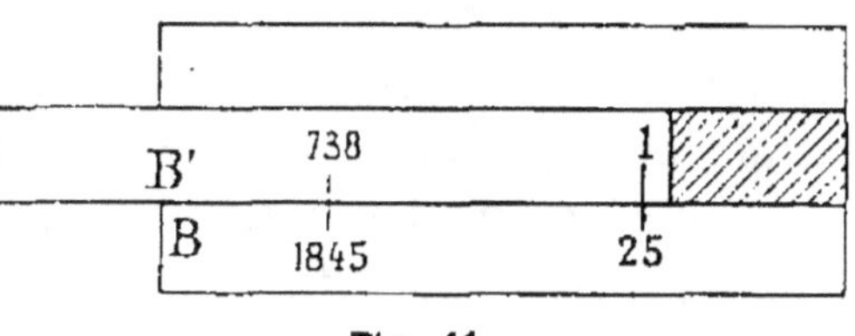

Fig. 41.

ainsi obtenu doit avoir 5 chiffres, soit 18450. En tenant compte du chiffre décimal, et de la division par 100, l'intérêt cherché est donc 18ᶠ,45.

IV. — *Quatre ouvriers gagnant 0ᶠ,65 par heure ont fait respectivement 6ʰ, 9ʰ, 12ʰ, 18ʰ de travail. Que revient-il à chacun ?*

Il est plus commode ici d'employer les échelles supérieures H_1 et H_2 de la règle, H'_1 et H'_2 de la réglette. Je place 1 de H'_1 sous 65 de H_1 (*fig. 42*); je n'ai plus qu'à lire au-dessus de 6, 9, 12, 18 de la réglette les salaires cherchés qui se trouvent sur la règle : au-dessus de 6, c'est 39, soit 3ᶠ,9 ; au-dessus de 9 c'est 585, soit 5ᶠ,85; au-dessus de 12 (qu'on peut

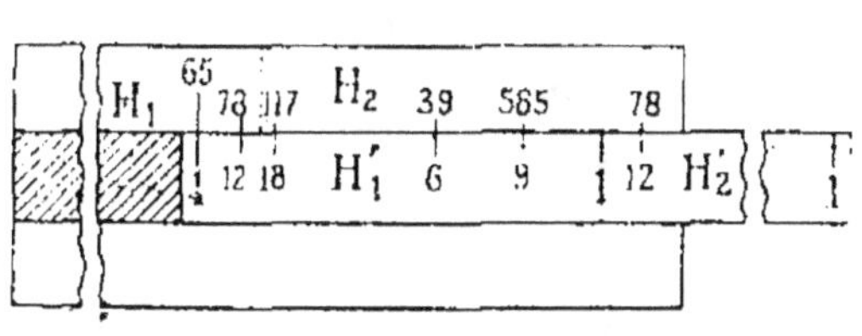

Fig. 42.

prendre dans H'_1 ou H'_2) on lit 78, soit 7ᶠ,8 (qu'on trouve sur H_1 ou sur H_2); enfin, au-dessus de 18 de H'_1, on trouve 117 soit 11ᶠ,70.

DIVISION

70. — On emploie les mêmes échelles que pour la multiplication, et l'on suit une marche inverse.

Règle. — *Pour diviser* a *par* b, *on place le diviseur* b, *lu sur la réglette, au-dessus du dividende* a, *lu sur la règle; le quotient se lit sur la règle, au-dessous de l'un des traits* 1 *de la réglette.*

Le nombre des chiffres du quotient, ou la position de la virgule s'il y en a une, se déterminent facilement à l'aide des méthodes arithmétiques.

Ainsi, le quotient de 328 par 45 aura 1 chiffre à la partie entière puisque $45 \times 10 > 328$.

Le quotient de 4 par 250 aura son premier chiffre significatif au rang des *centièmes*, puisqu'il faut multiplier 4 par 100 pour rendre la division possible.

Ce moyen est généralement plus rapide que celui consistant à se servir des caractéristiques.

Remarque. — Il est parfois inutile de lire un quotient ; pour savoir le nombre de ses chiffres, qui peut seul être utile ; on peut constater que : le dividende a et le diviseur b entiers ayant n et n' chiffres, et étant pris sur les échelles supérieures gauches, ou sur les échelles inférieures, si le quotient se lit à gauche du point $\frac{a}{b}$, il contient $n - n' + 1$ chiffres à sa partie entière ; s'il se lit à droite, il en contient $n - n'$.

C'est une conséquence immédiate de la règle concernant le nombre de chiffres d'un produit.

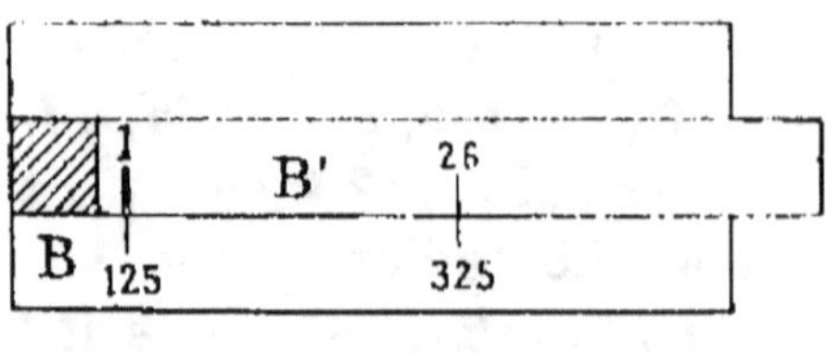

Fig. 43.

72. — Applications. — I. *Un libraire a payé* 32ʳ,50 *pour* 26 *exemplaires d'un ouvrage. A combien lui revient l'exemplaire ?*

Je place 26 de B' au-dessus de 325 de B (*fig. 43*); au-dessous du 1 gauche de B' je lis sur B : 125. A vue le quotient a un chiffre à la partie entière ; donc le prix cherché est 1f,25.

II. — *Un massif de fleurs a la forme d'une ellipse ; ses axes ont* 6m,8 *et* 3m,6. *Trouver sa surface.*

Les axes étant 2a et 2b on sait que la surface de l'ellipse est π a b. On pourrait donc effectuer successivement ce **produit de facteurs. Mais il est plus rapide d'opérer ainsi :**

$$\mathbf{S} = \pi\,\mathrm{a\,b} = \mathrm{ab} : \frac{1}{\pi} = \mathrm{ab} : 0,3183 = \frac{\mathrm{a}}{0,3183} \times \mathbf{b}.$$

Je place alors simplement 3183 de la réglette B′ au-dessus de 34, demi grand axe, pris sur B (*fig. 44*) ; *le* **1** *gauche de* **B′** *est ainsi placé en face du quotient* $\dfrac{34}{0.3183}$ pris sur **B**, qu'on ne

lit même pas, car le produit de ce quotient par **b** ou **18** se trouve sur la règle B au-dessous de **18** de B′. Une seule position de la réglette donne donc d'un seul coup le résultat des deux opérations, **soit 19m2,21** environ.

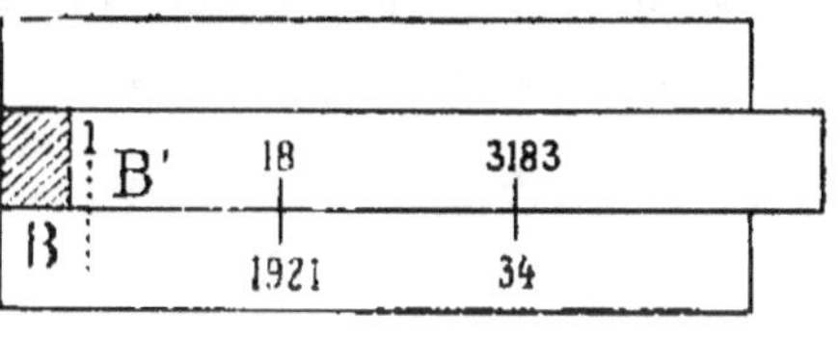

Fig. 44.

PROPORTIONS

73. — Si l'on a $\dfrac{2}{3} = \dfrac{6}{\mathrm{x}}$ on peut écrire $\mathbf{x} = \dfrac{3 \times 6}{2} = \dfrac{3}{2} \times \mathbf{6}.$

On opère comme dans l'exemple n° **72, II** ; le diviseur 2 de la réglette est placé en face 3 de la règle (*fig. 45*) ; le **1** de la réglette marque le quotient de **3** par **2**, qu'on ne lit pas, et en face **6** de la réglette on a de suite sur la règle le produit de ce quotient par 6, soit **9.** Les 4 nombres occupent ainsi sur l'instrument les mêmes positions que dans la proportion donnée.

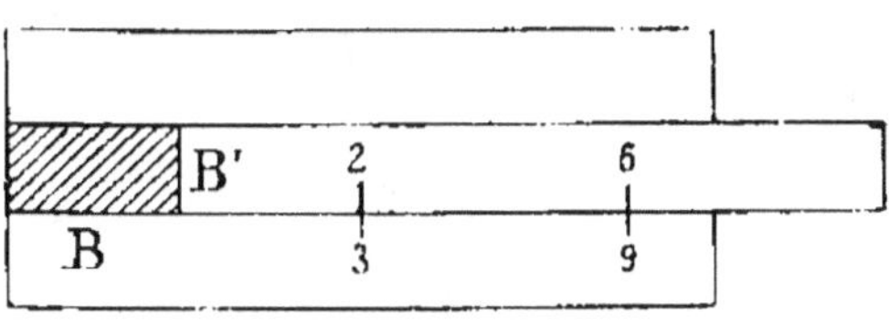

Fig. 45.

Pratiquement, il est plus souvent commode d'employer les *échelles supérieures* de l'appareil, et d'appliquer la règle :

74. Règle. — *Pour resoudre* $\dfrac{a}{b} = \dfrac{c}{x}$, *placer* b *lu sur l'échelle supérieure gauche de la réglette au-dessous de* a *lu de même sur la règle ; la valeur* x *se lit sur la réglette au-dessous de* c *lu sur la règle. Les quatre valeurs* a, b, c, x, *sont ainsi disposées sur l'appareil comme elles le sont dans la proportion donnée.*

APPLICATIONS. — D'une façon générale, tous les problèmes donnant lieu à une règle de trois peuvent être résolus immédiatement avec la règle à calculs, en les mettant sous forme de proportion.

I. — *Une obligation foncière cotée 505ᶠ rapporte net 13ᶠ,15 par an. Quel est le taux réel du placement ? (fig. 46).*

Je forme mentalememt la proportion $\dfrac{505}{1315} = \dfrac{100}{x}$, et en dispo-

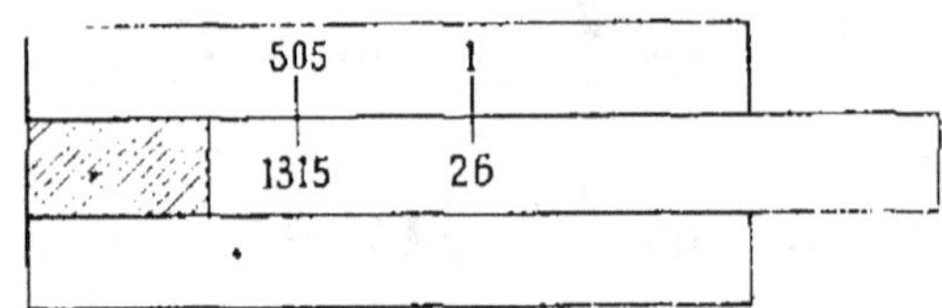

Fig. 46.

sant les échelles comme il est dit plus haut, je trouve $x = 2^f,6$. L'emploi des échelles inférieures donne ce résultat d'une façon très précise.

II. — *Un commerçant veut solder des marchandises avec un rabais de 25 0/0. Combien doit-il vendre des objets marqués : 3ᶠ,80 ; 6ᶠ,40 ; 12ᶠ,50 ; 22ᶠ,60 ? (fig. 47).*

Le prix ancien étant au prix nouveau comme 100 est à 75, on a la suite de rapports :

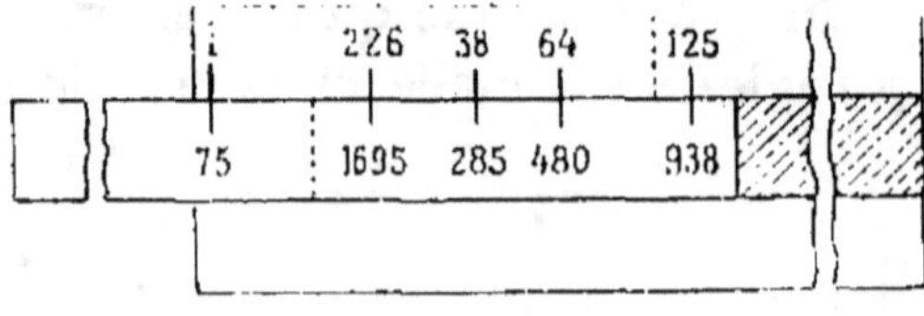

Fig. 47.

$$\frac{100}{75} = \frac{3,8}{x} = \frac{6,4}{y} = \frac{12,5}{z} = \frac{22,6}{t}$$

on voit que la question est résolue de suite (*fig. 47*) en plaçant **75** de l'échelle supérieure gauche de la réglette au dessous de 1 (ou 100) gauche de l'échelle supérieure de la règle ; les prix sont lus sur la réglette au-dessous de 38, 64, 125, 226, lus sur la règle. Ce sont : 2ʳ,85 ; 4ʳ,80 ; 9ʳ,38 ; 16ʳ,95.

III. — *Une poulie de 24ᶜᵐ de diamètre est calée sur un arbre de transmission faisant 180 tours à la minute ; quel doit être le diamètre d'une seconde poulie, commandée par la première, si l'on veut qu'elle fasse 500 tours à la minute ?*

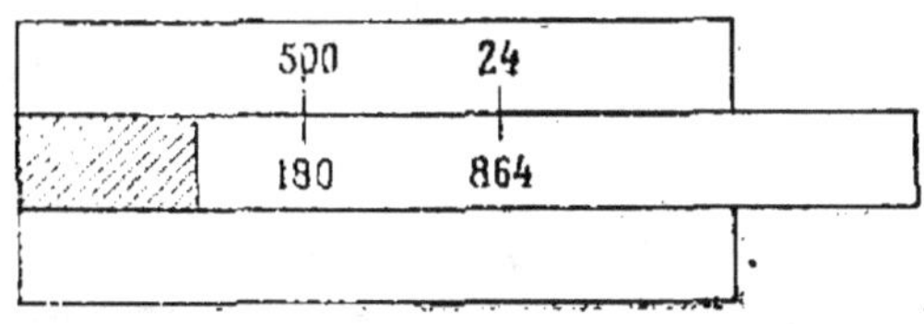

Fig. 48.

Les nombres de tours sont inversement proportionnels aux diamètres ; on établit mentalement la proportion $\dfrac{500}{180} = \dfrac{24}{x}$ que l'on résout facilement avec la Règle (*fig. 48*); le résultat est 86ᵐᵐ,4.

CARRÉS

76. — Les longueurs de l'échelle inférieure **B** étant doubles de celles de l'échelle supérieure, **H₁** ou **H₂**, la mantisse de 3

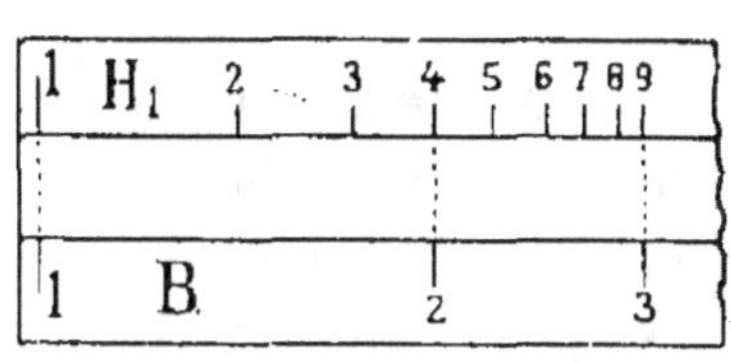

Fig. 49.

sur B, par exemple, (*fig. 49*), correspond à la mantisse de 3 multipliée par 2, sur **H₁**, c'est-à-dire à celle du carré de 3, ou 9. D'où :

Règle. — *Pour avoir le carré de* a, *placer le trait du curseur sur* a, *lu sur l'échelle inférieure, et lire le nombre de l'échelle supérieure correspondant au trait du curseur.*

Le nombre a *étant entier, son carré a deux fois plus de chiffres que lui, moins un, si on le lit dans l'échelle supérieure gauche, et deux fois plus de chiffres si on le lit dans l'échelle supérieure droite.*

77. — APPLICATIONS. — I. *Trouver la surface d'un cercle ayant* 12ᵐ,5 *de diamètre* (*fig. 50*).

Nous avons vu (n° 65), que $S = D^2 : 1,2732$. Je place le curseur sur **125** de l'échelle inférieurs B son carré se lirait au-dessus,

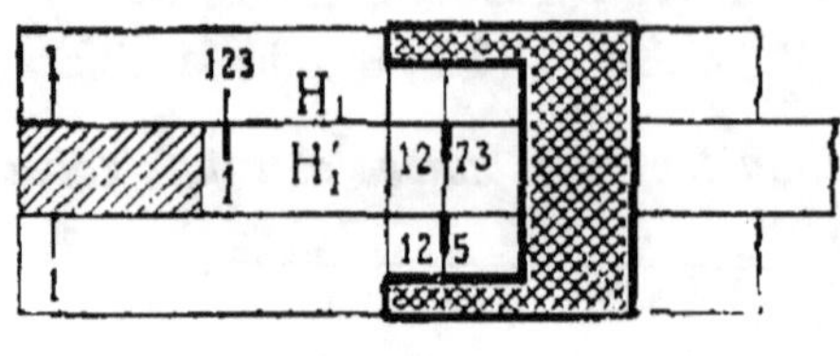

Fig. 50

sur l'échelle H_1) ; je place 12732 de H'_1 sous le trait du curseur, et je lis le quotient sur H_1 au-dessus du 1 gauche de H'_1 ; c'est environ 123^{m2}.

II. — *Quel est le volume d'un tronc d'arbre en grume ayant* 1^m,4 *de circonférence moyenne, et* 4^m,8 *de longueur ?* (*fig. 51*).

On sait que la formule de ce volume est

$$V = \frac{C^2 \times 1}{4\pi} = \frac{C^2}{12,57} \times 1.$$

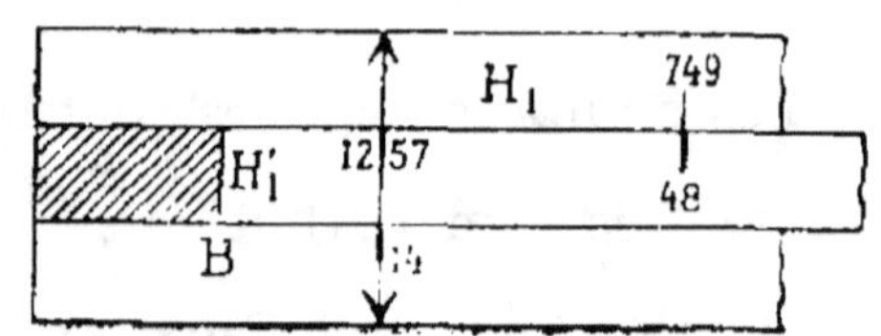

Fig. 51.

Je place le curseur sur **14** de l'échelle inférieure B ; je place ensuite **1 257** de H'_1 sous le trait du curseur, et au-dessus de **48** de H'_1 je lis sur H_1 environ 749. Le volume cherché est 0^{m3},749.

III. — *Quel est le poids d'une barre de fer rond ayant* 30^{mm} *de diamètre et* 2^m,5 *de longueur ?* (*fig.* 52).

Ce poids est 0,030$^2 \times$ 2,5 : *diviseur* ; le tableau n° 66 indique pour diviseur 0,164.

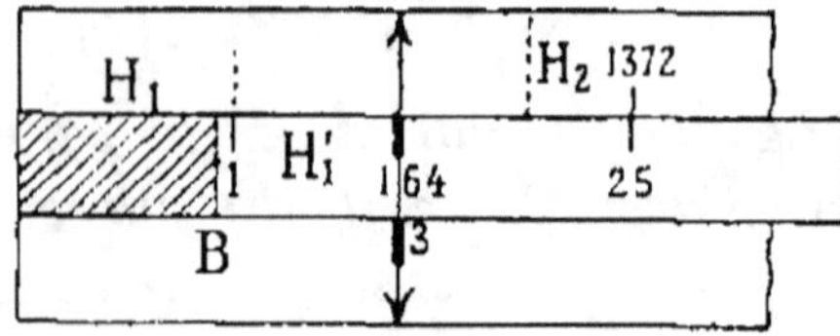

Fig. 52.

Je place le curseur sur **3** de B, puis **164** de H'_1 sous le trait du curseur ; le 1 gauche supérieur de la réglette marque le quotient 30^2 : 164 qu'on ne lit pas ; mais au-dessus de 25 de H'_1 on lit sur H_2 le nombre 1372 environ, soit 13^{kg},72.

RACINES CARRÉES

Règle. — *Pour avoir la racine carrée d'un nombre* a *on cherche ce nombre sur l'échelle supérieure gauche de la règle si sa partie entière a un nombre impair de chiffres, sur* *l'échelle supérieure droite si elle en a un nombre pair ; le trait du curseur étant placé sur a, il marque sur l'échelle inférieure de la règle la racine cherchée.*

Le nombre de chiffres se détermine à vue en partageant le nombre a en tranches de 2 chiffres suivant la méthode arithmé tique.

79. — APPLICATION. — *Quel doit être le diamètre d'une colonne cylindrique pleine en fonte devant supporter une charge de 20 000^{kg} ?*

Le fer peut supporter 4 à 10^{kg} par millimètre carré (**revers de la règle**) ; admettons 4^{kg} pour la fonte. Le calcul se présente ainsi :

$$\frac{D^2}{1,2732} \times 4 = 20\,000 \quad \text{ou} \quad D^2 = \frac{20\,000}{4} \times 1,2732.$$

Je place **4** de **H'$_1$** sous **2** de **H$_1$** (*fig. 53*) ; **au-dessus de 12 732** de **H'$_2$** je lis environ **64** ;

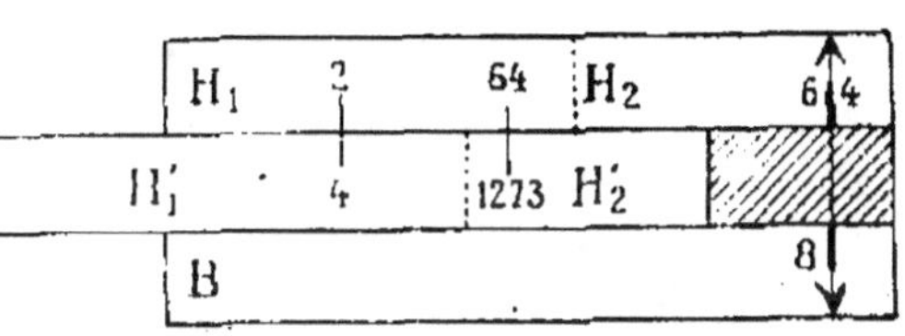

Fig. 53.

ce produit doit avoir autant de chiffres que le quotient précédent, soit 4 chiffres ; c'est donc environ 6 400. Comme il a un nombre pair de chiffres, je me reporte à 6 400 sur la seconde échelle **H$_2$**, et à l'aide du curseur je lis, sur l'échelle inférieure **B**, la valeur cherchée : 80^{mm}.

Quand on prévoit approximativement le résultat, on place de suite le **4** de **H'$_1$** sous le **2** de **H$_2$** (*fig. 54*), et le produit 6 400, placé à droite, se trouve bien sur **H$_2$**, ce qui évite sa lecture sur **H$_1$** et sa recherche sur **H$_2$** comme nous

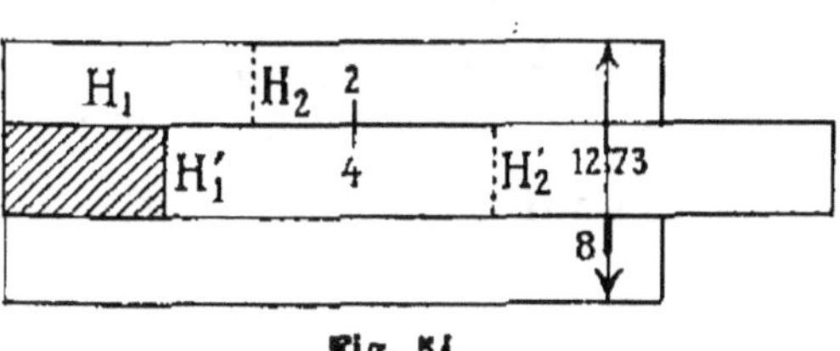

Fig. 54.

l'avons fait plus haut. Il est même inutile de le lire sur **H$_2$**, le curseur donnant mécaniquement sa racine carrée.

CUBES

80. — Il y a deux procédés dont le plus simple est le suivant :

Règle. — *Pour trouver le cube de* a, *placer le 1 de l'échelle inférieure de la réglette au-dessus de* a *lu sur l'échelle inférieure de la règle; chercher* a *sur l'échelle supérieure gauche de la réglette, et lire au-dessus sur la règle le cube cherché.*

Le nombre a *étant entier, et ayant* n *chiffres :*

1° Si l'on s'est servi du 1 gauche inférieur de la réglette, et si le cube cherché tombe dans l'échelle supérieure gauche de la règle, il a (3n — 2) *chiffres; si le cube tombe dans l'échelle supérieure droite, il a* (3n — 1) *chiffres;*

2° Si l'on s'est servi du 1 droite inférieur de la réglette, le cube cherché à 3n *chiffres.*

On reconnaît de suite que ce procédé consiste à ajouter la mantisse de a au double de cette mantisse, ce qui correspond bien au nombre a³.

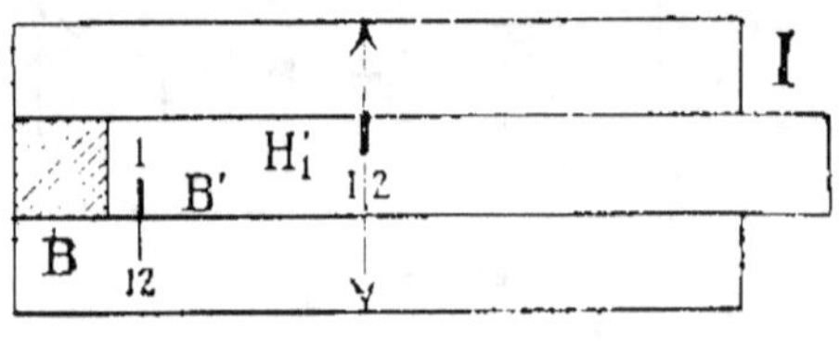

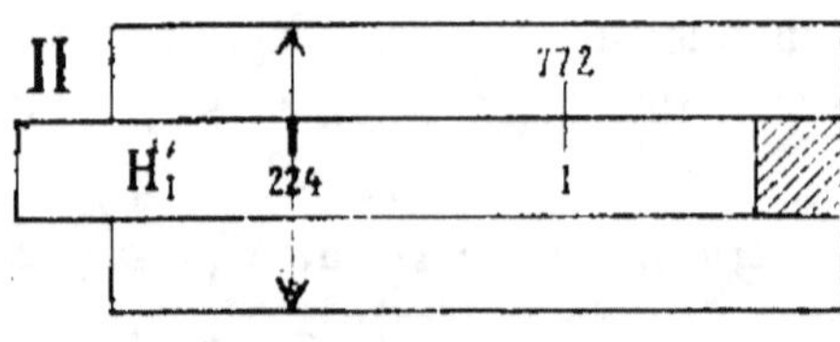

Fig. 55.

81. — APPLICATION. — *Quel est le poids d'une sphère de cuivre ayant* 12^{cm} *de diamètre?*

On a P = 12³ : 0,224 (voir tableau n° 66).

Je place 1 gauche de B' sur 12 de B, et je mets le curseur sur 12 de H'$_1$ (*fig. 55,* I); j'amène 224 de H'$_1$ sous le trait du curseur, et je lis au-dessus de 1 de la réglette : 772 environ sur H$_1$ (*fig. 55,* II), soit finalement 7^{kg},720.

RACINES CUBIQUES

82. — L'extraction d'une racine cubique est peu pratique avec la Règle à calculs, sauf lorsque la racine est un nombre simple.

Règle. — *Pour extraire la racine cubique d'un nombre entier* **a**, *renverser la réglette de façon que son extrémité gauche soit à droite :*

1° *Si* **a** *renferme* (3n — 1) *chiffres, placer le* 1 *supérieur droite de la réglette sous* **a** *lu dans l'échelle supérieure gauche de la règle. Chercher par tâtonnement le nombre dont les traits réels ou fictifs coïncident sur l'échelle inférieure de la règle, et sur l'échelle inférieure de la réglette qui est à droite du lecteur.*

Ainsi, pour trouver $\sqrt[3]{2}$, après avoir renversé la réglette, placer 1 supérieur droite de la réglette sous 2 de H_1 (*fig. 56*); lire par tâtonnement, sur l'échelle inférieure B de la règle, le nombre qui correspond à lui-même sur l'échelle inférieure droite de la réglette : c'est environ 126; la racine cherchée ne doit avoir qu'un chiffre à sa partie entière; c'est donc 1,26.

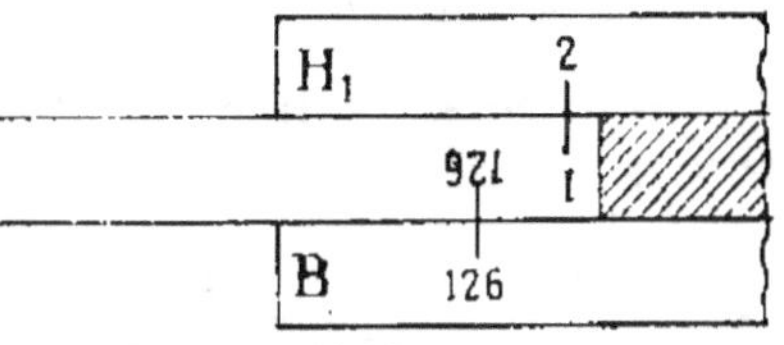

Fig. 56.

2° *Si* **a** *renferme* (3n — 2) *chiffres,* on opère de même, mais on place le 1 supérieur droite de la réglette sous **a** *lu dans l'échelle supérieure droite de la règle.*

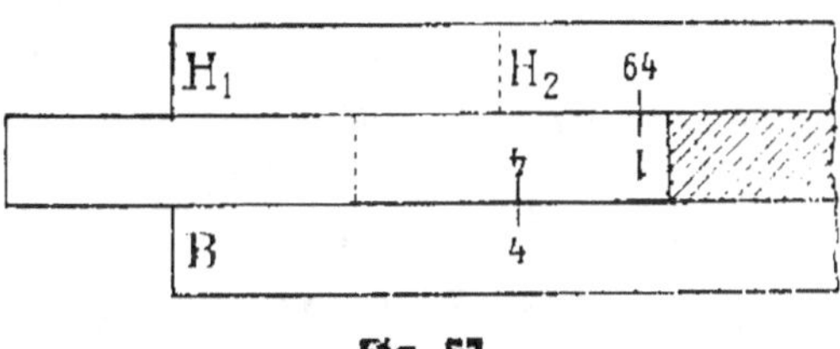

Fig. 57.

Ainsi, pour trouver $\sqrt[3]{64}$, je place 1 supérieur droite de la réglette sous 64 lu sur H_2 (*fig. 57*); par tâtonnement, je trouve ensuite 4 pour la racine cherchée.

3° *Si* **a** *renferme* 3n *chiffres, on opère de même, mais en* plaçant le 1 supérieur gauche de la réglette sous **a** *lu sur l'échelle supérieure gauche de la règle.*

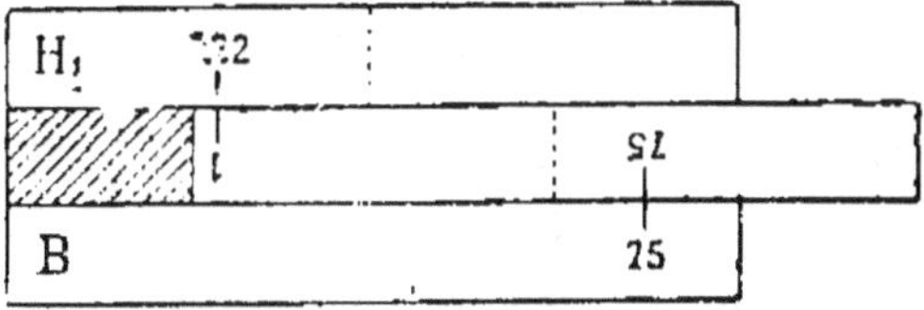

Fig. 58.

Ainsi, pour trouver $\sqrt[3]{422}$, je place 1 supérieur gauche de la réglette sous 422 lu sur H_1 (*fig. 58*); par tâtonnement je trouve sur l'échelle inférieure de la règle, en contact avec l'échelle inférieure droite de la réglette, le nombre 75 d'où je tire la racine 7,5.

La racine a autant de chiffres qu'on peut faire de tranches de 3 chiffres dans le nombre donné, suivant la méthode arithmétique.

LOGARITHMES

83. — Le revers de la réglette présente en son milieu une échelle divisée en parties égales; elle sert à mesurer les longueurs représentant les nombres sur l'échelle inférieure de la règle, et par suite elle donne les mantisses des logarithmes de ces nombres.

Règle. — *Pour trouver la mantisse du logarithme d'un nombre a, placer le trait **1** inférieur gauche de la réglette au-dessus de a lu sur l'échelle inférieure de la règle; retourner l'appareil, et lire la mantisse sur l'échelle des logarithmes, au niveau d'un trait de repère gravé dans l'échancrure droite de la règle. Elle exprime des millièmes, si on la lit sur un* trait, ou juste au milieu de l'intervalle de deux traits, cet intervalle valant **2** millièmes.

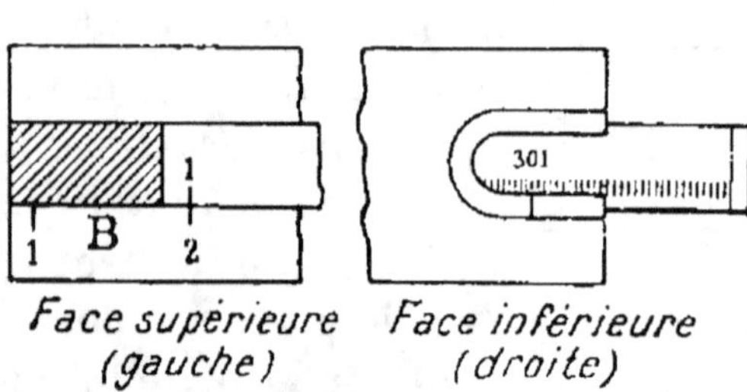

Face supérieure
(gauche)

Face inférieure
(droite)

Fig. 59.

La caractéristique se trouve toujours à vue.

Ainsi, pour trouver le log. de 2, je place **1** inférieur gauche de la réglette sur **2** de l'échelle inférieure **B** (*fig. 59*). Je retourne l'appareil, et je lis en face le repère : **301**. La caractéristique étant à vue 0, le log. de **2** vaut 0,301.

84. — APPLICATION. — *Que devient une somme de 6.500f placée à intérêts composés pendant 8 ans au taux 4 0/0?*

La valeur cherchée est $6\,500 \times 1,04^8$.

Je cherche le log. de **1,04** soit 0,017; je le multiplie par **8**, ce qui donne **0,136**; je place la mantisse **136** lue au revers de la réglette **en** face le repère de l'échancrure. J'obtiendrais de la sorte, sur l'échelle inférieure de l'instrument, en face le 1 inférieur gauche de la réglette, le nombre dont le log. admet pour mantisse 136; mais il est inutile de le lire, car son produit par 6 500 se trouve de suite sur l'échelle B, au-dessous de 6 500 lu sur la réglette. On trouve ainsi environ 8 895ᶠ.

85. — Observation importante. — *Pratiquement, le but à atteindre étant un calcul rapide, on résout les opérations tantôt par le calcul mental, tantôt à l'aide de la Règle à calculs, suivant leur difficulté.*

SINUS

86. — L'échelle S du revers de la réglette **est celle des** sinus; les longueurs, comptées de gauche à droite, représentent les logarithmes des sinus des angles de 0°40′ à 90°.

Sinus de 0°40′ à 90°. — *Retourner la réglette pour placer l'échelle des sinus contre les échelles supérieures de la règle; les traits extrêmes étant en coïncidence parfaite, au-dessus des traits de l'échelle S, on lit sur les échelles supérieures les valeurs correspondantes. Si une valeur est lue sur l'échelle gauche, son premier chiffre représente des centièmes; si elle est lue sur l'échelle droite, son premier chiffre représente des dixièmes.*

Ainsi (*fig. 60*),

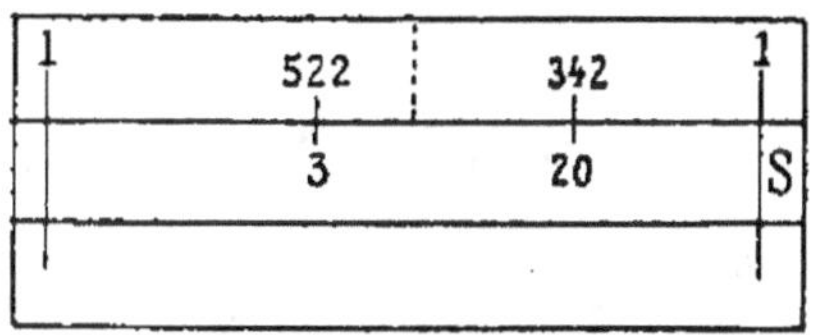

Fig. 60.

$$\sin. \ 3° = 0,0522;$$
$$\sin. 20° = 0,342.$$

87. — Application. — *Trouver* **le produit 54 sin 2° 35′.** J'opère comme dans la multiplication ordinaire, en me servant des échelles supérieures (*fig. 61*).

Je place le trait extrême gauche de l'échelle S sous 54 pris sur H₁, et je lis, au dessus de 2°35′ pris sur S, la valeur 243 sur l'échelle

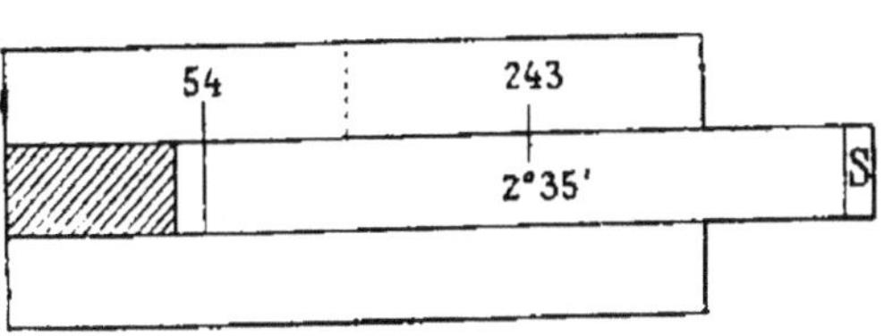

Fig. 61.

supérieure. En tenant compte des chiffres décimaux, le produit est 2,43.

88. — *Autre Procédé.* — *La réglette étant dans sa position normale, la tirer à droite, et placer au revers de l'appareil, en face le repère de l'échancrure droite, le degré voulu.*

La valeur du sinus se lit sur la réglette, au-dessous du 1 qui termine à droite l'échelle supérieure droite de la règle.

Si cette valeur est dans l'échelle supérieure droite de la réglette, son premier chiffre exprime des dixièmes; si elle est dans l'échelle supérieure gauche, il exprime des centièmes.

Ainsi, on trouve sin. 32° = 0,528 (*fig. 62*).

Dans ce procédé, pour multiplier ensuite, par exemple, 5 par sin. 32°, on n'a plus qu'à chercher 5 sur une des échelles supérieures de la règle (*fig. 62*), et au-dessous on lit sur la réglette le produit demandé, dont les chiffres sont 264; la valeur de

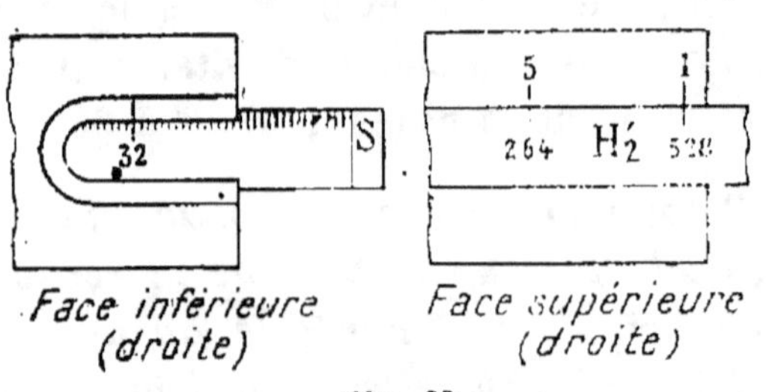

Face inférieure (droite)   Face supérieure (droite)

Fig. 62.

sin. 32° pouvant se lire dans l'échelle supérieure droite de la réglette, son premier chiffre, 5, exprime des dixièmes; le produit cherché vaut donc 2,64.

89. — Angles de 1″ à 40′. — *On admet que, pour ces petits angles, les sinus sont proportionnels aux angles. Si l'on connaissait sin. 1′, il suffirait de le multiplier par n pour avoir sin. n′. Mais il est plus commode de diviser n par* $\dfrac{1}{\sin 1'}$. *On a marqué ce diviseur sur les échelles supérieures gauches de la règle et de la réglette à l'aide d'un trait barré d'une virgule, vers le nombre 343.*

Pour trouver *sin. 12′*, par exemple, (*fig. 63*), on place ce diviseur, pris sur la réglette, au-dessous de 12 lu sur l'échelle supérieure gauche de

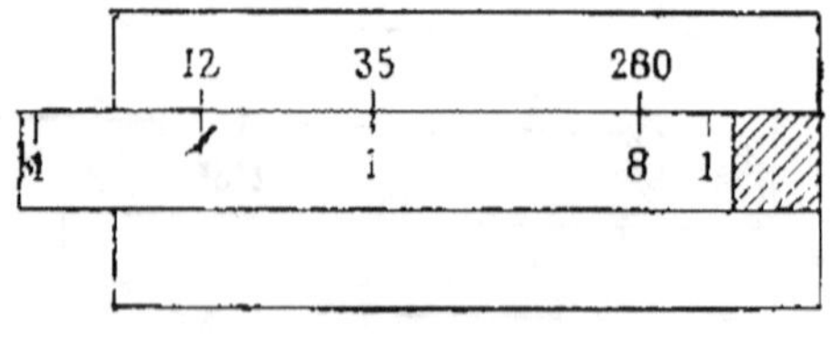

Fig. 63.

la règle; au-dessus du 1 milieu de la réglette on lit sur la
règle le nombre 35. Le tableau ci-dessous montre que la
caractéristique étant — 3, sin. 12′ = 0,0035.

Sinus	de 1″ à 3″ exclus, caractéristique :		— 6
ou	de 3″ à 21″ — , —		:— 5
Tangente	de 21″ à 3′27″ — , —		:— 4
	de 3′27″ à 34′23″ — , —		:— 3

90. — APPLICATION. — *Trouver le produit* **80** *sin.* **12′.** — On
cherche sin. 12′ comme il vient d'être indiqué, et l'on a immédiatement, au-dessus du 8 de la réglette (*fig. 63*), le produit
cherché lu sur l'échelle supérieure de la règle, soit le nombre 28,
d'où l'on tire   80 sin. 12′ = 0,28.

Enfin, pour les angles évalués en secondes, on procède d'une

manière analogue en se servant du diviseur $\dfrac{1}{sin\ 1''}$, *qui est*

indiqué sur les échelles supérieures gauches de la règle et de la
réglette, vers le nombre 206, à l'aide d'un trait barré de deux
virgules.

91. — **Cosinus.** — On les remplace par le sinus de leur
complément.

TANGENTES

92. — L'échelle **T** du revers de la réglette est celle des
tangentes. Elle comporte les logarithmes des angles de 0°
à 45°.

Angles de 0° à 45°. — *1° On retourne la réglette pour
mettre en contact l'échelle **T**
avec les échelles supérieures de
la règle. On procède ensuite
comme on l'a fait avec l'échelle*
S, soit pour évaluer la tangente
d'un angle, soit pour trouver
son produit par un nombre.

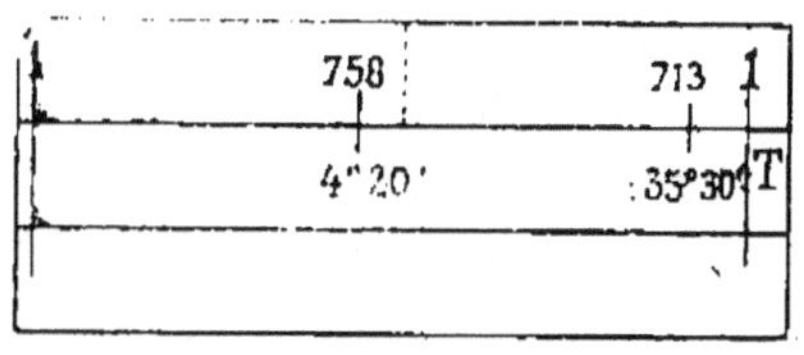

Fig. 64.

Mêmes observations qu'aux sinus pour le rang du premier
chiffre de la valeur obtenue.

Ainsi (*fig. 64*), **tg. 4°20′ = 0,0758** ; **tg. 35°30′ = 0,713.**

93. — *Autre procédé.* — *Laisser la réglette dans sa position normale ; la tirer vers la gauche ; placer le degré voulu, pris sur T, en face le repère de l'échancrure gauche du revers de la règle. Lire la valeur cherchée sur l'échelle supérieure de la règle, au-dessus du 1 extrême à droite de la réglette.*

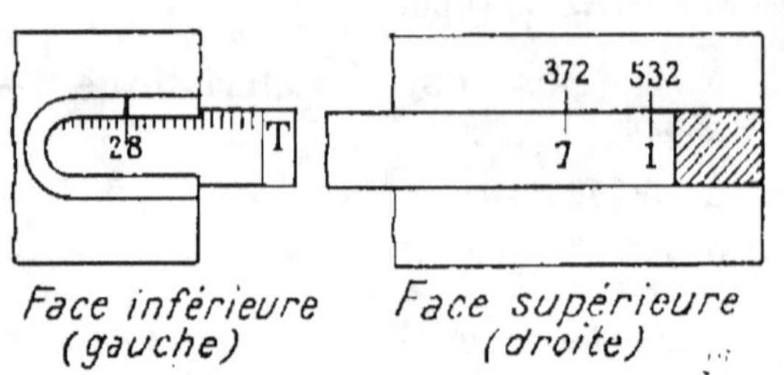

Face inférieure
(gauche)

Face supérieure
(droite)

Fig. 65.

Si cette lecture se fait sur l'échelle supérieure droite, le premier chiffre indique des dixièmes ; sur l'échelle supérieure gauche, il indique des centièmes.

Ainsi, on trouve : tg. 28° = 0,532 (*fig. 65*).

Dans ce cas, pour multiplier ensuite 7 par **tg. 28°**, par exemple, on n'a plus qu'à chercher 7 sur l'échelle supérieure de la réglette (*fig. 65*), et on lit au-dessus, sur la règle, le produit **3,72**.

94. — **Angles de 45° à 90°.** — On sait que $tg. A = \dfrac{1}{cotg. A}$;

or $cotg. A = 90° - A$; donc $tg. A = \dfrac{1}{tg. (90° - A)}$, ce qui s'énonce en langage ordinaire :

La tangente d'un angle est égale au quotient de 1 par la tangente de son complément, ou à l'inverse de cette tangente.

On aura donc $tg. 68°$, par exemple, en divisant **1** par $tg. 22°$; pour cela, ayant cherché par le second procédé la valeur de cette tangente (*fig. 66*), le **1** supérieur droite de la réglette est sous cette valeur, qu'on peut lire sur la règle (0,404),

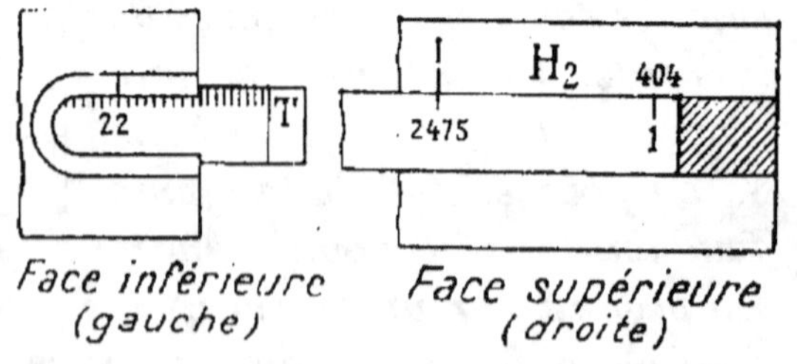

Face inférieure
(gauche)

Face supérieure
(droite)

Fig. 66.

mais c'est inutile ; on prend le **1** milieu de la règle, et on lit au-dessous sur la réglette la suite de chiffres 2 475 environ.

D'autre part, la valeur de tg. 22°, tombant dans l'échelle H_2, est comprise entre 1 et $\frac{1}{10}$: son inverse est donc compris entre 1 et 10, et a par suite 1 chiffre à sa partie entière, soit finalement : tg. 68° = 2,475.

TABLE DES MATIÈRES

M. CHOLLET

TABLE

DE

LOGARITHMES

DES

NOMBRES NATURELS

DE 1 A 10.000

PARIS

LIBRAIRIE GARNIER FRÈRES

6, RUE DES SAINTS-PÈRES, 6

TABLES I ET II

LOGARITHMES DES NOMBRES NATURELS

de 1 à 10,000

N. 1 à 200

N	Log	N	Log	N	Log	N	Log	N	Log
1	00000	41	61278	81	90849	121	08279	161	20683
2	30103	42	62325	82	91381	122	08636	162	20952
3	47712	43	63347	83	91908	123	08991	163	21219
4	60206	44	64345	84	92428	124	09342	164	21484
5	69897	45	65321	85	92942	125	09691	165	21748
6	77815	46	66276	86	93450	126	10037	166	22011
7	84510	47	67210	87	93952	127	10380	167	22272
8	90309	48	68124	88	94448	128	10721	168	22531
9	95424	49	69020	89	94939	129	11059	169	22789
10	00000	50	69897	90	95424	130	11394	170	23045
11	04139	51	70757	91	95904	131	11727	171	23300
12	07918	52	71600	92	96379	132	12057	172	23553
13	11394	53	72428	93	96848	133	12385	173	23805
14	14613	54	73239	94	97313	134	12710	174	24055
15	17609	55	74036	95	97772	135	13033	175	24304
16	20412	56	74819	96	98227	136	13354	176	24551
17	23045	57	75587	97	98677	137	13672	177	24797
18	25527	58	76343	98	99123	138	13988	178	25042
19	27875	59	77085	99	99564	139	14301	179	25285
20	30103	60	77815	100	00000	140	14613	180	25527
21	32222	61	78533	101	00432	141	14922	181	25768
22	34242	62	79239	102	00860	142	15229	182	26007
23	36173	63	79934	103	01284	143	15534	183	26245
24	38021	64	80618	104	01703	144	15836	184	26482
25	39794	65	81291	105	02119	145	16137	185	26717
26	41497	66	81954	106	02531	146	16435	186	26951
27	43136	67	82607	107	02938	147	16732	187	27184
28	44716	68	83251	108	03342	148	17026	188	27416
29	46240	69	83885	109	03743	149	17319	189	27646
30	47712	70	84510	110	04139	150	17609	190	27875
31	49136	71	85126	111	04532	151	17898	191	28103
32	50515	72	85733	112	04922	152	18184	192	28330
33	51851	73	86332	113	05308	153	18469	193	28556
34	53148	74	86923	114	05690	154	18752	194	28780
35	54407	75	87506	115	06070	155	19033	195	29003
36	55630	76	88081	116	06446	156	19312	196	29226
37	56820	77	88649	117	06819	157	19590	197	29447
38	57978	78	89209	118	07188	158	19866	198	29667
39	59106	79	89763	119	07555	159	20140	199	29885
40	60206	80	90309	120	07918	160	20412	200	30103

N. 201 à 400

N	Log	N	Log	N	Log	N	Log	N	Log
201	30320	241	38202	281	44871	321	50651	361	55751
202	30535	242	38382	282	45025	322	50786	362	55871
203	30750	243	38561	283	45179	323	50920	363	55991
204	30963	244	38739	284	45332	324	51055	364	56110
205	31175	245	38917	285	45484	325	51188	365	56229
206	31387	246	39094	286	45637	326	51322	366	56348
207	31597	247	39270	287	45788	327	51455	367	56467
208	31806	248	39445	289	45939	328	51587	368	56585
209	32015	249	39620	289	46090	329	51720	369	56703
210	32222	250	39794	290	46240	330	51851	370	56820
211	32428	251	39967	291	46389	331	51963	371	56937
212	32634	252	40140	292	46538	332	52114	372	57054
213	32838	253	40312	293	46687	333	52244	373	57171
214	33041	254	40483	294	46835	334	52375	374	57287
215	33244	255	40654	295	46982	335	52504	375	57403
216	33445	256	40824	296	47129	336	52634	376	57519
217	33646	257	40993	297	47276	337	52763	377	57634
218	33846	258	41162	298	47422	338	52892	378	57749
219	34044	259	41330	299	47567	339	53020	379	57864
220	34242	260	41497	300	47712	340	53148	380	57978
221	34439	261	41664	301	47857	341	53275	381	58092
222	34635	262	41830	302	48001	342	53403	382	58206
223	34830	263	41996	303	48144	343	53529	383	58320
224	35025	264	42160	304	48287	344	53656	384	58433
225	35218	265	42325	305	48430	345	53782	385	58546
226	35411	266	42488	306	48572	346	53908	386	58659
227	35603	267	42651	307	48714	347	54033	387	58771
228	35793	268	42813	308	48855	348	54158	388	58883
229	35984	269	42975	309	48996	349	54283	389	58995
230	36173	270	43136	310	49136	350	54407	390	59106
231	36361	271	43297	311	49276	351	54531	391	59218
232	36549	272	43457	312	49415	352	54654	392	59329
233	36736	273	43616	313	49554	353	54777	393	59439
234	36922	274	43775	314	49693	354	54900	394	59550
235	37107	275	43933	315	49831	355	55023	395	59660
236	37291	276	44091	316	49969	356	55145	396	59770
237	37475	277	44248	317	50106	357	55267	397	59879
238	37658	278	44404	318	50243	358	55388	398	59988
239	37840	279	44560	319	50379	359	55509	399	60097
240	38021	280	44716	320	50515	360	55630	400	60206

N. 401 à 600

N	Log	N	Log	N	Log	N	Log	N	Log
401	60314	441	64444	481	68215	521	71684	561	74896
402	60423	442	64542	482	68305	522	71767	562	74974
403	60531	443	64640	483	68395	523	71850	563	75051
404	60638	444	64738	484	68485	524	71933	564	75128
405	60746	445	64836	485	68574	525	72016	565	75205
406	60853	446	64933	486	68664	526	72099	566	75282
407	60959	447	65031	487	68753	527	72181	567	75358
408	61066	448	65128	488	68842	528	72263	568	75435
409	61172	449	65225	489	68931	529	72346	569	75511
410	61278	450	65321	490	69020	530	72428	570	75587
411	61384	451	65418	491	69108	531	72509	571	75664
412	61490	452	65514	492	69197	532	72591	572	75740
413	61595	453	65610	493	69285	533	72673	573	75815
414	61700	454	65706	494	69373	534	72754	574	75891
415	61805	455	65801	495	69461	535	72835	575	75967
416	61909	456	65896	496	69548	536	72916	576	76042
417	62014	457	65992	497	69636	537	72997	577	76118
418	62118	458	66087	498	69723	538	73078	578	76193
419	62221	459	66181	499	69810	539	73159	579	76268
420	62325	460	66276	500	69897	540	73239	580	76343
421	62428	461	66370	501	69984	541	73320	581	76418
422	62531	462	66464	502	70070	542	73400	582	76492
423	62634	463	66558	503	70157	543	73480	583	76567
424	62737	464	66652	504	70243	544	73560	584	76641
425	62839	465	66745	505	70329	545	73640	585	76716
426	62941	466	66839	506	70415	546	73719	586	76790
427	63043	467	66932	507	70501	547	73799	587	76864
428	63144	468	67025	508	70586	548	73878	588	76938
429	63246	469	67117	509	70672	549	73957	589	77012
430	63347	470	67210	510	70757	550	74036	590	77085
431	63448	471	67302	511	70842	551	74115	591	77159
432	63548	472	67394	512	70927	552	74194	592	77232
433	63649	473	67486	513	71012	553	74273	593	77305
434	63749	474	67578	514	71096	554	74351	594	77379
435	63849	475	67669	515	71181	555	74429	595	77452
436	63949	476	67761	516	71265	556	74507	596	77525
437	64048	477	67852	517	71349	557	74586	597	77597
438	64147	478	67943	518	71433	558	74663	598	77670
439	64246	479	68034	519	71517	559	74741	599	77743
440	64345	480	68124	520	71600	560	74819	600	77815

N. 601 à 800

N	Log	N	Log	N	Log	N	Log	N	Log
601	77887	641	80686	681	83315	721	85794	761	88138
602	77960	642	80754	682	83378	722	85854	762	88195
603	78032	643	80821	683	83442	723	85914	763	88252
604	78104	644	80889	684	83506	724	85974	764	88309
605	78176	645	80956	685	83569	725	86034	765	88366
606	78247	646	81023	686	83632	726	86094	766	88423
607	78319	647	81090	687	83696	727	86153	767	88480
608	78390	648	81158	688	83759	728	86213	768	88536
609	78462	649	81224	689	83822	729	86273	769	88593
610	78533	650	81291	690	83885	730	86332	770	88649
611	78604	651	81358	691	83948	731	86392	771	88705
612	78675	652	81425	692	84011	732	86451	772	88762
613	78746	653	81491	693	84073	733	86510	773	88818
614	78817	654	81558	694	84136	734	86570	774	88874
615	78888	655	81624	695	84198	735	86629	775	88930
616	78958	656	81690	696	84261	736	86688	776	88986
617	79029	657	81757	697	84323	737	86747	777	89042
618	79099	658	81823	698	84386	738	86806	778	89098
619	79169	659	81889	699	84448	739	86864	779	89154
620	79239	660	81954	700	84510	740	86923	780	89209
621	79309	661	82020	701	84572	741	86982	781	89265
622	79379	662	82086	702	84634	742	87040	782	89321
623	79449	663	82151	703	84696	743	87099	783	89376
624	79518	664	82217	704	84757	744	87157	784	89432
625	79588	665	82282	705	84819	745	87216	785	89487
626	79657	666	82347	706	84880	746	87274	786	89542
627	79727	667	82413	707	84942	747	87332	787	89597
628	79796	668	82478	708	85003	748	87390	788	89653
629	79865	669	82543	709	85065	749	87448	789	89708
630	79934	670	82607	710	85126	750	87506	790	89763
631	80003	671	82672	711	85187	751	87564	791	89818
632	80072	672	82737	712	85248	752	87622	792	89873
633	80140	673	82802	713	85309	753	87679	793	89927
634	80209	674	82866	714	85370	754	87737	794	89982
635	80277	675	82930	715	85431	755	87795	795	90037
636	80346	676	82995	716	85491	756	87852	796	90091
637	80414	677	83059	717	85552	757	87910	797	90146
638	80482	678	83123	718	85612	758	87967	798	90200
639	80550	679	83187	719	85673	759	88024	799	90255
640	80618	680	83251	720	85733	760	88081	800	90309

N. 801 à 1000

N	Log	N	Log	N	Log	N	Log	N	Log
801	90363	841	92480	881	94498	921	96426	961	98272
802	90417	842	92531	882	94547	922	96473	962	98318
803	90472	843	92583	883	94596	923	96520	963	98363
804	90526	844	92634	884	94645	924	96567	964	98408
805	90580	845	92686	885	94694	925	96614	965	98453
806	90634	846	92737	886	94743	926	96661	966	98498
807	90687	847	92788	887	94792	927	96708	967	98543
808	90741	848	92840	888	94841	928	96755	968	98588
809	90795	849	92891	889	94890	929	96802	969	98632
810	90849	850	92942	890	94939	930	96848	970	98677
811	90902	851	92993	891	94988	931	96895	971	98722
812	90956	852	93044	892	95036	932	96942	972	98767
813	91009	853	93095	893	95085	933	96988	973	98811
814	91062	854	93146	894	95134	934	97035	974	98856
815	91116	855	93197	895	95182	935	97081	975	98900
816	91169	856	93247	896	95231	936	97128	976	98945
817	91222	857	93298	897	95279	937	97174	977	98989
818	91275	858	93349	898	95328	938	97220	978	99034
819	91328	859	93399	899	95376	939	97267	979	99078
820	91381	860	93450	900	95424	940	97313	980	99123
821	91434	861	93500	901	95472	941	97359	981	99167
822	91487	862	93551	902	95521	942	97405	982	99211
823	91540	863	93601	903	95569	943	97451	983	99255
824	91593	864	93651	904	95617	944	97497	984	99300
825	91645	865	93702	905	95665	945	97543	985	99344
826	91698	866	93752	906	95713	946	97589	986	99388
827	91751	867	93802	907	95761	947	97635	987	99432
828	91803	868	93852	908	95809	948	97681	988	99476
829	91855	869	93902	909	95856	949	97727	989	99520
830	91908	870	93952	910	95904	950	97772	990	99564
831	91960	871	94002	911	95952	951	97818	991	99607
832	92012	872	94052	912	95999	952	97864	992	99651
833	92065	873	94101	913	96047	953	97909	993	99695
834	92117	874	94151	914	96095	954	97955	994	99739
835	92169	875	94201	915	96142	955	98000	995	99782
836	92221	876	94250	916	96190	956	98046	996	99826
837	92273	877	94300	917	96237	957	98091	997	99870
838	92324	878	94349	918	96284	958	98137	998	99913
839	92376	879	94399	919	96332	959	98182	999	99957
840	92428	880	94448	920	96379	960	98227	1000	00000

N	Log	D	N	Log	D	N	Log	D	N	Log	D
1001	00043	44	1041	01745	42	1081	03383	40	1121	04961	38
02	087	43	42	787	41	82	423	40	22	04999	39
03	130	43	43	828	42	83	463	40	23	05038	39
04	173	44	44	870	42	84	503	40	24	077	38
05	00217	43	45	01912	41	85	03543	40	25	05115	39
06	260	43	46	953	42	86	583	40	26	154	38
07	303	43	47	01995	41	87	623	40	27	192	39
08	346	43	48	02036	42	88	663	40	28	231	38
09	389	43	49	078	41	89	703	40	29	269	39
1010	00432	43	1050	02119	41	1090	03743	39	1130	05308	38
11	475	43	51	160	42	91	782	40	31	346	39
12	518	43	52	202	41	92	822	40	32	385	38
13	561	43	53	243	41	93	862	40	33	423	38
14	604	43	54	284	41	94	902	39	34	461	39
15	00647	42	55	02325	41	95	03941	40	35	05500	38
16	689	43	56	366	41	96	03981	40	36	538	38
17	732	43	57	407	42	97	04021	39	37	576	38
18	775	42	58	449	41	98	060	40	38	614	38
19	817	43	59	490	41	99	100	39	39	652	38
1020	00860	43	1060	02531	41	1100	04139	40	1140	05690	39
21	903	42	61	572	40	01	179	39	41	729	38
22	945	43	62	612	41	02	218	40	42	767	38
23	00988	42	63	653	41	03	258	39	43	805	38
24	01030	42	64	694	41	04	297	39	44	843	38
25	01072	43	65	02735	41	05	04336	40	45	05881	37
26	115	42	66	776	40	06	376	39	46	918	38
27	157	42	67	816	41	07	415	39	47	956	38
28	199	43	68	857	41	08	454	39	48	05994	38
29	242	42	69	898	40	09	493	39	49	06032	38
1030	01284	42	1070	02938	41	1110	04532	39	1150	06070	38
31	326	42	71	02979	40	11	571	39	51	108	37
32	368	42	72	03019	41	12	610	40	52	145	38
33	410	42	73	060	40	13	650	39	53	183	38
34	452	42	74	100	41	14	689	38	54	221	37
35	01494	42	75	03141	40	15	04727	39	55	06258	38
36	536	42	76	181	41	16	766	39	56	296	37
37	578	42	77	222	40	17	805	39	57	333	38
38	620	42	78	262	40	18	844	39	58	371	37
39	662	41	79	302	40	19	883	39	59	408	38
1040	01703	42	1080	03342	41	1120	04922	39	1160	06446	37

P.P.

44	43	42	41	40	39
1 4,4	1 4,3	1 4,2	1 4,1	1 4	1 3,9
2 8,8	2 8,6	2 8,4	2 8,2	2 8	2 7,8
3 13,2	3 12,9	3 12,6	3 12,3	3 12	3 11,7
4 17,6	4 17,2	4 16,8	4 16,4	4 16	4 15,6
5 22,0	5 21,5	5 21,0	5 20,5	5 20	5 19,5
6 26,4	6 25,8	6 25,2	6 24,6	6 24	6 23,4
7 30,8	7 30,1	7 29,4	7 28,7	7 28	7 27,3
8 35,2	8 34,4	8 33,6	8 32,8	8 32	8 31,2
9 39,6	9 38,7	9 37,8	9 36,9	9 36	9 35,1

N. 1161 à 1320   **Log. 06483 à 12057**

N	Log	D	N	Log	D	N	Log	D	N	Log	D
1161	06483	38	1201	07954	36	1241	09377	35	1281	10755	34
62	521	37	02	07990	37	42	412	35	82	789	34
63	558	37	03	08027	36	43	447	35	83	823	34
64	595	38	04	063	36	44	482	35	84	857	33
65	06633	37	05	08099	36	45	09517	35	85	10890	34
66	670	37	06	135	36	46	552	35	86	924	34
67	707	37	07	171	36	47	587	34	87	958	34
68	744	37	08	207	36	48	621	35	88	10992	33
69	781	38	09	243	36	49	656	35	89	11025	34
1170	06819	37	1210	08279	35	1250	09691	35	1290	11059	34
71	856	37	11	314	36	51	726	34	91	093	33
72	893	37	12	350	36	52	760	35	92	126	34
73	930	37	13	386	36	53	795	35	93	160	33
74	06967	37	14	422	36	54	830	34	94	193	34
75	07004	37	15	08458	35	55	09864	35	95	11227	34
76	041	37	16	493	36	56	899	35	96	261	33
77	078	37	17	529	36	57	934	34	97	294	33
78	115	36	18	565	35	58	09968	35	98	327	34
79	151	37	19	600	36	59	10003	34	99	361	33
1180	07188	37	1220	08636	36	1260	10037	35	1300	11394	34
	225	37	21	672	35	61	072	34	01	428	33
	262	36	22	707	36	62	106	34	02	461	33
	298	37	23	743	35	63	140	35	03	494	34
84	335	37	24	778	36	64	175	34	04	528	33
85	07372	36	25	08814	35	65	10209	34	05	11561	33
86	408	37	26	849	35	66	243	35	06	594	34
87	445	37	27	884	36	67	278	34	07	628	33
88	482	36	28	920	35	68	312	34	08	661	33
89	518	37	29	955	36	69	346	34	09	694	33
1190	07555	36	1230	08991	35	1270	10380	35	1310	11727	33
91	591	37	31	09026	35	71	415	34	11	760	33
92	628	36	32	061	35	72	449	34	12	793	33
93	664	36	33	096	36	73	483	34	13	826	34
94	700	37	34	132	35	74	517	34	14	860	33
95	07737	36	35	09167	35	75	10551	34	15	11893	33
96	773	36	36	202	35	76	585	34	16	926	33
97	809	37	37	237	35	77	619	34	17	959	33
98	846	36	38	272	35	78	653	34	18	11992	32
99	882	36	39	307	35	79	687	34	19	12024	33
1200	07918	36	1240	09342	35	1280	10721	34	1320	12057	33

P. P.

38		37		36		35		34		33	
1	3,8	1	3,7	1	3,6	1	3,5	1	3,4	1	3,3
2	7,6	2	7,4	2	7,2	2	7,0	2	6,8	2	6,6
3	11,4	3	11,1	3	10,8	3	10,5	3	10,2	3	9,9
4	15,2	4	14,8	4	14,4	4	14,0	4	13,6	4	13,2
5	19,0	5	18,5	5	18,0	5	17,5	5	17,0	5	16,5
6	22,8	6	22,2	6	21,6	6	21,0	6	20,4	6	19,8
7	26,6	7	25,9	7	25,2	7	24,5	7	23,8	7	23,1
8	30,4	8	29,6	8	28,8	8	28,0	8	27,2	8	26,4
9	34,2	9	33,3	9	32,4	9	31,5	9	30,6	9	29,7

N	Log	D	N	Log	D	N	Log	D	N	Log	D
1321	12090	33	1361	13386	32	1401	14644	31	1441	15866	31
22	123	33	62	418	32	02	675	31	42	897	30
23	156	33	63	450	31	03	706	31	43	927	30
24	189	33	64	481	32	04	737	31	44	957	30
25	12222	32	65	13513	32	05	14768	31	45	15987	30
26	254	33	66	545	32	06	799	30	46	16017	30
27	287	33	67	577	32	07	829	31	47	047	30
28	320	32	68	609	31	08	860	31	48	077	30
29	352	33	69	640	32	09	891	31	49	107	30
1330	12385	33	1370	13672	32	1410	14922	31	1450	16137	30
31	418	32	71	704	31	11	953	30	51	167	30
32	450	33	72	735	32	12	14983	31	52	197	30
33	483	33	73	767	32	13	15014	31	53	227	29
34	516	32	74	799	31	14	045	31	54	256	30
35	12548	33	75	13830	32	15	15076	30	55	16286	30
36	581	32	76	862	31	16	106	31	56	316	30
37	613	33	77	893	32	17	137	31	57	346	30
38	646	32	78	925	31	18	168	30	58	376	30
39	678	32	79	956	32	19	198	31	59	406	29
1340	12710	33	1380	13988	31	1420	15229	30	1460	16435	30
41	743	32	81	14019	32	21	259	31	61	465	30
42	775	33	82	051	31	22	290	30	62	495	29
43	808	32	83	082	32	23	320	31	63	524	30
44	840	32	84	114	31	24	351	30	64	554	30
45	12872	33	85	14145	31	25	15381	31	65	16584	29
46	905	32	86	176	32	26	412	30	66	613	30
47	937	32	87	208	31	27	442	31	67	643	30
48	12969	32	88	239	31	28	473	30	68	673	29
49	13001	32	89	270	31	29	503	31	69	702	30
1350	13033	33	1390	14301	32	1430	15534	30	1470	16732	29
51	066	32	91	333	31	31	564	30	71	761	30
52	098	32	92	364	31	32	594	31	72	791	29
53	130	32	93	395	31	33	625	30	73	820	30
54	162	32	94	426	31	34	655	30	74	850	29
55	13194	32	95	14457	32	35	15685	30	75	16879	30
56	226	32	96	489	31	36	715	31	76	909	29
57	258	32	97	520	31	37	746	30	77	938	29
58	290	32	98	551	31	38	776	30	78	967	30
59	322	32	99	582	31	39	806	30	79	16997	29
1360	13354	32	1400	14613	31	1440	15836	30	1480	17026	30

P.P.

33		32		31		30		29	
1	3,3	1	3,2	1	3,1	1	3	1	2,9
2	6,6	2	6,4	2	6,2	2	6	2	5,8
3	9,9	3	9,6	3	9,3	3	9	3	8,7
4	13,2	4	12,8	4	12,4	4	12	4	11,6
5	16,5	5	16	5	15,5	5	15	5	14,5
6	19,8	6	19,2	6	18,6	6	18	6	17,4
7	23,1	7	22,4	7	21,7	7	21	7	20,3
8	26,4	8	25,6	8	24,8	8	24	8	23,2
9	29,7	9	28,8	9	27,9	9	27	9	26,1

N	Log	D	N	Log	D	N	Log	D	N	Log	D
1481	17056	29	1521	18213	28	1561	19340	28	1601	20439	27
82	085	29	22	241	29	62	368	28	02	466	27
83	114	29	23	270	28	63	396	28	03	493	27
84	143	30	24	298	29	64	424	27	04	520	28
85	17173	29	25	18327	28	65	19451	28	05	20548	27
86	202	29	26	355	29	66	479	28	06	575	27
87	231	29	27	384	28	67	507	28	07	602	27
88	260	29	28	412	29	68	535	27	08	629	27
89	289	30	29	441	28	69	562	28	09	656	27
1490	17319	29	1530	18469	29	1570	19590	28	1610	20683	27
91	348	29	31	498	28	71	618	27	11	710	27
92	377	29	32	526	28	72	645	28	12	737	26
93	406	29	33	554	29	73	673	27	13	763	27
94	435	29	34	583	28	74	700	28	14	790	27
95	17464	29	35	18611	28	75	19728	28	15	20817	27
96	493	29	36	639	28	76	756	27	16	844	27
97	522	29	37	667	29	77	783	28	17	871	27
98	551	29	38	696	28	78	811	27	18	898	27
99	580	29	39	724	28	79	838	28	19	925	27
1500	17609	29	1540	18752	28	1580	19866	27	1620	20952	26
01	638	29	41	780	28	81	893	28	21	20978	27
02	667	29	42	808	29	82	921	27	22	21005	27
03	696	29	43	837	28	83	948	28	23	032	27
04	725	29	44	865	28	84	19976	27	24	059	26
05	17754	28	45	18893	28	85	20003	27	25	21085	27
06	782	29	46	921	28	86	030	28	26	112	27
07	811	29	47	949	28	87	058	27	27	139	26
08	840	29	48	18977	28	88	085	27	28	165	27
09	869	29	49	19005	28	89	112	28	29	192	27
1510	17898	28	1550	19033	28	1590	20140	27	1630	21219	26
11	926	29	51	061	28	91	167	27	31	245	27
12	955	29	52	089	28	92	194	28	32	272	27
13	17984	29	53	117	28	93	222	27	33	299	26
14	18013	28	54	145	28	94	249	27	34	325	27
15	18041	29	55	19173	28	95	20276	27	35	21352	26
16	070	29	56	201	28	96	303	27	36	378	27
17	099	28	57	229	28	97	330	28	37	405	26
18	127	29	58	257	28	98	358	27	38	431	27
19	156	28	59	285	27	99	385	27	39	458	26
1520	18184	29	1560	19312	28	1600	20412	27	1640	21484	27

P. P.

29	
1	2,9
2	5,8
3	8,7
4	11,6
5	14,5
6	17,4
7	20,8
8	23,2
9	26,1

28	
1	2,8
2	5,6
3	8,4
4	11,2
5	14,0
6	16,8
7	19,6
8	22,4
9	25,2

27	
1	2,7
2	5,4
3	8,1
4	10,8
5	13,5
6	16,2
7	18,9
8	21,6
9	24,3

26	
1	2,6
2	5,2
3	7,8
4	10,4
5	13,0
6	15,6
7	18,2
8	20,8
9	23,4

N	Log	D	N	Log	D	N	Log	D	N	Log	D	P.P.
1641	21511	26	1681	22557	26	1721	23578	25	1761	24576	25	
42	537	27	82	583	25	22	603	26	62	601	24	**27**
43	564	26	83	608	26	23	629	25	63	625	25	1 2,7
44	590	27	84	634	26	24	654	25	64	650	24	2 5,4
												3 8,1
45	21617	26	85	22660	26	25	23679	25	65	24674	25	4 10,8
46	643	26	86	686	26	26	704	25	66	699	25	5 13,5
47	669	27	87	712	25	27	729	25	67	724	24	6 16,2
48	696	26	88	737	26	28	754	25	68	748	25	7 18,9
49	722	26	89	763	26	29	779	26	69	773	24	8 21,6
												9 24,3
1650	21748	27	1690	22789	25	1730	23805	25	1770	24797	25	
51	775	26	91	814	26	31	830	25	71	822	24	
52	801	26	92	840	26	32	855	25	72	846	25	
53	827	27	93	866	25	33	880	25	73	871	24	**26**
54	854	26	94	891	26	34	905	25	74	895	25	1 2,6
												2 5,2
55	21880	26	95	22917	26	35	23930	25	75	24920	24	3 7,8
56	906	26	96	943	25	36	955	25	76	944	25	4 10,4
57	932	26	97	968	26	37	23980	25	77	969	24	5 13,0
58	958	27	98	22994	25	38	24005	25	78	24993	25	6 15,6
59	21985	26	99	23019	26	39	030	25	79	25018	24	7 18,2
												8 20,8
												9 23,4
1660	22011	26	1700	23045	25	1740	24055	25	1780	25042	24	
61	037	26	01	070	26	41	080	25	81	066	25	
62	063	26	02	096	25	42	105	25	82	091	24	
63	089	26	03	121	26	43	130	25	83	115	24	**25**
64	115	26	04	147	25	44	155	25	84	139	25	1 2,5
												2 5,0
65	22141	26	05	23172	26	45	24180	24	85	25164	24	3 7,5
66	167	27	06	198	25	46	204	25	86	188	24	4 10,0
67	194	26	07	223	26	47	229	25	87	212	25	5 12,5
68	220	26	08	249	25	48	254	25	88	237	24	6 15,0
69	246	26	09	274	26	49	279	25	89	261	24	7 17,5
												8 20,0
												9 22,5
1670	22272	26	1710	23300	25	1750	24304	25	1790	25285	25	
71	298	26	11	325	25	51	329	24	91	310	24	
72	324	26	12	350	26	52	353	25	92	334	24	
73	350	26	13	376	25	53	378	25	93	358	24	**24**
74	376	25	14	401	25	54	403	25	94	382	24	1 2,4
												2 4,8
75	22401	26	15	23426	26	55	24428	24	95	25406	25	3 7,2
76	427	26	16	452	25	56	452	25	96	431	24	4 9,6
77	453	26	17	477	25	57	477	25	97	455	24	5 12,0
78	479	26	18	502	26	58	502	25	98	479	24	6 14,4
79	505	26	19	528	25	59	527	24	99	503	24	7 16,8
												8 19,2
1680	22531	26	1720	23553	25	1760	24551	25	1800	25527	24	9 21,6

N. 1801 à 1960 **Log. 25551 à 29226**

N	Log	D	N	Log	D	N	Log	D	N	Log	D
1801	25551	24	1841	26505	24	1881	27439	23	1921	28353	22
02	575	25	42	529	24	82	462	23	22	375	23
03	600	24	43	553	23	83	485	23	23	398	23
04	624	24	44	576	24	84	508	23	24	421	22
05	25648	24	45	26600	23	85	27531	23	25	28443	23
06	672	24	46	623	24	86	554	23	26	466	22
07	696	24	47	647	23	87	577	23	27	488	23
08	720	24	48	670	24	88	600	23	28	511	22
09	744	24	49	694	23	89	623	23	29	533	23
1810	25768	24	1850	26717	24	1890	27646	23	1930	28556	22
11	792	24	51	741	23	91	669	23	31	578	23
12	816	24	52	764	24	92	692	23	32	601	22
13	840	24	53	788	23	93	715	23	33	623	23
14	864	24	54	811	23	94	738	23	34	646	22
15	25888	24	55	26834	24	95	27761	23	35	28668	23
16	912	23	56	858	23	96	784	23	36	691	22
17	935	24	57	881	24	97	807	23	37	713	22
18	959	24	58	905	23	98	830	22	38	735	23
19	25983	24	59	928	23	99	852	23	39	758	22
1820	26007	24	1860	26951	24	1900	27875	23	1940	28780	23
21	031	24	61	975	23	01	898	23	41	803	22
22	055	24	62	26998	23	02	921	23	42	825	22
23	079	23	63	27021	24	03	944	23	43	847	23
24	102	24	64	045	23	04	967	22	44	870	22
25	26126	24	65	27068	23	05	27989	23	45	28892	22
26	150	24	66	091	23	06	28012	23	46	914	23
27	174	24	67	114	23	07	035	23	47	937	22
28	198	23	68	138	24	08	058	23	48	959	22
29	221	24	69	161	23	09	081	22	49	28981	22
1830	26245	24	1870	27184	23	1910	28103	23	1950	29003	23
31	269	24	71	207	24	11	126	23	51	026	22
32	293	24	72	231	23	12	149	22	52	048	22
33	316	23	73	254	23	13	171	23	53	070	22
34	340	24	74	277	23	14	194	23	54	092	23
35	26364	24	75	27300	23	15	28217	23	55	29115	22
36	387	23	76	323	23	16	240	22	56	137	22
37	411	24	77	346	24	17	262	23	57	159	22
38	435	24	78	370	23	18	285	22	58	181	22
39	458	23	79	393	23	19	307	23	59	203	23
1840	26482	23	1880	27416	23	1920	28330	23	1960	29226	22

P.P.

25	
1	2,5
2	5,0
3	7,5
4	10,0
5	12,5
6	15,0
7	17,5
8	20,0
9	22,5

24	
1	2,4
2	4,8
3	7,2
4	9,6
5	12,0
6	14,4
7	16,8
8	19,2
9	21,6

23	
1	2,3
2	4,6
3	6,9
4	9,2
5	11,5
6	13,8
7	16,1
8	18,4
9	20,7

22	
1	2,2
2	4,4
3	6,6
4	8,8
5	11,0
6	13,2
7	15,4
8	17,6
9	19,8

N. 1961 à 2120   **Log. 29248 à 32634**

N	Log	D	N	Log	D	N	Log	D	N	Log	D
1961	29248	22	2001	30125	21	2041	30984	22	2081	31827	21
62	270	22	02	146	22	42	31006	21	82	848	21
63	292	22	03	168	22	43	027	21	83	869	21
64	314	22	04	190	21	44	048	21	84	890	21
65	29336	22	05	30211	22	45	31069	22	85	31911	20
66	358	22	06	233	22	46	091	21	86	931	21
67	380	23	07	255	21	47	112	21	87	952	21
68	403	22	08	276	22	48	133	21	88	973	21
69	425	22	09	298	22	49	154	21	89	31994	21
1970	29447	22	2010	30320	21	2050	31175	22	2090	32015	20
71	469	22	11	341	22	51	197	21	91	035	21
72	491	22	12	363	21	52	218	21	92	056	21
73	513	22	13	384	22	53	239	21	93	077	21
74	535	22	14	406	22	54	260	21	94	098	20
75	29557	22	15	30428	21	55	31281	21	95	32118	21
76	579	22	16	449	22	56	302	21	96	139	21
77	601	22	17	471	21	57	323	22	97	160	21
78	623	22	18	492	22	58	345	21	98	181	20
79	645	22	19	514	21	59	366	21	99	201	21
1980	29667	21	2020	30535	22	2060	31387	21	2100	32222	21
81	688	22	21	557	21	61	408	21	01	243	20
82	710	22	22	578	22	62	429	21	02	263	21
83	732	22	23	600	21	63	450	21	03	284	21
84	754	22	24	621	22	64	471	21	04	305	20
85	29776	22	25	30643	21	65	31492	21	05	32325	21
86	798	22	26	664	21	66	513	21	06	346	20
87	820	22	27	685	22	67	534	21	07	366	21
88	842	21	28	707	21	68	555	21	08	387	21
89	863	22	29	728	22	69	576	21	09	408	20
1990	29885	22	2030	30750	21	2070	31597	21	2110	32428	21
91	907	22	31	771	21	71	618	21	11	449	20
92	929	22	32	792	22	72	639	21	12	469	21
93	951	22	33	814	21	73	660	21	13	490	20
94	973	21	34	835	21	74	681	21	14	510	21
95	29994	22	35	30856	22	75	31702	21	15	32531	21
96	30016	22	36	878	21	76	723	21	16	552	20
97	038	22	37	899	21	77	744	21	17	572	21
98	060	21	38	920	22	78	765	20	18	593	20
99	081	22	39	942	21	79	785	21	19	613	21
2000	30103	22	2040	30963	21	2080	31806	21	2120	32634	20

P. P.

22		21		20	
1	2,2	1	2,1	1	2
2	4,4	2	4,2	2	4
3	6,6	3	6,3	3	6
4	8,8	4	8,4	4	8
5	11,0	5	10,5	5	10
6	13,2	6	12,6	6	12
7	15,4	7	14,7	7	14
8	17,6	8	16,8	8	16
9	19,8	9	18,9	9	18

N. 2121 à 2280   Log. 32654 à 35793

N	Log	D	N	Log	D	N	Log	D	N	Log	D
2121	32654	21	2161	33465	21	2201	34262	20	2241	35044	20
22	675	20	62	486	20	02	282	19	42	064	19
23	695	20	63	506	20	03	301	20	43	083	19
24	715	21	64	526	20	04	321	20	44	102	20
25	32736	20	65	33546	20	05	34341	20	45	35122	19
26	756	21	66	566	20	06	361	19	46	141	19
27	777	20	67	586	20	07	380	20	47	160	20
28	797	21	68	606	20	08	400	20	48	180	19
29	818	20	69	626	20	09	420	19	49	199	19
2130	32838	20	2170	33646	20	2210	34439	20	2250	35218	20
31	858	21	71	666	20	11	459	20	51	238	19
32	879	20	72	686	20	12	479	19	52	257	19
33	899	20	73	706	20	13	498	20	53	276	19
34	919	21	74	726	20	14	518	19	54	295	20
35	32940	20	75	33746	20	15	34537	20	55	35315	19
36	960	20	76	766	20	16	557	20	56	334	19
37	32980	21	77	786	20	17	577	19	57	353	19
38	33001	20	78	806	20	18	596	20	58	372	20
39	021	20	79	826	20	19	616	19	59	392	19
2140	33041	21	2180	33846	20	2220	34635	20	2260	35411	19
41	062	20	81	866	19	21	655	19	61	430	19
42	082	20	82	885	20	22	674	20	62	449	19
43	102	20	83	905	20	23	694	19	63	468	20
44	122	21	84	925	20	24	713	20	64	488	19
45	33143	20	85	33945	20	25	34733	20	65	35507	19
46	163	20	86	965	20	26	753	19	66	526	19
47	183	20	87	33985	20	27	772	20	67	545	19
48	203	21	88	34005	20	28	792	19	68	564	19
49	224	20	89	025	19	29	811	19	69	583	20
2150	33244	20	2190	34044	20	2230	34830	20	2270	35603	19
51	264	20	91	064	20	31	850	19	71	622	19
52	284	20	92	084	20	32	869	20	72	641	19
53	304	21	93	104	20	33	889	19	73	660	19
54	325	20	94	124	19	34	908	20	74	679	19
55	33345	20	95	34143	20	35	34928	19	75	35698	19
56	365	20	96	163	20	36	947	20	76	717	19
57	385	20	97	183	20	37	967	19	77	736	19
58	405	20	98	203	20	38	34986	19	78	755	19
59	425	20	99	223	19	39	35005	20	79	774	19
2160	33445	20	2200	34242	20	2240	35025	19	2280	35793	20

P. P.

21	
1	2,1
2	4,2
3	6,3
4	8,4
5	10,5
6	12,6
7	14,7
8	16,8
9	18,9

20	
1	2
2	4
3	6
4	8
5	10
6	12
7	14
8	16
9	18

19	
1	1,9
2	3,8
3	5,7
4	7,6
5	9,5
6	11,4
7	13,3
8	15,2
9	17,1

N. 2281 à 2440   **Log. 35813 à 38739**

N	Log	D	N	Log	D	N	Log	D	N	Log	D
2281	35813	19	2321	36568	18	2361	37310	18	2401	38039	18
82	832	19	22	586	19	62	328	18	02	057	18
83	851	19	23	605	19	63	346	19	03	075	18
84	870	19	24	624	18	64	365	18	04	093	19
85	35889	19	25	36642	19	65	37383	18	05	38112	18
86	908	19	26	661	19	66	401	19	06	130	18
87	927	19	27	680	18	67	420	18	07	148	18
88	946	19	28	698	19	68	438	19	08	166	18
89	965	19	29	717	19	69	457	18	09	184	18
2290	35984	19	2330	36736	18	2370	37475	18	2410	38202	18
91	36003	18	31	754	19	71	493	18	11	220	18
92	021	19	32	773	18	72	511	19	12	238	18
93	040	19	33	791	19	73	530	18	13	256	18
94	059	19	34	810	19	74	548	18	14	274	18
95	36078	19	35	36829	18	75	37566	19	15	38292	18
96	097	19	36	847	19	76	585	18	16	310	18
97	116	19	37	866	18	77	603	18	17	328	18
98	135	19	38	884	19	78	621	18	18	346	18
99	154	19	39	903	19	79	639	19	19	364	18
2300	36173	19	2340	36922	18	2380	37658	18	2420	38382	17
01	192	19	41	940	19	81	676	18	21	399	18
02	211	18	42	959	18	82	694	18	22	417	18
03	229	19	43	977	19	83	712	19	23	435	18
04	248	19	44	36996	18	84	731	18	24	453	18
05	36267	19	45	37014	19	85	37749	18	25	38471	18
06	286	19	46	033	18	86	767	18	26	489	18
07	305	19	47	051	19	87	785	18	27	507	18
08	324	18	48	070	18	88	803	19	28	525	18
09	342	19	49	088	19	89	822	18	29	543	18
2310	36361	19	2350	37107	18	2390	37840	18	2430	38561	17
11	380	19	51	125	19	91	858	18	31	578	18
12	399	19	52	144	18	92	876	18	32	596	18
13	418	18	53	162	19	93	894	18	33	614	18
14	436	19	54	181	18	94	912	19	34	632	18
15	36455	19	55	37199	19	95	37931	18	35	38650	18
16	474	19	56	218	18	96	949	18	36	668	18
17	493	18	57	236	18	97	967	18	37	686	17
18	511	19	58	254	19	98	37985	18	38	703	18
19	530	19	59	273	18	99	38003	18	39	721	18
2320	36549	19	2360	37291	19	2400	38021	18	2440	38739	18

P. P.

19		18		17	
1	1,9	1	1,8	1	1,7
2	3,8	2	3,6	2	3,4
3	5,7	3	5,4	3	5,1
4	7,6	4	7,2	4	6,8
5	9,5	5	9,0	5	8,5
6	11,4	6	10,8	6	10,2
7	13,3	7	12,6	7	11,9
8	15,2	8	14,4	8	13,6
9	17,1	9	16,2	9	15,3

N	Log	D	N	Log	D	N	Log	D	N	Log	D
2441	38757	18	2481	39463	17	2521	40157	18	2561	40841	17
42	775	17	82	480	18	22	175	17	62	858	17
43	792	18	83	498	17	23	192	17	63	875	17
44	810	18	84	515	18	24	209	17	64	892	17
45	38828	18	85	39533	17	25	40226	17	65	40909	17
46	846	17	86	550	18	26	243	18	66	926	17
47	863	18	87	568	17	27	261	17	67	943	17
48	881	18	88	585	17	28	278	17	68	960	16
49	899	18	89	602	18	29	295	17	69	976	17
2450	38917	17	2490	39620	17	2530	40312	17	2570	40993	17
51	934	18	91	637	18	31	329	17	71	41010	17
52	952	18	92	655	17	32	346	18	72	027	17
53	970	17	93	672	18	33	364	17	73	044	17
54	38987	18	94	690	17	34	381	17	74	061	17
55	39005	18	95	39707	17	35	40398	17	75	41078	17
56	023	18	96	724	18	36	415	17	76	095	16
57	041	17	97	742	17	37	432	17	77	111	17
58	058	18	98	759	18	38	449	17	78	128	17
59	076	18	99	777	17	39	466	17	79	145	17
2460	39094	17	2500	39794	17	2540	40483	17	2580	41162	17
61	111	18	01	811	18	41	500	18	81	179	17
62	129	17	02	829	17	42	518	17	82	196	16
63	146	18	03	846	17	43	535	17	83	212	17
64	164	18	04	863	18	44	552	17	84	229	17
65	39182	17	05	39881	17	45	40569	17	85	41246	17
66	199	18	06	898	17	46	586	17	86	263	17
67	217	18	07	915	18	47	603	17	87	280	16
68	235	17	08	933	17	48	620	17	88	296	17
69	252	18	09	950	17	49	637	17	89	313	17
2470	39270	17	2510	39967	18	2550	40654	17	2590	41330	17
71	287	18	11	39985	17	51	671	17	91	347	16
72	305	17	12	40002	17	52	688	17	92	363	17
73	322	18	13	019	18	53	705	17	93	380	17
74	340	18	14	037	17	54	722	17	94	397	17
75	39358	17	15	40054	17	55	40739	17	95	41414	16
76	375	18	16	071	17	56	756	17	96	430	17
77	393	17	17	088	18	57	773	17	97	447	17
78	410	18	18	106	17	58	790	17	98	464	17
79	428	17	19	123	17	59	807	17	99	481	16
2480	39445	18	2520	40140	17	2560	40824	17	2600	41497	17

P. P.

18	
1	1,8
2	3,6
3	5,4
4	7,2
5	9,0
6	10,8
7	12,6
8	14,4
9	16,2

17	
1	1,7
2	3,4
3	5,1
4	6,8
5	8,5
6	10,2
7	11,9
8	13,6
9	15,3

16	
1	1,6
2	3,2
3	4,8
4	6,4
5	8,0
6	9,6
7	11,2
8	12,8
9	14,4

N	Log	D	N	Log	D	N	Log	D	N	Log	D
2601	41514	17	2641	42177	16	2681	42830	16	2721	43473	16
02	531	16	42	193	17	82	846	16	22	489	16
03	547	17	43	210	16	83	862	16	23	505	16
04	564	17	44	226	17	84	878	16	24	521	16
05	41581	16	45	42243	16	85	42894	17	25	43537	16
06	597	17	46	259	16	86	911	16	26	553	16
07	614	17	47	275	17	87	927	16	27	569	15
08	631	16	48	292	16	88	943	16	28	584	16
09	647	17	49	308	17	89	959	16	29	600	16
2610	41664	17	2650	42325	16	2690	42975	16	2730	43616	16
11	681	16	51	341	16	91	42991	17	31	632	16
12	697	17	52	357	17	92	43008	16	32	648	16
13	714	17	53	374	16	93	024	16	33	664	16
14	731	16	54	390	16	94	040	16	34	680	16
15	41747	17	55	42406	17	95	43056	16	35	43696	16
16	764	16	56	423	16	96	072	16	36	712	15
17	780	17	57	439	17	97	088	16	37	727	16
18	797	17	58	455	17	98	104	16	38	743	16
19	814	16	59	472	16	99	120	16	39	759	16
2620	41830	17	2660	42488	16	2700	43136	16	2740	43775	16
21	847	16	61	504	17	01	152	17	41	791	16
22	863	17	62	521	16	02	169	16	42	807	16
23	880	16	63	537	16	03	185	16	43	823	15
24	896	17	64	553	17	04	201	16	44	838	16
25	41913	16	65	42570	16	05	43217	16	45	43854	16
26	929	17	66	586	16	06	233	16	46	870	16
27	946	17	67	602	17	07	249	16	47	886	16
28	963	16	68	619	16	08	265	16	48	902	15
29	979	17	69	635	16	09	281	16	49	917	16
2630	41996	16	2670	42651	16	2710	43297	16	2750	43933	16
31	42012	17	71	667	17	11	313	16	51	949	16
32	029	16	72	684	16	12	329	16	52	965	16
33	045	17	73	700	16	13	345	16	53	981	15
34	062	16	74	716	16	14	361	16	54	43996	16
35	42078	17	75	42732	17	15	43377	16	55	44012	16
36	095	16	76	749	16	16	393	16	56	028	16
37	111	16	77	765	16	17	409	16	57	044	15
38	127	17	78	781	16	18	425	16	58	059	16
39	144	16	79	797	16	19	441	16	59	075	16
2640	42160	17	2680	42813	17	2720	43457	16	2760	44091	16

P. P.

17	
1	1,7
2	3,4
3	5,1
4	6,8
5	8,5
6	10,2
7	11,9
8	13,6
9	15,3

16	
1	1,6
2	3,2
3	4,8
4	6,4
5	8,0
6	9,6
7	11,2
8	12,8
9	14,4

N. 2761 à 2920   Log. 44107 à 46538

N	Log	D	N	Log	D	N	Log	D	N	Log	D
2761	44107	15	2801	44731	16	2841	45347	15	2881	45954	15
62	122	16	02	747	15	42	362	16	82	969	15
63	138	16	03	762	16	43	378	15	83	45984	16
64	154	16	04	778	15	44	393	15	84	46000	15
65	44170	15	05	44793	16	45	45408	15	85	46015	15
66	185	16	06	809	15	46	423	16	86	030	15
67	201	16	07	824	16	47	439	15	87	045	15
68	217	15	08	840	15	48	454	15	88	060	15
69	232	16	09	855	16	49	469	15	89	075	15
2770	44248	16	2810	44871	15	2850	45484	16	2890	46090	15
71	264	15	11	886	16	51	500	15	91	105	15
72	279	16	12	902	15	52	515	15	92	120	15
73	295	16	13	917	15	53	530	15	93	135	15
74	311	15	14	932	16	54	545	16	94	150	15
75	44326	16	15	44948	15	55	45561	15	95	46165	15
76	342	16	16	963	16	56	576	15	96	180	15
77	358	15	17	979	15	57	591	15	97	195	15
78	373	16	18	44994	16	58	606	15	98	210	15
79	389	15	19	45010	15	59	621	16	99	225	15
2780	44404	16	2820	45025	15	2860	45637	15	2900	46240	15
81	420	16	21	040	16	61	652	15	01	255	15
82	436	15	22	056	15	62	667	15	02	270	15
83	451	16	23	071	15	63	682	15	03	285	15
84	467	16	24	086	16	64	697	15	04	300	15
85	44483	15	25	45102	15	65	45712	16	05	46315	15
86	498	16	26	117	16	66	728	15	06	330	15
87	514	15	27	133	15	67	743	15	07	345	14
88	529	16	28	148	15	68	758	15	08	359	15
89	545	15	29	163	16	69	773	15	09	374	15
2790	44560	16	2830	45179	15	2870	45788	15	2910	46389	15
91	576	16	31	194	15	71	803	15	11	404	15
92	592	15	32	209	16	72	818	16	12	419	15
93	607	16	33	225	15	73	834	15	13	434	15
94	623	15	34	240	15	74	849	15	14	449	15
95	44638	16	35	45255	16	75	45864	15	15	46464	15
96	654	15	36	271	15	76	879	15	16	479	15
97	669	16	37	286	15	77	894	15	17	494	15
98	685	15	38	301	16	78	909	15	18	509	14
99	700	16	39	317	15	79	924	15	19	523	13
2800	44716	15	2840	45332	15	2880	45939	15	2920	46538	15

P.P.

16	
1	1,6
2	3,2
3	4,8
4	6,4
5	8,0
6	9,6
7	11,2
8	12,8
9	14,4

15	
1	1,5
2	3,0
3	4,5
4	6,0
5	7,5
6	9,0
7	10,5
8	12,0
9	13,5

N	Log	D	N	Log	D	N	Log	D	N	Log	D
2921	46553	15	2961	47144	15	3001	47727	14	3041	48302	14
22	568	15	62	159	14	02	741	15	42	316	14
23	583	15	63	173	15	03	756	14	43	330	14
24	598	15	64	188	14	04	770	14	44	344	15
25	46613	14	65	47202	15	05	47784	15	45	48359	14
26	627	15	66	217	15	06	799	14	46	373	14
27	642	15	67	232	14	07	813	15	47	387	14
28	657	15	68	246	15	08	828	14	48	401	15
29	672	15	69	261	15	09	842	15	49	416	14
2930	46687	15	2970	47276	14	3010	47857	14	3050	48430	14
31	702	14	71	290	15	11	871	14	51	444	14
32	716	15	72	305	14	12	885	15	52	458	15
33	731	15	73	319	15	13	900	14	53	473	14
34	746	15	74	334	15	14	914	15	54	487	14
35	46761	15	75	47349	14	15	47929	14	55	48501	14
36	776	14	76	363	15	16	943	15	56	515	15
37	790	15	77	378	14	17	958	14	57	530	14
38	805	15	78	392	15	18	972	14	58	544	14
39	820	15	79	407	15	19	47986	15	59	558	14
2940	46835	15	2980	47422	14	3020	48001	14	3060	48572	14
41	850	14	81	436	15	21	015	14	61	586	15
42	864	15	82	451	14	22	029	15	62	601	14
43	879	15	83	465	15	23	044	14	63	615	14
44	894	15	84	480	14	24	058	15	64	629	14
45	46909	14	85	47494	15	25	48073	14	65	48643	14
46	923	15	86	509	15	26	087	14	66	657	14
47	938	15	87	524	14	27	101	15	67	671	15
48	953	14	88	538	15	28	116	14	68	686	14
49	967	15	89	553	14	29	130	14	69	700	14
2950	46982	15	2990	47567	15	3030	48144	15	3070	48714	14
51	46997	15	91	582	14	31	159	14	71	728	14
52	47012	14	92	596	15	32	173	14	72	742	14
53	026	15	93	611	14	33	187	15	73	756	14
54	041	15	94	625	15	34	202	14	74	770	15
55	47056	14	95	47640	14	35	48216	14	75	48785	14
56	070	15	96	654	15	36	230	14	76	799	14
57	085	15	97	669	14	37	244	15	77	813	14
58	100	14	98	683	15	38	259	14	78	827	14
59	114	15	99	698	14	39	273	14	79	841	14
2960	47129	15	3000	47712	15	3040	48287	15	3080	48855	14

P.P.

15	
1	1,5
2	3,0
3	4,5
4	6,0
5	7,5
6	9,0
7	10,5
8	12,0
9	13,5

14	
1	1,4
2	2,8
3	4,2
4	5,6
5	7,0
6	8,4
7	9,8
8	11,2
9	12,6

N	Log	D	N	Log	D	N	Log	D	N	Log	D
3081	48869	14	3121	49429	14	3161	49982	14	3201	50529	13
82	883	14	22	443	14	62	49996	14	02	542	14
83	897	14	23	457	14	63	50010	14	03	556	13
84	911	15	24	471	14	64	024	13	04	569	14
85	48926	14	25	49485	14	65	50037	14	05	50583	13
86	940	14	26	499	14	66	051	14	06	596	14
87	954	14	27	513	14	67	065	14	07	610	13
88	968	14	28	527	14	68	079	13	08	623	14
89	982	14	29	541	13	69	092	14	09	637	14
3090	48996	14	3130	49554	14	3170	50106	14	3210	50651	13
91	49010	14	31	568	14	71	120	13	11	664	14
92	024	14	32	582	14	72	133	14	12	678	13
93	038	14	33	596	14	73	147	14	13	691	14
94	052	14	34	610	14	74	161	13	14	705	13
95	49066	14	35	49624	14	75	50174	14	15	50718	14
96	080	14	36	638	13	76	188	14	16	732	13
97	094	14	37	651	14	77	202	13	17	745	14
98	108	14	38	665	14	78	215	14	18	759	13
99	122	14	39	679	14	79	229	14	19	772	14
3100	49136	14	3140	49693	14	3180	50243	13	3220	50786	13
01	150	14	41	707	14	81	256	14	21	799	14
02	164	14	42	721	13	82	270	14	22	813	13
03	178	14	43	734	14	83	284	13	23	826	14
04	192	14	44	748	14	84	297	13	24	840	13
05	49206	14	45	49762	14	85	50311	14	25	50853	13
06	220	14	46	776	14	86	325	13	26	866	14
07	234	14	47	790	13	87	338	14	27	880	13
08	248	14	48	803	14	88	352	13	28	893	14
09	262	14	49	817	14	89	365	14	29	907	13
3110	49276	14	3150	49831	14	3190	50379	14	3230	50920	14
11	290	14	51	845	14	91	393	13	31	934	13
12	304	14	52	859	13	92	406	14	32	947	14
13	318	14	53	872	14	93	420	13	33	961	13
14	332	14	54	886	14	94	433	14	34	974	13
15	49346	14	55	49900	14	95	50447	14	35	50987	14
16	360	14	56	914	13	96	461	13	36	51001	13
17	374	14	57	927	14	97	474	14	37	014	14
18	388	14	58	941	14	98	488	13	38	028	13
19	402	13	59	955	14	99	501	14	39	041	14
3120	49415	14	3160	49969	13	3200	50515	14	3240	51055	13

P.P.

14	
1	1,4
2	2,8
3	4,2
4	5,6
5	7,0
6	8,4
7	9,8
8	11,2
9	12,6

13	
1	1,8
2	2,6
3	3,9
4	5,2
5	6,5
6	7,8
7	9,1
8	10,4
9	11,7

N. 3241 à 3400   **Log. 51068 à 53148**

N	Log	D	N	Log	D	N	Log	D	N	Log	D
3241	51068	13	3281	51601	13	3321	52127	13	3361	52647	13
42	081	14	82	614	13	22	140	13	62	660	13
43	095	13	83	627	13	23	153	13	63	673	13
44	108	13	84	640	14	24	166	13	64	686	13
45	51121	14	85	51654	13	25	52179	13	65	52699	12
46	135	13	86	667	13	26	192	13	66	711	13
47	148	14	87	680	13	27	205	13	67	724	13
48	162	13	88	693	13	28	218	13	68	737	13
49	175	13	89	706	14	29	231	13	69	750	13
3250	51188	14	3290	51720	13	3330	52244	13	3370	52763	13
51	202	13	91	733	13	31	257	13	71	776	13
52	215	13	92	746	13	32	270	14	72	789	13
53	228	14	93	759	13	33	284	13	73	802	13
54	242	13	94	772	14	34	297	13	74	815	12
55	51255	13	95	51786	13	35	52310	13	75	52827	13
56	268	14	96	799	13	36	323	13	76	840	13
57	282	13	97	812	13	37	336	13	77	853	13
58	295	13	98	825	13	38	349	13	78	866	13
59	308	14	99	838	13	39	362	13	79	879	13
3260	51322	13	3300	51851	14	3340	52375	13	3380	52892	13
61	335	13	01	865	13	41	388	13	81	905	12
62	348	14	02	878	13	42	401	13	82	917	13
63	362	13	03	891	13	43	414	13	83	930	13
64	375	13	04	904	13	44	427	13	84	943	13
65	51388	14	05	51917	13	45	52440	13	85	52956	13
66	402	13	06	930	13	46	453	13	86	969	13
67	415	13	07	943	14	47	466	13	87	982	12
68	428	13	08	957	13	48	479	13	88	52994	13
69	441	14	09	970	13	49	492	12	89	53007	13
3270	51455	13	3310	51983	13	3350	52504	13	3390	53020	13
71	468	13	11	51996	13	51	517	13	91	033	13
72	481	14	12	52009	13	52	530	13	92	046	12
73	495	13	13	022	13	53	543	13	93	058	13
74	508	13	14	035	13	54	556	13	94	071	13
75	51521	13	15	52048	13	55	52569	13	95	53084	13
76	534	14	16	061	14	56	582	13	96	097	13
77	548	13	17	075	13	57	595	13	97	110	12
78	561	13	18	088	13	58	608	13	98	122	13
79	574	13	19	101	13	59	621	13	99	135	13
3280	51587	14	3320	52114	13	3360	52634	13	3400	53148	13

P. P.

14	
1	1,4
2	2,8
3	4,2
4	5,6
5	7,0
6	8,4
7	9,8
8	11,2
9	12,6

13	
1	1,8
2	2,6
3	3,9
4	5,2
5	6,5
6	7,8
7	9,1
8	10,4
9	11,7

12	
1	1,2
2	2,4
3	3,6
4	4,8
5	6,0
6	7,2
7	8,4
8	9,6
9	10,8

N	Log	D	N	Log	D	N	Log	D	N	Log	D
3401	53161	12	3441	53668	13	3481	54170	13	3521	54667	12
02	173	13	42	681	13	82	183	12	22	679	12
03	186	13	43	694	12	83	195	13	23	691	13
04	199	13	44	706	13	84	208	12	24	704	12
05	53212	12	45	53719	13	85	54220	13	25	54716	12
06	224	13	46	732	12	86	233	12	26	728	13
07	237	13	47	744	13	87	245	13	27	741	12
08	250	13	48	757	12	88	258	12	28	753	12
09	263	12	49	769	13	89	270	13	29	765	12
3410	53275	13	3450	53782	12	3490	54283	12	3530	54777	13
11	288	13	51	794	13	91	295	12	31	790	12
12	301	13	52	807	13	92	307	13	32	802	12
13	314	12	53	820	12	93	320	12	33	814	13
14	326	13	54	832	13	94	332	13	34	827	12
15	53339	13	55	53845	12	95	54345	12	35	54839	12
16	352	12	56	857	13	96	357	13	36	851	13
17	364	13	57	870	12	97	370	12	37	864	12
18	377	13	58	882	13	98	382	12	38	876	12
19	390	13	59	895	13	99	394	13	39	888	12
3420	53403	12	3460	53908	12	3500	54407	12	3540	54900	13
21	415	13	61	920	13	01	419	13	41	913	12
22	428	13	62	933	12	02	432	12	42	925	12
23	441	12	63	945	13	03	444	12	43	937	12
24	453	13	64	958	12	04	456	13	44	949	13
25	53466	13	65	53970	13	05	54469	12	45	54962	12
26	479	12	66	983	12	06	481	13	46	974	12
27	491	13	67	53995	13	07	494	12	47	986	12
28	504	13	68	54008	12	08	506	12	48	54998	13
29	517	12	69	020	13	09	518	13	49	55011	12
3430	53529	13	3470	54033	12	3510	54531	12	3550	55023	12
31	542	13	71	045	13	11	543	12	51	035	12
32	555	12	72	058	12	12	555	13	52	047	13
33	567	13	73	070	13	13	568	12	53	060	12
34	580	13	74	083	12	14	580	13	54	072	12
35	53593	12	75	54095	13	15	54593	12	55	55084	12
36	605	13	76	108	12	16	605	12	56	096	12
37	618	13	77	120	13	17	617	13	57	108	13
38	631	12	78	133	12	18	630	12	58	121	12
39	643	13	79	145	13	19	642	12	59	133	12
3440	53656	12	3480	54158	12	3520	54654	13	3560	55145	12

P. P.

13	
1	1,8
2	2,6
3	3,9
4	5,2
5	6,5
6	7,8
7	9,1
8	10,4
9	11,7

12	
1	1,2
2	2,4
3	3,6
4	4,8
5	6,0
6	7,2
7	8,4
8	9,6
9	10,8

N	Log	D	N	Log	D	N	Log	D	N	Log	D
3561	55157	12	3601	55642	12	3641	56122	12	3681	56597	11
62	169	13	02	654	12	42	134	12	82	608	12
63	182	12	03	666	12	43	146	12	83	620	12
64	194	12	04	678	13	44	158	12	84	632	12
65	55206	12	05	55691	12	45	56170	12	85	56644	12
66	218	12	06	703	12	46	182	12	86	656	11
67	230	12	07	715	12	47	194	11	87	667	12
68	242	13	08	727	12	48	205	12	88	679	12
69	255	12	09	739	12	49	217	12	89	691	12
3570	55267	12	3610	55751	12	3650	56229	12	3690	56703	11
71	279	12	11	763	12	51	241	12	91	714	12
72	291	12	12	775	12	52	253	12	92	726	12
73	303	12	13	787	12	53	265	12	93	738	12
74	315	13	14	799	12	54	277	12	94	750	11
75	55328	12	15	55811	12	55	56289	12	95	56761	12
76	340	12	16	823	12	56	301	11	96	773	12
77	352	12	17	835	12	57	312	12	97	785	12
78	364	12	18	847	12	58	324	12	98	797	11
79	376	12	19	859	12	59	336	12	99	808	12
3580	55388	12	3620	55871	12	3660	56348	12	3700	56820	12
81	400	13	21	883	13	61	360	12	01	832	12
82	413	12	22	895	12	62	372	12	02	844	11
83	425	12	23	907	12	63	384	12	03	855	12
84	437	12	24	919	12	64	396	11	04	867	12
85	55449	12	25	55931	12	65	56407	12	05	56879	12
86	461	12	26	943	12	66	419	12	06	891	11
87	473	12	27	955	12	67	431	12	07	902	12
88	485	12	28	967	12	68	443	12	08	914	12
89	497	12	29	979	12	69	455	12	09	926	11
3590	55509	13	3630	55991	12	3670	56467	11	3710	56937	12
91	522	12	31	56003	12	71	478	12	11	949	12
92	534	12	32	015	12	72	490	12	12	961	11
93	546	12	33	027	11	73	502	12	13	972	12
94	558	12	34	038	12	74	514	12	14	984	12
95	55570	12	35	56050	12	75	56526	12	15	56996	12
96	582	12	36	062	12	76	538	11	16	57008	11
97	594	12	37	074	12	77	549	12	17	019	12
98	606	12	38	086	12	78	561	12	18	031	12
99	618	12	39	098	12	79	573	12	19	043	11
3600	55630	12	3640	56110	12	3680	56585	12	3720	57054	12

P. P.

13		12		11	
1	1,3	1	1,2	1	1,1
2	2,6	2	2,4	2	2,2
3	3,9	3	3,6	3	3,3
4	5,2	4	4,8	4	4,4
5	6,5	5	6,0	5	5,5
6	7,8	6	7,2	6	6,6
7	9,1	7	8,4	7	7,7
8	10,4	8	9,6	8	8,8
9	11,7	9	10,8	9	9,9

TABLE II

N. 3721 à 3880   **Log. 57066 à 58883**

N	Log	D	N	Log	D	N	Log	D	N	Log	D
3721	57066	12	3761	57530	12	3801	57990	11	3841	58444	12
22	078	11	62	542	11	02	58001	12	42	456	11
23	089	12	63	553	12	03	013	11	43	467	11
24	101	12	64	565	11	04	024	11	44	478	12
25	57113	11	65	57576	12	05	58035	12	45	58490	11
26	124	12	66	588	12	06	047	11	46	501	11
27	136	12	67	600	11	07	058	12	47	512	12
28	148	11	68	611	12	08	070	11	48	524	11
29	159	12	69	623	11	09	081	11	49	535	11
3730	57171	12	3770	57634	12	3810	58092	12	3850	58546	11
31	183	11	71	646	11	11	104	11	51	557	12
32	194	12	72	657	12	12	115	12	52	569	11
33	206	11	73	669	11	13	127	11	53	580	11
34	217	12	74	680	12	14	138	11	54	591	11
35	57229	12	75	57692	11	15	58149	12	55	58602	12
36	241	11	76	703	12	16	161	11	56	614	11
37	252	12	77	715	11	17	172	12	57	625	11
38	264	12	78	726	12	18	184	11	58	636	11
39	276	11	79	738	11	19	195	11	59	647	12
3740	57287	12	3780	57749	12	3820	58206	12	3860	58659	11
41	299	11	81	761	11	21	218	11	61	670	11
42	310	12	82	772	12	22	229	11	62	681	11
43	322	12	83	784	11	23	240	12	63	692	12
44	334	11	84	795	12	24	252	11	64	704	11
45	57345	12	85	57807	11	25	58263	11	65	58715	11
46	357	11	86	818	12	26	274	12	66	726	11
47	368	12	87	830	11	27	286	11	67	737	12
48	380	12	88	841	11	28	297	12	68	749	11
49	392	11	89	852	12	29	309	11	69	760	11
3750	57403	12	3790	57864	11	3830	58320	11	3870	58771	11
51	415	11	91	875	12	31	331	12	71	782	12
52	426	12	92	887	11	32	343	11	72	794	11
53	438	11	93	898	12	33	354	11	73	805	11
54	449	12	94	910	11	34	365	12	74	816	11
55	57461	12	95	57921	12	35	58377	11	75	58827	11
56	473	11	96	933	11	36	388	11	76	838	12
57	484	12	97	944	11	37	399	11	77	850	11
58	496	11	98	955	12	38	410	12	78	861	11
59	507	12	99	967	11	39	422	11	79	872	11
3760	57519	11	3800	57978	12	3840	58433	11	3880	58883	11

P. P.

12	
1	1,2
2	2,4
3	3,6
4	4,8
5	6,0
6	7,2
7	8,4
8	9,6
9	10,8

11	
1	1,1
2	2,2
3	3,3
4	4,4
5	5,5
6	6,6
7	7,7
8	8,8
9	9,9

N	Log	D	N	Log	D	N	Log	D	N	Log	D
3881	58894	12	3921	59340	11	3961	59780	11	4001	60217	11
82	906	11	22	351	11	62	791	11	02	228	11
83	917	11	23	362	11	63	802	11	03	239	10
84	928	11	24	373	11	64	813	11	04	249	11
85	58939	11	25	59384	11	65	59824	11	05	60260	11
86	950	11	26	395	11	66	835	11	06	271	11
87	961	12	27	406	11	67	846	11	07	282	11
88	973	11	28	417	11	68	857	11	08	293	11
89	984	11	29	428	11	69	868	11	09	304	10
3890	58995	11	3930	59439	11	3970	59879	11	4010	60314	11
91	59006	11	31	450	11	71	890	11	11	325	11
92	017	11	32	461	11	72	901	11	12	336	11
93	028	12	33	472	11	73	912	11	13	347	11
94	040	11	34	483	11	74	923	11	14	358	11
95	59051	11	35	59494	12	75	59934	11	15	60369	10
96	062	11	36	506	11	76	945	11	16	379	11
97	073	11	37	517	11	77	956	10	17	390	11
98	084	11	38	528	11	78	966	11	18	401	11
99	095	11	39	539	11	79	977	11	19	412	11
3900	59106	12	3940	59550	11	3980	59988	11	4020	60423	10
01	118	11	41	561	11	81	59999	11	21	433	11
02	129	11	42	572	11	82	60010	11	22	444	11
03	140	11	43	583	11	83	021	11	23	455	11
04	151	11	44	594	11	84	032	11	24	466	11
05	59162	11	45	59605	11	85	60043	11	25	60477	10
06	173	11	46	616	11	86	054	11	26	487	11
07	184	11	47	627	11	87	065	11	27	498	11
08	195	12	48	638	11	88	076	10	28	509	11
09	207	11	49	649	11	89	086	11	29	520	11
3910	59218	11	3950	59660	11	3990	60097	11	4030	60531	10
11	229	11	51	671	11	91	108	11	31	541	11
12	240	11	52	682	11	92	119	11	32	552	11
13	251	11	53	693	11	93	130	11	33	563	11
14	262	11	54	704	11	94	141	11	34	574	10
15	59273	11	55	59715	11	95	60152	11	35	60584	11
16	284	11	56	726	11	96	163	10	36	595	11
17	295	11	57	737	11	97	173	11	37	606	11
18	306	12	58	748	12	98	184	11	38	617	10
19	318	11	59	759	11	99	195	11	39	627	11
3920	59329	11	3960	59770	10	4000	60206	11	4040	60638	11

P.P.

12	
1	1,2
2	2,4
3	3,6
4	4,8
5	6,0
6	7,2
7	8,4
8	9,6
9	10,8

11	
1	1,1
2	2,2
3	3,3
4	4,4
5	5,5
6	6,6
7	7,7
8	8,8
9	9,9

N	Log	D	N	Log	D	N	Log	D	N	Log	D	P.P.
4041	60649	11	.4081	61077	10	4121	61500	11	4161	61920	10	
42	660	10	82	087	11	22	511	10	62	930	11	
43	670	11	83	098	11	23	521	11	63	941	10	
44	681	11	84	109	10	24	532	10	64	951	11	
45	60692	11	85	61119	11	25	61542	11	65	61962	10	
46	703	10	86	130	10	26	553	10	66	972	10	11
47	713	11	87	140	11	27	563	11	67	982	11	1 1,1
48	724	11	88	151	11	28	574	10	68	61993	10	2 2,2
49	735	11	89	162	10	29	584	11	69	62003	11	3 3,3
4050	60746	10	4090	61172	11	4130	61595	11	4170	62014	10	4 4,4
51	756	11	91	183	11	31	606	10	71	024	10	5 5,5
52	767	11	92	194	10	32	616	11	72	034	11	6 6,6
53	778	10	93	204	11	33	627	10	73	045	10	7 7,7
54	788	11	94	215	10	34	637	11	74	055	11	8 8,8
55	.60799	11	95	61225	11	35	61648	10	75	62066	10	9 9,9
56	810	11	96	236	11	36	658	11	76	076	10	
57	821	10	97	247	10	37	669	10	77	086	11	
58	831	11	98	257	11	38	679	11	78	097	10	
59	842	11	99	268	10	39	690	10	79	107	11	
4060	60853	10	4100	61278	11	4140	61700	11	4180	62118	10	
61	863	11	01	289	11	41	711	10	81	128	10	
62	874	11	02	300	10	42	721	10	82	138	11	
63	885	10	03	310	11	43	731	11	83	149	10	
64	895	11	04	321	10	44	742	10	84	159	11	
65	60906	11	05	61331	11	45	61752	11	85	62170	10	
66	917	10	06	342	10	46	763	10	86	180	10	
67	927	11	07	352	11	47	773	11	87	190	11	
68	938	11	08	363	11	48	784	10	88	201	10	
69	949	10	09	374	10	49	794	11	89	211	10	
4070	60959	11	4110	61384	11	4150	61805	10	4190	62221	11	
71	970	11	11	395	10	51	815	11	91	232	10	
72	981	10	12	405	11	52	826	10	92	242	10	
73	60991	11	13	416	10	53	836	11	93	252	11	
74	61002	11	14	426	11	54	847	10	94	263	10	
75	61013	10	15	61437	11	55	61857	11	95	62273	11	
76	023	11	16	448	10	56	868	10	96	284	10	
77	034	11	17	458	11	57	878	10	97	294	13	
78	045	10	18	469	10	58	888	11	98	304	11	
79	055	11	19	479	11	59	899	10	99	315	10	
4080	61066	11	4120	61490	10	4160	61909	11	4200	62325	10	

N. 4201 à 4360   Log. 62335 à 63949

N	Log	D	N	Log	D	N	Log	D	N	Log	D
4201	62335	11	4241	62747	10	4281	63155	10	4321	63558	10
02	346	10	42	757	10	82	165	10	22	568	11
03	356	10	43	767	11	83	175	11	23	579	10
04	366	11	44	778	10	84	185	10	24	589	10
05	62377	10	45	62788	10	85	63195	10	25	63599	10
06	387	10	46	798	10	86	205	10	26	609	10
07	397	11	47	808	10	87	215	10	27	619	10
08	408	10	48	818	11	88	225	11	28	629	10
09	418	10	49	829	10	89	236	10	29	639	10
4210	62428	11	4250	62839	10	4290	63246	10	4330	63649	10
11	439	10	51	849	10	91	256	10	31	659	10
12	449	10	52	859	11	92	266	11	32	669	10
13	459	10	53	870	10	93	276	10	33	679	10
14	469	11	54	880	10	94	286	10	34	689	10
15	62480	10	55	62890	10	95	63296	10	35	63699	10
16	490	10	56	900	10	96	306	11	36	709	10
17	500	11	57	910	11	97	317	10	37	719	10
18	511	10	58	921	10	98	327	10	38	729	10
19	521	10	59	931	10	99	337	10	39	739	10
4220	62531	11	4260	62941	10	4300	63347	10	4340	63749	10
21	542	10	61	951	10	01	357	10	41	759	10
22	552	10	62	961	11	02	367	11	42	769	10
23	562	10	63	972	10	03	377	10	43	779	10
24	572	11	64	982	10	04	387	10	44	789	10
25	62583	10	65	62992	10	05	63397	10	45	63799	10
26	593	10	66	63002	10	06	407	10	46	809	10
27	603	10	67	012	10	07	417	11	47	819	10
28	613	11	68	022	11	08	428	10	48	829	10
29	624	10	69	033	10	09	438	10	49	839	10
4230	62634	10	4270	63043	10	4310	63448	10	4350	63849	10
31	644	11	71	053	10	11	458	10	51	859	10
32	655	10	72	063	10	12	468	10	52	869	10
33	665	10	73	073	10	13	478	10	53	879	10
34	675	10	74	083	11	14	488	11	54	889	10
35	62685	11	75	63094	10	15	63498	10	55	63899	10
36	696	10	76	104	10	16	508	10	56	909	10
37	706	10	77	114	10	17	518	10	57	919	10
38	716	10	78	124	10	18	528	10	58	929	10
39	726	11	79	134	10	19	538	10	59	939	10
4240	62737	10	4280	63144	11	4320	63548	11	4360	63949	10

P.P.

11	
1	1,1
2	2,2
8	8,8
4	4,4
5	5,5
6	6,6
7	7,7
8	8,8
9	9,9

N 4361 à 4520 Log. 63959 à 65514

N	Log	D	N	Log	D	N	Log	D	N	Log	D	P.P.
4361	63959	10	4401	64355	10	4441	64748	10	4481	65137	10	
62	969	10	02	365	10	42	758	10	82	147	10	
63	979	9	03	375	10	43	768	9	83	157	10	
64	988	10	04	385	10	44	777	10	84	167	9	
65	63998	10	05	64395	9	45	64787	10	85	65176	10	
66	64008	10	06	404	10	46	797	10	86	186	10	
67	018	10	07	414	10	47	807	9	87	196	9	
68	028	10	08	424	10	48	816	10	88	205	10	
69	038	10	09	434	10	49	826	10	89	215	10	
4370	64048	10	4410	64444	10	4450	64836	10	4490	65225	9	
71	058	10	11	454	10	51	846	10	91	234	10	
72	068	10	12	464	9	52	856	9	92	244	10	
73	078	10	13	473	10	53	865	10	93	254	9	
74	088	10	14	483	10	54	875	10	94	263	10	
75	64098	10	15	64493	10	55	64885	10	95	65273	10	
76	108	10	16	503	10	56	895	9	96	283	9	
77	118	10	17	513	10	57	904	10	97	292	10	
78	128	9	18	523	9	58	914	10	98	302	10	
79	137	10	19	532	10	59	924	9	99	312	9	
4380	64147	10	4420	64542	10	4460	64933	10	4500	65321	10	
81	157	10	21	552	10	61	943	10	01	331	10	
82	167	10	22	562	10	62	953	10	02	341	9	
83	177	10	23	572	10	63	963	9	03	350	10	
84	187	10	24	582	9	64	972	10	04	360	9	
85	64197	10	25	64591	10	65	64982	10	05	65369	10	
86	207	10	26	601	10	66	64992	10	06	379	10	
87	217	10	27	611	10	67	65002	9	07	389	9	
88	227	10	28	621	10	68	011	10	08	398	10	
89	237	9	29	631	9	69	021	10	09	408	10	
4390	64246	10	4430	64640	10	4470	65031	9	4510	65418	9	
91	256	10	31	650	10	71	040	10	11	427	10	
92	266	10	32	660	10	72	050	10	12	437	10	
93	276	10	33	670	10	73	060	10	13	447	9	
94	286	10	34	680	9	74	070	9	14	456	10	
95	64296	10	35	64689	10	75	65079	10	15	65466	9	
96	306	10	36	699	10	76	089	10	16	475	10	
97	316	10	37	709	10	77	099	9	17	485	10	
98	326	9	38	719	10	78	108	10	18	495	9	
99	335	10	39	729	9	79	118	10	19	504	10	
4400	64345	10	4440	64738	10	4480	65128	9	4520	65514	9	

N	Log	D	N	Log	D	N	Log	D	N	Log	D	P.P.
4521	65523	10	4561	65906	10	4601	66285	10	4641	66661	10	
22	533	10	62	916	9	02	295	9	42	671	9	
23	543	9	63	925	10	03	304	10	43	680	9	
24	552	10	64	935	9	04	314	9	44	689	10	
25	65562	9	65	65944	10	05	66323	9	45	66699	9	
26	571	10	66	954	9	06	332	10	46	708	9	
27	581	10	67	963	10	07	342	9	47	717	10	
28	591	9	68	973	9	08	351	10	48	727	9	
29	600	10	69	982	10	09	361	9	49	736	9	
4530	65610	9	4570	65992	9	4610	66370	10	4650	66745	10	
31	619	10	71	66001	10	11	380	9	51	755	9	
32	629	10	72	011	9	12	389	9	52	764	9	
33	639	9	73	020	10	13	398	10	53	773	10	
34	648	10	74	030	9	14	408	9	54	783	9	
35	65658	9	75	66039	10	15	66417	10	55	66792	9	
36	667	10	76	049	9	16	427	9	56	801	10	
37	677	9	77	058	10	17	436	9	57	811	9	
38	686	10	78	068	9	18	445	10	58	820	9	
39	696	10	79	077	10	19	455	9	59	829	10	
4540	65706	9	4580	66087	9	4620	66464	10	4660	66839	9	
41	715	10	81	096	10	21	474	9	61	848	9	
42	725	9	82	106	9	22	483	9	62	857	10	
43	734	10	83	115	9	23	492	10	63	867	9	
44	744	9	84	124	10	24	502	9	64	876	9	
45	65753	10	85	66134	9	25	66511	10	65	66885	9	
46	763	9	86	143	10	26	521	9	66	894	10	
47	772	10	87	153	9	27	530	9	67	904	9	
48	782	10	88	162	10	28	539	10	68	913	9	
49	792	9	89	172	9	29	549	9	69	922	10	
4550	65801	10	4590	66181	10	4630	66558	9	4670	66932	9	
51	811	9	91	191	9	31	567	10	71	941	9	
52	820	10	92	200	10	32	577	9	72	950	10	
53	830	9	93	210	9	33	586	10	73	960	9	
54	839	10	94	219	10	34	596	9	74	969	9	
55	65849	9	95	66229	9	35	66605	9	75	66978	9	
56	858	10	96	238	9	36	614	10	76	987	10	
57	868	9	97	247	10	37	624	9	77	66997	9	
58	877	10	98	257	9	38	633	9	78	67006	9	
59	887	9	99	266	10	39	642	10	79	015	10	
4560	65896	10	4600	66276	9	4640	66652	9	4680	67025	9	

N. 4681 à 4840   Log. 67034 à 38485

N	Log	D	N	Log	D	N	Log	D	N	Log	D	P. P.
4681	67034	9	4721	67403	10	4761	67770	9	4801	68133	9	
82	043	9	22	413	9	62	779	9	02	142	9	
83	052	9	23	422	9	63	788	9	03	151	9	
84	062	10	24	431	9	64	797	9	04	160	9	
		9			9			9			9	
85	67071	9	25	67440	9	65	67806	9	05	68169	9	
86	080	9	26	449	10	66	815	9	06	178	9	
87	089	10	27	459	9	67	825	10	07	187	9	
88	099	9	28	468	9	68	834	9	08	196	9	
89	108	9	29	477	9	69	843	9	09	205	10	
4690	67117	10	4730	67486	9	4770	67852	9	4810	68215	9	
91	127	9	31	495	9	71	861	9	11	224	9	
92	136	9	32	504	10	72	870	9	12	233	9	
93	145	9	33	514	9	73	879	9	13	242	9	
94	154	10	34	523	9	74	888	9	14	251	9	
95	67164	9	35	67532	9	75	67897	9	15	68260	9	
96	173	9	36	541	9	76	906	10	16	269	9	
97	182	9	37	550	10	77	916	9	17	278	9	
98	191	10	38	560	9	78	925	9	18	287	9	
99	201	9	39	569	9	79	934	9	19	296	9	
4700	67210	9	4740	67578	9	4780	67943	9	4820	68305	9	
01	219	9	41	587	9	81	952	9	21	314	9	
02	228	9	42	596	9	82	961	9	22	323	9	
03	237	10	43	605	9	83	970	9	23	332	9	
04	247	9	44	614	10	84	979	9	24	341	9	
05	67256	9	45	67624	9	85	67988	9	25	68350	9	
06	265	9	46	633	9	86	67997	9	26	359	9	
07	274	10	47	642	9	87	68006	9	27	368	9	
08	284	9	48	651	9	88	015	9	28	377	9	
09	293	9	49	660	9	89	024	10	29	386	9	
4710	67302	9	4750	67669	10	4790	68034	9	4830	68395	9	
11	311	10	51	679	9	91	043	9	31	404	9	
12	321	9	52	688	9	92	052	9	32	413	9	
13	330	9	53	697	9	93	061	9	33	422	9	
14	339	9	54	706	9	94	070	9	34	431	9	
15	67348	9	55	67715	9	95	68079	9	35	68440	9	
16	357	10	56	724	9	96	088	9	36	449	9	
17	367	9	57	733	9	97	097	9	37	458	9	
18	376	9	58	742	10	98	106	9	38	467	9	
19	385	9	59	752	9	99	115	9	39	476	9	
4720	67394	9	4760	67761	9	4800	68124	9	4840	68485	9	

N	Log	D	N	Log	D	N	Log	D	N	Log	D	P.P.
4841	68494	8	4881	68851	9	4921	69205	9	4961	69557	9	
42	502	9	82	860	9	22	214	9	62	566	8	
43	511	9	83	869	9	23	223	9	63	574	9	
44	520	9	84	878	8	24	232	9	64	583	9	
45	68529	9	85	68886	9	25	69241	8	65	69592	9	
46	538	9	86	895	9	26	249	9	66	601	8	
47	547	9	87	904	9	27	258	9	67	609	9	
48	556	9	88	913	9	28	267	9	68	618	9	
49	565	9	89	922	9	29	276	9	69	627	9	
4850	68574	9	4890	68931	9	4930	69285	9	4970	69636	8	
51	583	9	91	940	9	31	294	8	71	644	9	
52	592	9	92	949	9	32	302	9	72	653	9	
53	601	9	93	958	8	33	311	9	73	662	9	
54	610	9	94	966	9	34	320	9	74	671	8	
55	68619	9	95	68975	9	35	69329	9	75	69679	9	
56	628	9	96	984	9	36	338	8	76	688	9	
57	637	9	97	68993	9	37	346	9	77	697	8	
58	646	9	98	69002	9	38	355	9	78	705	9	
59	655	9	99	011	9	39	364	9	79	714	9	
4860	68664	9	4900	69020	8	4940	69373	8	4980	69723	9	
61	673	8	01	028	9	41	381	9	81	732	8	
62	681	9	02	037	9	42	390	9	82	740	9	
63	690	9	03	046	9	43	399	9	83	749	9	
64	699	9	04	055	9	44	408	9	84	758	9	
65	68708	9	05	69064	9	45	69417	8	85	69767	8	
66	717	9	06	073	9	46	425	9	86	775	9	
67	726	9	07	082	8	47	434	9	87	784	9	
68	735	9	08	090	9	48	443	9	88	793	8	
69	744	9	09	099	9	49	452	9	89	801	9	
4870	68753	9	4910	69108	9	4950	69461	8	4990	69810	9	
71	762	9	11	117	9	51	469	9	91	819	8	
72	771	9	12	126	9	52	478	9	92	827	9	
73	780	9	13	135	9	53	487	9	93	836	9	
74	789	8	14	144	8	54	496	8	94	845	9	
75	68797	9	15	69152	9	55	69504	9	95	69854	8	
76	806	9	16	161	9	56	513	9	96	862	9	
77	815	9	17	170	9	57	522	9	97	871	9	
78	824	9	18	179	9	58	531	8	98	880	8	
79	833	9	19	188	9	59	539	9	99	888	9	
4880	68842	9	4920	69197	8	4960	69548	9	5000	69897	9	

N. 5001 à 5160 **Log. 69906 à 71265**

N	Log	D	N	Log	D	N	Log	D	N	Log	D	P.P.
5001	69906	8	5041	70252	8	5081	70595	8	5121	70935	9	
02	914	9	42	260	9	82	603	9	22	944	8	
03	923	9	43	269	9	83	612	9	23	952	9	
04	932	8	44	278	8	84	621	8	24	961	8	
05	69940	9	45	70286	9	85	70629	9	25	70969	9	
06	949	9	46	295	8	86	638	8	26	978	8	
07	958	8	47	303	9	87	646	9	27	986	9	
08	966	9	48	312	9	88	655	8	28	70995	8	
09	975	9	49	321	8	89	663	9	29	71003	9	
5010	69984	8	5050	70329	9	5090	70672	8	5130	71012	8	
11	69992	9	51	338	8	91	680	9	31	020	9	
12	70001	9	52	346	9	92	689	8	32	029	8	
13	010	8	53	355	9	93	697	9	33	037	9	
14	018	9	54	364	8	94	706	8	34	046	8	
15	70027	9	55	70372	9	95	70714	9	35	71054	9	
16	036	8	56	381	8	96	723	8	36	063	8	
17	044	9	57	389	9	97	731	9	37	071	8	
18	053	9	58	398	8	98	740	9	38	079	9	
19	062	8	59	406	9	99	749	8	39	088	8	
5020	70070	9	5060	70415	9	5100	70757	9	5140	71096	9	
21	079	9	61	424	8	01	766	8	41	105	8	
22	088	8	62	432	9	02	774	9	42	113	9	
23	096	9	63	441	8	03	783	8	43	122	8	
24	105	9	64	449	9	04	791	9	44	130	9	
25	70114	8	65	70458	9	05	70800	8	45	71139	8	
26	122	9	66	467	8	06	808	9	46	147	8	
27	131	9	67	475	9	07	817	8	47	155	9	
28	140	8	68	484	8	08	825	9	48	164	8	
29	148	9	69	492	9	09	834	8	49	172	9	
5030	70157	8	5070	70501	8	5110	70842	9	5150	71181	8	
31	165	9	71	509	9	11	851	8	51	189	9	
32	174	9	72	518	8	12	859	9	52	198	8	
33	183	8	73	526	9	13	868	8	53	206	8	
34	191	9	74	535	9	14	876	9	54	214	9	
35	70200	9	75	70544	8	15	70885	8	55	71223	8	
36	209	8	76	552	9	16	893	9	56	231	9	
37	217	9	77	561	8	17	902	8	57	240	8	
38	226	8	78	569	9	18	910	9	58	248	9	
39	234	9	79	578	8	19	919	8	59	257	8	
5040	70243	9	5080	70586	9	5120	70927	8	5160	71265	8	

N	Log	D	N	Log	D	N	Log	D	N	Log	D	P.P.
5161	71273	9	5201	71609	8	5241	71941	9	5281	72272	8	
62	282	8	02	617	8	42	950	8	82	280	8	
63	290	9	03	625	9	43	958	8	83	288	8	
64	299	8	04	634	8	44	966	9	84	296	8	
65	71307	8	05	71642	8	45	71975	8	85	72304	9	
66	315	9	06	650	9	46	983	8	86	313	8	
67	324	8	07	659	8	47	991	8	87	321	8	
68	332	9	08	667	8	48	71999	9	88	329	8	
69	341	8	09	675	9	49	72008	8	89	337	9	
5170	71349	8	5210	71684	8	5250	72016	8	5290	72346	8	
71	357	9	11	692	8	51	024	8	91	354	8	
72	366	8	12	700	9	52	032	9	92	362	8	
73	374	9	13	709	8	53	041	8	93	370	8	
74	383	8	14	717	8	54	049	8	94	378	9	
75	71391	8	15	71725	9	55	72057	9	95	72387	8	
76	399	9	16	734	8	56	066	8	96	395	8	
77	408	8	17	742	8	57	074	8	97	403	8	
78	416	9	18	750	9	58	082	8	98	411	8	
79	425	8	19	759	8	59	090	9	99	419	9	
5180	71433	8	5220	71767	8	5260	72099	8	5300	72428	8	
81	441	9	21	775	9	61	107	8	01	436	8	
82	450	8	22	784	8	62	115	8	02	444	8	
83	458	8	23	792	8	63	123	9	03	452	8	
84	466	9	24	800	9	64	132	8	04	460	9	
85	71475	8	25	71809	8	65	72140	8	05	72469	8	
86	483	9	26	817	8	66	148	8	06	477	8	
87	492	8	27	825	9	67	156	9	07	485	8	
88	500	8	28	834	8	68	165	8	08	493	8	
89	508	9	29	842	8	69	173	8	09	501	8	
5190	71517	8	5230	71850	8	5270	72181	8	5310	72509	9	
91	525	8	31	858	9	71	189	9	11	518	8	
92	533	9	32	867	8	72	198	8	12	526	8	
93	542	8	33	875	8	73	206	8	13	534	8	
94	550	9	34	883	9	74	214	8	14	542	8	
95	71559	8	35	71892	8	75	72222	8	15	72550	8	
96	567	8	36	900	8	76	230	9	16	558	9	
97	575	9	37	908	9	77	239	8	17	567	8	
98	584	8	38	917	8	78	247	8	18	575	8	
99	592	8	39	925	8	79	255	8	19	583	8	
5200	71600	9	5240	71933	8	5280	72263	9	5320	72591	8	

N	Log	D	N	Log	D	N	Log	D	N	Log	D	P. P.
5321	72599	8	5361	72925	8	5401	73247	8	5441	73568	8	
22	607	9	62	933	8	02	255	8	42	576	8	
23	616	8	63	941	8	03	263	9	43	584	8	
24	624	8	64	949	8	04	272	8	44	592	8	
25	72632	8	65	72957	8	05	73280	8	45	73600	8	
26	640	8	66	965	8	06	288	8	46	608	8	
27	648	8	67	973	8	07	296	8	47	616	8	
28	656	9	68	981	8	08	304	8	48	624	8	
29	665	8	69	989	8	09	312	8	49	632	8	
5330	72673	8	5370	72997	9	5410	73320	8	5450	73640	8	
31	681	8	71	73006	8	11	328	8	51	648	8	
32	689	8	72	014	8	12	336	8	52	656	8	
33	697	8	73	022	8	13	344	8	53	664	8	
34	705	8	74	030	8	14	352	8	54	672	7	
35	72713	9	75	73038	8	15	73360	8	55	73679	8	
36	722	8	76	046	8	16	368	8	56	687	8	
37	730	8	77	054	8	17	376	8	57	695	8	
38	738	8	78	062	8	18	384	8	58	703	8	
39	746	8	79	070	8	19	392	8	59	711	8	
5340	72754	8	5380	73078	8	5420	73400	8	5460	73719	8	
41	762	8	81	086	8	21	408	8	61	727	8	
42	770	8	82	094	8	22	416	8	62	735	8	
43	779	9	83	102	9	23	424	8	63	743	8	
44	787	8	84	111	8	24	432	8	64	751	8	
45	72795	8	8	73119	8	25	73440	8	65	73759	8	
46	803	8	8	127	8	26	448	8	66	767	8	
47	811	8	8	135	8	27	456	8	67	775	8	
48	819	8	88	143	8	28	464	8	68	783	8	
49	827	8	89	151	8	29	472	8	69	791	8	
5350	72835	8	5390	73159	8	5430	73480	8	5470	73799	8	
51	843	9	91	167	8	31	488	8	71	807	8	
52	852	8	92	175	8	32	496	8	72	815	8	
53	860	8	93	183	8	33	504	8	73	823	7	
54	868	8	94	191	8	34	512	8	74	830	8	
55	72876	8	95	73199	8	35	73520	8	75	73838	8	
56	884	8	96	207	8	36	528	8	76	846	8	
57	892	8	97	215	8	37	536	8	77	854	8	
58	900	8	98	223	8	38	544	8	78	862	8	
59	908	8	99	231	8	39	552	8	79	870	8	
5360	72916	9	5400	73239	8	5440	73560	8	5480	73878	8	

N	Log	D	N	Log	D	N	Log	D	N	Log	D	P.P.
5481	73886	8	5521	74202	8	5561	74515	8	5601	74827	7	
82	894	8	22	210	8	62	523	8	02	834	8	
83	902	8	23	218	7	63	531	8	03	842	8	
84	910	8	24	225	8	64	539	8	04	850	8	
85	73918	8	25	74233	8	65	74547	7	05	74858	7	
86	926	7	26	241	8	66	554	8	06	865	8	
87	933	8	27	249	8	67	562	8	07	873	8	
88	941	8	28	257	8	68	570	8	08	881	8	
89	949	8	29	265	8	69	578	8	09	889	7	
5490	73957	8	5530	74273	7	5570	74586	7	5610	74896	8	
91	965	8	31	280	8	71	593	8	11	904	8	
92	973	8	32	288	8	72	601	8	12	912	8	
93	981	8	33	296	8	73	609	8	13	920	7	
94	989	8	34	304	8	74	617	7	14	927	8	
95	73997	8	35	74312	8	75	74624	8	15	74935	8	
96	74005	8	36	320	7	76	632	8	16	943	7	
97	013	7	37	327	8	77	640	8	17	950	8	
98	020	8	38	335	8	78	648	7	18	958	8	
99	028	8	39	343	8	79	656	8	19	966	8	
5500	74036	8	5540	74351	8	5580	74663	8	5620	74974	7	
01	044	8	41	359	8	81	671	8	21	981	8	
02	052	8	42	367	7	82	679	8	22	989	8	
03	060	8	43	374	8	83	687	8	23	74997	8	
04	068	8	44	382	8	84	695	7	24	75005	7	
05	74076	8	45	74390	8	85	74702	8	25	75012	8	
06	084	8	46	398	8	86	710	8	26	020	8	
07	092	7	47	406	8	87	718	8	27	028	7	
08	099	8	48	414	7	88	726	7	28	035	8	
09	107	8	49	421	8	89	733	8	29	043	8	
5510	74115	8	5550	74429	8	5590	74741	8	5630	75051	8	
11	123	8	51	437	8	91	749	8	31	059	7	
12	131	8	52	445	8	92	757	7	32	066	8	
13	139	8	53	453	8	93	764	8	33	074	8	
14	147	8	54	461	7	94	772	8	34	082	7	
15	74155	7	55	74468	8	95	74780	8	35	75089	8	
16	162	8	56	476	8	96	788	8	36	097	8	
17	170	8	57	484	8	97	796	8	37	105	8	
18	178	8	58	492	8	98	803	7	38	113	7	
19	186	8	59	500	7	99	811	8	39	120	8	
5520	74194	8	5560	74507	8	5600	74819	8	5640	75128	8	

N. 5641 à 5800   **Log. 75136 à 76343**

N	Log	D	N	Log	D	N	Log	D	N	Log	D	P.P.
5641	75136		5681	75442		5721	75747		5761	76050		
42	143	7	82	450	8	22	755	8	62	057	7	
43	151	8	83	458	8	23	762	7	63	065	8	
44	159	8	84	465	7	24	770	8	64	072	8	
45	75166	8	85	75473	8	25	75778	7	65	76080	7	
46	174	8	86	481	7	26	785	8	66	087	8	
47	182	7	87	488	8	27	793	7	67	095	8	
48	189	8	88	496	8	28	800	8	68	103	7	
49	197	8	89	504	7	29	808	7	69	110	8	
5650	75205	8	5690	75511	8	5730	75815	8	5770	76118	7	
51	213	7	91	519	7	31	823	8	71	125	8	
52	220	8	92	526	8	32	831	7	72	133	7	
53	228	8	93	534	8	33	838	8	73	140	8	
54	236	7	94	542	7	34	846	7	74	148	7	
55	75243	8	95	75549	8	35	75853	8	75	76155	8	
56	251	8	96	557	8	36	861	7	76	163	7	
57	259	7	97	565	7	37	868	8	77	170	8	
58	266	8	98	572	8	38	876	8	78	178	7	
59	274	8	99	580	7	39	884	7	79	185	8	
5660	75282	7	5700	75587	8	5740	75891	8	5780	76193	7	
61	289	8	01	595	8	41	899	7	81	200	8	
62	297	8	02	603	7	42	906	8	82	208	7	
63	305	7	03	610	8	43	914	7	83	215	8	
64	312	8	04	618	8	44	921	8	84	223	7	
65	75320	8	05	75626	7	45	75929	8	85	76230	8	
66	328	7	06	633	8	46	937	7	86	238	7	
67	335	8	07	641	7	47	944	8	87	245	8	
68	343	8	08	648	8	48	952	7	88	253	7	
69	351	7	09	656	8	49	959	8	89	260	8	
5670	75358	8	5710	75664	7	5750	75967	7	5790	76268	7	
71	366	8	11	671	8	51	974	8	91	275	8	
72	374	7	12	679	7	52	982	7	92	283	7	
73	381	8	13	686	8	53	989	8	93	290	8	
74	389	8	14	694	8	54	75997	8	94	298	7	
75	75397	7	15	75702	7	55	76005	7	95	76305	8	
76	404	8	16	709	8	56	012	8	96	313	7	
77	412	8	17	717	7	57	020	7	97	320	8	
78	420	7	18	724	8	58	027	8	98	328	7	
79	427	8	19	732	8	59	035	7	99	335	8	
5680	75435	7	5720	75740	7	5760	76042	8	5800	76343	7	

N	Log	D	N	Log	D	N	Log	D	N	Log	D	P.P.
5801	76350		5841	76649		5881	76945		5921	77240		
02	358	8	42	656	7	82	953	8	22	247	7	
03	365	7	43	664	8	83	960	7	23	254	7	
04	373	8	44	671	7	84	967	7	24	262	8	
		7			7			8			7	
05	76380		45	76678		85	76975		25	77269		
06	388	8	46	686	8	86	982	7	26	276	7	
07	395	7	47	693	7	87	989	7	27	283	7	
08	403	8	48	701	8	88	76997	8	28	291	8	
09	410	7	49	708	7	89	77004	7	29	298	7	
		8			8			8			7	
5810	76418		5850	76716		5890	77012		5930	77305		
11	425	7	51	723	7	91	019	7	31	313	8	
12	433	8	52	730	7	92	026	7	32	320	7	
13	440	7	53	738	8	93	034	8	33	327	7	
14	448	8	54	745	7	94	041	7	34	335	8	
		7			8			7			7	
15	76455		55	76753		95	77048		35	77342		
16	462	7	56	760	7	96	056	8	36	349	7	
17	470	8	57	768	8	97	063	7	37	357	8	
18	477	7	58	775	7	98	070	7	38	364	7	
19	485	8	59	782	7	99	078	8	39	371	7	
		7			8			7			8	
5820	76492		5860	76790		5900	77085		5940	77379		
21	500	8	61	797	7	01	093	8	41	386	7	
22	507	7	62	805	8	02	100	7	42	393	7	
23	515	8	63	812	7	03	107	7	43	401	8	
24	522	7	64	819	7	04	115	8	44	408	7	
		8			8			7			7	
25	76530		65	76827		05	77122		45	77415		
26	537	7	66	834	7	06	129	7	46	422	7	
27	545	8	67	842	8	07	137	8	47	430	8	
28	552	7	68	849	7	08	144	7	48	437	7	
29	559	7	69	856	7	09	151	7	49	444	7	
		8			8			8			8	
5830	76567		5870	76864		5910	77159		5950	77452		
31	574	7	71	871	7	11	166	7	51	459	7	
32	582	8	72	879	8	12	173	7	52	466	7	
33	589	7	73	886	7	13	181	8	53	474	8	
34	597	8	74	893	7	14	188	7	54	481	7	
		7			8			7			7	
35	76604		75	76901		15	77195		55	77488		
36	612	8	76	908	7	16	203	8	56	495	7	
37	619	7	77	916	8	17	210	7	57	503	8	
38	626	7	78	923	7	18	217	7	58	510	7	
39	634	8	79	930	7	19	225	8	59	517	7	
		7			8			7			8	
5840	76641	8	5880	76938	7	5920	77232	8	5960	77525	7	

N. 5961 à 6120   **Log. 77532 à 78675**

N	Log	D	N	Log	D	N	Log	D	N	Log	D	P.P.
5961	77532	7	6001	77822	8	6041	78111	7	6081	78398	7	
62	539	7	02	830	7	42	118	7	82	405	7	
63	546	8	03	837	7	43	125	7	83	412	7	
64	554	7	04	844	7	44	132	8	84	419	7	
65	77561	7	05	77851	8	45	78140	7	85	78426	7	
66	568	8	06	859	7	46	147	7	86	433	7	
67	576	7	07	866	7	47	154	7	87	440	7	
68	583	7	08	873	7	48	161	7	88	447	8	
69	590	7	09	880	7	49	168	8	89	455	7	
5970	77597	8	6010	77887	8	6050	78176	7	6090	78462	7	
71	605	7	11	895	7	51	183	7	91	469	7	
72	612	7	12	902	7	52	190	7	92	476	7	
73	619	8	13	909	7	53	197	7	93	483	7	
74	627	7	14	916	8	54	204	7	94	490	7	
75	77634	7	15	77924	7	55	78211	8	95	78497	7	
76	641	7	16	931	7	56	219	7	96	504	8	
77	648	8	17	938	7	57	226	7	97	512	7	
78	656	7	18	945	7	58	233	7	98	519	7	
79	663	7	19	952	8	59	240	7	99	526	7	
5980	77670	7	6020	77960	7	6060	78247	7	6100	78533	7	
81	677	8	21	967	7	61	254	8	01	540	7	
82	685	7	22	974	7	62	262	7	02	547	7	
83	692	7	23	981	7	63	269	7	03	554	7	
84	699	7	24	988	8	64	276	7	04	561	8	
85	77706	8	25	77996	7	65	78283	7	05	78569	7	
86	714	7	26	78003	7	66	290	7	06	576	7	
87	721	7	27	010	7	67	297	8	07	583	7	
88	728	7	28	017	8	68	305	7	08	590	7	
89	735	8	29	025	7	69	312	7	09	597	7	
5990	77743	7	6030	78032	7	6070	78319	7	6110	78604	7	
91	750	7	31	039	7	71	326	7	11	611	7	
92	757	7	32	046	7	72	333	7	12	618	7	
93	764	8	33	053	8	73	340	7	13	625	8	
94	772	7	34	061	7	74	347	8	14	633	7	
95	77779	7	35	78068	7	75	78355	7	15	78640	7	
96	786	7	36	075	7	76	362	7	16	647	7	
97	793	8	37	082	7	77	369	7	17	654	7	
98	801	7	38	089	8	78	376	7	18	661	7	
99	808	7	39	097	7	79	383	7	19	668	7	
6000	77815	7	6040	78104	7	6080	78390	8	6120	78675	7	

N	Log	D	N	Log	D	N	Log	D	N	Log	D	P.P.
6121	78682	7	6161	78965	7	6201	79246	7	6241	79525	7	
22	689	7	62	972	7	02	253	7	42	532	7	
23	696	8	63	979	7	03	260	7	43	539	7	
24	704	7	64	986	7	04	267	7	44	546	7	
25	78711	7	65	78993	7	05	79274	7	45	79553	7	
26	718	7	66	79000	7	06	281	7	46	560	7	
27	725	7	67	007	7	07	288	7	47	567	7	
28	732	7	68	014	7	08	295	7	48	574	7	
29	739	7	69	021	8	09	302	7	49	581	7	
6130	78746	7	6170	79029	7	6210	79309	7	6250	79588	7	
31	753	7	71	036	7	11	316	7	51	595	7	
32	760	7	72	043	7	12	323	7	52	602	7	
33	767	7	73	050	7	13	330	7	53	609	7	
34	774	7	74	057	7	14	337	7	54	616	7	
35	78781	8	75	79064	7	15	79344	7	55	79623	7	
36	789	7	76	071	7	16	351	7	56	630	7	
37	796	7	77	078	7	17	358	7	57	637	7	
38	803	7	78	085	7	18	365	7	58	644	6	
39	810	7	79	092	7	19	372	7	59	650	7	
6140	78817	7	6180	79099	7	6220	79379	7	6260	79657	7	
41	824	7	81	106	7	21	386	7	61	664	7	
42	831	7	82	113	7	22	393	7	62	671	7	
43	838	7	83	120	7	23	400	7	63	678	7	
44	845	7	84	127	7	24	407	7	64	685	7	
45	78852	7	85	79134	7	25	79414	7	65	79692	7	
46	859	7	86	141	7	26	421	7	66	699	7	
47	866	7	87	148	7	27	428	7	67	706	7	
48	873	7	88	155	7	28	435	7	68	713	7	
49	880	8	89	162	7	29	442	7	69	720	7	
6150	78888	7	6190	79169	7	6230	79449	7	6270	79727	7	
51	895	7	91	176	7	31	456	7	71	734	7	
52	902	7	92	183	7	32	463	7	72	741	7	
53	909	7	93	190	7	33	470	7	73	748	6	
54	916	7	94	197	7	34	477	7	74	754	7	
55	78923	7	95	79204	7	35	79484	7	75	79761	7	
56	930	7	96	211	7	36	491	7	76	768	7	
57	937	7	97	218	7	37	498	7	77	775	7	
58	944	7	98	225	7	38	505	6	78	782	7	
59	951	7	99	232	7	39	511	7	79	789	7	
6160	78958	7	6200	79239	7	6240	79518	7	6280	79796	7	

N. 6281 à 6440   Log. 79803 à 80889

N	Log	D	N	Log	D	N	Log	D	N	Log	D	P.P.
6281	79803	7	6321	80079	6	6361	80353	6	6401	80625	7	
82	810	7	22	085	7	62	359	7	02	632	6	
83	817	7	23	092	7	63	366	7	03	638	7	
84	824	7	24	099	7	64	373	7	04	645	7	
85	79831	6	25	80106	7	65	80380	7	05	80652	7	
86	837	7	26	113	7	66	387	6	06	659	6	
87	844	7	27	120	7	67	393	7	07	665	7	
88	851	7	28	127	7	68	400	7	08	672	7	
89	858	7	29	134	6	69	407	7	09	679	7	
6290	79865	7	6330	80140	7	6370	80414	7	6410	80686	7	
91	872	7	31	147	7	71	421	7	11	693	6	
92	879	7	32	154	7	72	428	6	12	699	7	
93	886	7	33	161	7	73	434	7	13	706	7	
94	893	7	34	168	7	74	441	7	14	713	7	
95	79900	6	35	80175	7	75	80448	7	15	80720	6	
96	906	7	36	182	6	76	455	7	16	726	7	
97	913	7	37	188	7	77	462	6	17	733	7	
98	920	7	38	195	7	78	468	7	18	740	7	
99	927	7	39	202	7	79	475	7	19	747	7	
6300	79934	7	6340	80209	7	6380	80482	7	6420	80754	6	
01	941	7	41	216	7	81	489	7	21	760	7	
02	948	7	42	223	6	82	496	6	22	767	7	
03	955	7	43	229	7	83	502	7	23	774	7	
04	962	7	44	236	7	84	509	7	24	781	6	
05	79969	6	45	80243	7	85	80516	7	25	80787	7	
06	975	7	46	250	7	86	523	7	26	794	7	
07	982	7	47	257	7	87	530	6	27	801	7	
08	989	7	48	264	7	88	536	7	28	808	6	
09	79996	7	49	271	6	89	543	7	29	814	7	
6310	80003	7	6350	80277	7	6390	80550	7	6430	80821	7	
11	010	7	51	284	7	91	557	7	31	828	7	
12	017	7	52	291	7	92	564	6	32	835	6	
13	024	6	53	298	7	93	570	7	33	841	7	
14	030	7	54	305	7	94	577	7	34	848	7	
15	80037	7	55	80312	6	95	80584	7	35	80855	7	
16	044	7	56	318	7	96	591	6	36	862	6	
17	051	7	57	325	7	97	598	7	37	868	7	
18	058	7	58	332	7	98	604	7	38	875	7	
19	065	7	59	339	7	99	611	7	39	882	7	
6320	80072	7	6360	80346	7	6400	80618	7	6440	80889	6	

N	Log	D	N	Log	D	N	Log	D	N	Log	D	P. P.
6441	808..		6481	81164		6521	81431		6561	81697		
42	902	7	82	171	7	22	438	7	62	704	7	
43	909	7	83	178	7	23	445	7	63	710	6	
44	916	7	84	184	6	24	451	6	64	717	7	
		6			7			7			6	
45	80922		85	81191		25	81458		65	81723		
46	929	7	86	198	7	26	465	7	66	730	7	
47	936	7	87	204	6	27	471	6	67	737	7	
48	943	7	88	211	7	28	478	7	68	743	6	
49	949	6	89	218	7	29	485	7	69	750	7	
		7			6			6			7	
6450	80956		6490	81224		6530	81491		6570	81757		
51	963	7	91	231	7	31	498	7	71	763	6	
52	969	6	92	238	7	32	505	7	72	770	7	
53	976	7	93	245	7	33	511	6	73	776	6	
54	983	7	94	251	6	34	518	7	74	783	7	
		7			7			7			7	
55	80990		95	81258		35	81525		75	81790		
56	80996	6	96	265	7	36	531	6	76	796	6	
57	81003	7	97	271	6	37	538	7	77	803	7	
58	010	7	98	278	7	38	544	6	78	809	6	
59	017	7	99	285	7	39	551	7	79	816	7	
		6			6			7			7	
6460	81023		6500	81291		6540	81558		6580	81823		
61	030	7	01	298	7	41	564	6	81	829	6	
62	037	7	02	305	7	42	571	7	82	836	7	
63	043	6	03	311	6	43	578	7	83	842	6	
64	050	7	04	318	7	44	584	6	84	849	7	
		7			7			7			7	
65	81057		05	81325		45	81591		85	81856		
66	064	7	06	331	6	46	598	7	86	862	6	
67	070	6	07	338	7	47	604	6	87	869	7	
68	077	7	08	345	7	48	611	7	88	875	6	
69	084	7	09	351	6	49	617	6	89	882	7	
		6			7			7			7	
6470	81090		6510	81358		6550	81624		6590	81889		
71	097	7	11	365	7	51	631	7	91	895	6	
72	104	7	12	371	6	52	637	6	92	902	7	
73	111	7	13	378	7	53	644	7	93	908	6	
74	117	6	14	385	7	54	651	7	94	915	6	
		7			6			6			6	
75	81124		15	81391		55	81657		95	81921		
76	131	7	16	398	7	56	664	7	96	928	7	
77	137	6	17	405	7	57	671	7	97	935	7	
78	144	7	18	411	6	58	677	6	98	941	6	
79	151	7	19	418	7	59	684	7	99	948	7	
		7			7			6			6	
6480	81158	6	6520	81425	6	6560	81690	7	6600	81954	7	

N	Log	D	N	Log	D	N	Log	D	N	Log	D	P.P.
6601	81961		6641	82223		6681	82484		6721	82743		
02	968	7	42	230	7	82	491	7	22	750	7	
03	974	6	43	236	6	83	497	6	23	756	6	
04	981	7	44	243	7	84	504	7	24	763	7	
05	81987	6	45	82249	6	85	82510	6	25	82769	6	
06	81994	7	46	256	7	86	517	7	26	776	7	
07	82000	6	47	263	7	87	523	6	27	782	6	
08	007	7	48	269	6	88	530	7	28	789	7	
09	014	7	49	276	7	89	536	6	29	795	6	
6610	82020	6	6650	82282	6	6690	82543	7	6730	82802	7	
11	027	7	51	289	7	91	549	6	31	808	6	
12	033	6	52	295	6	92	556	7	32	814	6	
13	040	7	53	302	7	93	562	6	33	821	7	
14	046	6	54	308	6	94	569	7	34	827	6	
15	82053	7	55	82315	7	95	82575	6	35	82834	7	
16	060	7	56	321	6	96	582	7	36	840	6	
17	066	6	57	328	7	97	588	6	37	847	7	
18	073	7	58	334	6	98	595	7	38	853	6	
19	079	6	59	341	7	99	601	6	39	860	7	
6620	82086	7	6660	82347	6	6700	82607	6	6740	82866	6	
21	092	6	61	354	7	01	614	7	41	872	6	
22	099	7	62	360	6	02	620	6	42	879	7	
23	105	6	63	367	7	03	627	7	43	885	6	
24	112	7	64	373	6	04	633	6	44	892	7	
25	82119	7	65	82380	7	05	82640	7	45	82898	6	
26	125	6	66	387	7	06	646	6	46	905	7	
27	132	7	67	393	6	07	653	7	47	911	6	
28	138	6	68	400	7	08	659	6	48	918	7	
29	145	7	69	406	6	09	666	7	49	924	6	
6630	82151	6	6670	82413	7	6710	82672	6	6750	82930	6	
31	158	7	71	419	6	11	679	7	51	937	7	
32	164	6	72	426	7	12	685	6	52	943	6	
33	171	7	73	432	6	13	692	7	53	950	7	
34	178	7	74	439	7	14	698	6	54	956	6	
35	82184	6	75	82445	6	15	82705	7	55	82963	7	
36	191	7	76	452	7	16	711	6	56	969	6	
37	197	6	77	458	6	17	718	7	57	975	6	
38	204	7	78	465	7	18	724	6	58	982	7	
39	210	6	79	471	6	19	730	6	59	988	6	
6640	82217	6	6680	82478	6	6720	82737	6	6760	82995	6	

N	Log	D	N	Log	D	N	Log	D	N	Log	D	P. P.
6761	83001	7	6801	83257	7	6841	83512	6	6881	83765	6	
62	008	6	02	264	6	42	518	7	82	771	7	
63	014	6	03	270	6	43	525	6	83	778	6	
64	020	7	04	276	7	44	531	6	84	784	6	
65	83027	6	05	83283	6	45	83537	7	85	83790	7	
66	033	7	06	289	7	46	544	6	86	797	6	
67	040	6	07	296	6	47	550	6	87	803	6	
68	046	6	08	302	6	48	556	7	88	809	7	
69	052	7	09	308	7	49	563	6	89	816	6	
6770	83059	6	6810	83315	6	6850	83569	6	6890	83822	6	
71	065	7	11	321	6	51	575	7	91	828	7	
72	072	6	12	327	7	52	582	6	92	835	6	
73	078	7	13	334	6	53	588	6	93	841	6	
74	085	6	14	340	7	54	594	7	94	847	6	
75	83091	6	15	83347	6	55	83601	6	95	83853	7	
76	097	7	16	353	6	56	607	6	96	860	6	
77	104	6	17	359	7	57	613	7	97	866	6	
78	110	7	18	366	6	58	620	6	98	872	7	
79	117	6	19	372	6	59	626	6	99	879	6	
6780	83123	6	6820	83378	7	6860	83632	7	6900	83885	6	
81	129	7	21	385	6	61	639	6	01	891	6	
82	136	6	22	391	7	62	645	6	02	897	7	
83	142	7	23	398	6	63	651	7	03	904	6	
84	149	6	24	404	6	64	658	6	04	910	6	
85	83155	6	25	83410	7	65	83664	6	05	83916	7	
86	161	7	26	417	6	66	670	7	06	923	6	
87	168	6	27	423	6	67	677	6	07	929	6	
88	174	7	28	429	7	68	683	6	08	935	7	
89	181	6	29	436	6	69	689	7	09	942	6	
6790	83187	6	6830	83442	6	6870	83696	6	6910	83948	6	
91	193	7	31	448	7	71	702	6	11	954	6	
92	200	6	32	455	6	72	708	7	12	960	7	
93	206	7	33	461	6	73	715	6	13	967	6	
94	213	6	34	467	7	74	721	6	14	973	6	
95	83219	6	35	83474	6	75	83727	7	15	83979	6	
96	225	7	36	480	7	76	734	6	16	985	7	
97	232	6	37	487	6	77	740	6	17	992	6	
98	238	7	38	493	6	78	746	7	18	83998	6	
99	245	6	39	499	7	79	753	6	19	84004	7	
6800	83251	6	6840	83506	6	6880	83759	6	6920	84011	6	

N	Log	D	N	Log	D	N	Log	D	N	Log	D	P.P.
6921	84017	6	6961	84267	6	7001	84516	6	7041	84763	7	
22	023	6	62	273	7	02	522	6	42	770	6	
23	029	7	63	280	6	03	528	7	43	776	6	
24	036	6	64	286	6	04	535	6	44	782	6	
25	84042	6	65	84292	6	05	84541	6	45	84788	6	
26	048	7	66	298	7	06	547	6	46	794	6	
27	055	6	67	305	6	07	553	6	47	800	7	
28	061	6	68	311	6	08	559	7	48	807	6	
29	067	6	69	317	6	09	566	6	49	813	6	
6930	84073	7	6970	84323	7	7010	84572	6	7050	84819	6	
31	080	6	71	330	6	11	578	6	51	825	6	
32	086	6	72	336	6	12	584	6	52	831	6	
33	092	6	73	342	6	13	590	7	53	837	7	
34	098	7	74	348	6	14	597	6	54	844	6	
35	84105	6	75	84354	7	15	84603	6	55	84850	6	
36	111	6	76	361	6	16	609	6	56	856	6	
37	117	6	77	367	6	17	615	6	57	862	6	
38	123	7	78	373	6	18	621	7	58	868	6	
39	130	6	79	379	7	19	628	6	59	874	6	
6940	84136	6	6980	84386	6	7020	84634	6	7060	84880	7	
41	142	6	81	392	6	21	640	6	61	887	6	
42	148	7	82	398	6	22	646	6	62	893	6	
43	155	6	83	404	6	23	652	6	63	899	6	
44	161	6	84	410	7	24	658	7	64	905	6	
45	84167	6	85	84417	6	25	84665	6	65	84911	6	
46	173	7	86	423	6	26	671	6	66	917	7	
47	180	6	87	429	6	27	677	6	67	924	6	
48	186	6	88	435	7	28	683	6	68	930	6	
49	192	6	89	442	6	29	689	7	69	936	6	
6950	84198	7	6990	84448	6	7030	84696	6	7070	84942	6	
51	205	6	91	454	6	31	702	6	71	948	6	
52	211	6	92	460	6	32	708	6	72	954	6	
53	217	6	93	466	7	33	714	6	73	960	7	
54	223	7	94	473	6	34	720	6	74	967	6	
55	84230	6	95	84479	6	35	84726	7	75	84973	6	
56	236	6	96	485	6	36	733	6	76	979	6	
57	242	6	97	491	6	37	739	6	77	985	6	
58	248	7	98	497	7	38	745	6	78	991	6	
59	255	6	99	84504	6	39	751	6	79	84997	6	
6960	84261	6	7000	84510	6	7040	84757	6	7080	85003	6	

N. 7081 à 7240 **Log. 85009 à 85974**

N	Log	D	N	Log	D	N	Log	D	N	Log	D	P. P.
7081	85009	7	7121	85254	6	7161	85497	6	7201	85739	6	
82	016	6	22	260	6	62	503	6	02	745	6	
83	022	6	23	266	6	63	509	7	03	751	6	
84	028	6	24	272	6	64	516	6	04	757	6	
85	85034	6	25	85278	7	65	85522	6	05	85763	6	
86	040	6	26	285	6	66	528	6	06	769	6	
87	046	6	27	291	6	67	534	6	07	775	6	
88	052	6	28	297	6	68	540	6	08	781	7	
89	058	7	29	303	6	69	546	6	09	788	6	
7090	85065	6	7130	85309	6	7170	85552	6	7210	85794	6	
91	071	6	31	315	6	71	558	6	11	800	6	
92	077	6	32	321	6	72	564	6	12	806	6	
93	083	6	33	327	6	73	570	6	13	812	6	
94	089	6	34	333	6	74	576	6	14	818	6	
95	85095	6	35	85339	6	75	85582	6	15	85824	6	
96	101	6	36	345	7	76	588	6	16	830	6	
97	107	7	37	352	6	77	594	6	17	836	6	
98	114	6	38	358	6	78	600	6	18	842	6	
99	120	6	39	364	6	79	606	6	19	848	6	
7100	85126	6	7140	85370	6	7180	85612	6	7220	85854	6	
01	132	6	41	376	6	81	618	7	21	860	6	
02	138	6	42	382	6	82	625	6	22	866	6	
03	144	6	43	388	6	83	631	6	23	872	6	
04	150	6	44	394	6	84	637	6	24	878	6	
05	85156	7	45	85400	6	85	85643	6	25	85884	6	
06	163	6	46	406	6	86	649	6	26	890	6	
07	169	6	47	412	6	87	655	6	27	896	6	
08	175	6	48	418	7	88	661	6	28	902	6	
09	181	6	49	425	6	89	667	6	29	908	6	
7110	85187	6	7150	85431	6	7190	85673	6	7230	85914	6	
11	193	6	51	437	6	91	679	6	31	920	6	
12	199	6	52	443	6	92	685	6	32	926	6	
13	205	6	53	449	6	93	691	6	33	932	6	
14	211	6	54	455	6	94	697	6	34	938	6	
15	85217	7	55	85461	6	95	85703	6	35	85944	6	
16	224	6	56	467	6	96	709	6	36	950	6	
17	230	6	57	473	6	97	715	6	37	956	6	
18	236	6	58	479	6	98	721	6	38	962	6	
19	242	6	59	485	6	99	727	6	39	968	6	
7120	85248	6	7160	85491	6	7200	85733	6	7240	85974	6	

N	Log	D	N	Log	D	N	Log	D	N	Log	D	P. P.
7241	85980	6	7281	86219	6	7321	86457	6	7361	86694	6	
42	986	6	82	225	6	22	463	6	62	700	5	
43	992	6	83	231	6	23	469	6	63	705	6	
44	85998	6	84	237	6	24	475	6	64	711	6	
45	86004	6	85	86243	6	25	86481	6	65	86717	6	
46	010	6	86	249	6	26	487	6	66	723	6	
47	016	6	87	255	6	27	493	6	67	729	6	
48	022	6	88	261	6	28	499	5	68	735	6	
49	028	6	89	267	6	29	504	6	69	741	6	
7250	86034	6	7290	86273	6	7330	86510	6	7370	86747	6	
51	040	6	91	279	6	31	516	6	71	753	6	
52	046	6	92	285	6	32	522	6	72	759	5	
53	052	6	93	291	6	33	528	6	73	764	6	
54	058	6	94	297	6	34	534	6	74	770	6	
55	86064	6	95	86303	5	35	86540	6	75	86776	6	
56	070	6	96	308	6	36	546	6	76	782	6	
57	076	6	97	314	6	37	552	6	77	788	6	
58	082	6	98	320	6	38	558	6	78	794	6	
59	088	6	99	326	6	39	564	6	79	800	6	
7260	86094	6	7300	86332	6	7340	86570	6	7380	86806	6	
61	100	6	01	338	6	41	576	5	81	812	5	
62	106	6	02	344	6	42	581	6	82	817	6	
63	112	6	03	350	6	43	587	6	83	823	6	
64	118	6	04	356	6	44	593	6	84	829	6	
65	86124	6	05	86362	6	45	86599	6	85	86835	6	
66	130	6	06	368	6	46	605	6	86	841	6	
67	136	5	07	374	6	47	611	6	87	847	6	
68	141	6	08	380	6	48	617	6	88	853	6	
69	147	6	09	386	6	49	623	6	89	859	5	
7270	86153	6	7310	86392	6	7350	86629	6	7390	86864	6	
71	159	6	11	398	6	51	635	6	91	870	6	
72	165	6	12	404	6	52	641	5	92	876	6	
73	171	6	13	410	6	53	646	6	93	882	6	
74	177	6	14	415	5	54	652	6	94	888	6	
75	86183	6	15	86421	6	55	86658	6	95	86894	6	
76	189	6	16	427	6	56	664	6	96	900	6	
77	195	6	17	433	6	57	670	6	97	906	5	
78	201	6	18	439	6	58	676	6	98	911	6	
79	207	6	19	445	6	59	682	6	99	917	6	
7280	86213	6	7320	86451	6	7360	86688	6	7400	86923	6	

N	Log	D	N	Log	D	N	Log	D	N	Log	D	P. P.
7401	86929	6	7441	87163	6	7481	87396	6	7521	87628	5	
02	935	6	42	169	6	82	402	6	22	633	6	
03	941	6	43	175	6	83	408	5	23	639	6	
04	947	6	44	181	5	84	413	6	24	645	6	
05	86953	5	45	87186	6	85	87419	6	25	87651	5	
06	958	6	46	192	6	86	425	6	26	656	6	
07	964	6	47	198	6	87	431	6	27	662	6	
08	970	6	48	204	6	88	437	5	28	668	6	
09	976	6	49	210	6	89	442	6	29	674	5	
7410	86982	6	7450	87216	5	7490	87448	6	7530	87679	6	
11	988	6	51	221	6	91	454	6	31	685	6	
12	994	5	52	227	6	92	460	6	32	691	6	
13	86999	6	53	233	6	93	466	5	33	697	6	
14	87005	6	54	239	6	94	471	6	34	703	5	
15	87011	6	55	87245	6	95	87477	6	35	87708	6	
16	017	6	56	251	5	96	483	6	36	714	6	
17	023	6	57	256	6	97	489	6	37	720	6	
18	029	6	58	262	6	98	495	5	38	726	5	
19	035	5	59	268	6	99	500	6	39	731	6	
7420	87040	6	7460	87274	6	7500	87506	6	7540	87737	6	
21	046	6	61	280	6	01	512	6	41	743	6	
22	052	6	62	286	5	02	518	5	42	749	5	
23	058	6	63	291	6	03	523	6	43	754	6	
24	064	6	64	297	6	04	529	6	44	760	6	
25	87070	5	65	87303	6	05	87535	6	45	87766	6	
26	075	6	66	309	6	06	541	6	46	772	5	
27	081	6	67	315	5	07	547	5	47	777	6	
28	087	6	68	320	6	08	552	6	48	783	6	
29	093	6	69	326	6	09	558	6	49	789	6	
7430	87099	6	7470	87332	6	7510	87564	6	7550	87795	5	
31	105	6	71	338	6	11	570	6	51	800	6	
32	111	5	72	344	5	12	576	5	52	806	6	
33	116	6	73	349	6	13	581	6	53	812	6	
34	122	6	74	355	6	14	587	6	54	818	5	
35	87128	6	75	87361	6	15	87593	6	55	87823	6	
36	134	6	76	367	6	16	599	5	56	829	6	
37	140	6	77	373	6	17	604	6	57	835	6	
38	146	5	78	379	5	18	610	6	58	841	5	
39	151	6	79	384	6	19	616	6	59	846	6	
7440	87157	6	7480	87390	6	7520	87622	6	7560	87852	6	

N	Log	D	N	Log	D	N	Log	D	N	Log	D	P. P.
7561	87858	6	7601	88087	6	7641	88315	6	7681	88542	5	
62	864	5	02	093	5	42	321	5	82	547	6	
63	869	6	03	098	6	43	326	6	83	553	6	
64	875	6	04	104	6	44	332	6	84	559	5	
65	87881	6	05	88110	6	45	88338	5	85	88564	6	
66	887	5	06	116	5	46	343	6	86	570	6	
67	892	6	07	121	6	47	349	6	87	576	5	
68	898	6	08	127	6	48	355	5	88	581	6	
69	904	6	09	133	5	49	360	6	89	587	6	
7570	87910	5	7610	88138	6	7650	88366	6	7690	88593	5	
71	915	6	11	144	6	51	372	5	91	598	6	
72	921	6	12	150	6	52	377	6	92	604	6	
73	927	6	13	156	5	53	383	6	93	610	5	
74	933	5	14	161	6	54	389	6	94	615	6	
75	87938	6	15	88167	6	55	88395	5	95	88621	6	
76	944	6	16	173	5	56	400	6	96	627	5	
77	950	5	17	178	6	57	406	6	97	632	6	
78	955	6	18	184	6	58	412	5	98	638	5	
79	961	6	19	190	5	59	417	6	99	643	6	
7580	87967	6	7620	88195	6	7660	88423	6	7700	88649	6	
81	973	5	21	201	6	61	429	5	01	655	5	
82	978	6	22	207	6	62	434	6	02	660	6	
83	984	6	23	213	5	63	440	6	03	666	6	
84	990	6	24	218	6	64	446	5	04	672	5	
85	87996	5	25	88224	6	65	88451	6	05	88677	6	
86	88001	6	26	230	5	66	457	6	06	683	6	
87	007	6	27	235	6	67	463	5	07	689	5	
88	013	5	28	241	6	68	468	6	08	694	6	
89	018	6	29	247	5	69	474	6	09	700	5	
7590	88024	6	7630	88252	6	7670	88480	5	7710	88705	6	
91	030	6	31	258	6	71	485	6	11	711	6	
92	036	5	32	264	6	72	491	6	12	717	5	
93	041	6	33	270	5	73	497	5	13	722	6	
94	047	6	34	275	6	74	502	6	14	728	6	
95	88053	5	35	88281	6	75	88508	5	15	88734	5	
96	058	6	36	287	5	76	513	6	16	739	6	
97	064	6	37	292	6	77	519	6	17	745	5	
98	070	6	38	298	6	78	525	5	18	750	6	
99	076	5	39	304	5	79	530	6	19	756	6	
7600	88081	6	7640	88309	6	7680	88536	6	7720	88762	5	

N	Log	D	N	Log	D	N	Log	D	N	Log	D	P. P.
7721	88767	6	7761	88992	5	7801	89215	6	7841	89437	6	
22	773	6	62	997	6	02	221	5	42	443	5	
23	779	5	63	89003	6	03	226	6	43	448	6	
24	784	6	64	009	5	04	232	5	44	454	5	
25	88790	5	65	89014	6	05	89237	6	45	89459	6	
26	795	6	66	020	5	06	243	5	46	465	5	
27	801	6	67	025	6	07	248	6	47	470	6	
28	807	5	68	031	6	08	254	6	48	476	5	
29	812	6	69	037	5	09	260	5	49	481	6	
7730	88818	6	7770	89042	6	7810	89265	6	7850	89487	5	
31	824	5	71	048	5	11	271	5	51	492	6	
32	829	6	72	053	6	12	276	6	52	498	6	
33	835	5	73	059	5	13	282	5	53	504	5	
34	840	6	74	064	6	14	287	6	54	509	6	
35	88846	6	75	89070	6	15	89293	5	55	89515	5	
36	852	5	76	076	5	16	298	6	56	520	6	
37	857	6	77	081	6	17	304	6	57	526	5	
38	863	5	78	087	5	18	310	5	58	531	6	
39	868	6	79	092	6	19	315	6	59	537	5	
7740	88874	6	7780	89098	6	7820	89321	5	7860	89542	6	
41	880	5	81	104	5	21	326	6	61	548	5	
42	885	6	82	109	6	22	332	5	62	553	6	
43	891	6	83	115	5	23	337	6	63	559	5	
44	897	5	84	120	6	24	343	5	64	564	6	
45	88902	6	85	89126	5	25	89348	6	65	89570	5	
46	908	5	86	131	6	26	354	6	66	575	6	
47	913	6	87	137	6	27	360	5	67	581	5	
48	919	6	88	143	5	28	365	6	68	586	6	
49	925	5	89	148	6	29	371	5	69	592	5	
7750	88930	6	7790	89154	5	7830	89376	6	7870	89597	6	
51	936	5	91	159	6	31	382	5	71	603	6	
52	941	6	92	165	5	32	387	6	72	609	5	
53	947	6	93	170	6	33	393	5	73	614	6	
54	953	5	94	176	6	34	398	6	74	620	5	
55	88958	6	95	89182	5	35	89404	5	75	89625	6	
56	964	5	96	187	6	36	409	6	76	631	5	
57	969	6	97	193	5	37	415	6	77	636	6	
58	975	6	98	198	6	38	421	5	78	642	5	
59	981	5	99	204	5	39	426	6	79	647	6	
7760	88986	6	7800	89209	6	7840	89432	5	7880	89653	5	

N. 7881 à 8040   **Log. 89658 à 90526**

N	Log	D	N	Log	D	N	Log	D	N	Log	D	P. P.
7881	89658		7921	89878		7961	90097		8001	90314		
82	664	6	22	883	5	62	102	5	02	320	6	
83	669	5	23	889	6	63	108	6	03	325	5	
84	675	6	24	894	5	64	113	5	04	331	6	
		5			6			6			5	
85	89680		25	89900		65	90119		05	90336		
86	686	6	26	905	5	66	124	5	06	342	6	
87	691	5	27	911	6	67	129	5	07	347	5	
88	697	6	28	916	5	68	135	6	08	352	5	
89	702	5	29	922	6	69	140	5	09	358	6	
		6			5			6			5	
7890	89708		7930	89927		7970	90146		8010	90363		
91	713	5	31	933	6	71	151	5	11	369	6	
92	719	6	32	938	5	72	157	6	12	374	5	
93	724	5	33	944	6	73	162	5	13	380	6	
94	730	6	34	949	5	74	168	6	14	385	5	
		5			6			5			5	
95	89735		35	89955		75	90173		15	90390		
96	741	6	36	960	5	76	179	6	16	396	6	
97	746	5	37	966	6	77	184	5	17	401	5	
98	752	6	38	971	5	78	189	5	18	407	6	
99	757	5	39	977	6	79	195	6	19	412	5	
		6			5			5			5	
7900	89763		7940	89982		7980	90200		8020	90417		
01	768	5	41	988	6	81	206	6	21	423	6	
02	774	6	42	993	5	82	211	5	22	428	5	
03	779	5	43	89998	6	83	217	6	23	434	6	
04	785	6	44	90004	5	84	222	5	24	439	5	
		5			5			5			6	
05	89790		45	90009		85	90227		25	90445		
06	796	6	46	015	6	86	233	6	26	450	5	
07	801	5	47	020	5	87	238	5	27	455	5	
08	807	6	48	026	6	88	244	6	28	461	6	
09	812	5	49	031	5	89	249	5	29	466	5	
		6			6			6			6	
7910	89818		7950	90037		7990	90255		8030	90472		
11	823	5	51	042	5	91	260	5	31	477	5	
12	829	6	52	048	6	92	266	6	32	482	6	
13	834	5	53	053	5	93	271	5	33	488	5	
14	840	6	54	059	6	94	276	6	34	493	6	
		5			5			6			
15	89845		55	90064		95	90282		35	90499		
16	851	6	56	069	5	96	287	5	36	504	5	
17	856	5	57	075	6	97	293	6	37	509	5	
18	862	6	58	080	5	98	298	5	38	515	6	
19	867	5	59	086	6	99	304	6	39	520	5	
		6			5			5			6	
7920	89873	5	7960	90091	6	8000	90309	5	8040	90526	5	

N	Log	D	N	Log	D	N	Log	D	N	Log	D	P. P.
8041	90531	5	8081	90747	5	8121	90961	5	8161	91174	6	
42	536	6	82	752	5	22	966	6	62	180	5	
43	542	5	83	757	6	23	972	5	63	185	5	
44	547	6	84	763	5	24	977	5	64	190	6	
45	90553	5	85	90768	5	25	90982	6	65	91196	5	
46	558	5	86	773	6	26	988	5	66	201	5	
47	563	6	87	779	5	27	993	5	67	206	6	
48	569	5	88	784	5	28	90998	6	68	212	5	
49	574	6	89	789	6	29	91004	5	69	217	5	
8050	90580	5	8090	90795	5	8130	91009	5	8170	91222	6	
51	585	5	91	800	6	31	014	6	71	228	5	
52	590	6	92	806	5	32	020	5	72	233	5	
53	596	5	93	811	5	33	025	5	73	238	5	
54	601	6	94	816	6	34	030	6	74	243	6	
55	90607	5	95	90822	5	35	91036	5	75	91249	5	
56	612	5	96	827	5	36	041	5	76	254	5	
57	617	6	97	832	6	37	046	6	77	259	6	
58	623	5	98	838	5	38	052	5	78	265	5	
59	628	6	99	843	6	39	057	5	79	270	5	
8060	90634	5	8100	90849	5	8140	91062	6	8180	91275	6	
61	639	5	01	854	5	41	068	5	81	281	5	
62	644	6	02	859	6	42	073	5	82	286	5	
63	650	5	03	865	5	43	078	6	83	291	6	
64	655	5	04	870	5	44	084	5	84	297	5	
65	90660	6	05	90875	6	45	91089	5	85	91302	5	
66	666	5	06	881	5	46	094	6	86	307	5	
67	671	6	07	886	5	47	100	5	87	312	6	
68	677	5	08	891	6	48	105	5	88	318	5	
69	682	5	09	897	5	49	110	6	89	323	5	
8070	90687	6	8110	90902	5	8150	91116	5	8190	91328	6	
71	693	5	11	907	6	51	121	5	91	334	5	
72	698	5	12	913	5	52	126	6	92	339	5	
73	703	6	13	918	6	53	132	5	93	344	6	
74	709	5	14	924	5	54	137	5	94	350	5	
75	90714	6	15	90929	5	55	91142	6	95	91355	5	
76	720	5	16	934	6	56	148	5	96	360	5	
77	725	5	17	940	5	57	153	5	97	365	6	
78	730	6	18	945	5	58	158	6	98	371	5	
79	736	5	19	950	6	59	164	5	99	376	5	
8080	90741	6	8120	90956	5	8160	91169	5	8200	91381	6	

N	Log	D	N	Log	D	N	Log	D	N	Log	D	P.P.
8201	91387	5	8241	91598	5	8281	91808	6	8321	92018	5	
02	392	5	42	603	6	82	814	5	22	023	5	
03	397	6	43	609	5	83	819	5	23	028	5	
04	403	5	44	614	5	84	824	5	24	033	5	
05	91408	5	45	91619	5	85	91829	5	25	92038	6	
06	413	5	46	624	6	86	834	6	26	044	5	
07	418	6	47	630	5	87	840	5	27	049	5	
08	424	5	48	635	5	88	845	5	28	054	5	
09	429	5	49	640	5	89	850	5	29	059	6	
8210	91434	6	8250	91645	6	8290	91855	6	8330	92065	5	
11	440	5	51	651	5	91	861	5	31	070	5	
12	445	5	52	656	5	92	866	5	32	075	5	
13	450	5	53	661	5	93	871	5	33	080	5	
14	455	6	54	666	6	94	876	6	34	085	6	
15	91461	5	55	91672	5	95	91882	5	35	92091	5	
16	466	5	56	677	5	96	887	5	36	096	5	
17	471	6	57	682	5	97	892	5	37	101	5	
18	477	5	58	687	6	98	897	6	38	106	5	
19	482	5	59	693	5	99	903	5	39	111	6	
8220	91487	5	8260	91698	5	8300	91908	5	8340	92117	5	
21	492	6	61	703	6	01	913	5	41	122	5	
22	498	5	62	709	5	02	918	6	42	127	5	
23	503	5	63	714	5	03	924	5	43	132	5	
24	508	6	64	719	5	04	929	5	44	137	6	
25	91514	5	65	91724	6	05	91934	5	45	92143	5	
26	519	5	66	730	5	06	939	5	46	148	5	
27	524	5	67	735	5	07	944	6	47	153	5	
28	529	6	68	740	5	08	950	5	48	158	5	
29	535	5	69	745	6	09	955	5	49	163	6	
8230	91540	5	8270	91751	5	8310	91960	5	8350	92169	5	
31	545	6	71	756	5	11	965	6	51	174	5	
32	551	5	72	761	5	12	971	5	52	179	5	
33	556	5	73	766	6	13	976	5	53	184	5	
34	561	5	74	772	5	14	981	5	54	189	6	
35	91566	6	75	91777	5	15	91986	5	55	92195	5	
36	572	5	76	782	5	16	991	6	56	200	5	
37	577	5	77	787	6	17	91997	5	57	205	5	
38	582	5	78	793	5	18	92002	5	58	210	5	
39	587	6	79	798	5	19	007	5	59	215	6	
8240	91593	5	8280	91803	5	8320	92012	6	8360	92221	5	

N. 8361 à 8520   **Log. 92226 à 93044**

N	Log	D	N	Log	D	N	Log	D	N	Log	D	P. P.
8361	92226		8401	92433		8441	92639		8481	92845		
62	231	5	02	438	5	42	645	6	82	850	5	
63	236	5	03	443	5	43	650	5	83	855	5	
64	241	5	04	449	6	44	655	5	84	860	5	
		6			5			5			5	
65	92247	5	05	92454	5	45	92660	5	85	92865	5	
66	252	5	06	459	5	46	665	5	86	870	5	
67	257	5	07	464	5	47	670	5	87	875	6	
68	262	5	08	469	5	48	675	6	88	881	5	
69	267	6	09	474	6	49	681	5	89	886	5	
8370	92273	5	8410	92480	5	8450	92686	5	8490	92891	5	
71	278	5	11	485	5	51	691	5	91	896	5	
72	283	5	12	490	5	52	696	5	92	901	5	
73	288	5	13	495	5	53	701	5	93	906	5	
74	293	5	14	500	5	54	706	5	94	911	5	
75	92298	6	15	92505	6	55	92711	5	95	92916	5	
76	304	5	16	511	5	56	716	6	96	921	6	
77	309	5	17	516	5	57	722	5	97	927	5	
78	314	5	18	521	5	58	727	5	98	932	5	
79	319	5	19	526	5	59	732	5	99	937	5	
8380	92324	6	8420	92531	5	8460	92737	5	8500	92942	5	
81	330	5	21	536	6	61	742	5	01	947	5	
82	335	5	22	542	5	62	747	5	02	952	5	
83	340	5	23	547	5	63	752	6	03	957	5	
84	345	5	24	552	5	64	758	5	04	962	5	
85	92350	5	25	92557	5	65	92763	5	05	92967	6	
86	355	6	26	562	5	66	768	5	06	973	5	
87	361	5	27	567	5	67	773	5	07	978	5	
88	366	5	28	572	6	68	778	5	08	983	5	
89	371	5	29	578	5	69	783	5	09	988	5	
8390	92376	5	8430	92583	5	8470	92788	5	8510	92993	5	
91	381	6	31	588	5	71	793	6	11	92998	5	
92	387	5	32	593	5	72	799	5	12	93003	5	
93	392	5	33	598	5	73	804	5	13	008	5	
94	397	5	34	603	6	74	809	5	14	013	5	
95	92402	5	35	92609	5	75	92814	5	15	93018	6	
96	407	5	36	614	5	76	819	5	16	024	5	
97	412	6	37	619	5	77	824	5	17	029	5	
98	418	5	38	624	5	78	829	5	18	034	5	
99	423	5	39	629	5	79	834	6	19	039	5	
8400	92428	5	8440	92634	5	8480	92840	5	8520	93044	5	

N	Log	D	N	Log	D	N	Log	D	N	Log	D	P. P.
8521	93049	5	8561	93252	6	8601	93455	5	8641	93656	5	
22	054	5	62	258	5	02	460	5	42	661	5	
23	059	5	63	263	5	03	465	5	43	666	5	
24	064	5	64	268	5	04	470	5	44	671	5	
25	93069	6	65	93273	5	05	93475	5	45	93676	6	
26	075	5	66	278	5	06	480	5	46	682	5	
27	080	5	67	283	5	07	485	5	47	687	5	
28	085	5	68	288	5	08	490	5	48	692	5	
29	090	5	69	293	5	09	495	5	49	697	5	
8530	93095	5	8570	93298	5	8610	93500	5	8650	93702	5	
31	100	5	71	303	5	11	505	5	51	707	5	
32	105	5	72	308	5	12	510	5	52	712	5	
33	110	5	73	313	5	13	515	5	53	717	5	
34	115	5	74	318	5	14	520	6	54	722	5	
35	93120	5	75	93323	5	15	93526	5	55	93727	5	
36	125	6	76	328	6	16	531	5	56	732	5	
37	131	5	77	334	5	17	536	5	57	737	5	
38	136	5	78	339	5	18	541	5	58	742	5	
39	141	5	79	344	5	19	546	5	59	747	5	
8540	93146	5	8580	93349	5	8620	93551	5	8660	93752	5	
41	151	5	81	354	5	21	556	5	61	757	5	
42	156	5	82	359	5	22	561	5	62	762	5	
43	161	5	83	364	5	23	566	5	63	767	5	
44	166	5	84	369	5	24	571	5	64	772	5	
45	93171	5	85	93374	5	25	93576	5	65	93777	5	
46	176	5	86	379	5	26	581	5	66	782	5	
47	181	5	87	384	5	27	586	5	67	787	5	
48	186	6	88	389	5	28	591	5	68	792	5	
49	192	5	89	394	5	29	596	5	69	797	5	
8550	93197	5	8590	93399	5	8630	93601	5	8670	93802	5	
51	202	5	91	404	5	31	606	5	71	807	5	
52	207	5	92	409	5	32	611	5	72	812	5	
53	212	5	93	414	6	33	616	5	73	817	5	
54	217	5	94	420	5	34	621	5	74	822	5	
55	93222	5	95	93425	5	35	93626	5	75	93827	5	
56	227	5	96	430	5	36	631	5	76	832	5	
57	232	5	97	435	5	37	636	5	77	837	5	
58	237	5	98	440	5	38	641	5	78	842	5	
59	242	5	99	445	5	39	646	5	79	847	5	
8560	93247	5	8600	93450	5	8640	93651	5	8680	93852	5	

N. 8681 à 8840   Log. 93857 à 94645

N	Log	D	N	Log	D	N	Log	D	N	Log	D	P. P.
8681	93857		8721	94057		8761	94255		8801	94453		
82	862	5	22	062		62	260	5	02	458	5	
83	867	5	23	067	5	63	265	5	03	463	5	
84	872	5	24	072	5	64	270	5	04	468	5	
85	93877		25	94077		65	94275		05	94473		
86	882	5	26	082	5	66	280	5	06	478	5	
87	887	5	27	086	4	67	285	5	07	483	5	
88	892	5	28	091	5	68	290	5	08	488	5	
89	897	5	29	096	5	69	295	5	09	493	5	
8690	93902		8730	94101		8770	94300		8810	94498		
91	907	5	31	106	5	71	305	5	11	503	5	
92	912	5	32	111	5	72	310	5	12	507	4	
93	917	5	33	116	5	73	315	5	13	512	5	
94	922	5	34	121	5	74	320	5	14	517	5	
95	93927		35	94126		75	94325		15	94522		
96	932	5	36	131	5	76	330	5	16	527	5	
97	937	5	37	136	5	77	335	5	17	532	5	
98	942	5	38	141	5	78	340	5	18	537	5	
99	947	5	39	146	5	79	345	4	19	542	5	
8700	93952		8740	94151		8780	94349		8820	94547		
01	957	5	41	156	5	81	354	5	21	552	5	
02	962	5	42	161	5	82	359	5	22	557	5	
03	967	5	43	166	5	83	364	5	23	562	5	
04	972	5	44	171	5	84	369	5	24	567	4	
05	93977		45	94176		85	94374		25	94571		
06	982	5	46	181	5	86	379	5	26	576	5	
07	987	5	47	186	5	87	384	5	27	581	5	
08	992	5	48	191	5	88	389	5	28	586	5	
09	93997	5	49	196	5	89	394	5	29	591	5	
8710	94002		8750	94201		8790	94399		8830	94596		
11	007	5	51	206	5	91	404	5	31	601	5	
12	012	5	52	211	5	92	409	5	32	606	5	
13	017	5	53	216	5	93	414	5	33	611	5	
14	022	5	54	221	5	94	419	5	34	616	5	
15	94027		55	94226		95	94424		35	94621		
16	032	5	56	231	5	96	429	4	36	626	4	
17	037	5	57	236	4	97	433	5	37	630	5	
18	042	5	58	240	5	98	438	5	38	635	5	
19	047	5	59	245	5	99	443	5	39	640	5	
8720	94052	5	8760	94250	5	8800	94448	5	8840	94645	5	

N. 8841 à 9000

Log. 94650 à 95424

N	Log	D	N	Log	D	N	Log	D	N	Log	D	P. P.
8841	94650	5	8881	94846	5	8921	95041	5	8961	95236	4	
42	655	5	82	851	5	22	046	5	62	240	5	
43	660	5	83	856	5	23	051	5	63	245	5	
44	665	5	84	861	5	24	056	5	64	250	5	
45	94670	5	85	94866	5	25	95061	5	65	95255	5	
46	675	5	86	871	5	26	066	5	66	260	5	
47	680	5	87	876	4	27	071	4	67	265	5	
48	685	4	88	880	5	28	075	5	68	270	4	
49	689	5	89	885	5	29	080	5	69	274	5	
8850	94694	5	8890	94890	5	8930	95085	5	8970	95279	5	
51	699	5	91	895	5	31	090	5	71	284	5	
52	704	5	92	900	5	32	095	5	72	289	5	
53	709	5	93	905	5	33	100	5	73	294	5	
54	714	5	94	910	5	34	105	4	74	299	4	
55	94719	5	95	94915	4	35	95109	5	75	95303	5	
56	724	5	96	919	5	36	114	5	76	308	5	
57	729	5	97	924	5	37	119	5	77	313	5	
58	734	4	98	929	5	38	124	5	78	318	5	
59	738	5	99	934	5	39	129	5	79	323	5	
8860	94743	5	8900	94939	5	8940	95134	5	8980	95328	4	
61	748	5	01	944	5	41	139	4	81	332	5	
62	753	5	02	949	5	42	143	5	82	337	5	
63	758	5	03	954	5	43	148	5	83	342	5	
64	763	5	04	959	4	44	153	5	84	347	5	
65	94768	5	05	94963	5	45	95158	5	85	95352	5	
66	773	5	06	968	5	46	163	5	86	357	4	
67	778	5	07	973	5	47	168	5	87	361	5	
68	783	4	08	978	5	48	173	4	88	366	5	
69	787	5	09	983	5	49	177	5	89	371	5	
8870	94792	5	8910	94988	5	8950	95182	5	8990	95376	5	
71	797	5	11	993	5	51	187	5	91	381	5	
72	802	5	12	94998	4	52	192	5	92	386	4	
73	807	5	13	95002	5	53	197	5	93	390	5	
74	812	5	14	007	5	54	202	5	94	395	5	
75	94817	5	15	95012	5	55	95207	4	95	95400	5	
76	822	5	16	017	5	56	211	5	96	405	5	
77	827	5	17	022	5	57	216	5	97	410	5	
78	832	4	18	027	5	58	221	5	98	415	4	
79	836	5	19	032	4	59	226	5	99	419	5	
8880	94841	5	8920	95036	5	8960	95231	5	9000	95424	5	

N. 9001 à 9160   Log. 95429 à 96190

N	Log	D	N	Log	D	N	Log	D	N	Log	D	P. P.
9001	95429	5	9041	95622	4	9081	95813	5	9121	96004	5	
02	434	5	42	626	5	82	818	5	22	009	5	
03	439	5	43	631	5	83	823	5	23	014	5	
04	444	4	44	636	5	84	828	4	24	019	4	
05	95448	5	45	95641	5	85	95832	5	25	96023	5	
06	453	5	46	646	4	86	837	5	26	028	5	
07	458	5	47	650	5	87	842	5	27	033	5	
08	463	5	48	655	5	88	847	5	28	038	4	
09	468	4	49	660	5	89	852	4	29	042	5	
9010	95472	5	9050	95665	5	9090	95856	5	9130	96047	5	
11	477	5	51	670	4	91	861	5	31	052	5	
12	482	5	52	674	5	92	866	5	32	057	4	
13	487	5	53	679	5	93	871	4	33	061	5	
14	492	5	54	684	5	94	875	5	34	066	5	
15	95497	4	55	95689	5	95	95880	5	35	96071	5	
16	501	5	56	694	4	96	885	5	36	076	4	
17	506	5	57	698	5	97	890	5	37	080	5	
18	511	5	58	703	5	98	895	4	38	085	5	
19	516	5	59	708	5	99	899	5	39	090	5	
9020	95521	4	9060	95713	5	9100	95904	5	9140	96095	4	
21	525	5	61	718	4	01	909	5	41	099	5	
22	530	5	62	722	5	02	914	4	42	104	5	
23	535	5	63	727	5	03	918	5	43	109	5	
24	540	5	64	732	5	04	923	5	44	114	4	
25	95545	5	65	95737	5	05	95928	5	45	96118	5	
26	550	4	66	742	4	06	933	5	46	123	5	
27	554	5	67	746	5	07	938	4	47	128	5	
28	559	5	68	751	5	08	942	5	48	133	4	
29	564	5	69	756	5	09	947	5	49	137	5	
9030	95569	5	9070	95761	5	9110	95952	5	9150	96142	5	
31	574	4	71	766	4	11	957	4	51	147	5	
32	578	5	72	770	5	12	961	5	52	152	4	
33	583	5	73	775	5	13	966	5	53	156	5	
34	588	5	74	780	5	14	971	5	54	161	5	
35	95593	5	75	95785	4	15	95976	4	55	96166	5	
36	598	4	76	789	5	16	980	5	56	171	4	
37	602	5	77	794	5	17	985	5	57	175	5	
38	607	5	78	799	5	18	990	5	58	180	5	
39	612	5	79	804	5	19	995	4	59	185	5	
9040	95617	5	9080	95809	4	9120	95999	5	9160	96190	4	

N. 9161 à 9320   **Log. 96194 à 96942**

N	Log	D	N	Log	D	N	Log	D	N	Log	D	P. P.
9161	96194		9201	96384		9241	96572		9281	96759		
62	199	5	02	388	4	42	577	5	82	764	5	
63	204	5	03	393	5	43	581	4	83	769	5	
64	209	5	04	398	5	44	586	5	84	774	5	
65	96213	4	05	96402	4	45	96591	4	85	96778	5	
66	218	5	06	407	5	46	595	5	86	783	5	
67	223	5	07	412	5	47	600	5	87	788	4	
68	227	4	08	417	5	48	605	5	88	792	5	
69	232	5	09	421	4	49	609	4	89	797	5	
9170	96237	5	9210	96426	5	9250	96614	5	9290	96802	4	
71	242	5	11	431	5	51	619	5	91	806	5	
72	246	4	12	435	4	52	624	4	92	811	5	
73	251	5	13	440	5	53	628	5	93	816	4	
74	256	5	14	445	5	54	633	5	94	820	5	
75	96261	4	15	96450	4	55	96638	4	95	96825	5	
76	265	5	16	454	5	56	642	5	96	830	4	
77	270	5	17	459	5	57	647	5	97	834	5	
78	275	5	18	464	4	58	652	4	98	839	5	
79	280	4	19	468	5	59	656	5	99	844	4	
9180	96284	5	9220	96473	5	9260	96661	5	9300	96848	5	
81	289	5	21	478	5	61	666	4	01	853	5	
82	294	4	22	483	4	62	670	5	02	858	4	
83	298	5	23	487	5	63	675	5	03	862	5	
84	303	5	24	492	5	64	680	5	04	867	5	
85	96308	5	25	96497	4	65	96685	4	05	96872	4	
86	313	4	26	501	5	66	689	5	06	876	5	
87	317	5	27	506	5	67	694	5	07	881	5	
88	322	5	28	511	4	68	699	4	08	886	4	
89	327	5	29	515	5	69	703	5	09	890	5	
9190	96332	4	9230	96520	5	9270	96708	5	9310	96895	5	
91	336	5	31	525	5	71	713	4	11	900	4	
92	341	5	32	530	4	72	717	5	12	904	5	
93	346	4	33	534	5	73	722	5	13	909	5	
94	350	5	34	539	5	74	727	4	14	914	4	
95	96355	5	35	96544	4	75	96731	5	15	96918	5	
96	360	5	36	548	5	76	736	5	16	923	5	
97	365	4	37	553	5	77	741	4	17	928	4	
98	369	5	38	558	4	78	745	5	18	932	5	
99	374	5	39	562	5	79	750	5	19	937	5	
9200	96379	5	9240	96567	5	9280	96755	4	9320	96942	4	

N	Log	D	N	Log	D	N	Log	D	N	Log	D	P. P.
9321	96946	5	9361	97132	5	9401	97317	5	9441	97502	4	
22	951	5	62	137	5	02	322	5	42	506	5	
23	956	4	63	142	4	03	327	5	43	511	5	
24	960	5	64	146	5	04	331	4	44	516	4	
25	96965	5	65	97151	4	05	97336	5	45	97520	5	
26	970	4	66	155	5	06	340	4	46	525	4	
27	974	5	67	160	5	07	345	5	47	529	5	
28	979	5	68	165	4	08	350	5	48	534	5	
29	984	4	69	169	5	09	354	4	49	539	4	
9330	96988	5	9370	97174	5	9410	97359	5	9450	97543	5	
31	993	4	71	179	4	11	364	5	51	548	4	
32	96997	5	72	183	5	12	368	4	52	552	5	
33	97002	5	73	188	4	13	373	5	53	557	5	
34	007	4	74	192	5	14	377	4	54	562	4	
35	97011	5	75	97197	5	15	97382	5	55	97566	5	
36	016	5	76	202	4	16	387	5	56	571	4	
37	021	4	77	206	5	17	391	4	57	575	5	
38	025	5	78	211	5	18	396	5	58	580	5	
39	030	5	79	216	4	19	400	4	59	585	4	
9340	97035	4	9380	97220	5	9420	97405	5	9460	97589	5	
41	039	5	81	225	5	21	410	4	61	594	4	
42	044	5	82	230	4	22	414	5	62	598	5	
43	049	4	83	234	5	23	419	5	63	603	4	
44	053	5	84	239	4	24	424	4	64	607	5	
45	97058	5	85	97243	5	25	97428	5	65	97612	5	
46	063	4	86	248	5	26	433	4	66	617	4	
47	067	5	87	253	4	27	437	5	67	621	5	
48	072	5	88	257	5	28	442	5	68	626	4	
49	077	4	89	262	5	29	447	4	69	630	5	
9350	97081	5	9390	97267	4	9430	97451	5	9470	97635	5	
51	086	4	91	271	5	31	456	4	71	640	4	
52	090	5	92	276	4	32	460	5	72	644	5	
53	095	5	93	280	5	33	465	5	73	649	4	
54	100	4	94	285	5	34	470	4	74	653	5	
55	97104	5	95	97290	4	35	97474	5	75	97658	5	
56	109	5	96	294	5	36	479	4	76	663	4	
57	114	4	97	299	5	37	483	5	77	667	5	
58	118	5	98	304	4	38	488	5	78	672	4	
59	123	5	99	308	5	39	493	4	79	676	5	
9360	97128	4	9400	97313	4	9440	97497	5	9480	97681	4	

N. 9481 à 9640   **Log. 97685 à 98408**

N	Log	D	N	Log	D	N	Log	D	N	Log	D	P. P.
9481	97685	5	9521	97868	5	9561	98050	5	9601	98232	4	
82	690	5	22	873	4	62	055	4	02	236	5	
83	695	4	23	877	5	63	059	5	03	241	4	
84	699	5	24	882	4	64	064	4	04	245	5	
85	97704	4	25	97886	5	65	98068	5	05	98250	4	
86	708	5	26	891	5	66	073	5	06	254	5	
87	713	4	27	896	4	67	078	4	07	259	4	
88	717	5	28	900	5	68	082	5	08	263	5	
89	722	5	29	905	4	69	087	4	09	268	4	
9490	97727	4	9530	97909	5	9570	98091	5	9610	98272	5	
91	731	5	31	914	4	71	096	4	11	277	4	
92	736	4	32	918	5	72	100	5	12	281	5	
93	740	5	33	923	5	73	105	4	13	286	4	
94	745	4	34	928	4	74	109	5	14	290	5	
95	97749	5	35	97932	5	75	98114	4	15	98295	4	
96	754	5	36	937	4	76	118	5	16	299	5	
97	759	4	37	941	5	77	123	4	17	304	4	
98	763	5	38	946	4	78	127	5	18	308	5	
99	768	4	39	950	5	79	132	5	19	313	5	
9500	97772	5	9540	97955	4	9580	98137	4	9620	98318	4	
01	777	5	41	959	5	81	141	5	21	322	5	
02	782	4	42	964	4	82	146	4	22	327	4	
03	786	5	43	968	5	83	150	5	23	331	5	
04	791	4	44	973	5	84	155	4	24	336	4	
05	97795	5	45	97978	4	85	98159	5	25	98340	5	
06	800	4	46	982	5	86	164	4	26	345	4	
07	804	5	47	987	4	87	168	5	27	349	5	
08	809	4	48	991	5	88	173	4	28	354	4	
09	813	5	49	97996	4	89	177	5	29	358	5	
9510	97818	5	9550	98000	5	9590	98182	4	9630	98363	4	
11	823	4	51	005	4	91	186	5	31	367	5	
12	827	5	52	009	5	92	191	4	32	372	4	
13	832	4	53	014	5	93	195	5	33	376	5	
14	836	5	54	019	4	94	200	4	34	381	4	
15	97841	4	55	98023	5	95	98204	5	35	98385	5	
16	845	5	56	028	4	96	209	5	36	390	4	
17	850	5	57	032	5	97	214	4	37	394	5	
18	855	4	58	037	4	98	218	5	38	399	4	
19	859	5	59	041	5	99	223	4	39	403	5	
9520	97864	4	9560	98046	4	9600	98227	5	9640	98408	4	

N	Log	D	N	Log	D	N	Log	D	N	Log	D	P. P.
9641	98412	5	9681	98592	5	9721	98771	5	9761	98949	5	
42	417	4	82	597	4	22	776	4	62	954	4	
43	421	5	83	601	4	23	780	4	63	958	5	
44	426	4	84	605	5	24	784	5	64	963	4	
45	98430	5	85	98610	4	25	98789	4	65	98967	5	
46	435	4	86	614	5	26	793	5	66	972	4	
47	439	5	87	619	4	27	798	4	67	976	5	
48	444	4	88	623	5	28	802	5	68	981	4	
49	448	5	89	628	4	29	807	4	69	985	4	
9650	98453	4	9690	98632	5	9730	98811	5	9770	98989	5	
51	457	5	91	637	4	31	816	4	71	994	4	
52	462	4	92	641	5	32	820	5	72	98998	5	
53	466	5	93	646	4	33	825	4	73	99003	4	
54	471	4	94	650	5	34	829	5	74	007	5	
55	98475	5	95	98655	4	35	98834	4	75	99012	4	
56	480	4	96	659	5	36	838	5	76	016	5	
57	484	5	97	664	4	37	843	4	77	021	4	
58	489	4	98	668	5	38	847	4	78	025	4	
59	493	5	99	673	4	39	851	5	79	029	5	
9660	98498	4	9700	98677	5	9740	98856	4	9780	99034	4	
61	502	5	01	682	4	41	860	5	81	038	5	
62	507	4	02	686	5	42	865	4	82	043	4	
63	511	5	03	691	4	43	869	5	83	047	5	
64	516	4	04	695	5	44	874	4	84	052	4	
65	98520	5	05	98700	4	45	98878	5	85	99056	5	
66	525	4	06	704	5	46	883	4	86	061	4	
67	529	5	07	709	4	47	887	5	87	065	4	
68	534	4	08	713	4	48	892	4	88	069	5	
69	538	5	09	717	5	49	896	4	89	074	4	
9670	98543	4	9710	98722	4	9750	98900	5	9790	99078	5	
71	547	5	11	726	5	51	905	4	91	083	4	
72	552	4	12	731	4	52	909	5	92	087	5	
73	556	5	13	735	5	53	914	4	93	092	4	
74	561	4	14	740	4	54	918	5	94	096	4	
75	98565	5	15	98744	5	55	98923	4	95	99100	5	
76	570	4	16	749	4	56	927	5	96	105	4	
77	574	5	17	753	5	57	932	4	97	109	5	
78	579	4	18	758	4	58	936	5	98	114	4	
79	583	5	19	762	5	59	941	4	99	118	5	
9680	98588	4	9720	98767	4	9760	98945	4	9800	99123	4	

N. 9801 à 9960   **Log. 99127 à 99826**

N	Log	D	N	Log	D	N	Log	D	N	Log	D	P. P.
9801	99127		9841	99304		9881	99480		9921	99656		
02	131	4	42	308	4	82	484	4	22	660	4	
03	136	5	43	313	5	83	489	5	23	664	4	
04	140	4	44	317	4	84	493	4	24	669	5	
		5			5			5			4	
05	99145	4	45	99322	4	85	99498	4	25	99673	4	
06	149	5	46	326	4	86	502	4	26	677	5	
07	154	4	47	330	5	87	506	5	27	682	4	
08	158	4	48	335	4	88	511	4	28	686	5	
09	162	5	49	339	5	89	515	5	29	691	4	
9810	99167	4	9850	99344	4	9890	99520	4	9930	99695	4	
11	171	5	51	348	4	91	524	4	31	699	5	
12	176	4	52	352	5	92	528	5	32	704	4	
13	180	5	53	357	4	93	533	4	33	708	4	
14	185	4	54	361	5	94	537	5	34	712	5	
15	99189	4	55	99366	4	95	99542	4	35	99717	4	
16	193	5	56	370	4	96	546	4	36	721	5	
17	198	4	57	374	5	97	550	5	37	726	4	
18	202	5	58	379	4	98	555	4	38	730	4	
19	207	4	59	383	5	99	559	5	39	734	5	
9820	99211	5	9860	99388	4	9900	99564	4	9940	99739	4	
21	216	4	61	392	4	01	568	4	41	743	4	
22	220	4	62	396	5	02	572	5	42	747	5	
23	224	5	63	401	4	03	577	4	43	752	4	
24	229	4	64	405	5	04	581	4	44	756	4	
25	99233	5	65	99410	4	05	99585	5	45	99760	5	
26	238	4	66	414	5	06	590	4	46	765	4	
27	242	5	67	419	4	07	594	5	47	769	5	
28	247	4	68	423	4	08	599	4	48	774	4	
29	251	4	69	427	5	09	603	4	49	778	4	
9830	99255	5	9870	99432	4	9910	99607	5	9950	99782	5	
31	260	4	71	436	5	11	612	4	51	787	4	
32	264	5	72	441	4	12	616	5	52	791	4	
33	269	4	73	445	4	13	621	4	53	795	5	
34	273	4	74	449	5	14	625	4	54	800	4	
35	99277	5	75	99454	4	15	99629	5	55	99804	4	
36	282	4	76	458	5	16	634	4	56	808	5	
37	286	5	77	463	4	17	638	4	57	813	4	
38	291	4	78	467	4	18	642	5	58	817	5	
39	295	5	79	471	5	19	647	4	59	822	4	
9840	99300	4	9880	99476	4	9920	99651	5	9960	99826	4	

TABLE II

N	Log	D	N	Log	D	N	Log	D	N	Log	D	P. P.
9961	99830		9971	99874		9981	99917		9991	99961		
62	835	5	72	878	4	82	922	5	92	965	4	
63	839	4	73	883	5	83	926	4	93	970	5	
64	843	4	74	887	4	84	930	4	94	974	4	
		5			4			5			4	
65	99848		75	99891		85	99935		95	99978		
66	852	4	76	896	5	86	939	4	96	983	5	
67	856	4	77	900	4	87	944	5	97	987	4	
68	861	5	78	904	4	88	948	4	98	991	4	
69	865	5	79	909	5	89	952	4	99	99996	5	
		5			4			5			4	
9970	99870	4	9980	99913	4	9990	99957	4	10000	00000		

TABLE III
Valeurs avec 8 décimales des log. de (1 + r).

(Les taux intermédiaires peuvent être obtenus par interpolation avec 8 décimales, sans erreur sensible.)

1 + r	Log. 0,	1 + r	Log. 0,	1 + r	Log. 0,	1 + r	Log. 0,
1,0100	00 432 137	1,0200	00 860 017	1,0300	01 283 722	1,0400	01 703 334
1,0105	453 631	1,0205	881 300	1,0305	304 799	1,0405	724 208
1,0110	475 116	1,0210	902 574	1,0310	325 867	1,0410	745 073
1,0115	496 588	1,0215	923 837	1,0315	346 923	1,0415	765 932
1,0120	518 051	1,0220	945 090	1,0320	367 970	1,0420	786 772
1,0125	00 539 503	1,0225	00 966 332	1,0325	01 389 006	1,0425	01 807 606
1,0130	560 945	1,0230	987 563	1,0330	410 032	1,0430	828 431
1,0135	582 375	1,0235	01 008 784	1,0335	431 048	1,0435	849 245
1,0140	603 795	1,0240	029 996	1,0340	452 054	1,0440	870 050
1,0145	625 204	1,0245	051 196	1,0345	473 049	1,0445	890 844
1,0150	00 646 604	1,0250	01 072 387	1,0350	01 494 035	1,0450	01 911 629
1,0155	667 992	1,0255	093 566	1,0355	515 010	1,0460	953 168
1,0160	689 371	1,0260	114 736	1,0360	535 976	1,0470	994 668
1,0165	710 738	1,0265	135 895	1,0365	556 931	1,0480	02 036 128
1,0170	732 095	1,0270	157 044	1,0370	577 876	1,0490	077 549
1,0175	00 753 441	1,0275	01 173 182	1,0375	01 598 810	1,0500	02 118 930
1,0180	774 778	1,0280	199 311	1,0380	619 735	1,0525	222 211
1,0185	796 103	1,0285	220 429	1,0385	640 650	1,0550	325 246
1,0190	817 418	1,0290	241 537	1,0390	661 555	1,0575	428 038
1,0195	00 838 722	1,0295	01 262 634	1,0395	01 682 449	1,0600	02 530 587

Imp. Téqui, 3 bis, rue de la Sablière, Paris-14e (France). — 897-3-1927.

Prix : 9 fr.

www.ingramcontent.com/pod-product-compliance
Lightning Source LLC
LaVergne TN
LVHW020945050726
842519LV00001B/141